# 동물

NATURAL
HISTORY
MUSEUM

# 동물 대백과사전

DK『동물』편집 위원회
황연아 옮김

**The Science of Animals**



www.dk.com

사이언스 SCIENCE BOOKS 북스

**동물** 대백과사전

1판 1쇄 펴냄 2021년 4월 1일
1판 2쇄 펴냄 2023년 10월 1일

지은이 DK『동물』편집 위원회
옮긴이 황연아
감수 최재천
펴낸이 박상준
펴낸곳 (주)사이언스북스

출판등록 1997. 3. 24.(제16-1444호)
(우)06027 서울시 강남구 도산대로1길 62
대표전화 515-2000 팩시밀리 515-2007
편집부 517-4263 팩시밀리 514-2329
www.sciencebooks.co.kr



ISBN 979-11-90403-41-2 04400
ISBN 979-11-89198-99-2 (세트)

**옮긴이**

황연아

서울 대학교 생명 과학부를 졸업하고 동 대학원에서 동물 행동 생태학으로 석사 학위를 받았다. 미국 하버드 대학교에서 까치의 분자계통 분류 연구에 참여했다. 지은 책으로『까치』, 옮긴 책으로『네이버후드 프로젝트』등이 있다.

**감수**

최재천

이화 여자 대학교 에코 과학부 석좌 교수. 한국 사회에서 행동 생태학과 진화 생물학을 개척하고 '통섭' 개념을 정착시켰다. 대한민국 과학 기술 훈장 등을 받았고, 초대 국립 생태원장을 지냈다.『개미제국의 발견』,『다윈 지능』,『통섭』,『인간의 그늘에서』등의 책을 쓰고 옮겼다.

이 책은 지속 가능한 미래를 위한 DK의 작은 발걸음의 일환으로 Forest Stewardship Council ™ 인증을 받은 종이로 제작했습니다.
자세한 내용은 다음을 참조하십시오. www.dk.com/our-green-pledge

한국어판 책 디자인 한나은

**참여 필자**

제이미 앰브로스 Jamie Ambrose

저술가이자 편집자, 풀브라이트 장학생으로, 자연사에 특별한 흥미를 가지고 있다. 『세계의 야생 동물』을 썼다.

데릭 하비 Derek Harvey

리버풀 대학교에서 동물학을 전공했으며 진화 생물학을 연구하는 박물학자이다. 다수의 생물학자들을 가르쳤으며 코스타리카, 마다가스카르, 오스트레일리아에서 학생 탐사를 지도하기도 했다. 지은 책에 『과학: 완벽한 시각적 가이드』, 『자연사』가 있다.

이서 리플리 Esther Ripley

편집 주간을 역임했으며, 예술과 문학을 포함한 폭넓은 범주의 교양 과목에 관한 집필을 하고 있다.

자연사 박물관 Natural History Museum

영국 런던에 위치한 자연사 박물관은 태양계의 형성부터 오늘날까지 46억 년을 아우르는 전 세계 8000만 종 이상의 표본을 소장하고 있다. 자연사 박물관은 과학 연구소로서 68개국 넘게 협업하고 있으며 지구의 생명을 더 잘 이해하고자 귀중한 소장품들을 연구 중인 소속 과학자는 300명에 달한다. 자연사 박물관은 다양한 연령대와 목적으로 이곳을 방문하는 500만 명 이상의 관람객을 매년 맞이하고 있다.

스미스소니언 박물관 Smithsonian

1846년에 설립된, 전 세계에서 가장 규모가 큰 박물관이자 연구 복합 단지인 스미스소니언 협회에는 19개의 박물관, 갤러리, 국립 동물원이 속해 있다. 스미스소니언 컬렉션의 유물, 예술 작품과 표본의 수는 1억 3700만여 점으로, 자연사 박물관이 이중 대부분인 1억 2600만여 점의 표본과 소장품을 소장하고 있다. 스미스소니언은 예술, 과학 및 역사 분야의 공공 교육, 국가적 서비스 및 장학 사업에 힘쓰는 연구 센터로서 명성이 높다.

1쪽 북극곰(*Ursus maritimus*)
2~3쪽 칠성무당벌레(*Coccinella septempunctata*)
4~5쪽 일본 시코쿠 섬 숲의 반딧불이
6쪽 블루이구아나(*Cyclura lewisi*)

# 차례

## 동물계



## 체형과 크기



## 골격



## 피부, 외피, 갑주



## 감각

## 입과 털



## 다리, 팔, 촉수, 꼬리



## 지느러미, 지느러미발, 패들



## 날개와 익막



## 난자, 알, 새끼

아메리칸 플라밍고(*Phoenicopterus ruber*)

# 서문

아름다움은 인간을 매혹하고, 진리는 인간에게 필수적이며, 아름다움과 진리에 대한 인간의 가장 순수한 반응은 예술임에 틀림없다. 도저히 억제할 수 없는 인간의 특성, 즉 호기심은 어떨까? 나에게 있어서 호기심이란 과학적 추구를 위한 연료이자, 진리와 아름다움을 이해하는 기술이다. 이 아름다운 책『동물』은 예술을 찬미하고, 진리를 드러내며 자연 과학을 향한 호기심에 불을 붙이기 위한 완벽한 모범 답안을 제시한다.

생명의 모든 형태는 각각의 기능이 있으며, 변천하는 중일 수는 있지만 쓸모없는 것은 없다. 이것은 우리가 어린 시절부터 자연적 형태의 형상과 구조에 관해 탐구하고 질문할 수 있으며 이들이 무엇을 위한 것이고 어떻게 작동하는지 알아내려고 노력할 수 있다는 것을 의미한다. 나는 깃털이 어째서 새의 비행과 행동에 관한 자산이 되는지를 이해하기 위해 깃털을 조사하고, 무게를 달아보고, 손질해 보고, 구부려 보고, 비틀어서 초록빛 광택이 보랏빛 광택으로 변하는 것을 관찰하는 등의 과정을 겪었던 것을 기억한다. 이러한 조사는 아마 박물학자의 가장 기본적인 기술이자 과학자의 필수 기법일 것이다. 이어서 나는 깃털의 단순한 아름다움으로부터 예술적 영감을 얻기 위해 깃털에 색을 칠해 보았다.

자연적 형태는 우리가 종 사이의 유연 관계를 알아내고, 진화 과정을 밝혀 이들을 분류하는 데 도움을 주기도 한다. 물론 알을 낳고 부리를 가지고 있는 포유류와 같은 예외들도 있다. 우리의 선배들이 이와 같은 변칙적인 사례들에 속은 사례를 발견하는 것은 확실히 재미있는 일이지만, 무엇 때문에 동물들이 그토록 기이한 형태로 진화했는지 밝혀내는 것은 더욱 즐겁다.

『동물』은 자연이 가진 수많은 매력을 드러내면서 생명에 관한 무궁무진한 지식을 탐구하는 즐거움을 누리게 한다.

크리스 패컴(박물학자, 방송인, 작가 겸 사진 작가)

# 동물계

**동물.** 많은 수의 세포가 모여 조직과 기관을
구성하고, 식물이나 다른 동물 따위의 유기 물질을
섭취해 영양과 에너지를 얻는 생물.

**단세포 친척들**
섬모류(*Paramecium bursaria*)와 같은 많은 복잡한 단세포 생물들은 한때 '원생동물'이라 불리며 동물로 분류되었다. 그러나 DNA 증거에 따르면 이들은 동물의 먼 친척일 뿐이다.

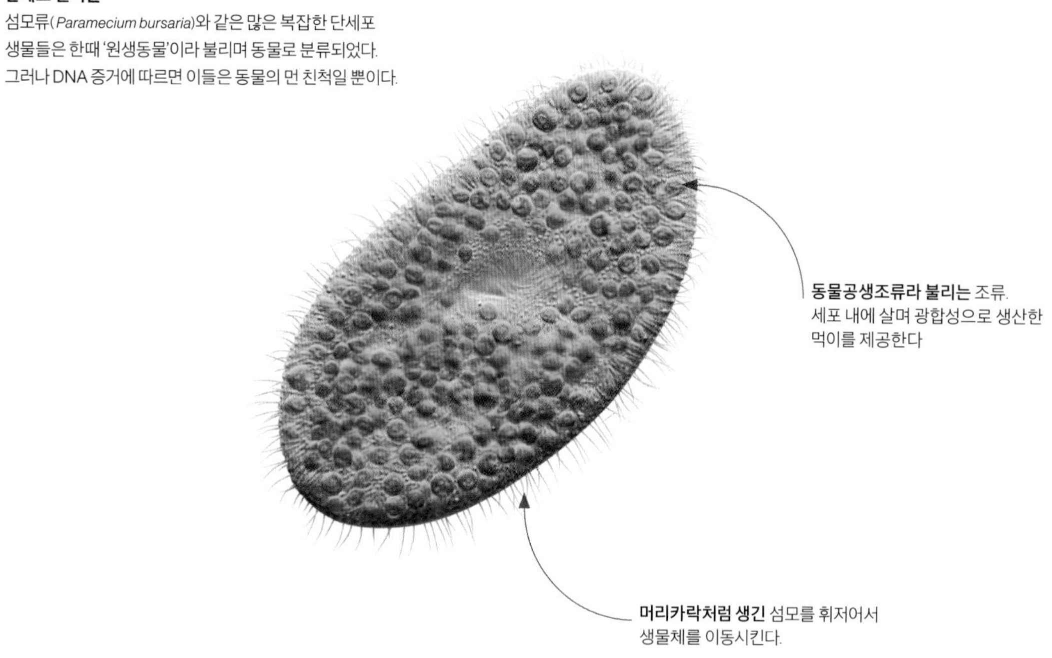

**동물공생조류라 불리는** 조류. 세포 내에 살며 광합성으로 생산한 먹이를 제공한다

**머리카락처럼 생긴** 섬모를 휘저어서 생물체를 이동시킨다.



# 동물이란 무엇인가?

동물은 다세포 생물로 구성된 다른 두 계(균계와 식물계)와 신체 구조면에서 차이가 있다. 동물의 세포는 콜라겐 단백질에 의해 고정되어 조직을 구성하고, 신경과 근육을 사용해서 움직인다. 해면처럼 한 자리에 고정되어 있건 개미처럼 활동적으로 돌아다니건, 먹이를 모은다는 점은 공통적이다. 죽은 물질을 흡수하는 균류나 광합성을 하는 식물과 달리 동물은 다른 생물를 먹는다.

## 가장 간단한 동물

해면동물은 현존하는 동물 중에서 가장 간단한 동물이다. 성체가 되면 세포가 분화되어 고정된 기능을 갖게 되는 다른 복잡한 형태의 동물과 달리, 해면의 세포는 분화되지 않으며 각각의 세포가 전체를 재생할 수 있다. 어떤 해면 세포들은 편모를 만들고 이를 휘둘러서 여과 섭식에 필요한 흐름을 만들어 낸다. 이러한 편모는 깃편모충이라 불리는 단세포 생물의 것과 거의 동일하므로 최초의 동물은 이와 비슷한 생물로부터 진화했다고 추측할 수 있다.

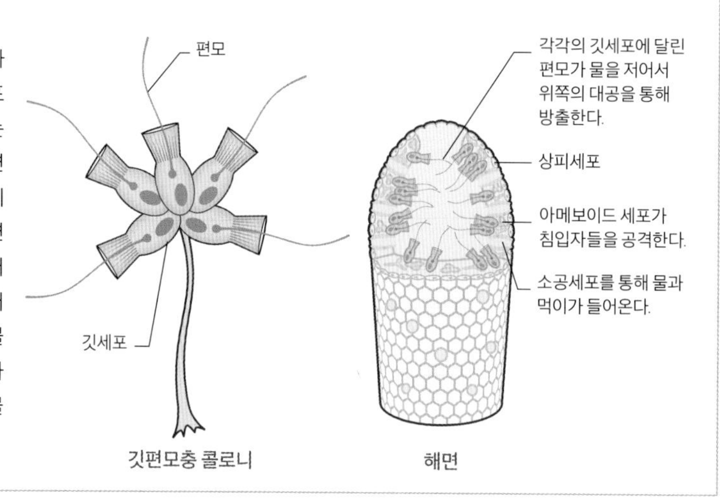


깃편모충 콜로니

해면

**포식하는 꽃**

열대 바다에 사는 많은 동물을 비롯해, 어떤 동물들은 마치 식물처럼 줄기에서 '가지'가 뻗어 나간 듯한 형태를 갖는다. 그러나 바다나리는 먹이를 찾는 동물로서 깃털 같은 팔을 뻗어서 작은 플랑크톤을 잡은 다음 소화시켜 버린다.

**깃가지는 먹이를** 잡는 팔에 달린 깃털 모양의 돌출물로서 먹이홈을 따라 먹이를 입으로 운반한다.

# 진화

오늘날 살아 있는 모든 동물은 과거에 존재했던 다른 동물로부터 진화해 온 것이다. 단일 개체가 아니라, 전 개체군에서 많은 세대에 거쳐 차이가 누적됨으로써 진화가 일어난다. 돌연변이, 즉 유전 물질에서의 무작위적인 복제 오류는 유전적 변이의 공급원이기는 하지만, 다른 진화적 과정, 특히 적응을 유도하는 힘인 자연 선택에 의해 어떤 변이가 살아남아 복제될지 여부를 결정하는 것이다. 수백만 년에 걸친 작은 변화가 누적되어 큰 변화를 가져왔다는 점이 새로운 종의 출현을 설명한다.

## 분기도

어떤 동물 분류군이 공유하는 독특한 형질은 그 분류군에 속하는 동물들이 하나의 공통 조상을 갖는다는 것을 의미한다. 분류군들을 비교함으로써 진화적 관계를 재구성하고 분기도라고 불리는 계통수로 표현할 수 있다. 각각의 가지는 '계통군'이다. 분기도를 통해 조류는 수각류라고 불리는 육식 공룡의 후손임이 드러났다.

티라노사우루스
오비랩터
데이노니쿠스
시조새
현생 조류
비대칭적인 깃털
긴팔, 3개의 손가락, 유연한 팔목
다른 수각류
초기 수각류에서 깃털이 나타나다.

## 과거의 동물들

유사 이전의 동물들의 화석을 현생 동물과 비교해 연대 측정을 할 수 있으며 진화적 관계를 재구성하는 데 사용된다. 티라노사우루스는 6600만 년 전에 존재했으며 육식 동물의 날카로운 이빨을 갖고 직립 보행을 했던 공룡이다. 그러나 골격의 세부적인 특징을 보면 현생 조류의 먼 친척에 해당된다.

**초기의 조류**

시조새의 화석을 보면 소형 수각류 공룡의 특징을 나타내지만 잘 발달된, 깃털 달린 날개와 같은 다른 특징들로 보아 비행이 가능했던 것으로 보인다.

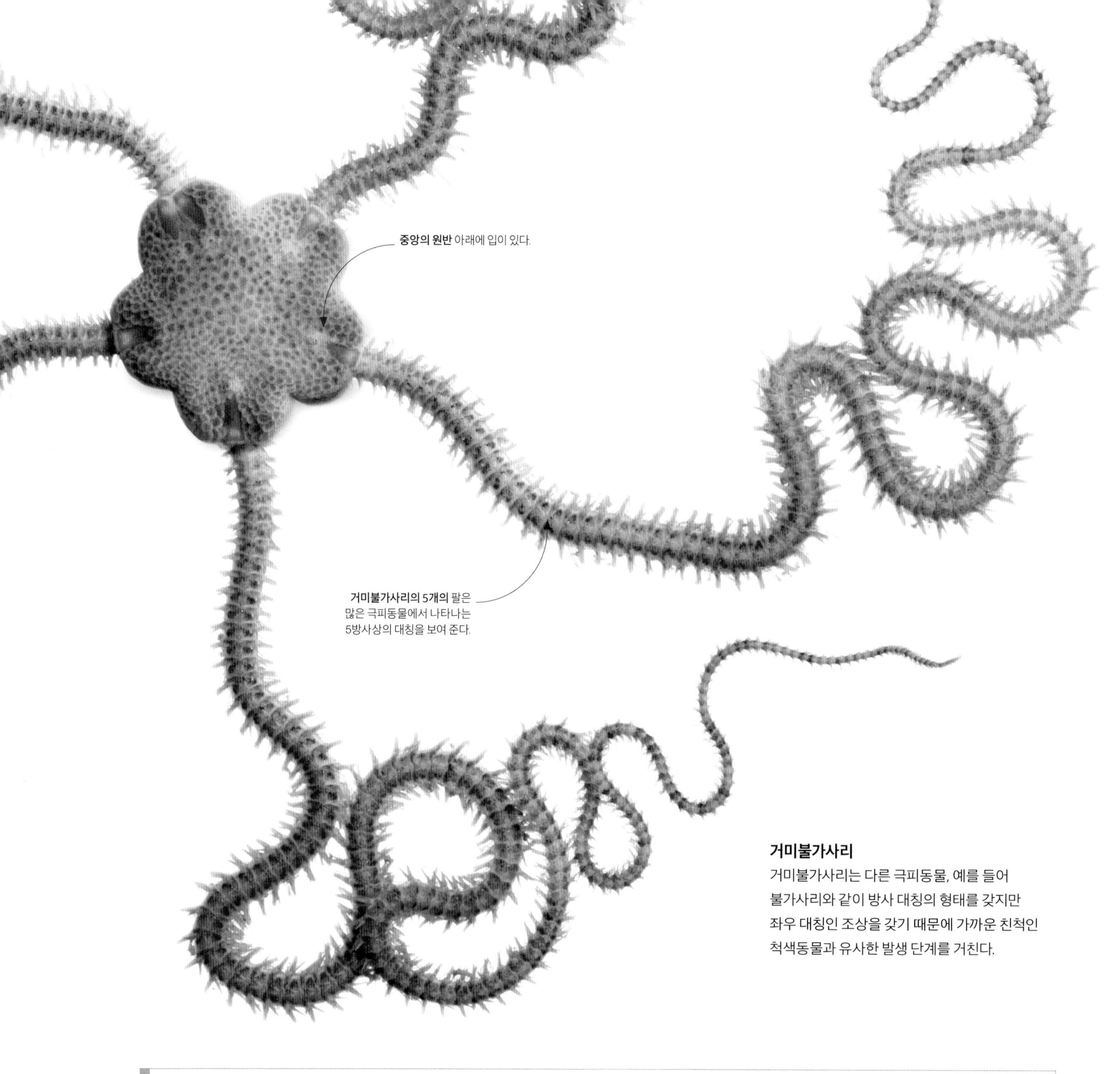


### 거미불가사리

거미불가사리는 다른 극피동물, 예를 들어 불가사리와 같이 방사 대칭의 형태를 갖지만 좌우 대칭인 조상을 갖기 때문에 가까운 친척인 척색동물과 유사한 발생 단계를 거친다.

### 동물계

전통적으로 동물은 척추가 없는 무척추동물과 척추가 있는 척추동물로 구분되지만, 이러한 구분은 진화적 관계를 무시한 것이다. 대부분의 동물은 척추가 없으며 분기도(계통수)에 따르면 모든 척추동물은 계통수의 여러 가지 중에서 하나의 분지인 척색동물의 일부에 불과하다. 계통수에서 가장 오래되고 중요한 분지는 신체의 대칭의 변화와 함께 일어났다.

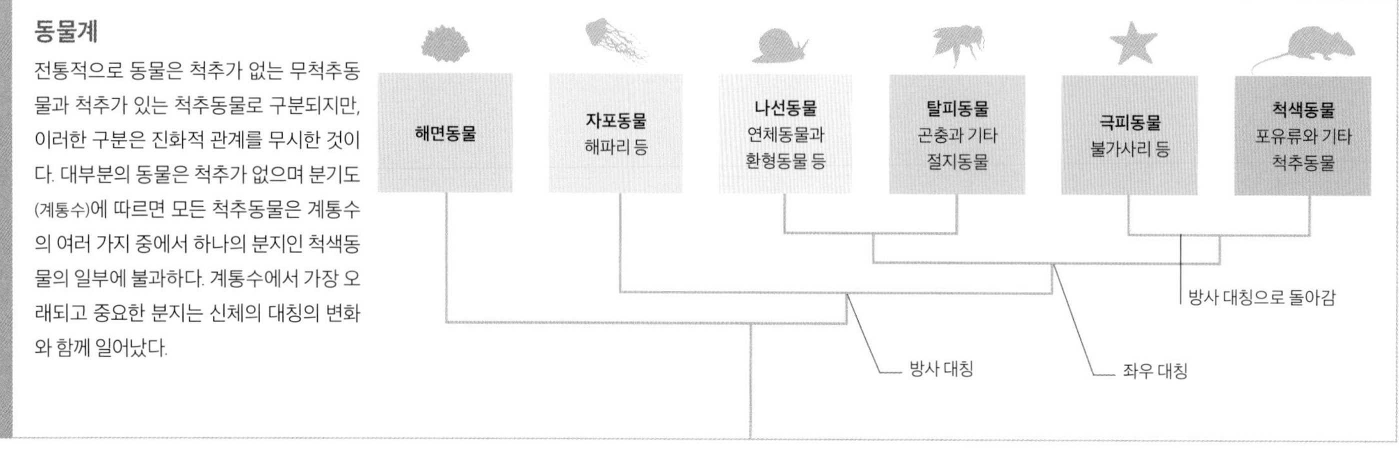

**파이프 스폰지**
영구적인 조직을 구성하지 않는 해면동물은 동물계의 계통수에서 일찍 분지되었으며 보다 복잡한 조직을 갖는 다른 분류군들의 '자매 분류군'으로 간주된다.

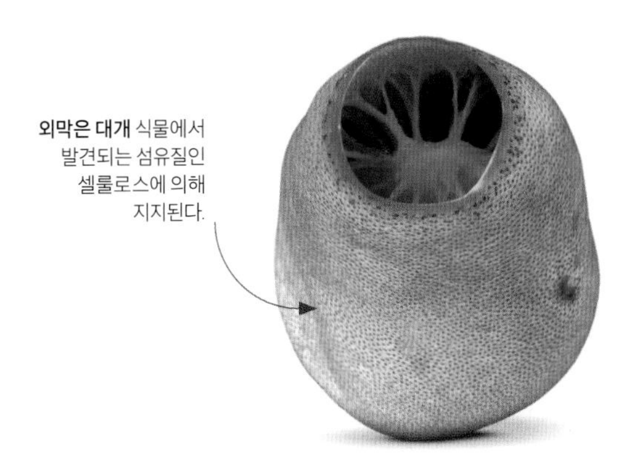


**멍게**
척추동물과 멍게는 척색동물이라는 분류군에 속한다. 대부분의 성체 멍게는 해저에서 고착 생활을 하지만, 멍게의 유생은 올챙이 모양으로서 척추동물의 척추의 원시적 형태에 해당하는 막대 모양의 척색으로 몸을 지지하며 물속을 헤엄쳐 다닌다.

**대합**
DNA 증거에 따르면 조개와 같은 연체동물은 지렁이류와 함께 나선동물로 분류된다. 많은 동물들이 공통적으로 초기 발생 단계에서 나선 형태의 난할과 같은 특정한 형태를 갖는다.

**메뚜기**
가장 많은 종을 포함하는 탈피동물에는 관절로 연결된 다리를 갖는 곤충과 갑각류뿐만 아니라 선충류도 포함된다. 성장 과정에서 단단한 큐티클 또는 외골격을 벗는 '탈피'를 겪는다.

# 동물의 유형

과학자들에 따르면 약 1500만 종의 동물이 존재한다고 한다. 과학자들은 다양한 동물들을 공통 조상으로부터 물려받은 공통의 형질에 따라 분류한다. 극피동물과 같은 동물들은 별처럼 방사 대칭 형태를 갖는 반면 다른 동물들은 인간 같은 좌우 대칭 형태를 가지며 머리와 꼬리가 있다. 대부분의 동물은 척추가 없기 때문에 무척추동물이라고 불린다. 그러나 무척추동물 중에서 해면과 곤충은 거의 공통된 특징이 없고 직접적인 진화적 관계가 없기 때문에 과학자들은 무척추동물을 자연적인 분류군으로 인정하지 않는다.

**과 단위 분류군**
딱정벌레류에는 약 200개의 과가 속하는데, 가장 큰 4개의 과를 여기에 소개한다. 가장 큰 과인 반날개류에는 약 5만 6000종이 있으며, 이것은 척추동물의 전체 종의 수에 필적한다. 다른 3개의 과에는 각각 3만~5만 종이 속한다. 딱정벌레 종의 90퍼센트는 아직 발견되지 않았을 가능성이 높다.

**반날개**(반날개과)
푸른광택반날개
(*Plochionocerus simplicicollis*)

**딱정벌레**(딱정벌레과)
육성딱정벌레
(*Anthia sexguttata*)

**잎벌레**(잎벌레과)
보라개구리다리 잎벌레
(*Sagra buqueti*)

**다양한 서식지**
가장 추운 극지방을 제외하고 생명이 살 수 있는 대부분의 육지, 담수 서식지에는 고유한 딱정벌레 종이 살고 있다. 우림의 풍요로운 서식지에는 방대한 수의 미발견 종이 살고 있을지도 모른다. 절지동물이 거의 살고 있지 않은 대양에는 딱정벌레가 없지만, 일부는 바닷가에 살기도 한다.

**사막**
흑백안개 딱정벌레
(*Onymacris bicolor*)

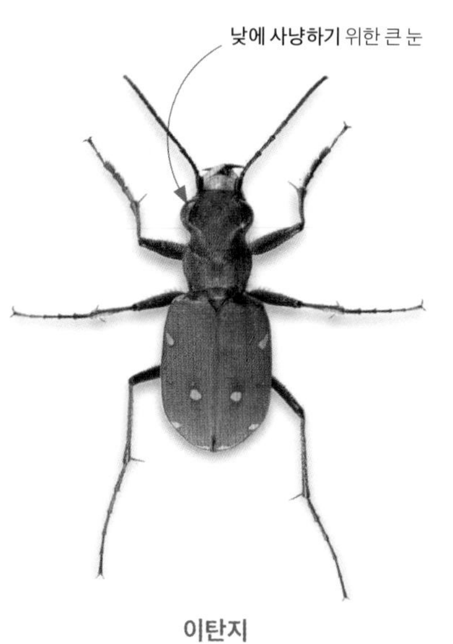


**이탄지**
초록호랑이 딱정벌레
(*Cicindela campestris*)

**우림**
금색보석풍뎅이
(*Chrysina resplendens*)

**딱정벌레의 행동**
다른 성공적인 동물 분류군과 마찬가지로 딱정벌레류의 성공은 다양한 생활 형태 덕분이다. 딱정벌레의 다재다능한 입은 무엇이든 씹을 수 있다. 식물의 잎이나 다른 부분을 먹는 종이 있는가 하면 동물을 사냥하는 종도 있고 밀랍이나 균류, 동물의 배설물을 먹는 종도 있다.

**소똥구리류**
초록악마 소똥구리
(*Oxysternon conspicillatum*)

**식물의 잎과 뿌리를 먹는 벌레들**
왕풍뎅이
(*Melolontha melolontha*)

**목재 해충**
줄무늬 비단벌레
(*Chrysochroa rugicollis*)

# 딱정벌레의 다양성

바다와 육상에 서식하는 어마어마한 수의 동물 종 중에서, 기록된 전체 종의 4분의 1이 딱정벌레라는 단일한 곤충 분류군에 속한다. 다른 분류군들과 마찬가지로 딱정벌레도 공통의 특징이 있다. 이들 모두 단단한 겉날개(시초)와 먹이를 씹을 수 있는 입을 가지고 있다. 그러나 3억 년에 걸친 진화에 의해 다양한 형태로 분화되었다.

**바구미의 전형적인** 특징인 각진 더듬이와 긴 부리

**바구미**(바구미과)
쇠너 푸른 바구미
(*Eupholus schoenherrii*)

**겉날개 밑에** 공기를 저장해 물속에서 호흡한다.

**담수 연못**
큰잠수물방개
(*Dytiscus marginalis*)

**포식자들에게 독이** 있음을 경고하기 위한 밝은 체색

**육식성 벌레들**
칠성무당벌레
(*Coccinella septempunctata*)

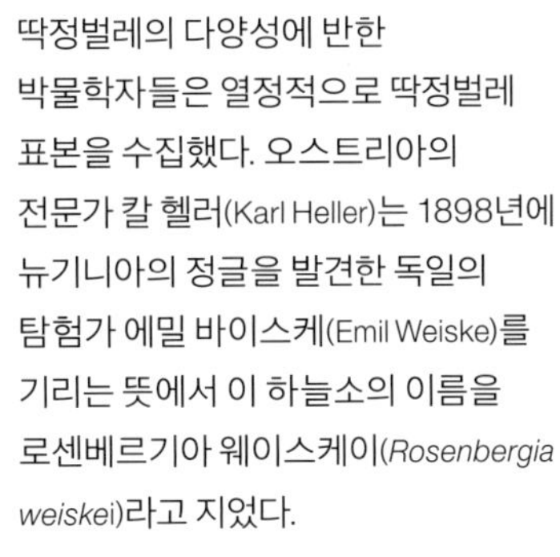

**수집가의 애장품**

딱정벌레의 다양성에 반한 박물학자들은 열정적으로 딱정벌레 표본을 수집했다. 오스트리아의 전문가 칼 헬러(Karl Heller)는 1898년에 뉴기니아의 정글을 발견한 독일의 탐험가 에밀 바이스케(Emil Weiske)를 기리는 뜻에서 이 하늘소의 이름을 로센베르기아 웨이스케이(*Rosenbergia weiskei*)라고 지었다.

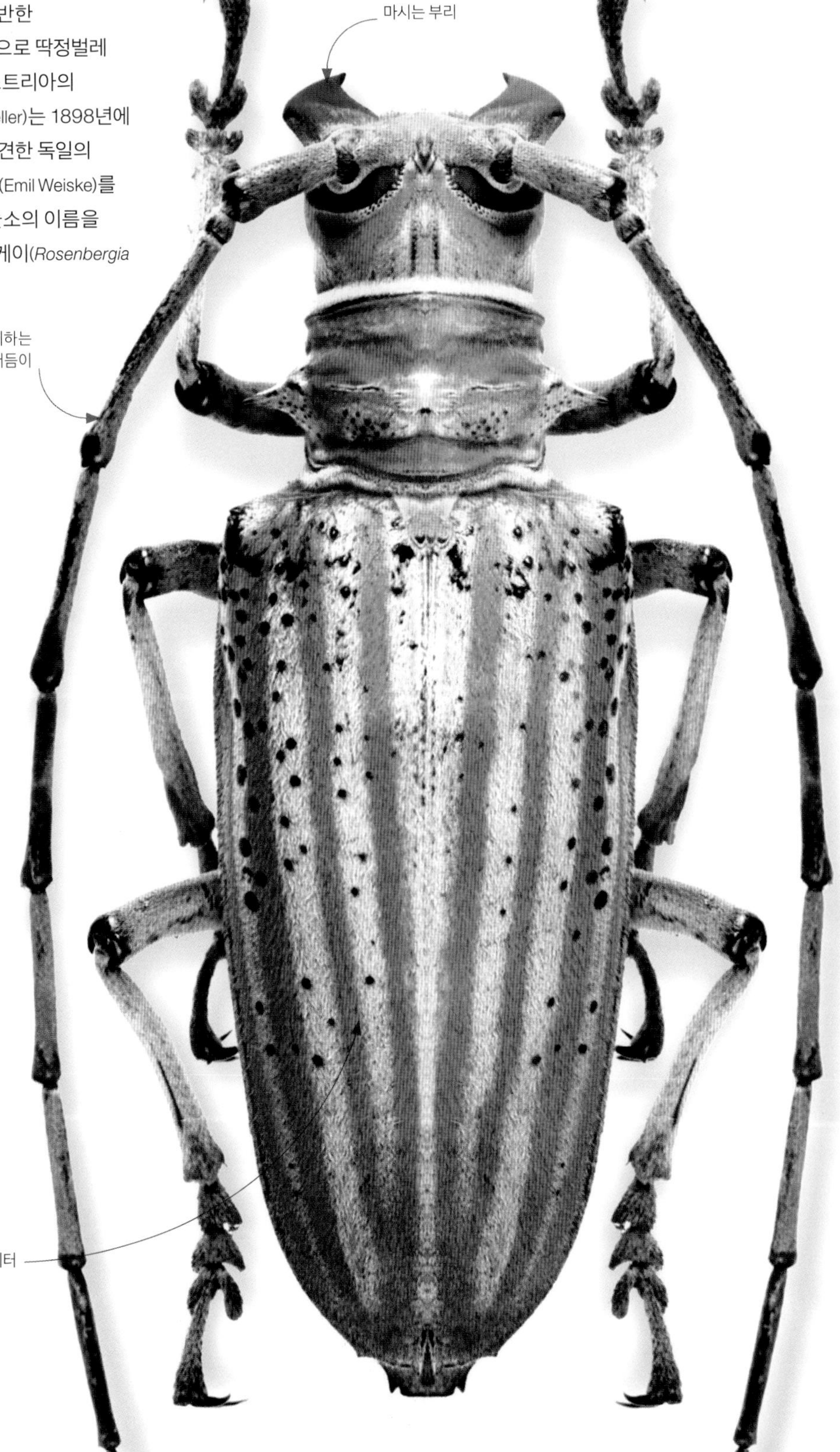

**무화과 나무의** 수액을 마시는 부리

**먹이 식물을** 감지하는 긴 뿔 모양의 더듬이

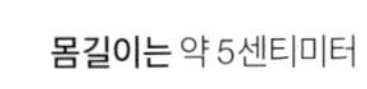

**몸길이는** 약 5센티미터

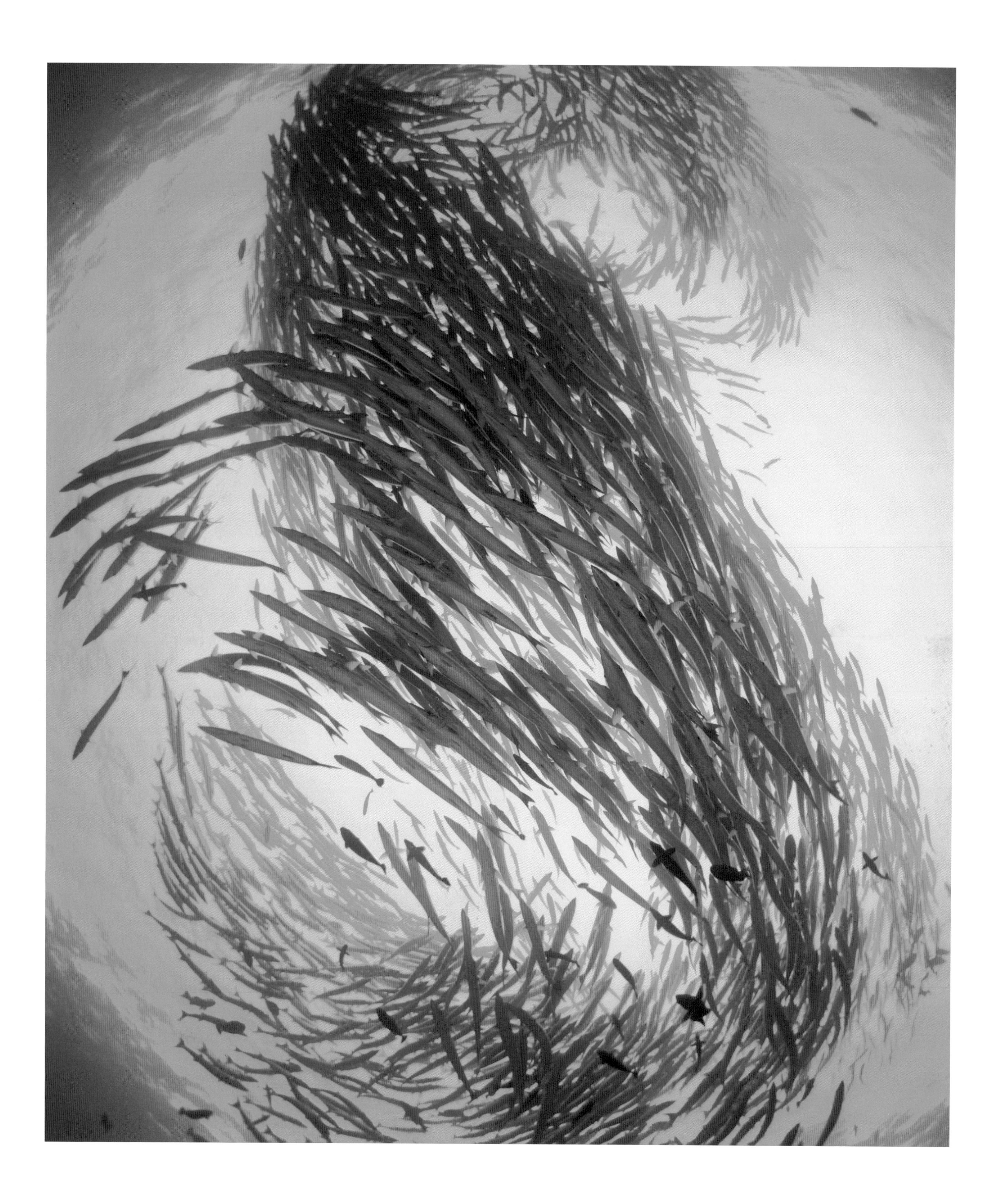

# 어류와 양서류

최초의 척추동물은 어류였으며 오늘날 6만 9000종가량의 척추동물 종의 절반 정도가 어류의 체형을 유지하고 있다. 전형적인 어류는 물속에서 이동하기 쉬운 유선형의 몸과 비늘, 안정적으로 이동을 제어하기 위한 지느러미, 그리고 산소를 흡수하기 위한 아가미를 가지고 있지만 여기서 파생된 다양한 형태가 존재한다. 양서류는 살 지느러미를 가진 어류의 후손으로, 최초의 육상 척추동물이었다.

**건조한 육지에 발을 딛다**
얼룩도롱뇽(*Ambystoma maculatum*)과 같은 대부분의 양서류의 성체는 걸을 수 있는 다리와 호흡을 하는 폐를 가지고 있다. 그러나 다른 양서류와 마찬가지로 머나먼 조상의 유산으로 인해 호흡을 위해 물로 돌아가야만 한다.

**바다에서 태어나다**
최초의 어류는 5억 년 전에 바다를 헤엄쳤다. 꼬치고기(*Sphryraena putnamae*)와 다른 현생 어류는 초기의 무악어류와 매우 다르다. 빠른 근육, 부력을 조절하는 부레, 그리고 턱 덕분에 꼬치고기와 무리를 짓는 육식 물고기들은 물속 세계의 주인이 되었다.

## 물에서 육지로

어류는 자연적인 분류군이나 '계통군'을 구성하지 않는다. 계통군은 공통 조상의 모든 후손을 포함해야 하는데, 어류 중에는 육상 척추동물의 후손도 포함되기 때문이다. 어류는 진화적 경향의 한 단계, 즉 진화의 '경사면'에 있으며, 지느러미와 아가미를 가진 척추동물을 의미한다. 양서류는 살 지느러미를 갖는 육기어류의 자매군인데 이 분류군에는 현재 폐어와 실러캔스만 이 남아 있다.

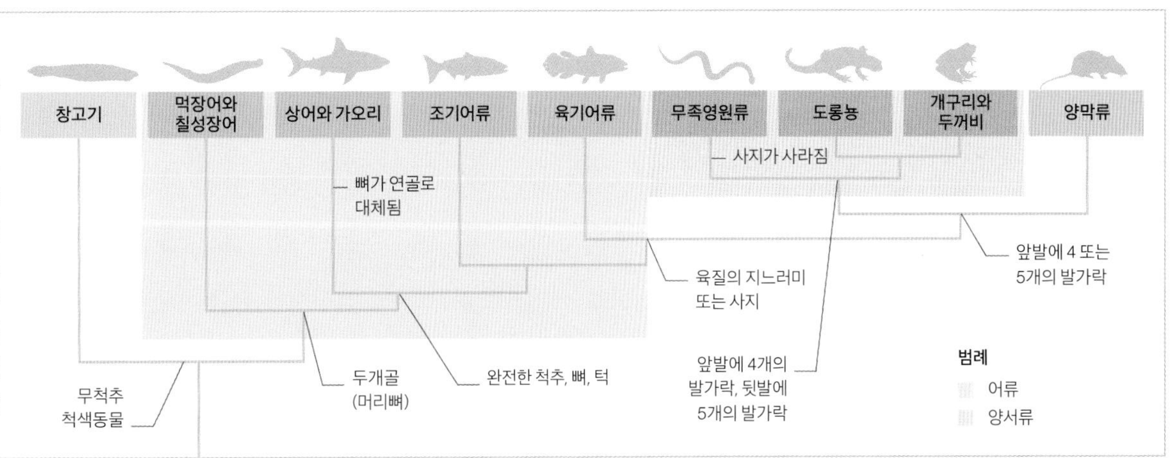

**어류의 비늘과** 달리 단단한 비늘이 표피만을 덮고 있다.

**기어다니는 몸**
초기의 파충류는 5개의 발가락이 달린 사지가 있었으나, 아나콘다(*Eunectes* 속)를 비롯한 많은 현생 파충류는 진화 과정에서 다리를 잃고 배로 기어다니게 되었다. 모든 뱀류는 다리가 없으며 많은 도마뱀들이 독립적인 진화 수렴에 의해서 다리가 없어졌다.

**도마뱀과 달리** 뱀의 눈에는 눈꺼풀이 없다.

# 파충류와 조류

파충류는 척추동물이 물 밖의 삶에 적응하게 되면서 중요한 변화를 겪었다. 몸이 마르는 것을 막기 위해 양서류 조상과 달리 피부에는 단단한 비늘이 생겼으며 육지 생활에 맞게 알껍데기도 단단해졌다. 공룡과 같은 거대 파충류는 1억 5000만 년 동안 지구를 지배했으며 공룡의 후예인 조류는 오늘날 파충류에 필적하는 종 수를 가지고 있다.

**비행동물의 특징**
깃털로 뒤덮인 회색관두루미(*Balearica refulorum*)는 틀림없는 조류이다. 날개로 변형된 앞다리와 가벼운 몸무게, 속이 빈 뼈는 공중 생활을 가능하게 한다.

**파충류와 그의 후손들**

어류와 마찬가지로 파충류는 계통군을 구성하지 못하는 데 그 이유는 조류와 포유류가 둘 다 파충류의 후손이기 때문이다(25쪽 참조). 초기의 파충류는 2갈래로 나뉘었는데, 하나는 포유류로 이어졌다. 다른 하나는 모든 현생 파충류뿐만 아니라 선사 시대의 어룡, 익룡, 공룡으로 이어졌다. 조류는 수각류라 불리는 육식성의 직립 보행 공룡의 후손이다(14~15쪽 참조).

양서류
거북과 물거북
도마뱀, 뱀 및 투아타라
악어
조류
포유류

깃털, 속이 빈 뼈, 온혈동물
머리뼈의 구멍이 사라짐
비늘이 있는 피부, 방수되는 알
턱에 단단히 고정된 이빨

범례
파충류

**많은 조류에서** 깃털색은 성적 신호와 영역 표시에 활용된다.

**깃털은 케라틴이라는** 단단한 피부 단백질로 구성되고 파충류의 비늘에서 진화했을 가능성이 있다.

### 포유류의 친척 관계

조류와 양서류처럼(파충류와 어류와 다르게) 포유류도 하나의 공통 조상의 후손을 모두 포함하는 자연 발생적인 분류군, 즉 계통군을 형성한다. 현생 포유류에서 최초의 분화는 난생인 단공류(오리너구리와 바늘두더지)와 태생인 진수류의 사이에서 이루어졌다. 오늘날 진수류가 포유류 종의 95퍼센트를 차지한다.

파충류
단공류
유대류
태반류
태생
유분비

범례
포유류

**브레인 파워**
따듯한 체온으로 인해 지속적으로 신체 조직의 기능에 최적화된 조건을 유지할 수 있게 된 점이 포유류의 뇌 크기의 증가에 기여한 것은 분명하다. 맨드릴개코원숭이(*Mandrilus sphinx*)는 도마뱀보다 문제 해결 능력이 뛰어나며 새끼를 더 잘 돌볼 수 있다.

# 포유류

포유류는 공룡의 시대 이전에 번성했던 파충류의 후손이다. 최초의 털이 달린 포유류는 공룡과 같은 시대에 살았지만 크기가 작고 땃쥐와 비슷한 형태였다. 공룡이 멸종한 뒤에야 포유류는 다양한 형태로 분화되었다. 조류와 마찬가지로 포유류는 온혈동물이며 체온을 일정하게 유지함으로써 추운 날씨에도 활동할 수 있다. 하지만 조류와 달리 난생을 포기하고 태생을 하며 유선에서 분비되는 젖을 먹여 키운다.



**무리 생활**
포유류는 공룡이 차지하던 생태적 지위를 어느 정도 이어받았다. 포유류는 가장 큰 육상 동물이 되었으며 사바나 얼룩말(*Equus quagga*)과 같은 초식 동물 무리는 지구상에서 생물량이 가장 큰 동물 무리에 속한다.

**얼룩 무늬**는 사회적 신호나 위장에 있어서 중요하다.

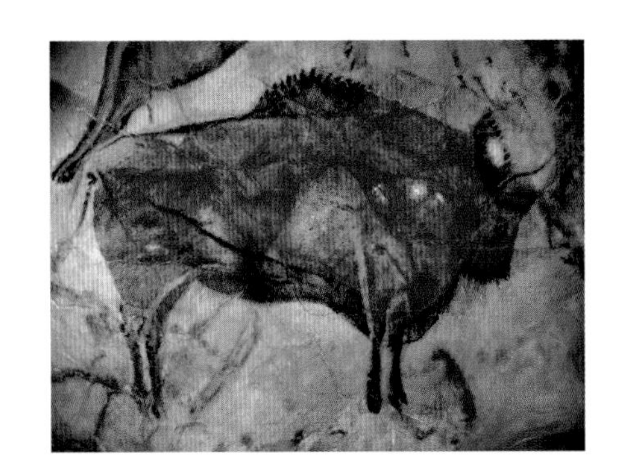

**들소 암컷(기원전 1만 6000~1만 4000년)**
스페인 알타미라 동굴 벽화에는 들소 뿔과 발굽의 선, 음영을 나타내기 위해 물감을 긁어내는 정교한 기술이 사용되었다.

**말과 황소(기원전 1만 5000~1만 3000년)**
라스코 동굴 유적의 주 동굴 황소의 홀에는, 붉은색과 검은색의 말의 옆에 황소와 작은 말들의 띠가 배치되어 있다. 동굴 벽화의 동물 중 세계에서 가장 큰 황소(5.2미터) 그림이 이 홀 안에 있다.

명화 속 동물들

# 선사 시대의 회화

지난 200년 동안 발견된 선사 시대 회화의 정교함은 구석기 시대와 현대 예술의 구분을 무의미하게 만들었다. 서유럽과 전 세계의 수백 개의 동굴을 장식한 동물과 인물의 그림들은 단순한 표현을 넘어서는 것이다. 3만 년 전의 동굴 벽화는 신비주의적 목적 의식으로 그려졌을지도 모른다.

전문가들이 알타미라 동굴의 벽과 천장에 그려진 동물의 생활사에 대한 생생한 이미지가 선사 시대의 작품임을 확인하는 데는 20년 이상이 걸렸다. 1870년대 스페인 칸타브리아 지방에서의 발견 이후에도 한 비평가는 동굴 벽화는 최근의 것이며 손가락으로 문질러 지워버릴 수도 있을 정도라고 주장했다.

약 70년 후에, 십대 4명이 남프랑스 몽티냑 부근의 라스코 동굴의 여우 구멍을 통해 동굴에 들어갔다. 이들은 1만 7000년 동안 처음으로 약 2000개의 동물, 인간, 추상적인 표시가 그려진 235미터 규모의 화랑을 거닌 사람이 되었다. 두 곳에서 성스러운 동물 그림이 지표면에서 찾기 힘든 황토와 산화망간의 색소를 사용해 등불 아래에서 그려진 것으로 보아 어떤 사적이고 종교적인 의도가 있었을 것으로 보인다. 두 동굴이 '선사 시대 예술의 시스티나 성당'이라는 별칭을 얻은 것은 놀라운 일이 아니다.

> "알타미라 동굴의 그림은 완벽의 정점을 찍어 더 이상 개선이 불가능하다."

**루이스 페리콧가르시아, 『선사, 원시 예술』, 1967년**

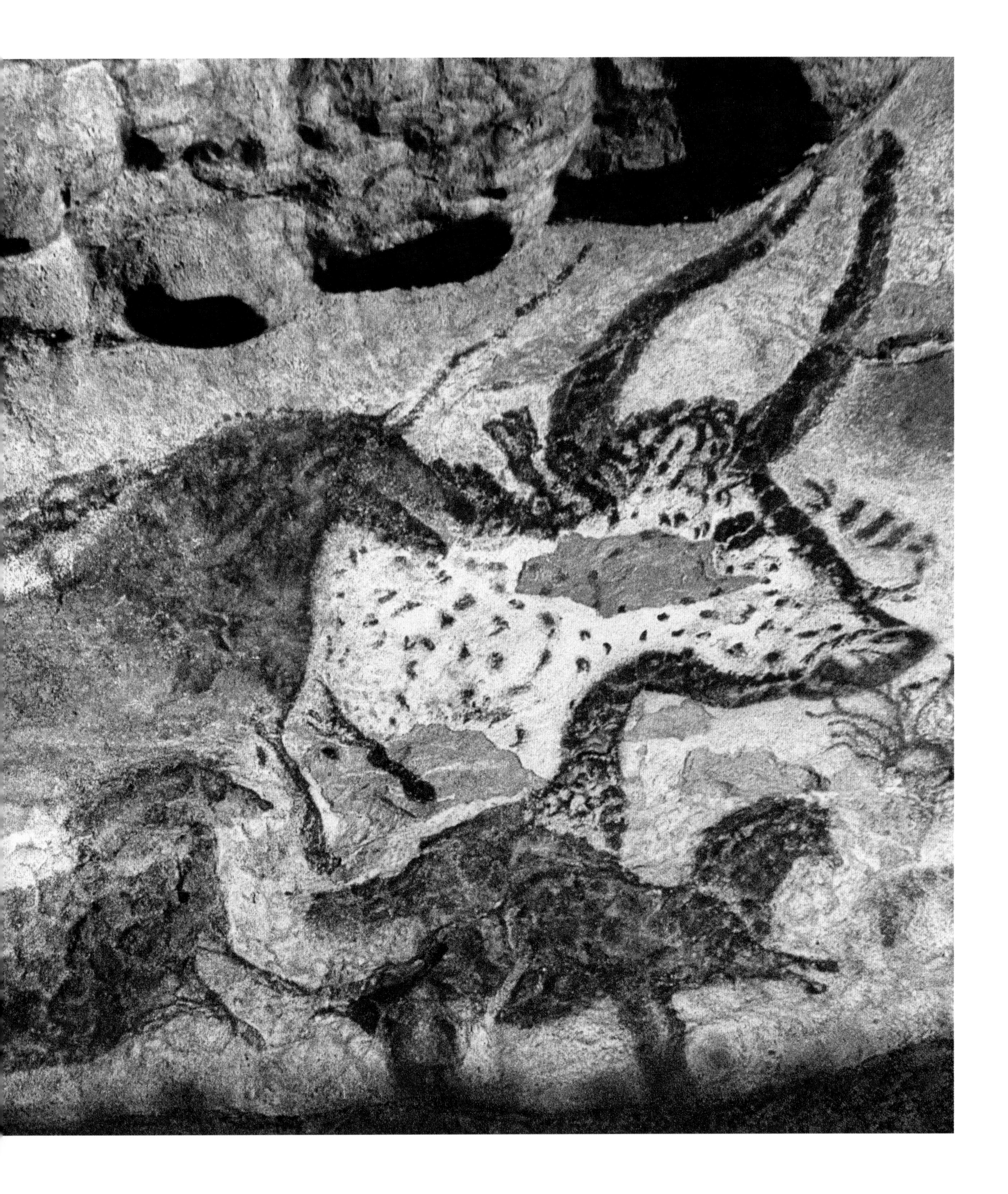

# 체형과 크기

**체형.** 동물의 외적 물리적 형태 또는 윤곽.

**크기.** 공간적인 크기, 비율 또는 규모.

# 대칭과 비대칭

어떤 동물은 앞과 뒤, 위와 아래가 구분되는 것이 필수적인 것으로 보이는 반면, 해면처럼 간단한 몸을 가진 동물들에게는 그러한 구분이 존재하지 않는다. 해면은 조직과 기관을 구성하는 데 필요한 복잡한 세포 조직을 갖고 있지 않다. 해면은 꽃병, 물통, 또는 나무 모양과 같은 아름다운 모양으로 자라지만 대칭 구조는 가지고 있지 않다. 그러나 말미잘과 같은 동물은 좀 더 복잡한 세포 조직을 가지고 있어서 방사형으로 자란다.

**동물성 화원**
거미해면(*Trikentrion flabelliforme*)의 밝은 붉은색 가지 위에 수백 개의 말미잘(*Parazoanthus* sp.)이 자리잡고 있다. 겉보기에는 두 종 모두 식물처럼 보이지만, 사실은 동물이다.

**거미해면은** 복잡한 운동을 할 수 있는 근육과 신경이 없다.

**말미잘은** 근육과 피부를 구성하는 세포 조직 덕분에 방사 대칭 형태를 갖는다.

### 해면의 유형

해면은 세포층 사이에 골편을 가지고 있어 똑바로 설 수 있는데, 칼슘 성분을 갖거나, 이산화규소가 포함되어 유리질을 띠거나 보통해면류에서처럼 단백질 성분의 부드러운 골편을 갖기도 한다.

**포식자를 쫓기** 위한 배수공 주변의 골편

석회질 해면

**이산화규소 골편으로** 구성된 레이스형 격자

유리 해면

**부채 모양의** 잎모양이 비대칭 형태를 이룸

보통해면

바위에 고정된 공통의
기부로부터 자라난
산호 군체

**연산호 군체**

나무 산호(*Capnella imbricata*)는 여러 폴립이 도와서 함께 먹이 활동을 한다. 폴립의 촉수가 잡은 플랑크톤을 소화시켜 얻은 양분은 폴립의 체강을 연결하고 있는 군체의 네트워크에 의해 공유된다.

**각각의 폴립은** 8개의 촉수를 가지고 있어서 나무 산호는 팔방산호로도 불린다.

**유연한 육질의** 가지는 쉽게 구부러져 강한 해류에 의한 이상진동도 견딜 수 있다.

**작은 가지들은** 해류에 의해 부서져 다른 곳에서 새로운 군체를 형성하기도 한다.

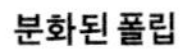

**군체의 발달**

가까이 모여 사는 어떤 동물이나 군체를 구성할 수 있지만, 산호의 군체는 보다 밀접하게 연결되어 있다. 각각의 군체는 하나의 수정란으로부터 자라나므로 산호의 모든 가지와 폴립은 유전적으로 동일한 거대한 개체의 일부가 된다.

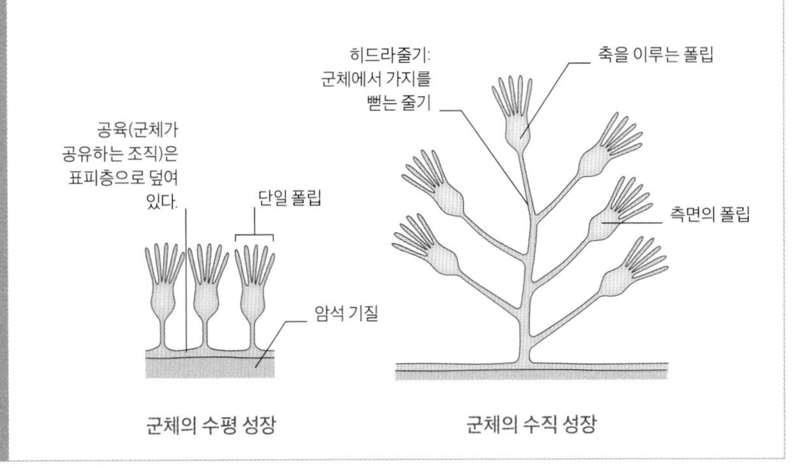


# 군체의 형성

촉수를 사용해 먹이를 모으는 동물은 더 많이 물을 저을수록 많은 먹이를 얻을 수 있다. 말미잘 같은 생물들은 많은 수의 가지를 뻗어 폴립이라는 형태를 만든다. 어떤 가지는 나무처럼 위를 향하고, 다른 가지들은 카펫처럼 옆으로 뻗기도 하며 돌산호는 암석 기질(64~65쪽 참조)에 붙어서 산호의 기부를 형성한다.

**분화된 폴립**

현미경 크기의 히드로충인 오벨리아(*Obelia*)는 서로 다른 용도의 폴립을 만든다. 일부는 먹이를 잡고, 다른 일부는 번식을 위해 난자와 정자를 만든다.

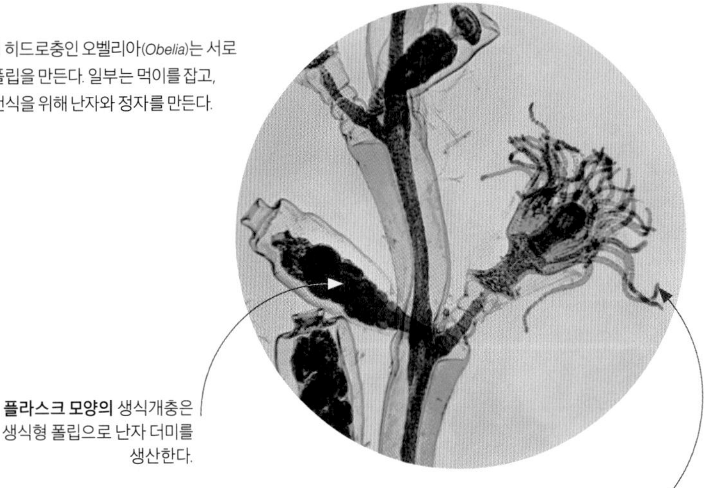

**플라스크 모양의** 생식개충은 생식형 폴립으로 난자 더미를 생산한다.

**수축 가능한** 영양개충은 섭식형 폴립으로 플랑크톤을 잡는다.

**가장 단순한 신경계**

머리도 꼬리도 없는 자포동물의 신경계는 다른 동물처럼 뇌를 구성하지 않는다. 대신 신경세포섬유들이 체강과 체벽 사이에서 단순한 그물망을 형성하고 있다. 다른 동물과 마찬가지로 감각신경이 근육신경에 전기적 자극을 주어 행동에 옮긴다.

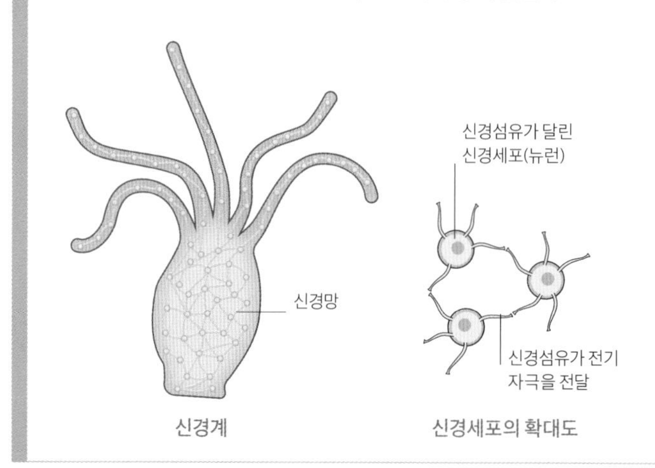


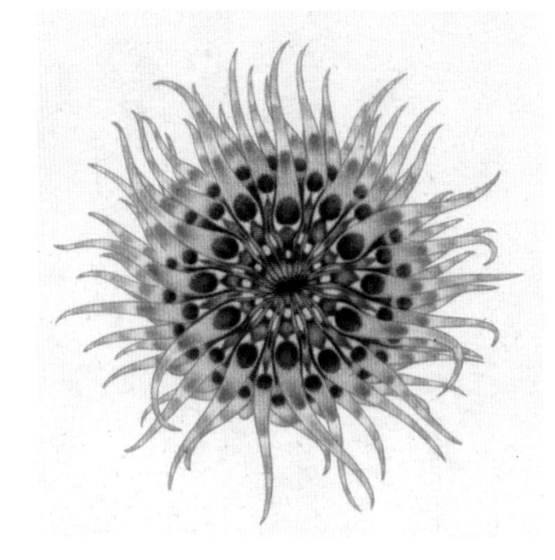

**상면도**
말미잘의 몸은 중앙축을 중심으로 배열되어 있다. 촉수들의 중앙에 위쪽을 입구로 하는 체강이 있으며, 몸의 축을 이룬다. 이 입구는 먹이를 들여보내고 찌꺼기를 배출한다.

**몸의 형태 바꾸기**

다 자란 매그니피선트 말미잘(*Heteractis magnifica*)은 방사 대칭 형태이지만, 방사 대칭 형태를 갖는 다른 많은 동물들과 마찬가지로 좌우 대칭 형태의 유생으로 시작한다.

**근수축에 의해** 움직이는 촉수는 먹이를 입으로 가져가거나 위험이 다가올 때 수축한다.

**촉수 끝에는** 자포라고 불리는 특수한 세포가 있어서 작은 먹이를 쏘아 마비시킨다.

# 방사 대칭

5억 년 전의 선사 시대 바다에는 촉수로 뒤덮인 동물이 흔했으며, 오늘날에도 많은 촉수 동물들이 남아 있다. 말미잘, 산호, 해파리를 포함하는 자포동물은 앞뒤 구분이 없고 동시에 모든 방면에서 환경을 감지하는 방사형의 몸을 가지고 있다. 이들 모두 물속에 살며 촉수로 물을 저어 지나가는 먹이를 잡는다.

# 움직이는 대칭

해저를 벗어나 대양에서 사는 동물은 많은 기회를 갖지만, 새로운 위협을 받기도 한다. 해파리는 말미잘의 친척으로서 자유롭게 헤엄쳐 다니는데, 대부분 물에 뜰 수 있는 부드러운 갓에 고리 모양으로 배열된 촉수를 가지고 있다. 한곳에 고정되지 않으므로 물에 떠내려갈 위험이 있지만, 이들은 근육을 움직여 해류와 반대로 이동하면서 모든 방향에서 흘러오는 플랑크톤을 먹는다.

**촉수는** 새로운 해파리의 일부가 된다.

**해파리의 폴립**
해파리는 자유롭게 헤엄쳐 다니지만, 생활사 중의 일부는 해저에 부착된 작은 말미잘 모양의 폴립으로 지내기도 한다.

**자유롭게 헤엄치는 포식자**
쐐기해파리(*Chrysaora fuscescens*)의 갓이 힘차게 수축하면서 자포가 있는 촉수를 끌며 물 위로 몸을 밀어올린다. 이 해파리는 먹이를 감지하는 감각 기관이 없어서 긴 촉수를 뻗어 작은 물고기와 새우를 잡아먹는다.

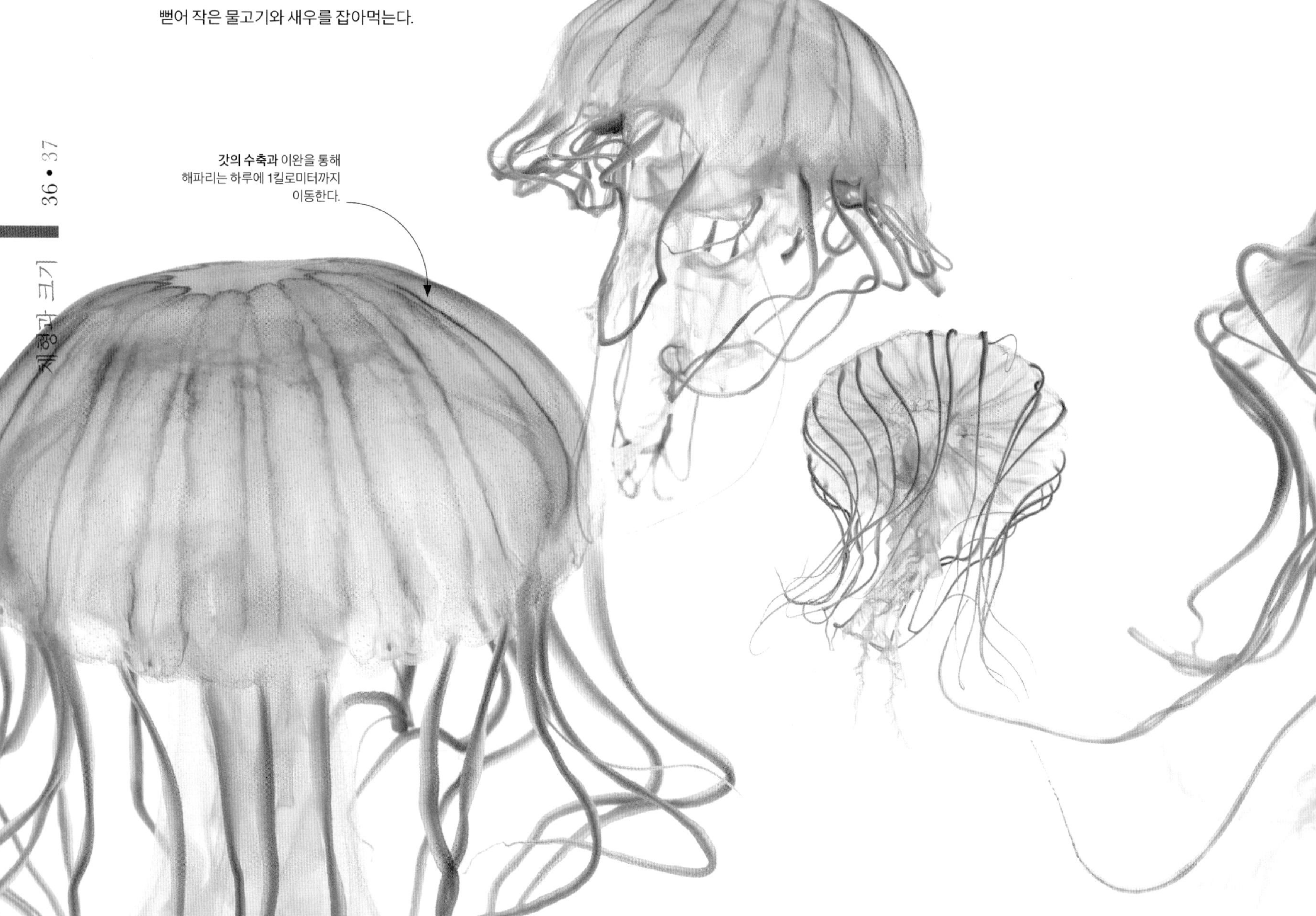

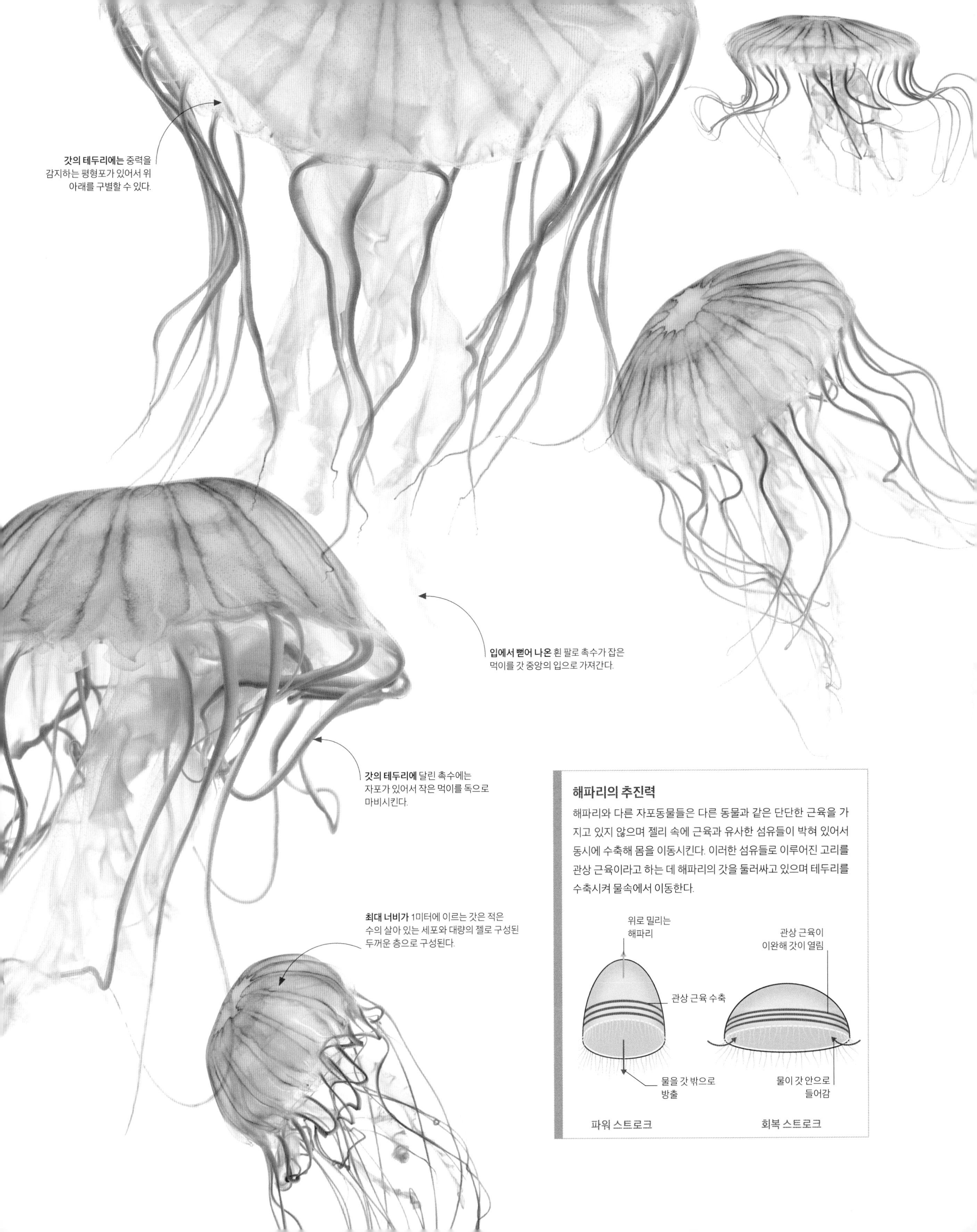

**갓의 테두리에는** 중력을 감지하는 평형포가 있어서 위아래를 구별할 수 있다.

**입에서 뻗어 나온** 흰 팔로 촉수가 잡은 먹이를 갓 중앙의 입으로 가져간다.

**갓의 테두리에** 달린 촉수에는 자포가 있어서 작은 먹이를 독으로 마비시킨다.

**최대 너비가** 1미터에 이르는 갓은 적은 수의 살아 있는 세포와 대량의 젤로 구성된 두꺼운 층으로 구성된다.

## 해파리의 추진력

해파리와 다른 자포동물들은 다른 동물과 같은 단단한 근육을 가지고 있지 않으며 젤리 속에 근육과 유사한 섬유들이 박혀 있어서 동시에 수축해 몸을 이동시킨다. 이러한 섬유들로 이루어진 고리를 관상 근육이라고 하는 데 해파리의 갓을 둘러싸고 있으며 테두리를 수축시켜 물속에서 이동한다.

Gamochonia. — Trichterkraken.

**두족류**
과학과 예술이 결합된 생물학자 에른스트 하인리히 헤켈(Ernst Heinrich Haeckel, 1834~1919년)의 일러스트는 두족류를 정교하게 묘사했으며 수천 개의 신종을 포함하고 있다. 1904년 이룬 진화 생물학자의 주요 작품인 '자연의 예술적 형상'은 체형의 대칭과 조직 레벨을 탐구한 결과물이다.

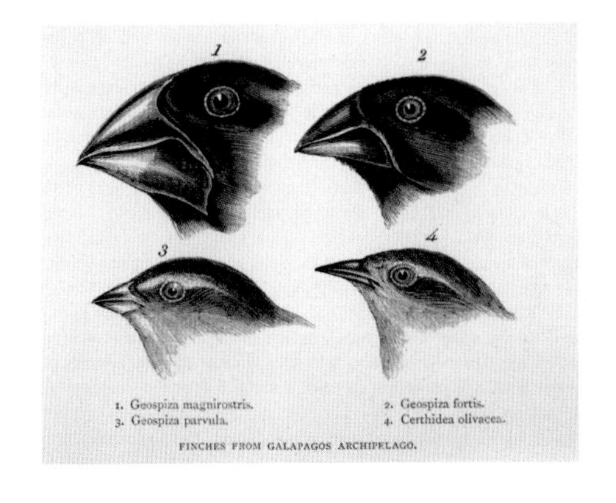


**다윈 핀치(1845년)**
찰스 다윈(Charles Robert Darwin, 1809~1882년)이 갈라파고스 군도의 여러 섬에서 수집한, 동일한 과에 속하는 핀치류의 다양한 조류 표본에 대한 존 굴드(John Gould, 1804~1881년)의 관찰은 다윈의 자연 선택설의 중요한 부분이 되었다.



# 다윈주의자들

**작은 레아(1841년)**
영국의 조류학자이자 화가인 존 굴드는 H.M.S. 비글 호의 항해에서 다윈이 만난 많은 새들을 동정하고 그렸는데 이 중에는 그가 레아 다르위니(*Rhea darwinii*)라고 명명한 작은 레아도 있었다.

19세기에 독립적인 생활 수단이 있는 부유한 신사 계급의 젊은이에게 자연사 연구는 자기 계발과 세계 여행으로 이어졌다. H.M.S. 비글 호의 동물 탐사 이후 인류의 기원에 관한 찰스 다윈의 획기적인 이론은 이들의 관심을 더욱 불타오르게 했다.

대부분의 자연사와 관련된 협회나 조직은 아마추어들에 의해 운영되었으나, 칼 폰 린네(Carl von Linné, 1707~1778년)가 식물의 분류 체계(1753년)과 동물의 분류 체계(1758년)를 정립한 후 100년 동안 과학적 방법론이 관심을 끌었다. 린네의 영향을 받아 대영제국 해군은 식물상과 동물상을 기록하기 위해 박물학자를 항해에 참여시켰으며 다윈은 H.M.S. 비글 호에 탑승 제안을 받게 되었다.

지적인 엄격함은 예술에 대한 새로운 접근 방식을 초래해 동물의 그림에도 종 간의 해부학적 구조를 비교할 수 있도록 정확함과 정형화가 요구되었다. 19세기 동안 런던 동물 학회는 수백 개의 드로잉과 채색화를 의뢰했다. 의뢰를 받은 예술가 중에는 동인도 회사와 거래하며 1812년에 중국을 여행한 차 상인이자 마카오에서 19년 동안 중국의 식물, 동물 그림을 그리는 예술가들과 일했던 존 리브스(John Reeves, 1774~1856년)도 포함되어 있었다.

조류학자이자 박제사였던 굴드는 다윈의 『비글 호의 항해』(1839년)의 표본 일러스트 대부분을 그렸으며 그의 드로잉을 통해 영감을 제공했다. 다윈의 저작에 기여한 또다른 인물인 케임브리지 출신의 박물학자인 레오나드 제닌스(Leonard Jenyns, 1800~1893년) 목사는 동물학, 식물학, 지질학의 황금시대를 가져왔다. 제닌스가 자신의 저서 『케임브리지셔의 동물상 노트』에서 말하기를 희귀 표본에 대한 수요가 높아지자 '하층 계급'의 사람들이 소택지에서 잡은 곤충을 팔아서 생계를 유지할 정도였다고 한다.

다윈의 발자취를 따라 독일의 학자 헤켈은 계통수를 작성하고 '생태학'과 '계통학'과 같은 생물학적 용어를 정의했으며 무척추동물에 대한 괄목할 만한 작품을 만들어 냈다. 놀라울 정도로 아름다운 그의 생물학적 일러스트들은 아르누보 예술가들에게 영감을 주었다.

> "같은 분류군에 속하는 모든 존재의 밀접한 관련성을 하나의 거대한 나무로 표현할 수 있다. 나는 이러한 비유가 대체로 진실을 말한다고 믿는다."
>
> **찰스 다윈, 『종의 기원』, 1859년**

**작은 여행자**
10~18센티미터 크기밖에 안 되는 사마귀빗해파리는 대서양과 지중해 또는 아열대 바다의 공해 상의 상층부에서 흔히 발견된다.

*ctenophora*

# 빗해파리

현미경 크기에서 최대 2미터 크기까지 존재하며 바다를 떠돌아다니는 빗해파리, 즉 유즐동물(ctenophora)은 흔히 해파리로 오인되곤 한다(36~37쪽 참조). 이 두 동물은 젤라틴질의 무척추동물로서 5억 년 동안 함께 존재해 왔으며 많은 공통점을 갖지만 서로 다른 동물이다.

유즐동물이란 '빗을 가진' 동물을 뜻하며 머리카락 같은 섬모를 이용해 움직이는 것으로 알려져 있다. 섬모들은 빗 모양으로 배열되어 기부 부분은 융합되어 있고 몸의 양쪽에 8줄로 배열되어 있다.

해파리처럼 빗해파리의 몸도 95퍼센트가 물로 이루어져 있고 외배엽이라고 불리는 얇은 세포층으로 덮여 있다. 내층 즉 내배엽은 체강의 벽을 이룬다. 투명한 젤리로 이루어진 중간층은 중교라고 불리며 근육성(수축성), 신경성, 간엽성의 3가지 세포 유형으로 구성된다. 간엽은 복잡한 생물에서는 다양한 조직으로 분화되지만 빗해파리에서는 단순히 결합 조직의 역할만 한다.

빗해파리는 적도에서 극지방에 이르기까지 모든 바다에서 발견된다. 알려진 종은 187종에 불과하며 잎 모양에서 길쭉한 모양이나 벨트 모양에 이르기까지 다양한 형태를 갖는다. 끈끈한 물질을 흘려 먹이를 잡는 세포가 수축 가능한 주름진 촉수를 감싼 형태를 갖는 종도 있다. 자웅동체로서 정자와 난자를 모두 방출하며 해류에 의해 수정해 번식한다. 빗해파리는 탐욕스러운 포식자로 한쪽 끝에 입이 있고 2개의 배출공이 있어서 찌꺼기를 방출한다. 어떤 개체들은 한 시간에 500마리의 요각류(작은 갑각류)를 먹을 수 있으며 물고기들의 치어를 모조리 잡아먹어 어류 개체군을 말살시키기도 한다.

**라이트 쇼**
다 자란 사마귀빗해파리(*Leucothea multicornis*)는 2개의 투명한 엽을 가지고 있으며 빛이 수축할 때 빛을 반사해 무지개색을 띤다.

# 단순한 머리가 있는 몸

몸 앞부분의 뇌를 활용해 전진할 수 있는 능력은 방사형의 동물이 바다를 헤엄치기 위한 전략적 개선으로 보인다. 편형동물은 이런 방식으로 움직이는 최초의 동물이었다. 이들은 앞뒤의 구분이 있으며 좌우 대칭이다. 체형의 한계에도 불구하고 이들은 거대하고 화려한 형태로 진화했다.

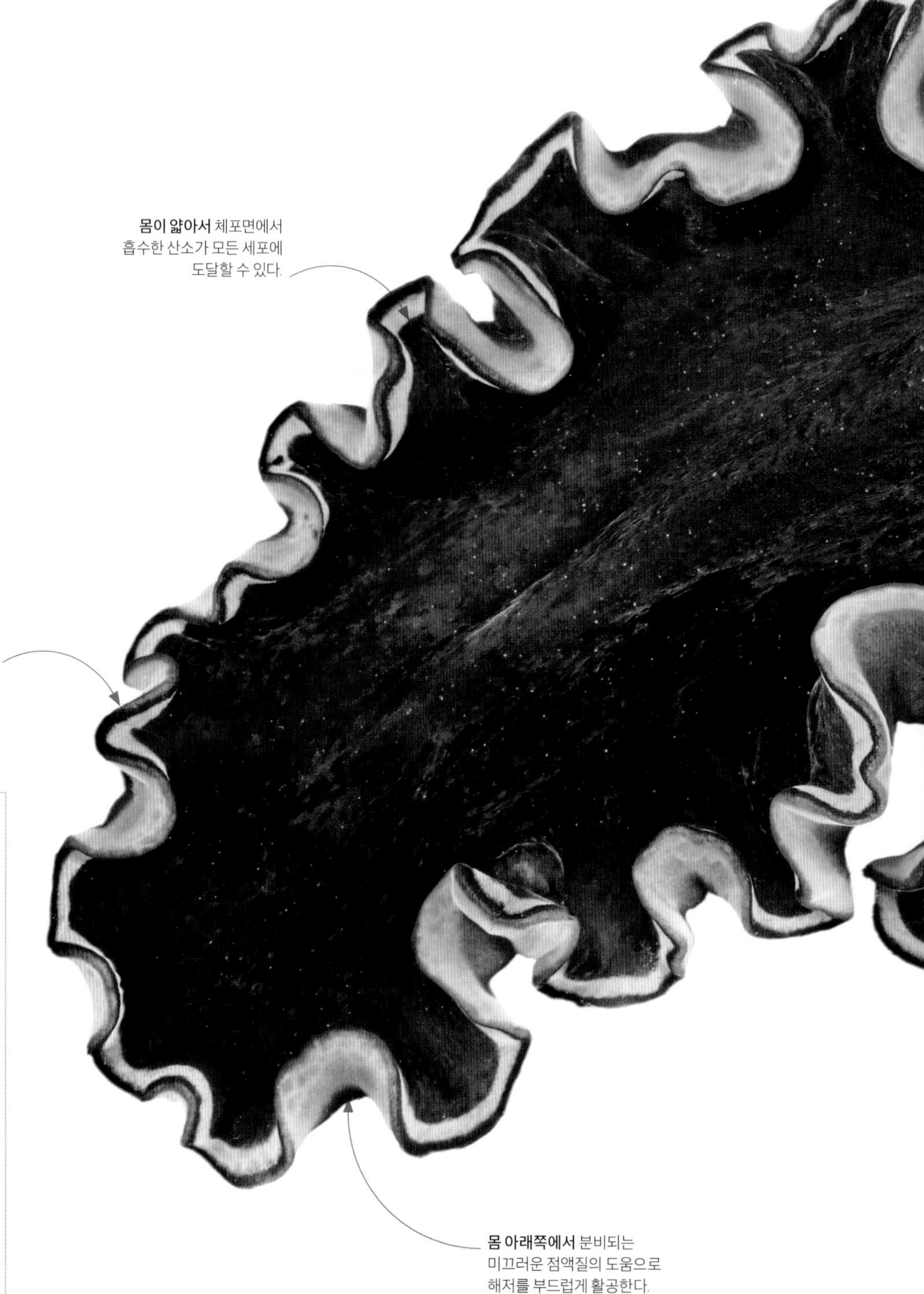


### 섬세한 아름다움

히만 다기장(*Pseudobiceros hymananae*)과 같은 편형동물은 넓적한 머리를 앞으로 향하고 암초 위로 활공한다. '다기장'이라는 이름은 '가지가 많다.'는 뜻으로 혈액 순환 없이도 종이처럼 얇은 몸 구석구석에 분포한 여러 갈래의 체강에 의해 먹이를 전달한다.

### 머리부터 전진

전진하는 동물들은 앞부분에 가장 감각 기관이 많이 필요하므로 머리에 더 많은 감각 기관을 가지고 있다. 편형동물은 가장 간단한 중추신경계를 가진 동물이다. 머리에서 신경세포가 정보를 취합한 다음 신경세포의 연결로 구성된 신경색과 신경을 통해 몸의 나머지 부분과 소통한다.

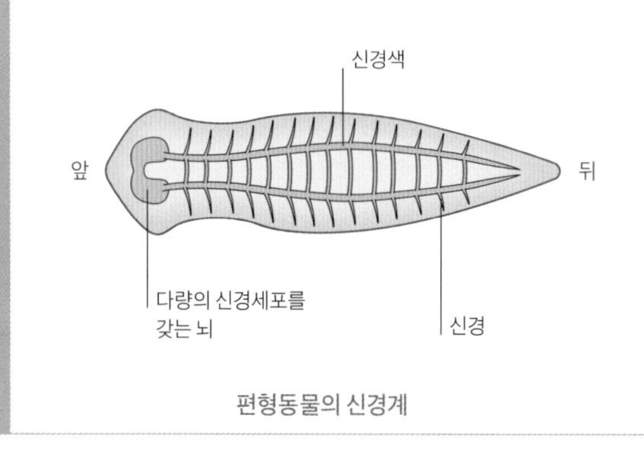


편형동물의 신경계

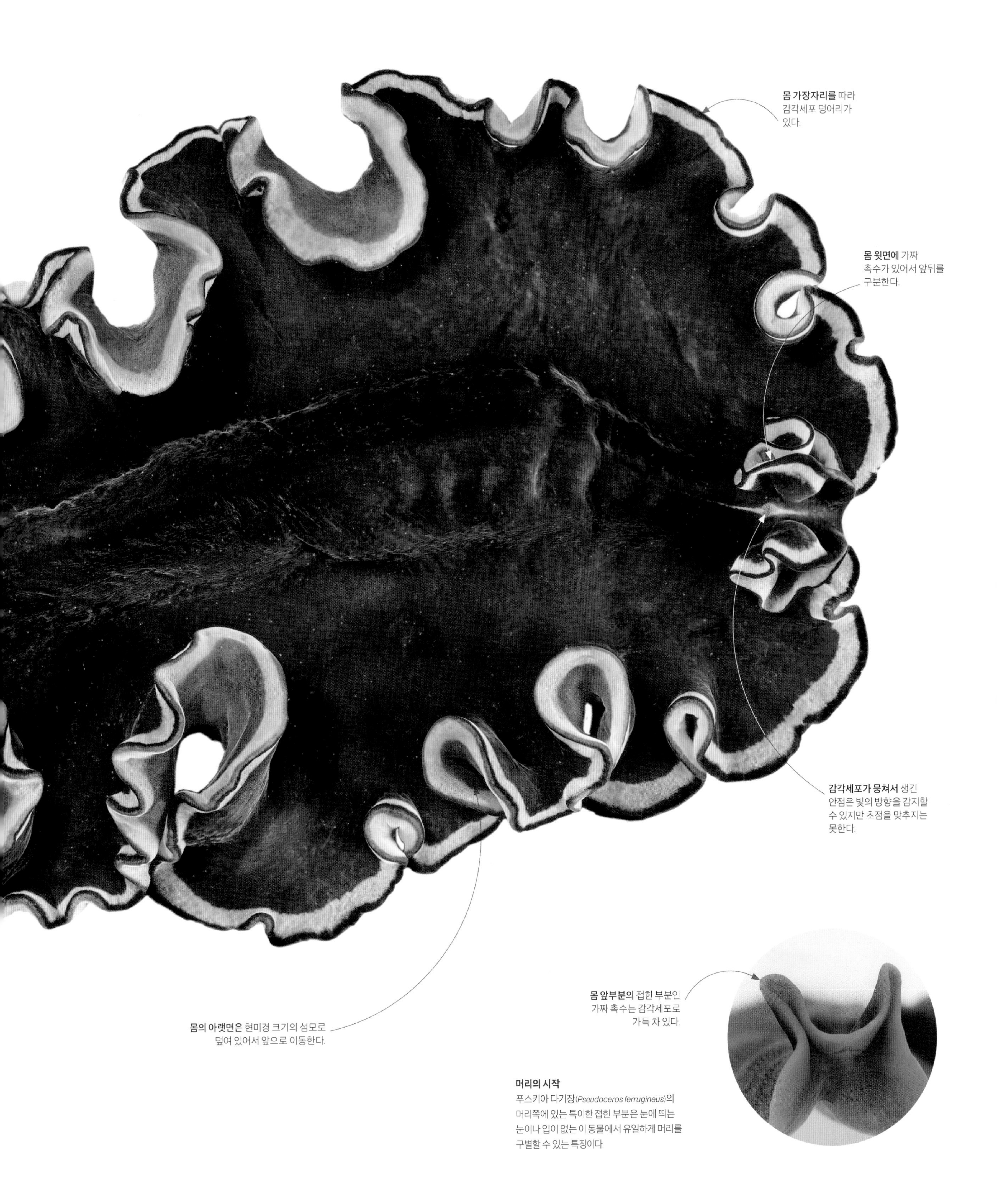


**머리의 시작**

푸스키아 다기장(*Pseudoceros ferrugineus*)의 머리쪽에 있는 특이한 접힌 부분은 눈에 띄는 눈이나 입이 없는 이 동물에서 유일하게 머리를 구별할 수 있는 특징이다.

**사자의 갈기는** 다른 수컷과
싸울 때 목을 보호한다.
**머리와 얼굴** 주변의 털은 최대
16센티미터 길이이며, 가장 성공한
수컷의 갈기가 가장 길다는 연구
결과가 있다.
**수컷의 갈기** 색과 길이는
유전자뿐만 아니라 기후, 호르몬,
질병, 부상, 영양 상태와 나이의
영향을 받는다.

# 성적 차이

대부분의 동물은 유전자나 환경에 의해 결정되는 두 성 중 하나로 발달한다. 성적으로 성숙한 개체에서 성적 차이는 번식할 준비가 되었음을 알린다. 일부 동물에서 이러한 성적 이형성은 몸 크기에 반영된다. 많은 포유류에서 수컷이 암컷보다 크다. 또한 큰 수컷일수록 암컷의 선택을 받을 가능성이 높다. 다른 종, 예를 들어 어류에서는 큰 암컷이 더 많은 알 또는 큰 알을 낳아서 생존 확률을 높이기도 한다.

**어른이 되기 위한 기다림**
사자의 새끼는 모두 비슷해 보인다. 수컷은 생후 12개월부터 갈기가 자라지만 성별 자체는 태어나기 전에 유전자에 의해 결정된다. 다른 포유류와 마찬가지로 수컷은 XY 염색체를 갖고 암컷은 XX 염색체를 갖는다. Y 염색체는 몸을 남성화시키고 Y가 없으면 여성화된다.

**수컷와 암컷**
수사자(*Panthera leo*)의 갈기는 테스토스테론 농도가 높을수록 굵기 때문에 암사자가 새끼를 낳는 데 있어서 적응도의 분명한 지표가 된다. 풍성한 갈기는 높은 생식 능력과 적극성을 의미하며 새끼에게 유전될 수 있다.

**암사자는 수사자보다** 몸 크기가 30~50퍼센트 작다.

**개체마다** 점 무늬와 수염이 다르다.

### 극단적인 성 역할

어떤 심해 아귀 종의 성적 이형성은 극단적이어서, 수컷이 암컷의 10분의 1 크기이다. 작은 수컷은 암컷에 기생해 달라붙으며, 매우 독특하게도 이 행동에 의해 양성이 성적으로 성숙한다. 큰 몸을 가진 암컷이 성숙한 후에 알을 만들 수 있다.

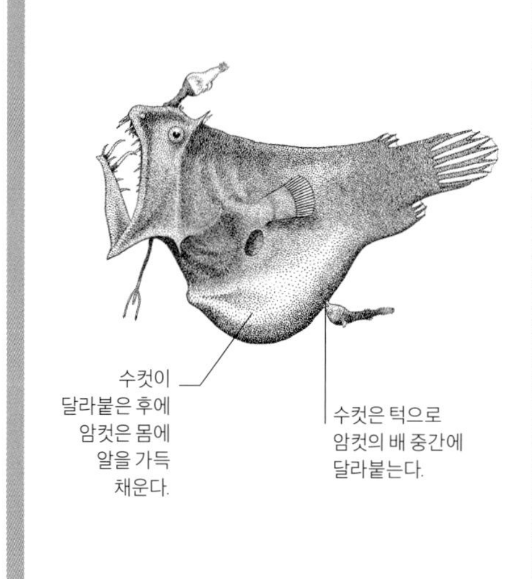


심해 아귀 암컷과 수컷(*Linophryne argyresca*)

1502

**곰의 머리(1480년경)**
레오나르도 다 빈치(Leonardo da Vinci, 1452~1519년)의 스케치북에는 곰에 대한 열정이 나타나는데 다수가 토스카나와 롬바르디아 산악 지역의 야생곰이다. 바탕칠이 된 종이를 금속펜으로 긁어서 그린 이 작은 스케치는 아마도 포획된 동물을 그린 것 같다.

명화 속 동물들

# 르네상스의 눈

위대한 작품들 사이의 조용한 공간에서, 르네상스 시대의 예술가들은 자연계에 대한 심오한 감성을 드러내는 동물의 수채화와 스케치를 그렸다. 자연은 르네상스 시대의 새로운 종교였으며, 동물 연구에 대한 윤리적 과학적 접근을 옹호했던 고대 그리스의 문헌을 재해석함으로써 활기를 띠었다.

르네상스 시대의 천재 레오나르도 다 빈치는 동물의 해부학적 연구와 동물의 행동을 이용한 스케치로 그의 걸작을 준비했다. 그의 북부에서의 발자취를 따라 알브레히트 뒤러(Albrecht Dürer, 1471~1528년)가 그린 식물상과 동물상의 수채화는 그의 채색화, 목판화, 금속판화 속의 종교적인 이야기의 위대한 비전을 고양시키기 위한 준비 작업이었다. 그것은 자연과 깊게 결부되어 있었던 것이다.

동물에 관한 새로운 감성은 아리스토텔레스와 같은 그리스 철학자들의 작품을 인문주의적으로 재해석하는 과정에서 등장했다. 그의 동물의 생명에 관한 숭배는 악마의 자질을 가진 무심한 짐승으로 보는 중세적 관점과 반대되는 것이었다. 그 결과 자연사 연구가 폭발적으로 발달했다. 스위스의 박물학자 콘라트 게스너(Conrad Gessner, 1516~1565년)는 아리스토텔레스의 『동물론(*Historia Animalium*)』 다섯 권을 반영해 알려진 모든 동물과 신화적 생물의 목록(1551~1558년)을 만들었다. 그의 방대한 컬렉션에는 코뿔소를 금속성의 갑주로 무장한 짐승으로 묘사한 뒤러의 목판화도 포함되었다. 당시에 유럽인은 코뿔소를 본 적이 없었으며 유일한 표본은 포르투갈의 왕이 교황 레오 10세에게 선물한 것이었는데 1616년에 난파로 인해 수장되었다.

**세 마리의 멋쟁이새(1543년)**
뒤러는 섬세한 관점과 정확한 해부학적 관찰이 담긴 수채화를 그렸는데, 이는 대개 대작을 준비하는 과정이었다.

**어린 토끼(1502년)**
만질 수 있을 것만 같은 부드러운 털과 반짝이는 눈은 이 어린 토끼 그림을 뒤러의 대표작 중 하나로 만들었다. 그는 뉘른베르크의 작업실에서 과슈와 수채 물감을 섞어 칠을 했으며 야외 관찰과 스튜디오 내의 박제 표본의 관찰을 병행했던 것 같다.

“모든 동물은 어떤 자연스러움과 어떤 아름다움을 보여 준다.”

**아리스토텔레스, 『동물의 부분들에 관해 1(*De Partibus Animalium*)』, 기원전 350년**

**온화한 거대 생물**

배각류는 4개의 다리가 달린 한 쌍으로 융합된 체절, 즉 배각을 가지고 있다. 가장 큰 종인 아프리카자이언트밀리페드(*Archispirostreptus gigas*)는 최대 38센티미터 길이이며 250쌍 이상의 다리를 갖는다.

# 분절화된 몸

어떤 동물은 발달 과정에서 몸의 마디를 반복적으로 복제하면서 성장한다. 벌레들은 진화 과정에서 몸의 각 부분이 독립적으로 움직일 수 있도록 분절화되었다. 배각류와 순각류를 포함하는 단단한 몸을 가진 절지동물들은 벌레처럼 생긴 조상들로부터 분절된 신체 구조를 물려받았으나, 관절이 있는 다리가 더해져 더 효율적으로 움직이게 되었다.

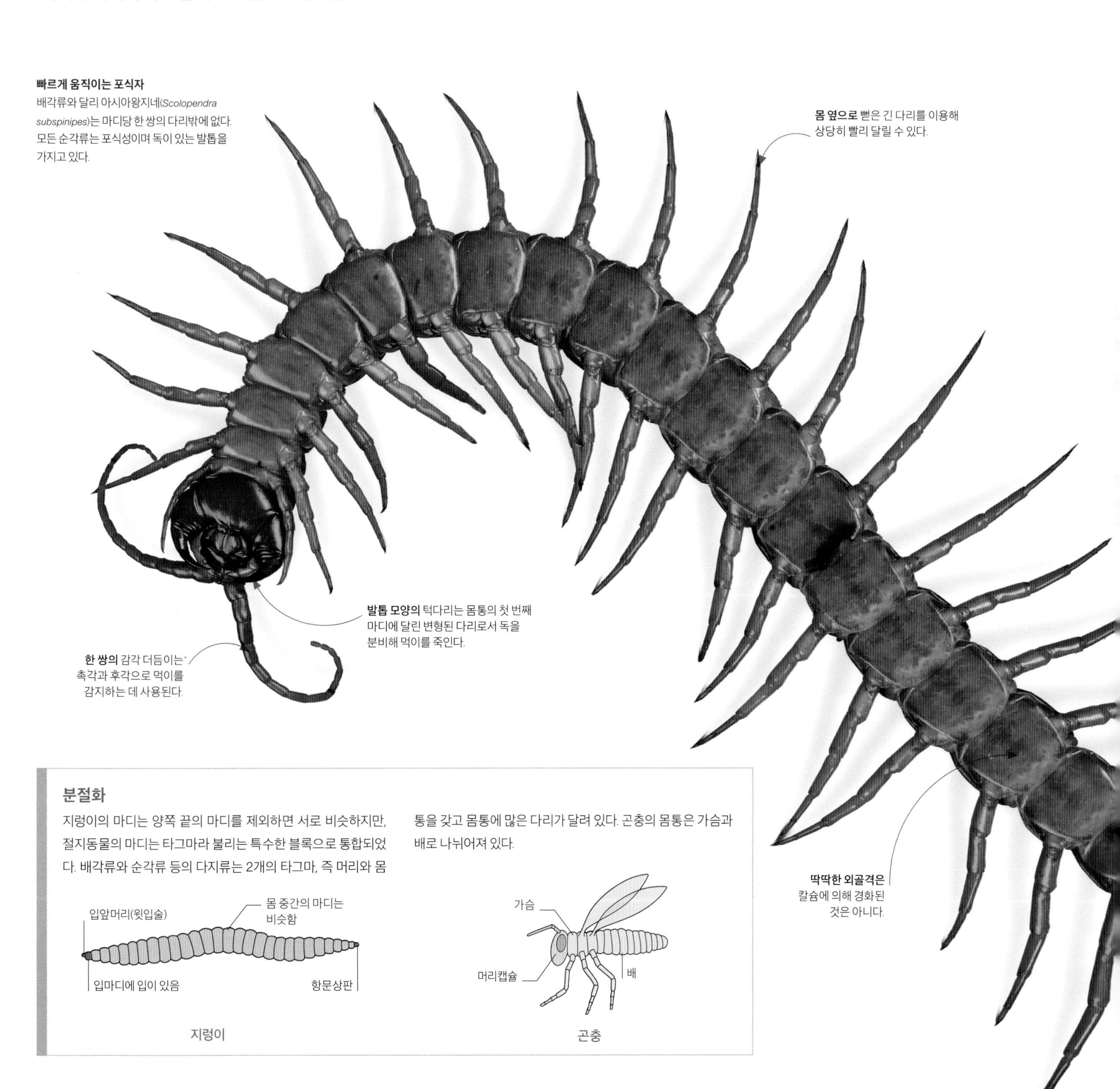


## 분절화

지렁이의 마디는 양쪽 끝의 마디를 제외하면 서로 비슷하지만, 절지동물의 마디는 타그마라 불리는 특수한 블록으로 통합되었다. 배각류와 순각류 등의 다지류는 2개의 타그마, 즉 머리와 몸통을 갖고 몸통에 많은 다리가 달려 있다. 곤충의 몸통은 가슴과 배로 나뉘어져 있다.

# 척추동물의 몸

척추는 단단한 지지대 역할도 하지만 몸을 굽힐 수 있도록 유연함도 가지고 있다. 이것은 척추가 추골이라고 불리는, 연골 또는 경골로 구성된 작고 연속된 블록으로 이루어져 있기 때문이다. 척추를 구부리는 힘은 척추를 둘러싸고 있는 근육 덩어리인 근절로부터 온다. 최초의 척추동물인 어류의 척추는 좌우로 물결치듯 움직였다. 이러한 움직임을 통해 물을 정복하고 이후에 4개의 다리를 가진 후손이 땅 위를 기어 다닐 수 있게 되었다.

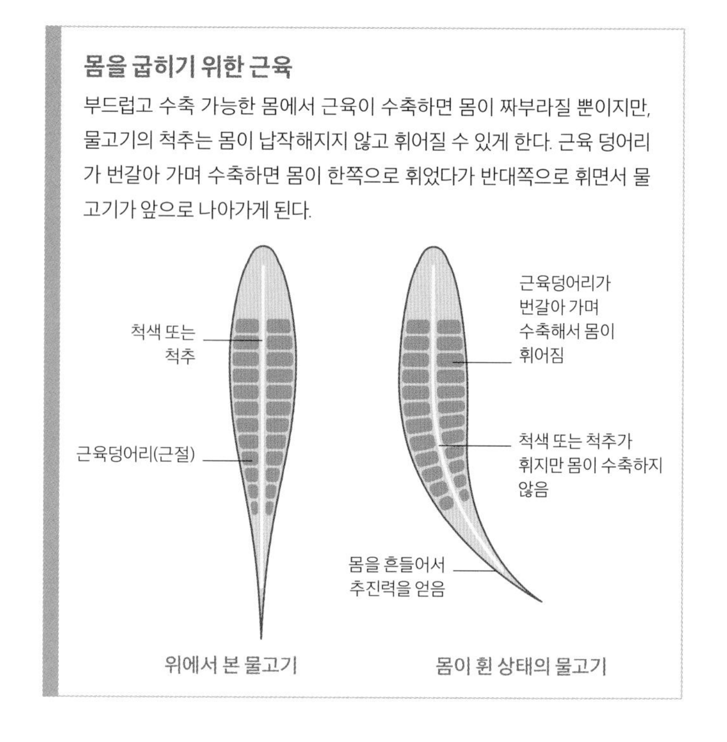

**창고기**
물고기처럼 생긴 창고기(*Branchiostoma lanceolatum*)는 연골성 또는 경골성 척추의 진화적 전신인 고무질의 척색을 가지고 있다. 척색은 척추동물의 배아에서도 발견되는데 발달 과정에서 척추로 대체된다.

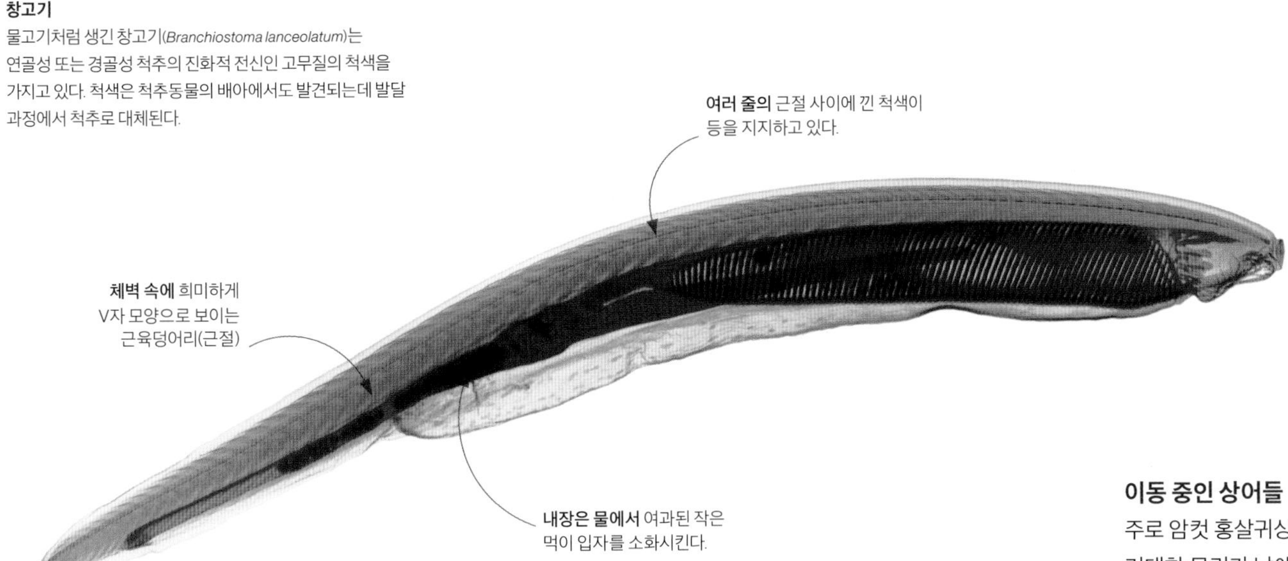


### 이동 중인 상어들
주로 암컷 홍살귀상어(*Sphyrna lewini*)로 이루어진 거대한 무리가 낮에 갈라파고스 군도 주변에 모이고 있다. 밤이 되면 5억 년 전에 최초의 척추동물이 그랬듯이 꼬리를 옆으로 저어서 헤엄치며 홀로 사냥을 나간다.

**개구리의 진화**
개구리의 체형이 진화하는 과정에서 추골의 수는 8 내지 9개로 감소했다. 오늘날 9개의 추골을 가진 소수의 개구리는 '원시 개구리' 즉 원와목에 속하며 이 중 두 종류는 꼬리를 가지고 있는데, 이 꼬리는 실제로는 뼈가 없는 짝짓기용 기관이다. 진화적으로 중간 단계에 있는 중와아목과 신와아목(신양서류)는 좀 더 전형적인 개구리의 형질을 가지고 있는데, 신양서류는 혀와 목소리를 가지고 있다.

**원와목**
꼬리개구리
(*Ascaphus truei*)

**중와아목**
아프리카발톱개구리
(*Xenopus laevis*)

**신와아목**
유럽개구리
(*Rana temporaria*)

**생활**
피부를 촉촉하게 유지해야 하지만, 개구리와 두꺼비는 다양한 서식지에 적응했다. 대부분 번식을 위해 물을 필요로 하지만(316~317쪽 참조), 사막에 살면서 땅속에 수분을 유지하기 위한 고치를 만들어서 건기를 보내는 종도 있다. 숲바닥에 숨어 먹이를 습격하는 종도 있고, 나무에 올라 사냥을 하는 종도 있다.

**파리잡이**
빨간눈청개구리
(*Agalychnis callidryas*)

**벌레잡이**
아시아맹꽁이
(*Kaloula pulchra*)

**쥐잡이**
아르헨티나뿔개구리
(*Ceratophrys ornata*)

**크기의 변이**
개구리와 두꺼비의 크기는 그 종의 수만큼 다양하며 점점 더 작은 종이 발견되면서 크기의 범위가 낮은 쪽으로 넓어지고 있다. 오늘날의 개구리 중에서 가장 작다고 알려진 파푸아 뉴기니의 파이도프리네 아마우엔시스(*Paedophryne amauensis*)는 7.7밀리미터인 반면 가장 큰 종인 서아프리카골리앗개구리(*Conraua goliath*)는 30센티미터 길이에 무게는 3.3킬로그램까지 나간다.

**3~3.3센티미터**
마다가스카갈대개구리
(*Heterixalus madagascariensis*)

**4.1~6.2센티미터**
서아프리카고무개구리
(*Phrynomantis microps*)

**7~11.5센티미터**
화이트청개구리
(*Ranoidea caerulea*)

**알록달록한 등반가**
중남미 우림이 원산지인 흑록독개구리(*Dendrobates auratus*)는 주로 땅 위에 살지만 계절에 따라 나무 구멍에 고인 웅덩이에 가기 위해 50미터를 기어오르기도 한다.

**개미잡이**
멕시코맹꽁이
(*Rhinophrynus dorsalis*)

**22센티미터**
아메리카독두꺼비
(*Rhinella marina*)

# 개구리의 체형

지구상에서 가장 성공적인 양서류인 개구리와 두꺼비는 남극을 제외한 모든 대륙에서 발견된다. 양서류의 체형은 2.5억 년 동안 거의 그대로였다. 머리는 하나의 경추골에 의해 뭉툭한 몸에 연결되고 긴 뒷다리를 가지고 있으며 성체가 되면 꼬리 대신 미단골이라고 불리는 융합된 추골로 대체된다.

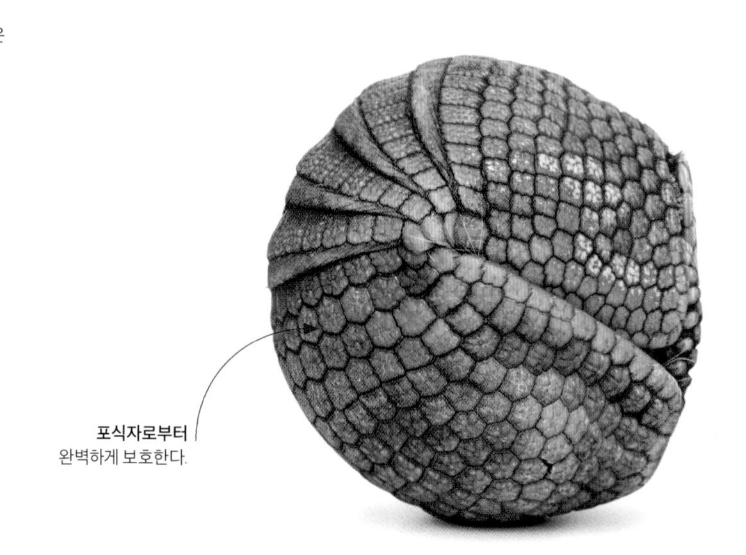


# 몸을 말아 방어하기

어떤 동물이든 움직이면서 체형을 바꾸기 위해서는 강한 근육과 어느 정도의 유연함만 있으면 되지만, 어떤 동물들은 위험에 직면했을 때 극적인 변형이 가능하다. 모든 아르마딜로는 단단한 뼈 갑옷으로 몸 윗부분을 감싸고 있으며 위험이 닥치면 다리를 집어넣고 땅에 납작 엎드린다. 그러나 세줄아르마딜로의 두 종은 방어를 위해 공 모양으로 몸을 말 수 있을 정도로 유연하다.

**주 등갑판** 아래에는 몸을 말았을 때 다리를 집어넣는 공간이 있다.

**꼬리는** 아르마딜로의 몸에서 유일하게 위 아래 면이 비늘로 덮인 부분이다.



**갑옷에 의한 보호**

남부세줄아르마딜로(*Tolypeutes matacus*)의 등갑은 골판이라고 불리는 뼈로 된 판으로 되어 있으며 딱딱한 표피로 덮여 있다. 등갑판들은 몸에 부분적으로만 붙어 있어서 빈 공간에 사지를 완전히 집어 넣고 공 모양으로 몸을 말 수 있다.

# 거대한 동물들

오늘날 살아 있는 가장 큰 동물인 코끼리와 고래는 핀 끝에 올라설 수도 있는 작은 무척추동물들에 비해 어마어마하게 크다. 큰 동물들은 적을 쫓고 경쟁자를 겁줄 수 있다는 장점이 있는 대신 더 많은 먹이와 산소를 필요로 한다. 또한 이들의 몸은 중력에 의해 어마어마한 스트레스와 압력을 받기 때문에 매우 강한 골격과 힘센 근육이 있어야만 움직일 수 있다.

### 아슬아슬한 삶

코끼리의 거대한 크기는 예측 불가능한 환경에 대비하는 역할을 한다. 코끼리는 천천히 이동하면서 몇 주 동안 먹이를 먹지 않아도 생존할 수 있을 정도로 넉넉한 영양을 비축한다. 그러나 가장 작은 온혈동물로서 2그램에 불과한 땃쥐는 에너지 저장고가 없기 때문에 체온을 유지하는 데 많은 에너지를 소모하며 굶어 죽지 않기 위해 쉴 새 없이 먹어야 한다.

땃쥐(땃쥐과)

### 열대의 삶에 적응하다

세계에서 가장 큰 동물인 아프리카코끼리(*Loxodonta africana*)의 피부에는 듬성듬성 털이 나 있어서 거대한 몸에서 나는 열을 식힌다. 다른 포유류처럼 기름샘을 갖고 있지 않은 대신 진흙 목욕으로 피부를 관리하고 피부의 주름이 수분 증발을 막는다.

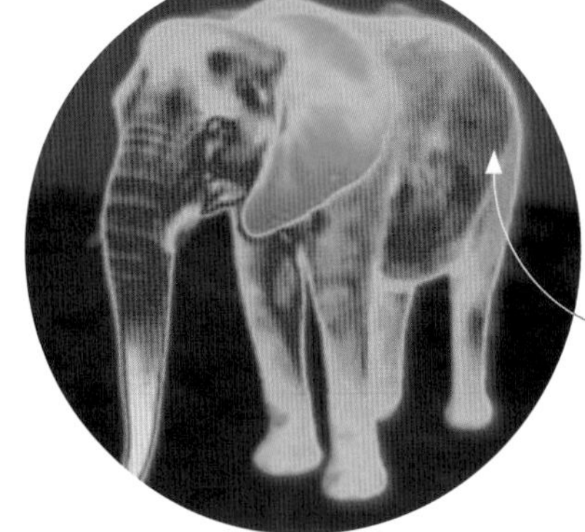


**시원하게 유지하기**

포유류는 생명 활동을 위해 열을 발생시킨다. 거대한 온혈동물에게 있어서 과열은 위험할 수 있지만 코끼리는 귀를 펄럭거려서 귀 혈관 속의 피를 식히는 방법으로 열을 발산한다.

**말라바 유니콘**

이탈리아의 탐험가 마르코 폴로(Marco Polo, 1254~1324년)는 그가 24년 동안 아시아를 여행하면서 유니콘을 보았다고 주장했지만, 그가 묘사한 진흙 속을 뒹구는 못생긴 동물은 아마 코뿔소였을 것이다. 마르코 폴로의 『동방견문록』 15세기 판에서, 삽화가는 인도 말라바 원산의 동물들에 둘러싸인 전형적인 유니콘을 그렸다.

**코끼리의 재창조**

13세기 로체스터 우화집 속의 코끼리는 다양한 색와 트럼펫 모양의 코, 멧돼지와 흡사한 모양이다. 이 전투용 코끼리는 병사를 태울 수 있도록 작은 탑이 달린 안장을 지고 있다.

명화 속 동물들

# 환상의 동물들

우화집은 짐승, 새, 물고기, 심지어는 바위조차도 신이 부여한 어떤 특질과 성격을 지녔다는 믿음에 따라 이러한 생명체들을 수록한 중세 시대의 책이다. 세계의 야생동물에 내재된 선과 악에 관한 이야기들은 중세인이 이해하기 쉬운 교재가 되었다. 많은 우화집들이 글을 읽지 못하는 독자들의 상상력 속에 남을 동물 삽화로 화려하게 꾸며졌다.

주로 라틴 어로 쓰였거나 프랑스에서는 프랑스 방언으로 쓰였던 유럽의 우화집 중 많은 수가 2~4세기에 작성된 것으로 추정되는, 50가지 동물에 대한 고대 알렉산드리아의 문헌인 『피지올로구스』에서 기원한다. 이 책은 자연의 순수한 짐승들에게 그리스도 또는 악마와 관련된 행동이나 형질을 부여했다. 예를 들어 펠리칸은 피 속에서 새끼를 되살리는 것으로 믿어져 부활의 강력한 상징이 되었다.

13세기 우화집에서 고래는 거대하고 여러 개의 지느러미를 가진 물고기로서 섬으로 위장해 배를 유인하는 것으로 표현되었다. 모래처럼 보이는 피부 위에 선원들이 불을 피우면 화가 난 고래가 선원들을 깊은 바다 속으로 끌어들이는데, 이것은 악마의 유혹과 죄인이 지옥에 떨어지는 모습을 상기시킨다. 고슴도치들은 포도 위를 굴러서 가시에 포도를 꽂은 다음 새끼에게 가져다준다. 으르렁거리는 흑표범은 달콤한 숨결로 다른 동물을 유인한다.

대부분의 삽화는 예술적 훈련을 받지 않은 수도사들의 작품이었으며 글로 된 설명과 조각을 보고 이국적인 동물들을 그리는 수밖에 없었다. 개의 머리를 가진 악어는 유니콘과 마찬가지로 상상력을 기반으로 그린 것 같다.

심지어 13세기의 탐험가 마르코 폴로의 직접적인 관찰도 먼 나라에 사는 야생동물에 대한 중세인들의 이해에는 도움이 되지 않았다. 이 베네치아 출신의 탐험가는 제노바의 감옥에 같이 갇혀 있던 작가 루스티첼로 다 피사(Rustichello da Pisa)에게 그의 24년 동안의 여행에 대한 회고를 구술했다. 환상의 동물과 새의 축소판을 그린 책들은 유럽에서 베스트셀러가 되었지만, 마르코 폴로의 "모두 실제와 다르고……크기와 아름다움은 과장되었다."라는 기술에 대해서는 회의적이었다.

> " 유니콘을 길들여 포획하기 위해서는 유니콘이 다니는 길에 처녀를 두어야 한다. "
>
> **『로체스터 우화집』, 13세기**

# 키가 큰 동물들

높은 곳에 있는 머리는 위험을 미리 발견하고 경쟁자들이 닿지 못하는 곳의 먹이를 먹을 수 있게 한다. 이런 관점에서 볼 때 기린과 비견될 동물은 없을 것이다. 기린의 키는 길어진 목과 유난히 긴 정강이뼈 때문이다. 그러나 큰 키를 위해서는 중력의 반대 방향으로 피를 순환시키기 위한 강력한 심장이 필요할 뿐 아니라 혈액이 지속적으로 순환할 수 있도록 다른 포유류보다 높은 혈압을 유지할 필요성이 배가된다.

### 몸보다 높은 머리

기린(*Giraffa camelopardalis*)은 살아 있는 동물 중에서 가장 키가 크며, 수컷의 키는 최대 6미터나 된다. 여러 가지 요소가 진화에 영향을 미쳤는데, 키가 크면 시야가 넓고 적을 경계하는 데 유리할 뿐 아니라 표면적이 넓어서 열을 발산해 체온을 유지하는 데도 유리하다.

### 목의 혈액 순환

기린이 고개를 숙이면, 뇌 아래에 있는 탄력적인 혈관벽의 그물, 즉 괴망이 팽창해 뇌에 몰린 혈액을 흡수함으로써 뇌의 손상을 방지한다. 경정맥 내의 판막이 닫히면서 중력에 의해 피가 역류하는 것을 막는다.

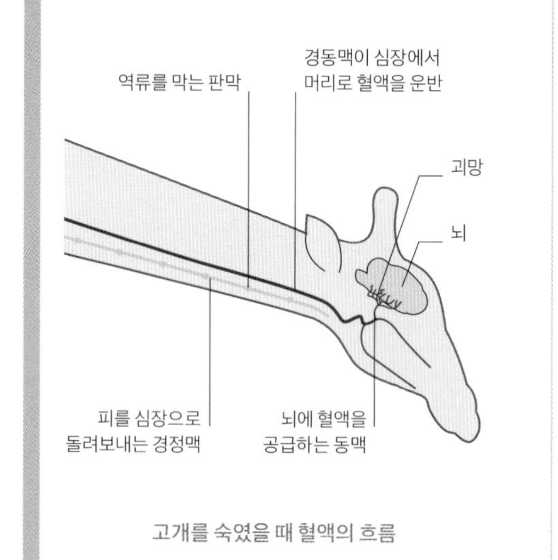


고개를 숙였을 때 혈액의 흐름

**짧은 뿔,** 즉 골축은 피부로 덮여 있으며 연골로부터 생성된 후 두개골에 융합되었다.

**기린은 더울 때** 헐떡이는 대신 두개골 안쪽의 비강 내벽이 혈액의 온도를 낮추는 기능을 한다.

**어두운 반점에는** 커다란 땀샘들과 표면 혈관들이 모여 있어서 열을 발산한다.

**기린의 목은** 다리를 벌리지 않고 물을 마시기에는 너무 짧다.

**목의 받침점은** 다른 유제류의 것보다 뒤쪽 높은 곳에 위치하고 있어서 긴 목을 안정적으로 받치고 있다.

**위험한 물 마시기**

기린의 다리뼈는 너무 길기 때문에 웅덩이에서 물을 마시려면 앞다리를 펼쳐야 한다. 위태로운 자세 때문에 포식자에게 잡힐 위험이 높으므로 기린들은 집단으로 모여서 물을 마시곤 한다.

# 골격

**골격.** 내골격과 외골격이 있으며 뼈나 연골과 같은 단단한 물질로 구성되어 동물의 형태와 이동을 지지하는 역할을 한다.

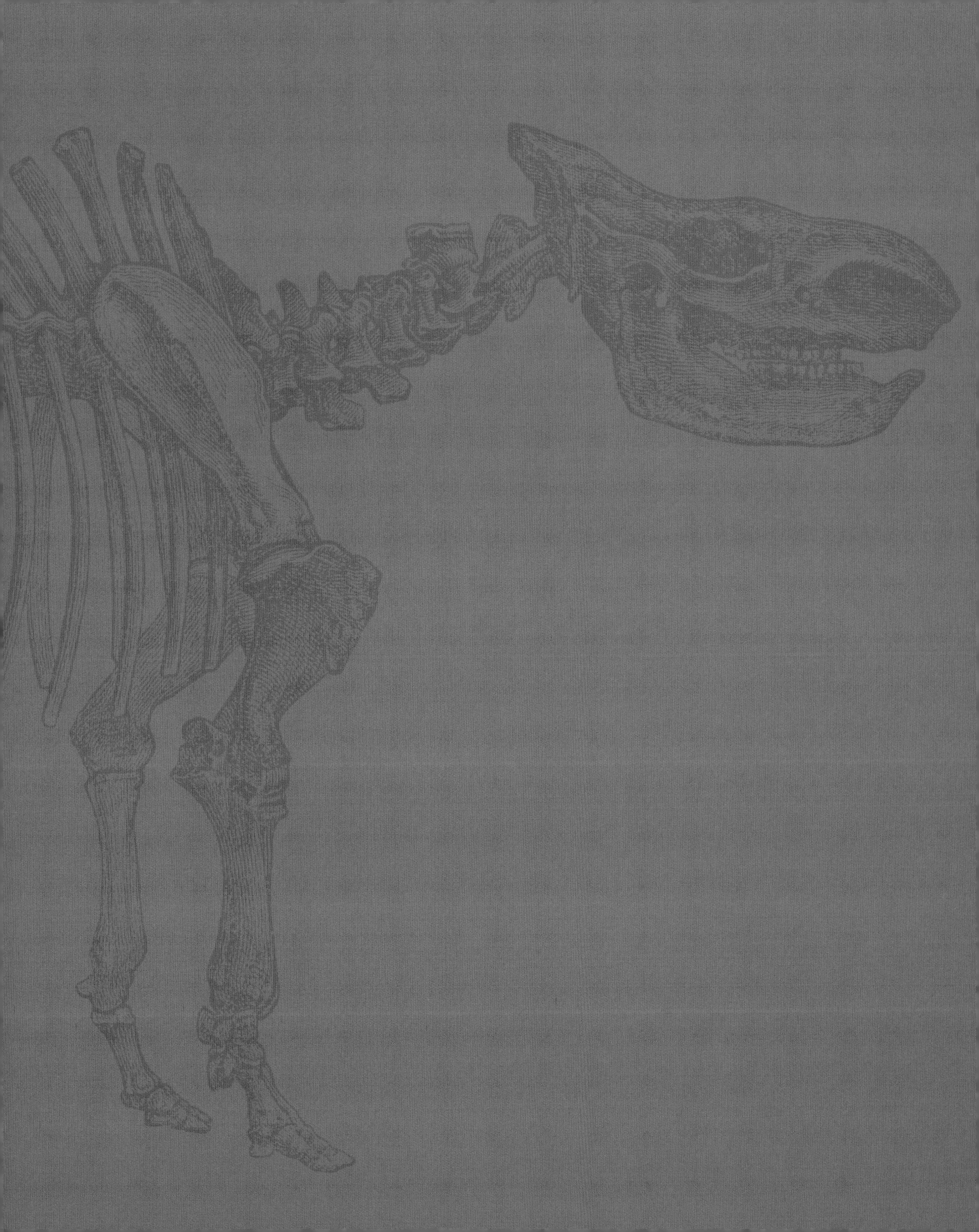

## 부채산호

은나무고르고니안(*Muricea* sp.)은 고르고닌이라고 불리는 딱딱한 물질로 된 속이 빈 관으로 보강되어 있다. 강도가 높아 해류에 의한 이상 진동에 저항할 수 있다. 노란부채산호(*Annella mollis*)의 부채 모양도 해류를 견디는 데 도움이 된다.

**고르고니안의** 공동 골격은 군체가 가지를 세워서 더 많은 플랑크톤을 잡도록 폴립을 노출시키는 데 도움이 된다.



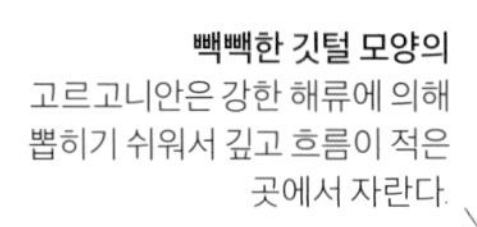

**빽빽한 깃털 모양의** 고르고니안은 강한 해류에 의해 뽑히기 쉬워서 깊고 흐름이 적은 곳에서 자란다.

**폴립**

산호나 고르고니안의 골격은 생명이 없는 구조물이지만 표면에 있는 살아 있는 폴립을 지지하는 역할을 한다. 각각의 폴립은 산호석이라고 불리는 단단한 컵 안에 들어가 몸을 보호한다.

**각각의 촉수는** 먹이를 마비시킬 수 있는 자포로 덮여 있다.

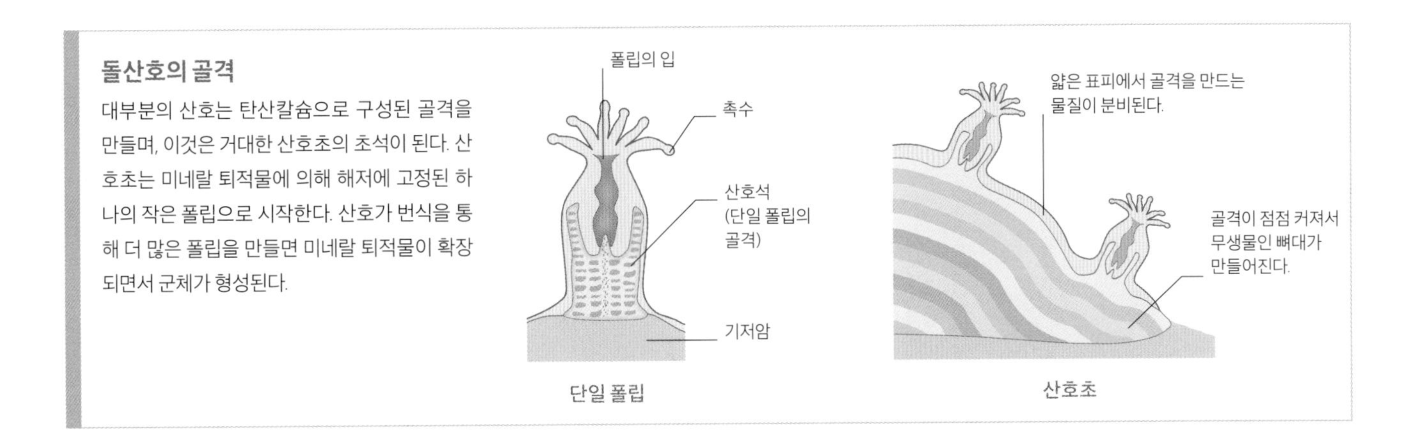


**돌산호의 골격**

대부분의 산호는 탄산칼슘으로 구성된 골격을 만들며, 이것은 거대한 산호초의 초석이 된다. 산호초는 미네랄 퇴적물에 의해 해저에 고정된 하나의 작은 폴립으로 시작한다. 산호가 번식을 통해 더 많은 폴립을 만들면 미네랄 퇴적물이 확장되면서 군체가 형성된다.

# 공동 골격

골격은 나무 줄기와 가지가 나뭇잎을 지지하듯이 제멋대로 뻗어 나가는 군체를 효과적으로 지지할 수 있다. 산호와 그 친척들은 수천 개의 작은 폴립(32~33쪽 참조)을 지지하기 위해 빠르게 거대한 골격을 만든다. 단단한 단백질, 광물질 또는 키틴(갑각류의 껍데기 성분)으로 구성된 골격은 표면에 사는 모든 폴립을 연결하는 얇은 껍데기 아래에서 두껍게 자란다.

**골격 표면의** 살아 있는 조직에 의해 연결된 폴립

**고르고니안의** 부채 모양의 가지는 해류가 주로 흐르는 방향을 가로막아서 더 많은 플랑크톤을 잡을 수 있다.

첫 번째 마디인
입마디에 입이 있다.
길어진 살 또는
촉각기로 먹이를
감지하고 맛을 본다.
움켜쥐는 털은 마디 속에
숨어 있다가 먹이를 잡을 때
내밀어서 조류를 잡고 찢는다.
각각의 마디를
구분하는 격막

각각의 마디에 노처럼 생긴 한 쌍의 옆다리가 달려 있다.

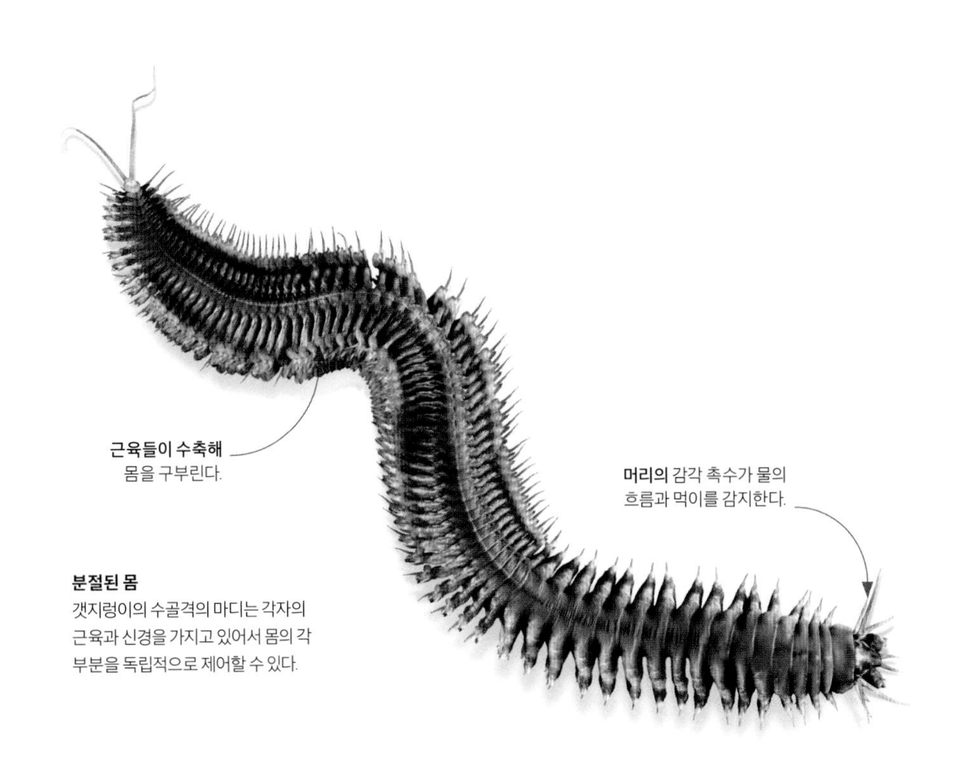

근육들이 수축해 몸을 구부린다.

머리의 감각 촉수가 물의 흐름과 먹이를 감지한다.

**분절된 몸**
갯지렁이의 수골격의 마디는 각자의 근육과 신경을 가지고 있어서 몸의 각 부분을 독립적으로 제어할 수 있다.



# 수골격

지렁이를 포함하는 환형동물은 단단한 뼈나 고형의 갑옷에 의해 지지되지 않는 대신 유연하고 물로 채워진 골격을 가지고 있다. 물은 압축이 불가능하면서 어떤 모양으로든 흐를 수 있기 때문에 완벽한 골격의 재료가 될 수 있다. 그 결과, 여러 근육이 협력해 몸에서 물로 채워진 부분을 쥐어짜서 몸을 앞으로 움직일 수 있다.

### 벌레의 제왕

왕갯지렁이(*Alitta virens*)는 물이 채워진 마디가 연결된 수골격을 가지고 있다. 주머니 주변의 근육이 수축과 이완을 반복하면서 물, 모래, 퇴적물 속을 이동한다. 양쪽에 달린 덮개 또는 옆다리로 땅을 짚는다.

### 물결 같은 움직임

번갈아 가며 몸 한쪽의 근육들을 수축시키는 동시에 반대쪽 근육을 이완시키는 행동을 반복함으로써 갯지렁이는 몸을 따라 S자 모양의 횡파를 만들어서 모래 위를 이동하거나 물속에서 헤엄친다.

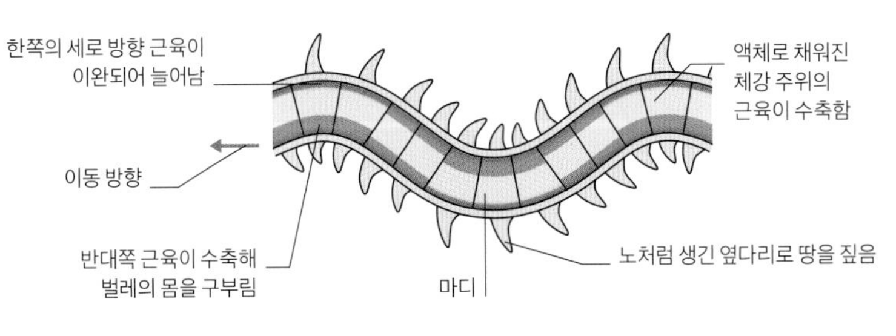


기거나 헤엄치는 갯지렁이

### 무장한 생존자

맹그로브투구게(*Carcinoscorpius rotundicauda*)는 살아 있는 화석으로서 5억 년 전에 최초의 갑옷을 입은 무척추동물이었으며 갑각류, 곤충, 거미의 조상이었다.

**가짜 게**
투구게라는 이름에도 불구하고 이들은 게 보다는 거미와 더 가까운 친척이다. 거미처럼 더듬이가 없고 몸이 머리가슴(융합된 머리와 가슴)과 배의 두 부분으로 되어 있다.

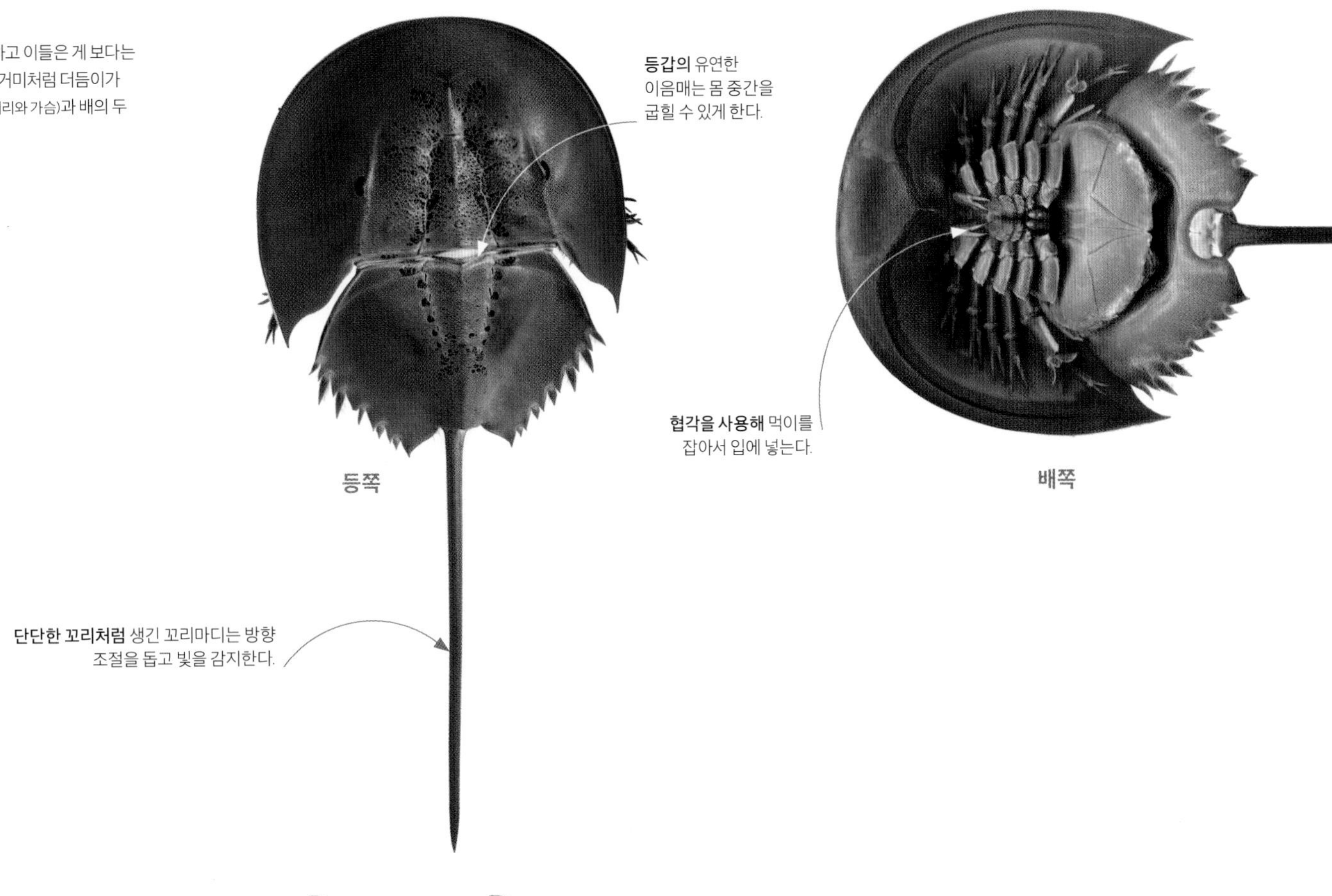

**등갑의** 유연한 이음매는 몸 중간을 굽힐 수 있게 한다.

**협각을 사용해** 먹이를 잡아서 입에 넣는다.

등쪽

배쪽

**단단한 꼬리처럼** 생긴 꼬리마디는 방향 조절을 돕고 빛을 감지한다.



# 외골격

유연하고 늘어지는 몸을 가진 많은 수생동물들은 물에 의해 체형을 유지한다. 그러나 단단한 골격은 동물의 체형을 유지하는 데 있어서 더 견고한 뼈대를 제공한다. 외골격이라고 불리는 껍데기에 의해 체형을 유지하는 동물은 더 쉽게 이동하고, 더 빠르게 움직이며 더 크게 성장할 수 있다. 외골격은 마치 옷이나 갑옷처럼 몸을 둘러싸고 발달하므로 동물이 더 성장할 공간을 만들기 위해서 주기적으로 탈피를 해야 한다.

**다른 많은** 수생 절지동물과 달리 투구게의 외골격은 탄산 칼슘을 포함하지 않는다.

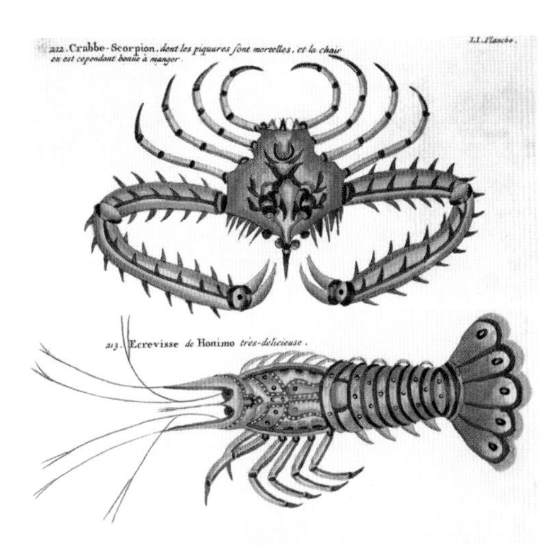

**강화된 외골격**
절지동물은 키틴이라는 물질로 구성된 단단한 외골격을 가지고 있다. 물에 사는 많은 절지동물, 특히 갑각류의 외골격은 탄산칼슘으로 강화되어 있어서 더 단단한 대신 더 무겁다. 그러나 수생 절지동물을 둘러싼 물이 무거운 골격의 무게를 받쳐 준다.

# 외골격을 가진
# 육상 동물

5억 년 전에 최초로 지상을 지배한 동물들은 유연한 관절로 연결된 단단한 외골격을 가지고 있었다. 갑옷과 같은 외골격은 물리적 피해로부터 동물을 보호할 뿐 아니라 겉에 왁스층이 진화하면서 수분 증발을 막는 역할도 갖게 되었다. 그러나 육상 동물은 물의 부력의 도움이 없어서 갑옷의 무게를 스스로 감당해야 하는 문제점이 있었다. 오늘날 갑주를 가진 가장 큰 무척추동물은 여전히 바닷속에서 발견된다(68~69쪽 참조. 쥐며느리처럼 육지를 공략한 동물들은 작은 크기로 제한되었다. 그러나 거미나 특히 곤충(더 뛰어난 방수 능력과 숨구멍 덕분에)은 가장 다양하고 많은 수를 차지한다.

**곤충의 외골격**

곤충은 변형된 외골격 덕분에 지상 최고의 절지동물이 되었다. 뛰어난 방수 능력뿐만 아니라 바깥 '껍데기'에 기문이라고 불리는 숨구멍이 뚫려 있어 공기가 채워진 현미경 크기의 관을 통해 근육에 직접 산소를 공급한다.

기문 또는 숨구멍
방수왁스가 침착된 큐티클 표면
짧고 뻣뻣한 감각털(강모)
표면이 강화된 큐티클
표피
기관 또는 숨쉬는 관
큐티클의 구성 물질을 분비하는 샘 세포
표피의 신경세포와 연결된 강모 생성 세포

곤충을 보호하는 바깥층

**방어 메커니즘**
다른 쥐며느리와 달리 공벌레는 포식자로부터 몸을 보호하기 위해 공 모양으로 몸을 마는 방어 전략을 가지고 있다.

## 공기로 숨쉬는 갑각류

곤충처럼 건조한 지상에 특화되어 있지는 않지만 공벌레(*Armadillidium vulgare*)는 육상의 갑각류 중에서 가장 성공한 생물이다. 대부분의 곤충과 거미보다 뚜렷하게 발달된 갑주를 걸치고 있으며 새우를 닮은 조상으로부터 물려받은 아가미를 변형시켜 물보다는 공기 중에서 산소를 흡수할 수 있다.

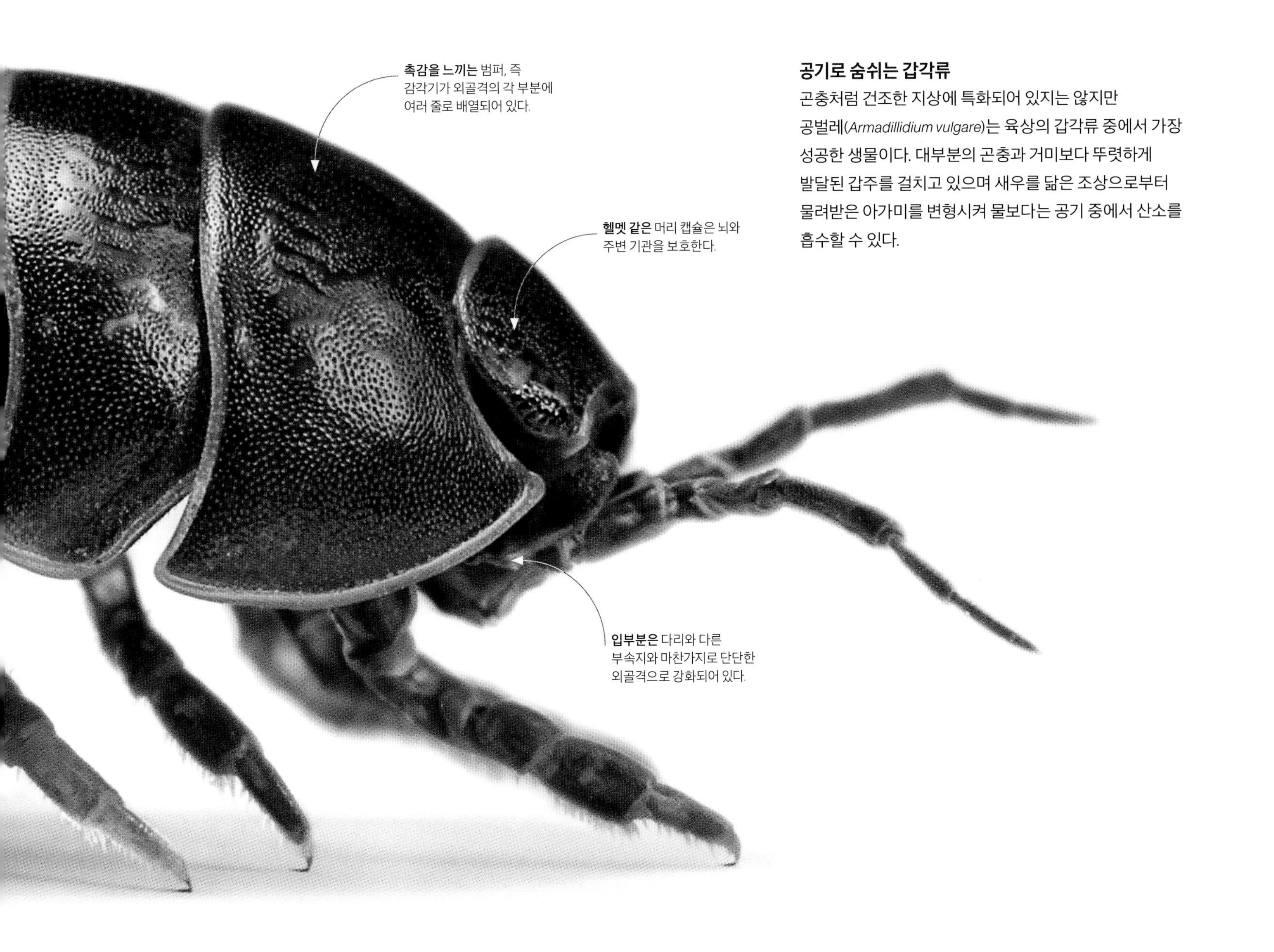

**물결치는 가시**

여러 개의 판이 합쳐져 껍데기를 이룬 골격을 갖게 되면 이동성이 감소한다. 그러나 흰점긴가시성게(*Diadema setosum*)와 같은 성게들은 가시를 움직여 적을 쫓고 몸 아래쪽에 빨판 같은 관족이 있어서 해저를 돌아다닌다.

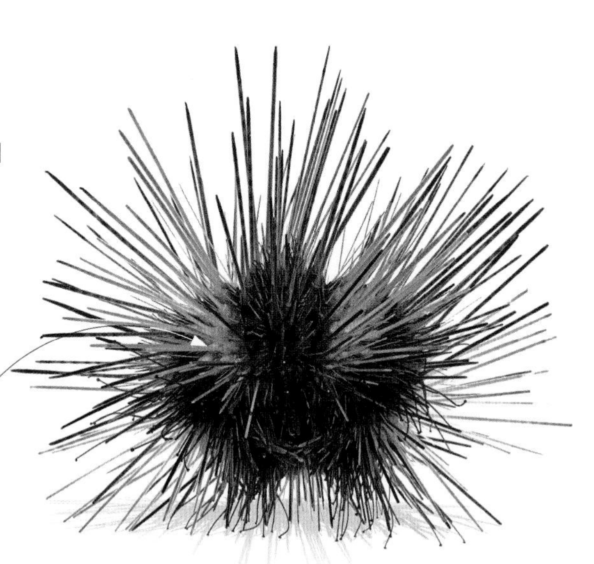

**각각의 가시의** 기부는 나머지 골격과 유연하게 연결되어 가시를 좌우로 움직일 수 있다.

옆에서 본 모습

# 백악질의 골격

불가사리와 성게는 극피동물에 속하는데, '극피'라는 이름은 가시가 돋친 피부를 의미한다. 이 이름은 독특한 백악질의 골격을 가리키며, 불가사리에서처럼 거친 피부 속에 탄산칼슘 결정이 드문드문 뭉쳐 있거나 성게에서처럼 하나의 피각(껍데기)을 형성한다. 별 모양의 방사 대칭 형태를 가지고 있지만 이들은 척추동물과 가장 가까운 살아 있는 친척이다.



**관족이라고 불리는** 긴 빨판을 가시보다 길게 뻗어서 해저에 달라붙거나 기어다닌다.

**끝이 단단한** 방어용 가시는 속이 비어 있고 쉽게 부서져서 약한 독을 방출한다.

## 5방사상의 체형

대부분의 극피동물은 5방사상인데, 이것은 몸의 중심점을 5개의 부분이 둘러싸고 있음을 의미한다. 이런 형태는 5개의 다리를 가진 불가사리에서 가장 분명하게 나타나지만, 가시가 떨어져 나간 죽은 성게의 껍데기나 이들의 친척인 거미불가사리(212~213쪽 참조) 또는 해삼에서도 발견된다.

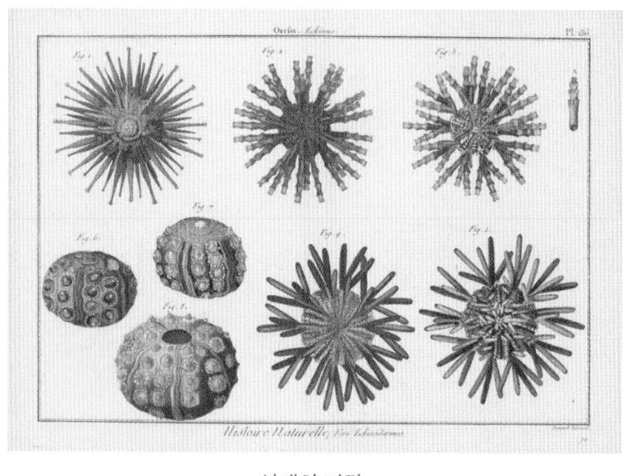

성게와 피각

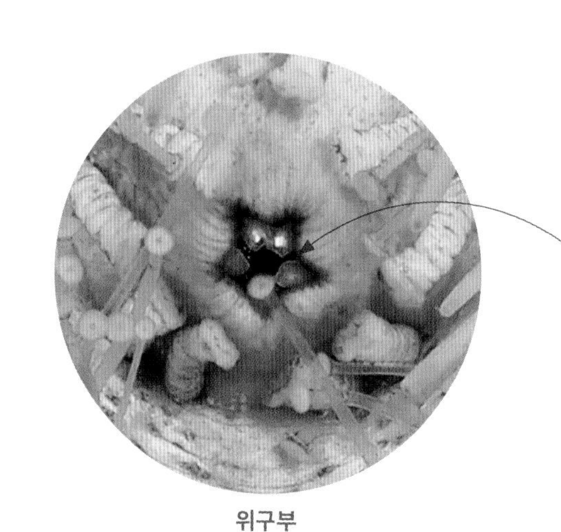

**위구부에서** 튀어나온 5개의 이빨로 바위에서 조류를 갉아 먹는다.

위구부

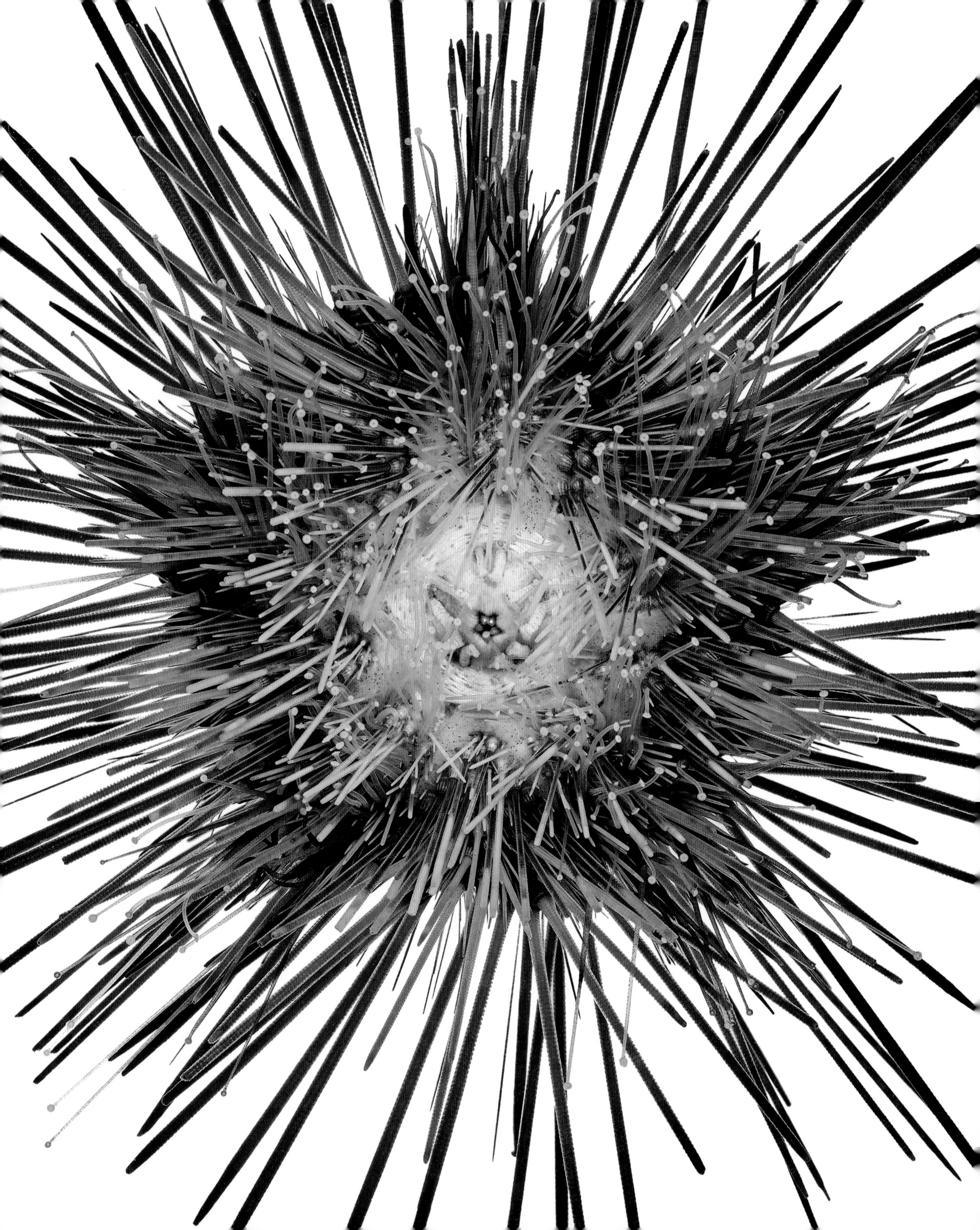

# 내골격

척추동물은 몸 안에 근육으로 둘러싸인 단단하고 관절로 연결된 뼈대를 가지고 있다. 무척추동물의 외골격과 달리 내골격은 내부로부터 형성된다. 내골격은 몸과 함께 자라므로 탈피를 할 필요가 없다. 경골과 연골이 진화하면서, 발달 과정에서 살아 있는 조직이 형태를 바꿀 수 있게 되었기 때문이다.

**추골이 반복적으로** 연결되어 구성된 척주는 몸의 근육을 지지하는 유연한 축이 된다.

**염색된 구성 부분**

빨판 같은 배지느러미를 가지고 있으며 해안에 사는 학치(*Gobiesox* sp.)의 골격은 다른 척추동물과 마찬가지로 주로 뼈로 구성된다(보라색으로 염색된 부분). 그러나 배아를 전적으로 지지하고 있던 연골(파란색)도 남아 있다.

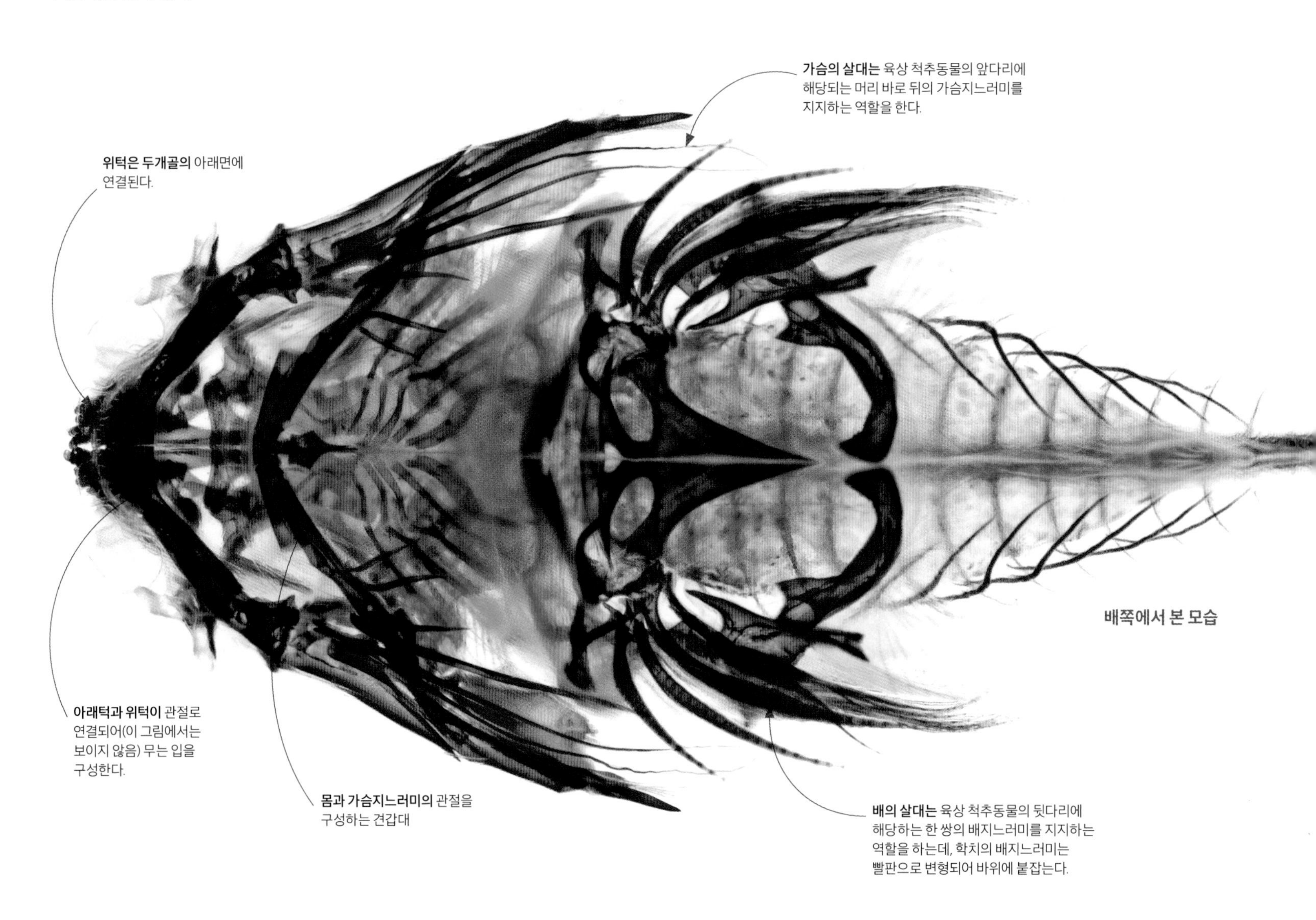

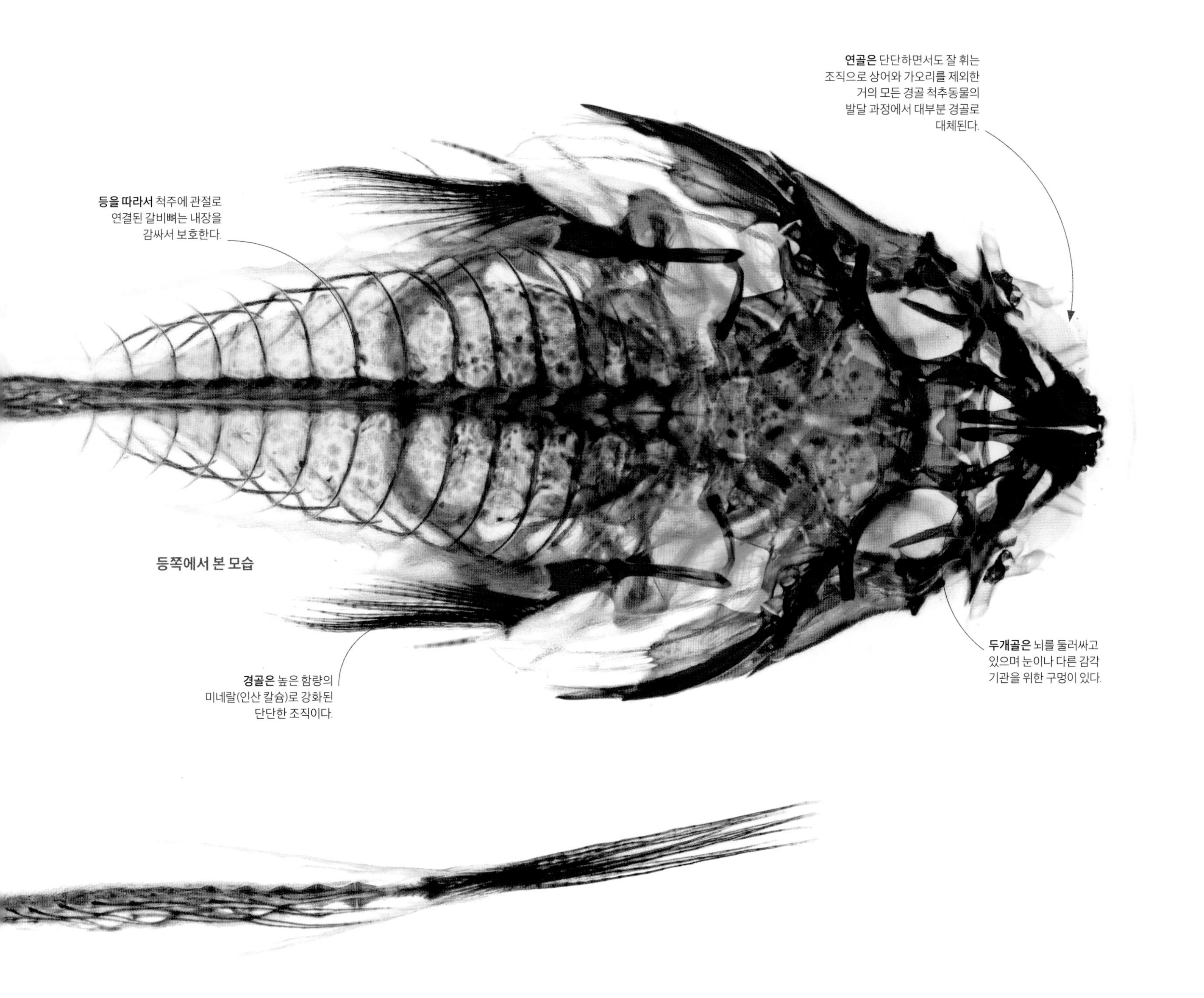


### 척추동물의 골격

척추, 등뼈라고도 불리는 척주는 척추동물을 길이 방향으로 지지하며 안에 있는 척수를 보호하는 한편 두개골은 뇌를 보호한다. 이 둘이 합쳐져 중축 골격을 구성한다. 중축 골격에 관절로 연결된 부분들이 이동을 돕는 데 이들을 부속지 골격이라고 부른다. 최초의 척추동물인 어류는 지느러미를 가지고 있었지만, 이후에 걸어다니는 사지로 진화했다.

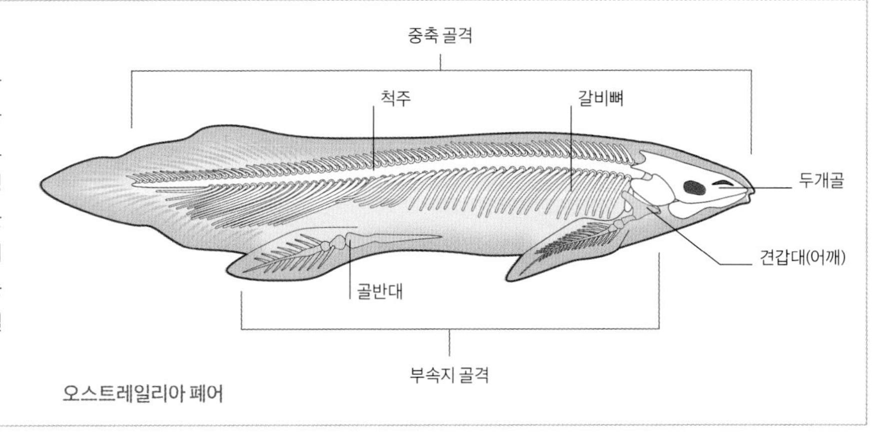


오스트레일리아 폐어

명화 속 동물들

# 원주민의 통찰력

수천 년 동안 오스트레일리아 원주민의 씨족 집단의 보금자리였던 암벽의 벽화들은 이들이 주식으로 삼았던 고유종 어류와 동물들의 이야기를 들려준다. 많은 선사 시대의 예술가들이 자신이 사냥한 동물의 내부 구조를 엑스선 사진처럼 그려내어 동물의 모든 부분을 완전히 이해하고 있었음을 드러낸다.

오스트레일리아 대륙에 가장 오래 지속된 문화를 일군 최초의 인류는 5만 년보다 더 전에 이주해 온 것으로 생각된다. 오스트레일리아 원주민 문화에서 최초의 기록 중에는 목탄으로 그린 멸종된 타스마니아 호랑이(기원전 2만 년)가 포함되지만, 보다 최근에 그려진 오스트레일리아 북부 아른헴 랜드의 우비르 동굴 벽화에도 존재하고 있어서 원주민의 삶과 신앙의 연속체를 전부 볼 수 있다.

동굴 내부의 벽 건너편에는 8000년 전에 가까운 악어강 동쪽과 나답 범람원에서 잡아온 다양한 동물과 물고기를 엑스선 사진 스타일로 그린 그림들이 있다. 대부분은 과거 2000년 동안의 '담수기'에 그려진 것으로 풍부한 물고기, 조개, 물새, 월러비, 큰도마뱀, 바늘두더지를 그린 것이다.

예술가들은 목탄 외에 붉은색(가장 오래가는 색상), 분홍, 흰색, 노랑색, 드물게 파란색을 띠는 단단한 찰흙의 색을 이용했다. 먼저 원료를 곱게 갈아서 알, 물, 꽃가루 또는 동물의 지방이나 피에 개어서 물감을 만들었다. 각각의 동물의 윤곽을 그린 후에 사냥꾼에게 익숙한 뼈와 기관을 살아 있는 때처럼 배치했다. 수백 년에 걸쳐 원주민의 예술은 오스트레일리아의 서로 다른 지역에서 다양화되어 중앙과 서부의 사막 지역에서는 상징적인 점 그림을, 북부 지역에서는 엑스선 사진 스타일의 그림을, 아른헴 랜드 지역에서는 '라크'라고 불리는 특유의 정교한 크로스해칭 스타일을 주로 그렸다. 이러한 그림들은 종종 나무껍질 조각의 안쪽에 그려졌다. 예술가들은 동물의 윤곽 속을 가는 선으로 공들여 채우기 위해 갈대에서 뽑은 가는 털이나 머리카락을 사용했다. 그들은 이런 기법이 대상에게 영성을 부여한다고 믿었다.

오스트레일리아 동물들의 상징적 연관이 '꿈의 시대'의 핵심이다. 이들의 창조 신화는 강, 개울, 땅, 언덕, 바위, 식물, 동물, 인간이 정령에 의해 창조되었으며 모든 씨족 집단에 도구, 땅, 토템, 꿈을 주었다는 믿음에 근거한다.

씨족 집단의 경영, 윤리, 신앙에 관한 성스러운 규율들은 이야기, 춤, 그림, 노래를 통해 계승되었다. 많은 동굴 벽화에서 수 세기 동안 고대의 그림이 그려졌지만 핵심적인 메시지는 그대로이다.

**목이 긴 거북**
나무껍질에 그려진 두 마리의 목이 긴 거북에는 '라크'라고 불리는 전통적인 크로스해칭을 포함해 다양한 원주민 기법이 사용되었는데, 이 기법들은 거북에 영적인 힘을 부여한다고 믿어졌다.

> " 동굴……그는 결코 움직이지 않는다.
> 누구도 동굴을 옮길 수 없다. 동굴은 꿈을 꾸기 때문이다.
> 그것은 이야기이자 법이다. "

**빅 빌 나이지, 부니즈 족**

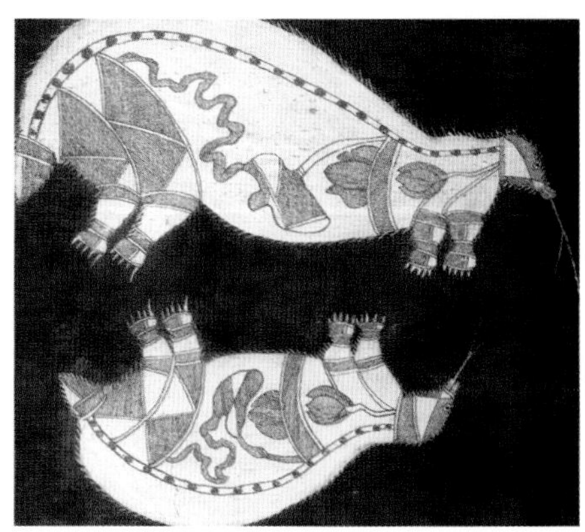

**벽화 속의 월러비**

가장 오랫동안 원주민의 거주지였던 북부 카카두 우비르 동굴의 벽은 꼬리뼈와 가시가 그려진 월러비로 장식되어 있다. 이곳에는 수천 년 동안 먹을 수 있는 동물이 그려졌다.

**안팎이 뒤집힌 개미핥기**

나무껍질 안쪽에 그려진 두 마리의 개미핥기는 해부학적 지식을 알려준다. 심장, 위장, 창자가 오스트레일리아 서부 아른헴 랜드의 크로스해칭 기법에 의해 20세기 엑스선 사진 스타일로 그려져 있다.

### 골격의 적응

내골격의 일부로서, 어떤 척추동물들은 투구, 뿔, 골판과 같은 독특한 구조물을 발달시켰다. 다른 동물들은 뼈의 모양 자체를 확장하거나 변형시켰다.

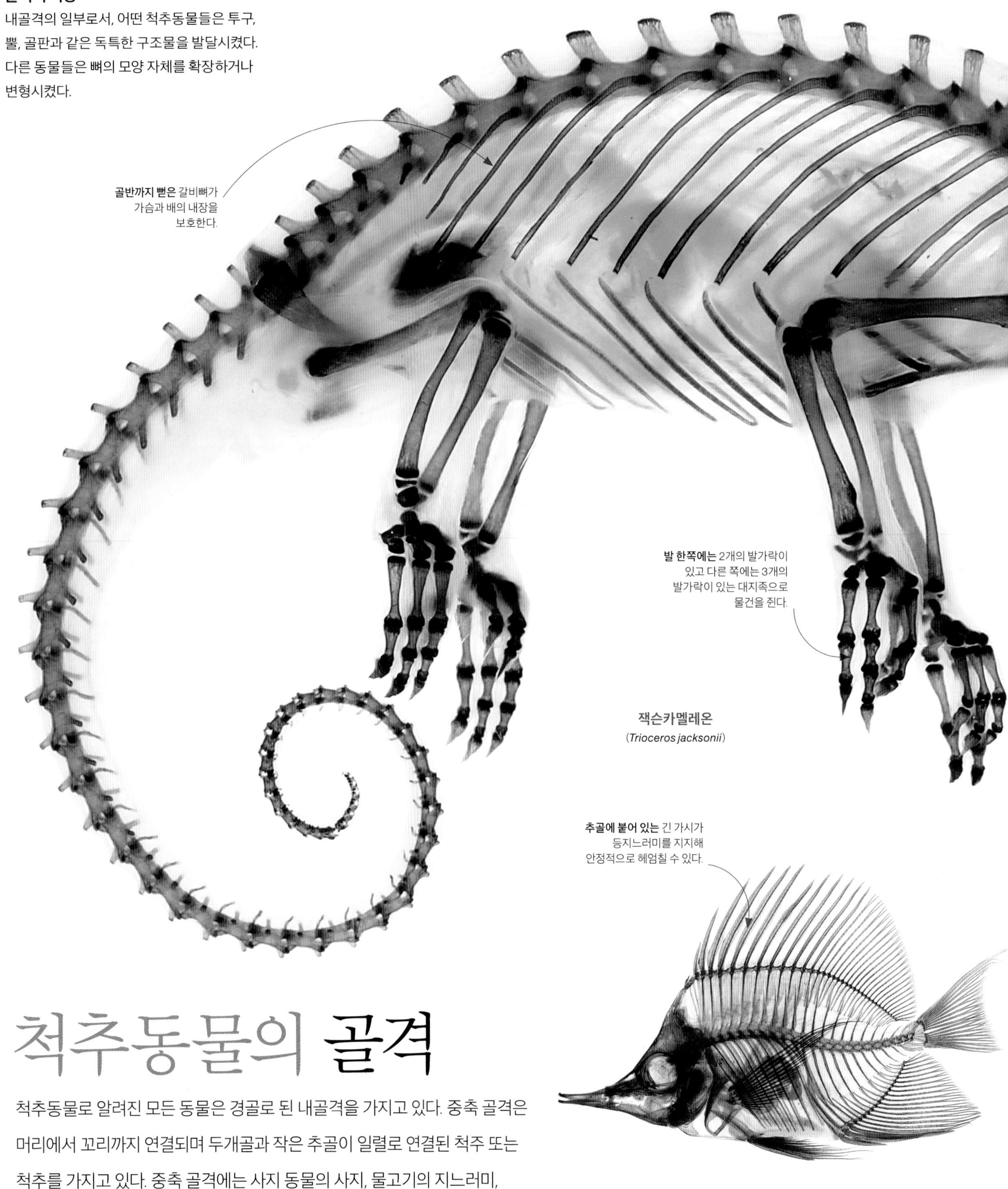


**잭슨카멜레온**
(*Trioceros jacksonii*)

**노랑긴코나비고기**
(*Forcipiger flavissimus*)

# 척추동물의 골격

척추동물로 알려진 모든 동물은 경골로 된 내골격을 가지고 있다. 중축 골격은 머리에서 꼬리까지 연결되며 두개골과 작은 추골이 일렬로 연결된 척주 또는 척추를 가지고 있다. 중축 골격에는 사지 동물의 사지, 물고기의 지느러미, 새의 다리와 날개를 지지하는 부속지 골격이 붙어 있다.

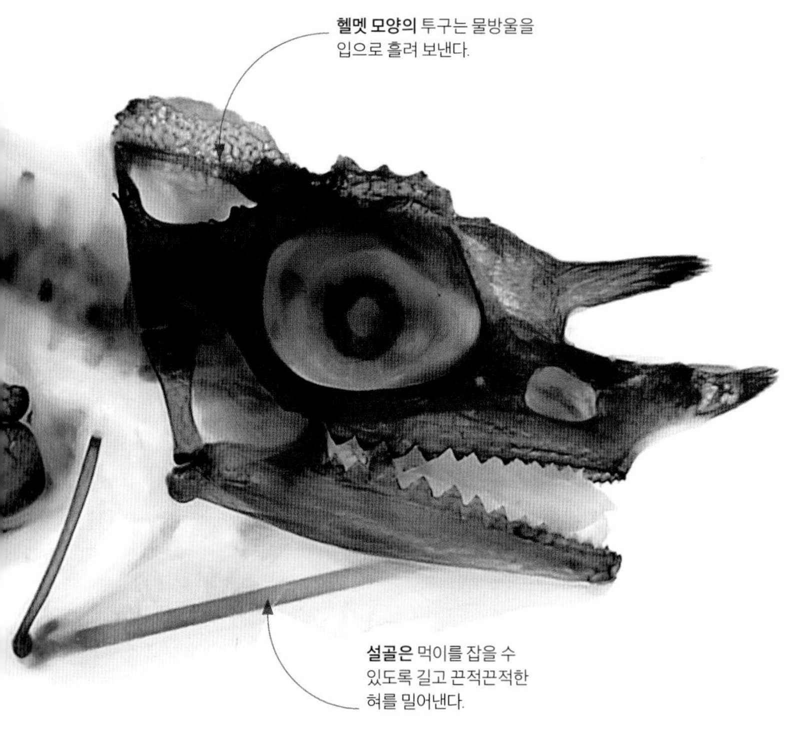


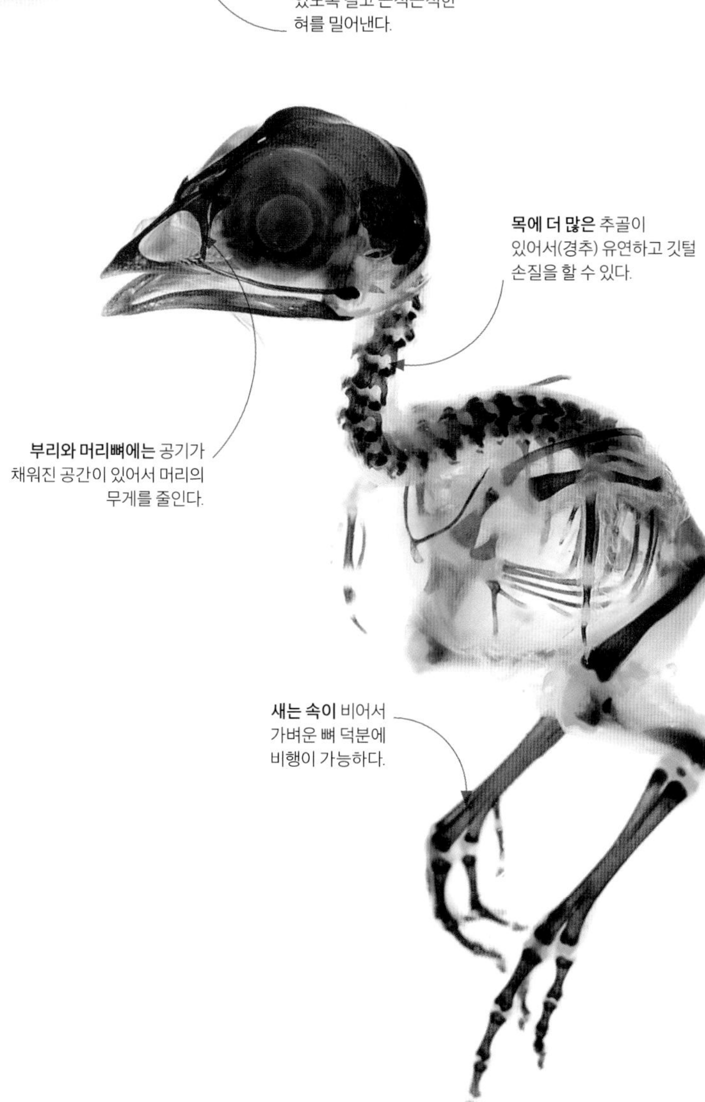


메추라기
(*Coturnix japonica*)

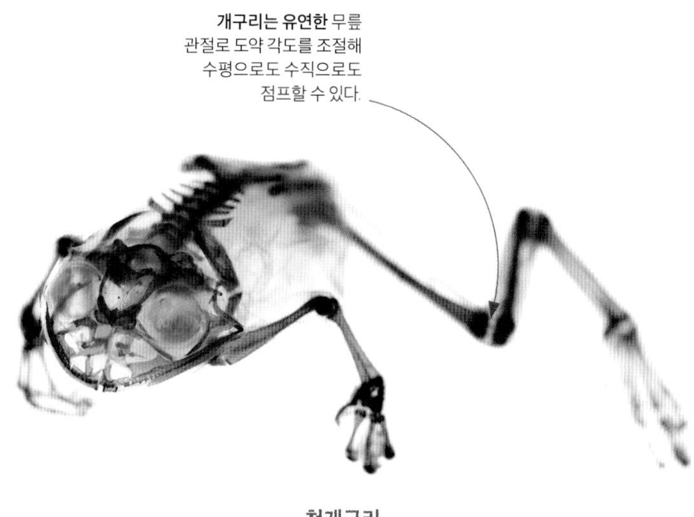


청개구리
(*Hyla japonica*)

생쥐
(*Mus musculus*)

일본돌거북
(*Mauremys japonica*)

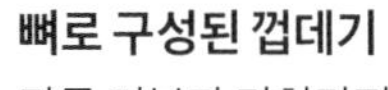

**뼈로 구성된 껍데기**

다른 거북과 마찬가지로, 인도별거북(*Geochelone elegans*)의 위쪽 껍데기(등갑)와 아래쪽 껍데기(흉갑)는 피부 아래에서 자라는 피골과 대응되는 맞물린 골판으로 구성된다. 그 위에는 색소가 침착된 단단한 케라틴 층이 덮여 있다.

**각각의** 인갑(골판을 덮은 딱딱한 층)이 별 모양의 무늬를 입고 있다.

**등갑(위쪽 껍데기)은** 다른 육지 거북처럼 높은 돔 모양이다.

**코끼리의 발을** 닮은 두꺼운 발에는 발톱이 있어서 땅을 짚는다.



# 척추동물의 껍데기

거북류(거북과 뭍거북)의 껍데기는 척추를 가진 동물 중에서는 몸이 뼈로 둘러싸여 있는 독특한 형태의 보호를 제공한다. 이런 껍데기는 포식자로부터 멋지게 몸을 보호할 수 있는 대신 무겁고 뻣뻣하기 때문에 이동성이 떨어지는 단점이 있다. 거북류의 목은 다른 파충류보다 훨씬 길고 유연해야만 먹이에 닿을 수 있고 매우 힘센 다리 근육으로부터 땅 위나 물속에서 추진력을 얻는다.

**껍데기의 입구는** 다리가 앞뒤로 움직일 수 있을 만큼 넓다.

**흉갑(아래쪽 껍데기)은** 납작하고 배의 갈비뼈와 복장뼈가 확장, 편평화되어 형성되었다.

## 갑옷

독특하게도 견갑골과 골반뼈가 흉곽 안에 있어 척추와 갈비뼈가 껍데기에 융합된 거북류는 거의 몸 전체가 보호되며 많은 거북이 다리와 머리를 껍데기 안으로 움츠릴 수도 있다. 그러나 흉곽을 움직이는 방식으로 숨을 쉴 수 없게 되었다. 대신 견갑골이 앞뒤로 움직여 폐를 환기한다.

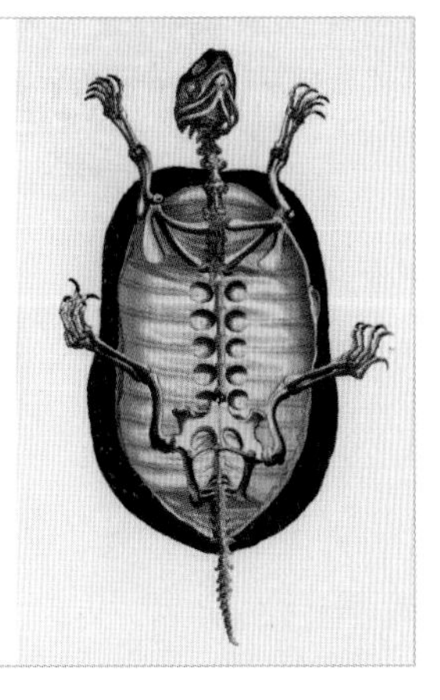

물거북의 골격
(흉갑이 제거됨)

**목을 옆으로** 구부려 머리가 껍데기의 가장자리 아래로 들어간다.

**목을 움츠리기**
어떤 거북류는 목을 S자로 구부려 머리를 껍데기 속으로 움츠리는 한편, 기바거북(*Mesoclemmys gibba*)과 같은 다른 거북류는 머리와 목을 옆으로 접는다.

# 새의 **골격**

1만 종이 넘는 다양성에도 불구하고 새의 신체 구조는 비행으로 인한 제약 때문에 거의 비슷하다. 새들은 걷거나 앉기 위한 두 다리를 가지고 있으며 앞다리는 날개로 변형되었고 척추, 차골, 골반이 융합되어 뛰거나 착륙할 때의 압력을 지탱한다. 대부분의 뼈 속에는 공기가 채워져 있어서 무게를 최소화함으로써(박스 참조), 비행에 필요한 에너지를 절약하고 부모새가 알 위에 가볍게 내려앉을 수 있게 된다.

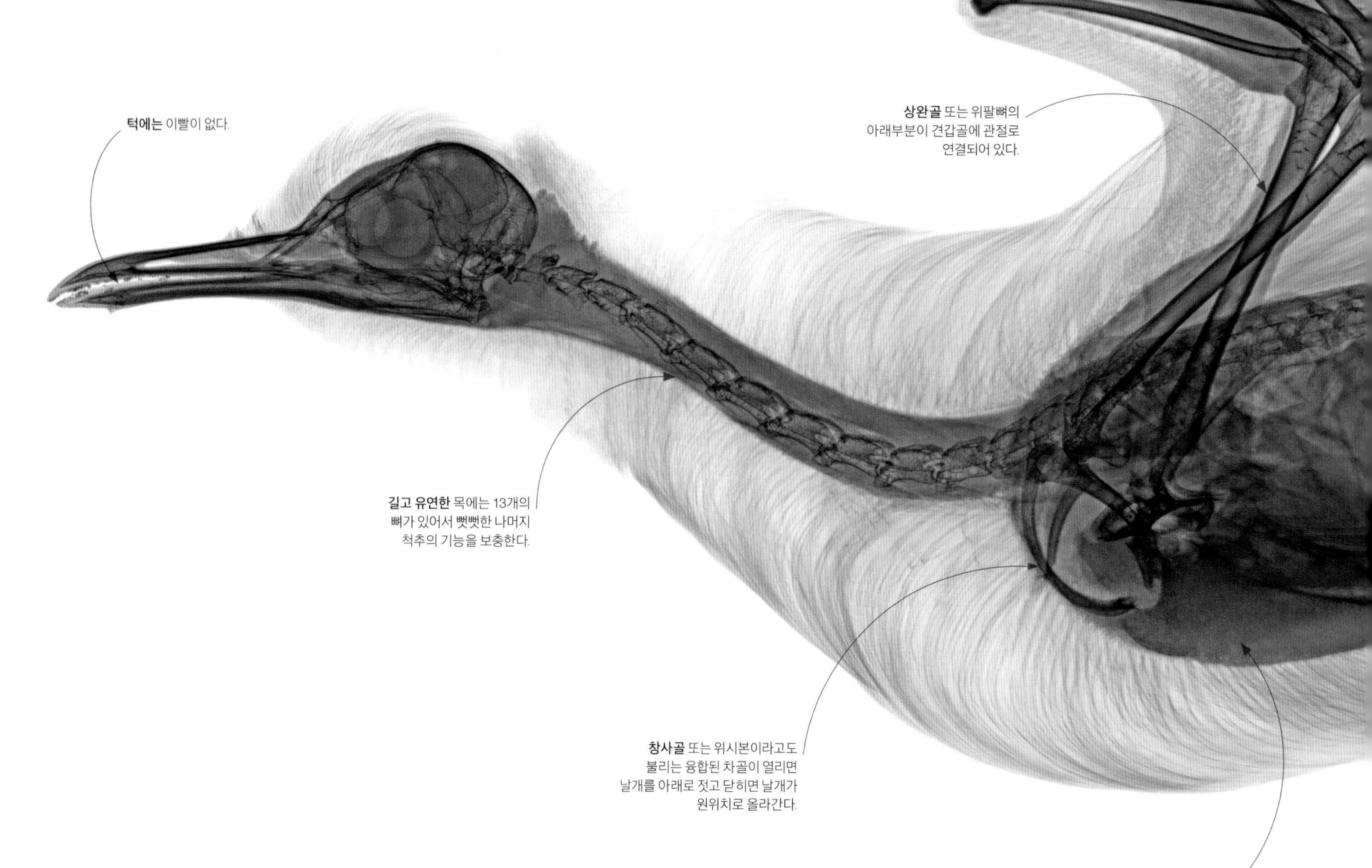

**턱에는** 이빨이 없다.

**상완골** 또는 위팔뼈의 아래부분이 견갑골에 관절로 연결되어 있다.

**길고 유연한** 목에는 13개의 뼈가 있어서 뻣뻣한 나머지 척추의 기능을 보충한다.

**창사골** 또는 위시본이라고도 불리는 융합된 차골이 열리면 날개를 아래로 젓고 닫히면 날개가 원위치로 올라간다.

**가슴뼈의 거대한** 칼돌기는 비행에 필요한 근육이 붙는 자리로 기능한다.

**비행용 골격**

이 지중해 갈매기(*Larus melanocephalus*)의 박제된 표본을 보면 날개가 어떻게 견갑골을 중심으로 회전하는지 알 수 있다. 파충류 조상과 비교했을 때 새의 골격은 더 짧고 촘촘하며 무게 중심이 뒷다리에 치우쳐 있다.

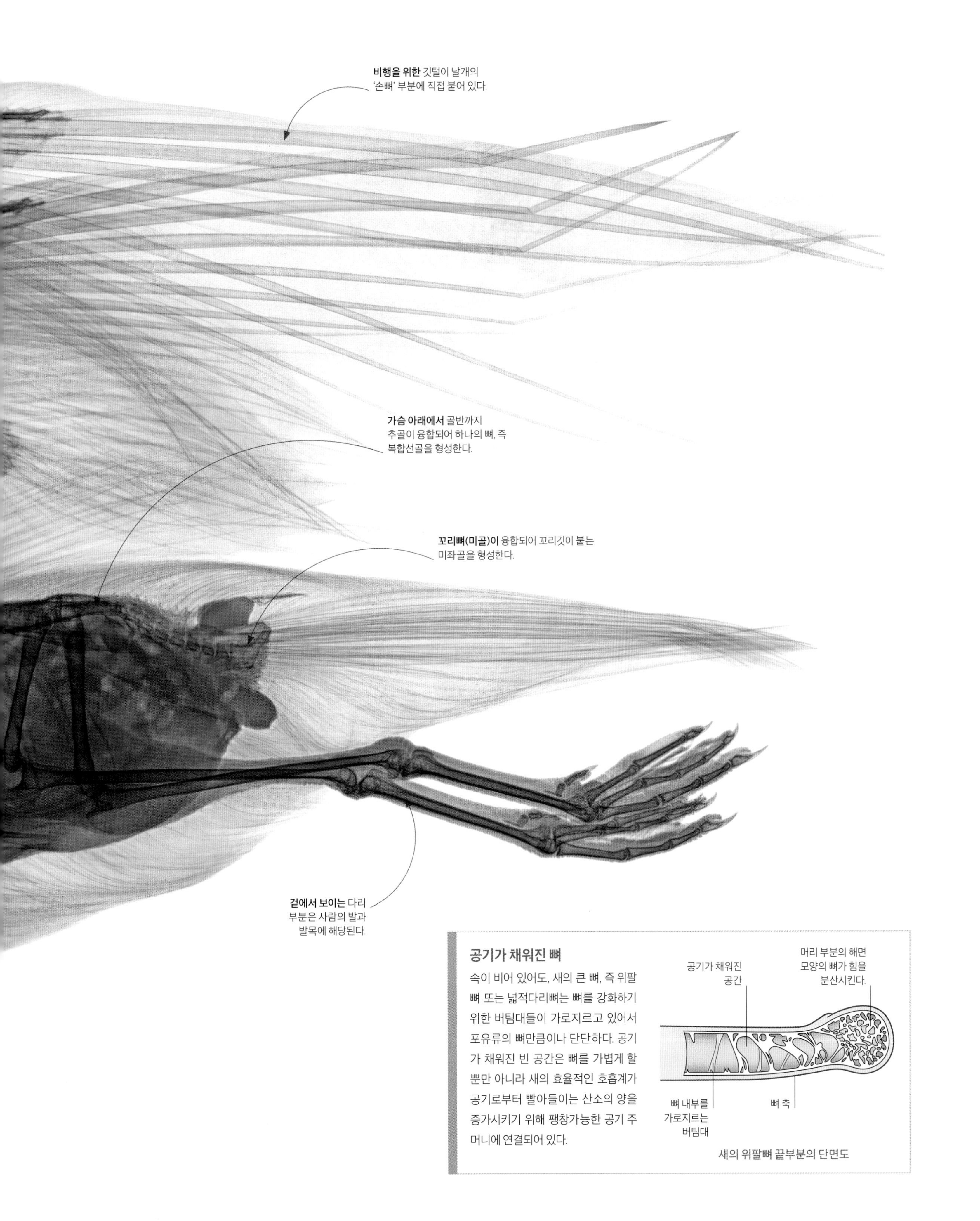




## 공기가 채워진 뼈

속이 비어 있어도, 새의 큰 뼈, 즉 위팔뼈 또는 넓적다리뼈는 뼈를 강화하기 위한 버팀대들이 가로지르고 있어서 포유류의 뼈만큼이나 단단하다. 공기가 채워진 빈 공간은 뼈를 가볍게 할 뿐만 아니라 새의 효율적인 호흡계가 공기로부터 빨아들이는 산소의 양을 증가시키기 위해 팽창가능한 공기 주머니에 연결되어 있다.



새의 위팔뼈 끝부분의 단면도

*Acinonyx jubatus*

# 치타

많은 육식동물이 숨어서 습격하거나 무리 사냥에 의존하지만, 치타(*Acinonyx jubatus*)는 폭발적인 스피드를 써서 먹이를 잡는다. 유연한 척추 덕분에 큰 보폭으로 힘차게 달릴 수 있는 치타는 최대 속도가 시속 102킬로미터에 달하며 네 발로 달리는 동물 중에서 가장 빠르다.

아프리카 원산으로 이란 일부 지역에도 서식하는 치타는 건조림과 관목지에서 초원과 사막에 이르기까지 넓은 범위의 서식지에 산다. 이들은 보통 톰슨 가젤(*Eudorcas thomsonii*)과 같은 작은 영양류를 사냥하는데, 이 동물들도 사냥꾼과 함께 공진화해 빠르고 날렵하다. 영양 무리는 재빨리 포식자를 눈치채고 갑작스러운 습격에 대비해 포식자를 주시하므로 치타는 정확한 타이밍을 노리지 않으면 소중한 에너지를 낭비하며 허탕을 치게 된다.

위장과 은폐에 강한 치타는 몸을 낮게 숙이고 천천히 살금살금 접근한다. 먹이에 충분히 가까이, 이상적으로는 50미터 이내에 가면 폭발적인 전력 질주가 개시된다. 몇 초 후, 치타가 도망치는 가젤을 잡는 순간에는 시속 60킬로미터에 도달하며 숨 쉬는 속도는 배가 된다. 치타와 가젤이 앞을 다툴 때 치타는 사냥감을 발로 후려쳐서 균형을 잃게 한 뒤 뒷발톱으로 낚아챈다.

폭발적인 스피드가 식사를 보장하지는 않는다. 먹이를 잡기 위한 전력 질주는 에너지를 크게 소모하는 사냥 전략이기 때문에 치타는 가젤보다 먼저 지친다. 사냥감이 300미터 이내에 쓰러지지 않으면 치타는 사냥을 포기할 것이다.

사냥에 성공하면, 치타는 확대된 콧구멍으로 헐떡거리며 회복하는 동안 턱으로 사냥감의 목을 꽉 물어서 질식시킨다. 이때까지도 식사가 확보된 것은 아니다. 많은 치타들이 표범, 사자 또는 하이에나(치타의 새끼를 잡아먹는 포식자들이기도 하다.)에게 먹이를 빼앗기곤 한다. 먹이를 끌고 가서 숨기는 것이 우선이고, 최대한 빨리 먹어야 한다. 치타는 한 자리에서 최대 14킬로그램을 삼킬 수 있다.

**죽이기 위한 접근**
대개 전력 질주는 절반 정도가 성공하지만, 이 톰슨 가젤과 같은 어린 사슴을 노리는 경우 성공률은 거의 100퍼센트에 달한다.



## 골격의 적응

고속 전력 질주를 위해서는 보폭이 길고 다리 근육이 강해야 한다. 유연하게 늘어나는 척추와 그에 비례해 다른 고양이과 동물보다 길어진 다리 덕분에 치타의 보폭은 최대 9미터나 된다. 한 번 뛸 때마다 최소한 두 번 이상 4개의 발이 공중에 떠 있고 홈이 파여 있는 발바닥이 미끄러짐을 방지하며 양옆으로 살짝 납작해진 꼬리로 방향 전환 시에 균형을 잡는다.

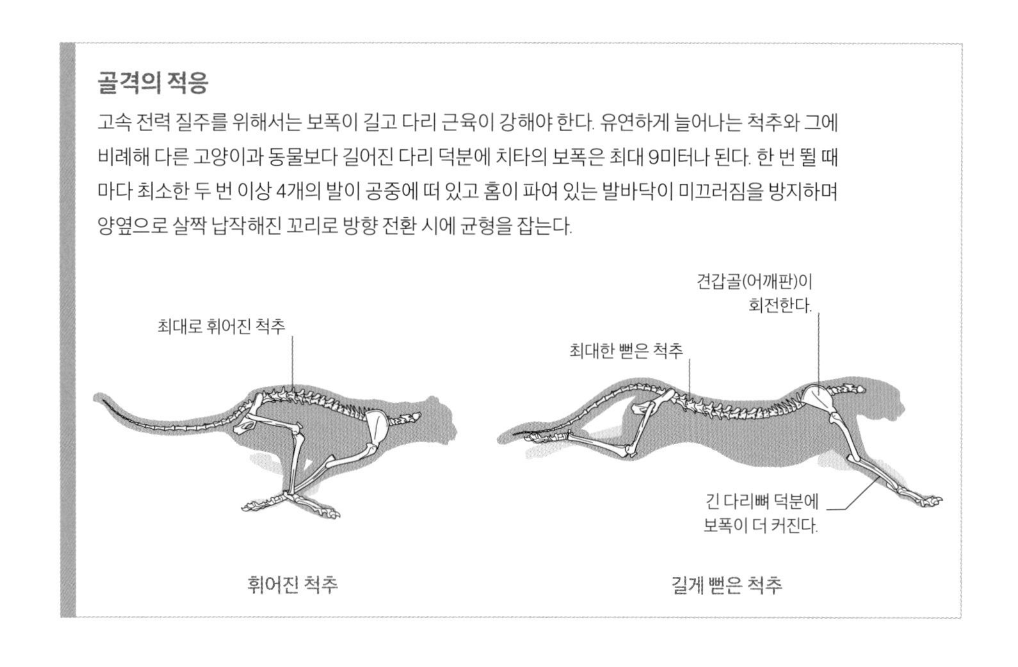


휘어진 척추

길게 뻗은 척추

**엄청난 다양성**
종에 따라, 솟과 동물의 뿔은 곧거나, 나선형이거나 또는 굽은 모양이다. 오른쪽 아래의 네뿔영양(*Tetracerus quadricornis*)을 제외하면 야생 솟과 동물의 뿔은 항상 한 쌍으로 자란다.

**인상적인 뿔**
수컷 남아프리카검은영양(*Hippotragus niger*)의 뿔은 거의 1미터 길이이고 암컷의 뿔은 25퍼센트 짧으며 기부가 가늘다. 큰 뿔을 가진 우세한 수컷은 더 많은 번식기의 암컷과 교미할 수 있다. 경쟁자에게 겁을 주기 위해 머리를 들고 뿔로 식물을 치면서 영역 안을 순찰한다.

**남아프리카검은영양의 완전한 두개골**

# 포유류의 뿔

아마존푸른풍뎅이(115쪽 참조)에서 일부 도마뱀의 뿔 모양 비늘에 이르기까지 몸에 돌출된 부분을 갖는 동물은 많지만, 영양과 같은 유제류만이 두개골의 뼈가 연장된 진짜 뿔을 가지고 있다. 대개 수컷의 뿔이 더 크고, 암컷에는 없는 경우도 많으며 수컷 사슴의 가지뿔(88~89쪽 참조)과 달리 영구적이고 가지가 없으며 수컷끼리의 서열 싸움이나 포식자에 대한 방어용으로 사용된다.

**뿔과 가지뿔**

진정한 뿔은 유제류(소, 영양, 염소)에서만 볼 수 있다. 사슴과의 사슴만이 가지뿔을 만든다. 가지뿔은 해마다 새로 자라며 벨벳이라 불리는 피부층으로 덮여 있고 번식기가 지나면 떨어진다. 반대로 뿔은 평생 동안 자라며 바깥층은 건조하고 단단한 케라틴 각초로 구성된다.

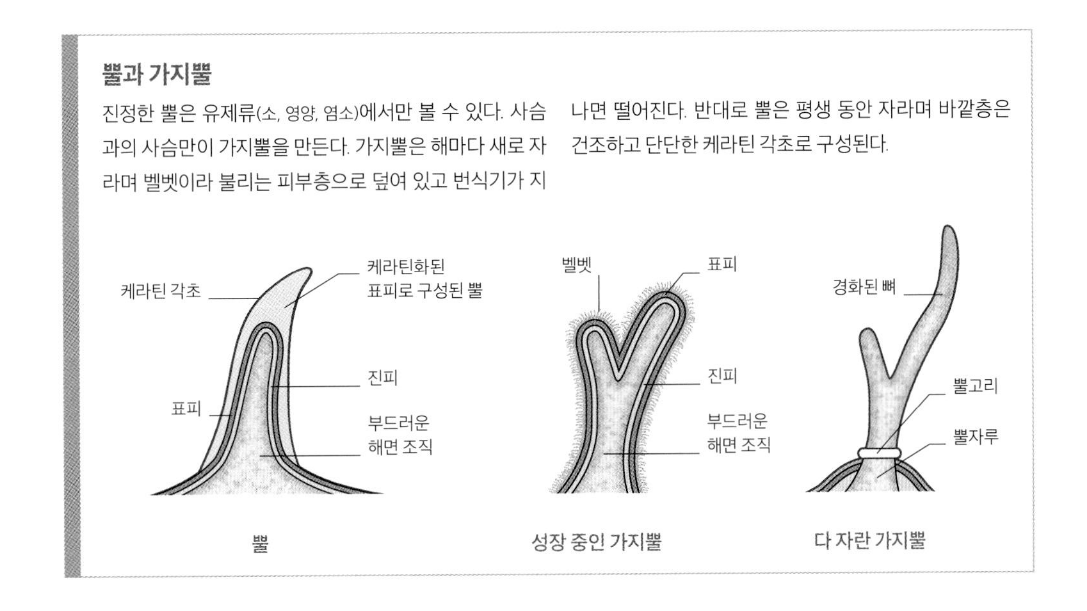

# 사슴의 가지뿔

사슴의 가지뿔처럼 빨리 자라는 뼈는 없다. 수컷의 두개골에서부터 여러 달에 걸쳐 가지를 치며 자라나서 암컷을 두고 경쟁하는 무거운 전시물이 된다. 가지뿔을 덮은 피부층 아래에 있는 혈관에 의해 영양을 공급받다가 피부층이 쭈글쭈글해져 떨어져 나가면 뼈가 노출된다. 번식기가 지나면 가지뿔이 떨어지므로 다음 해에 새로 만들어야 한다.

### 발정기

가지뿔은 힘과 남성성의 상징이다. 순록을 제외한 모든 사슴에서 수컷만이 뿔이 있다. 번식기 또는 발정기에 최고의 몸 상태인 붉은 사슴(*Cervus elaphus*) 수컷들은 가지뿔로 들이받아 싸우며 암컷을 두고 경쟁한다. 오로지 승리자만이 그 번식기에 새끼를 낳아 기를 수 있다. 가지뿔은 엄청난 에너지를 소모하지만 그 보상으로 번식 성공을 기대할 수 있는 것이다.

# 피부, 외피, 갑주

**피부.** 몸의 겉면을 감싸고 있는 얇은 조직으로 진피와 표피의 두 층으로 구성된다.

**외피.** 모피, 깃털, 비늘 또는 피각과 같이 동물의 몸을 덮고 있는 천연의 껍질.

**갑주.** 몸이 손상되는 것을 막기 위한 단단한 방어용 껍데기.

**투명한 피부**
그물유리개구리(*Hyalinobatrachium valerioi*)의 몸은 양서류의 두 가지 호흡 방법을 매우 뚜렷하게 보여 준다. 이 개구리의 투명한 투과성의 피부는 흡수한 산소의 대부분을 설명해 주며 필요 없는 산소는 피를 통해 폐로 전달된다.

**물속의 개구리**
기온이 낮을 때에는 물속의 산소 농도가 더 높다. 남아메리카 안데스 산맥의 고지대에 사는 티티카카 왕개구리(*Telmatobius culeus*)의 느슨하게 접힌 피부는 산소 흡수를 최대화해 개구리가 폐호흡을 하지 않고 차가운 물속에 머물 수 있게 한다.

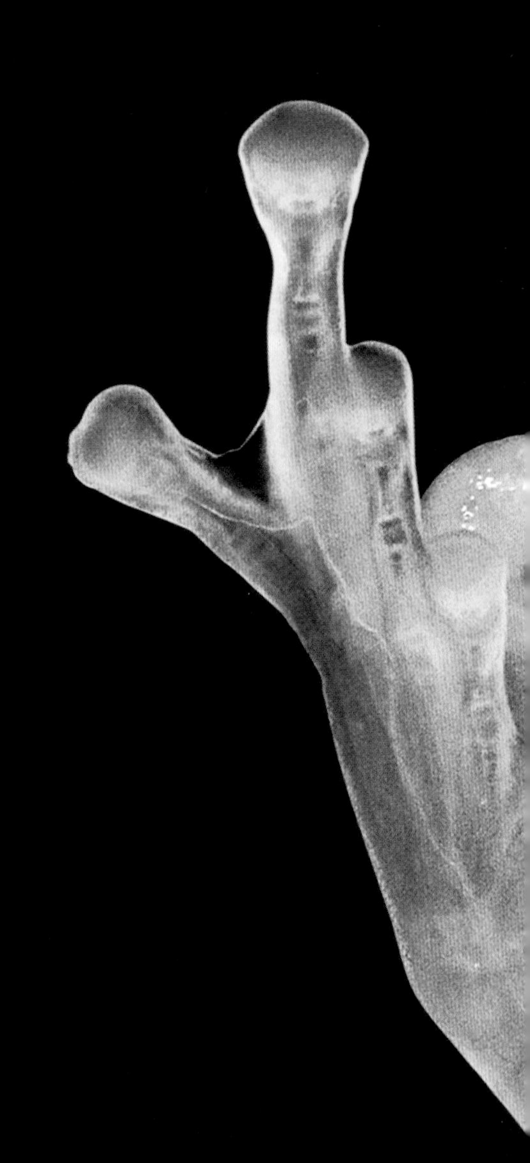

# 투과성의 피부

피부는 변화가 잦고 혹독한 외부 환경으로부터 몸속의 연약한 조직을 보호하는 장벽이다. 피부는 감염으로부터 몸을 보호하고 손상되었을 때는 스스로 복구할 수 있다. 그러나 공기를 완전히 차단하는 것은 반드시 좋지만은 않다. 바깥의 물이나 공기로부터 직접 스며드는 산소의 양은 적지만, 많은 동물들에게 있어서 피부 호흡은 상당히 중요하다. 양서류는 산소의 50퍼센트 이상을 피부 호흡으로 얻으므로 산소가 순조롭게 피부로 흡수될 수 있도록 충분한 투과성을 가져야 한다.

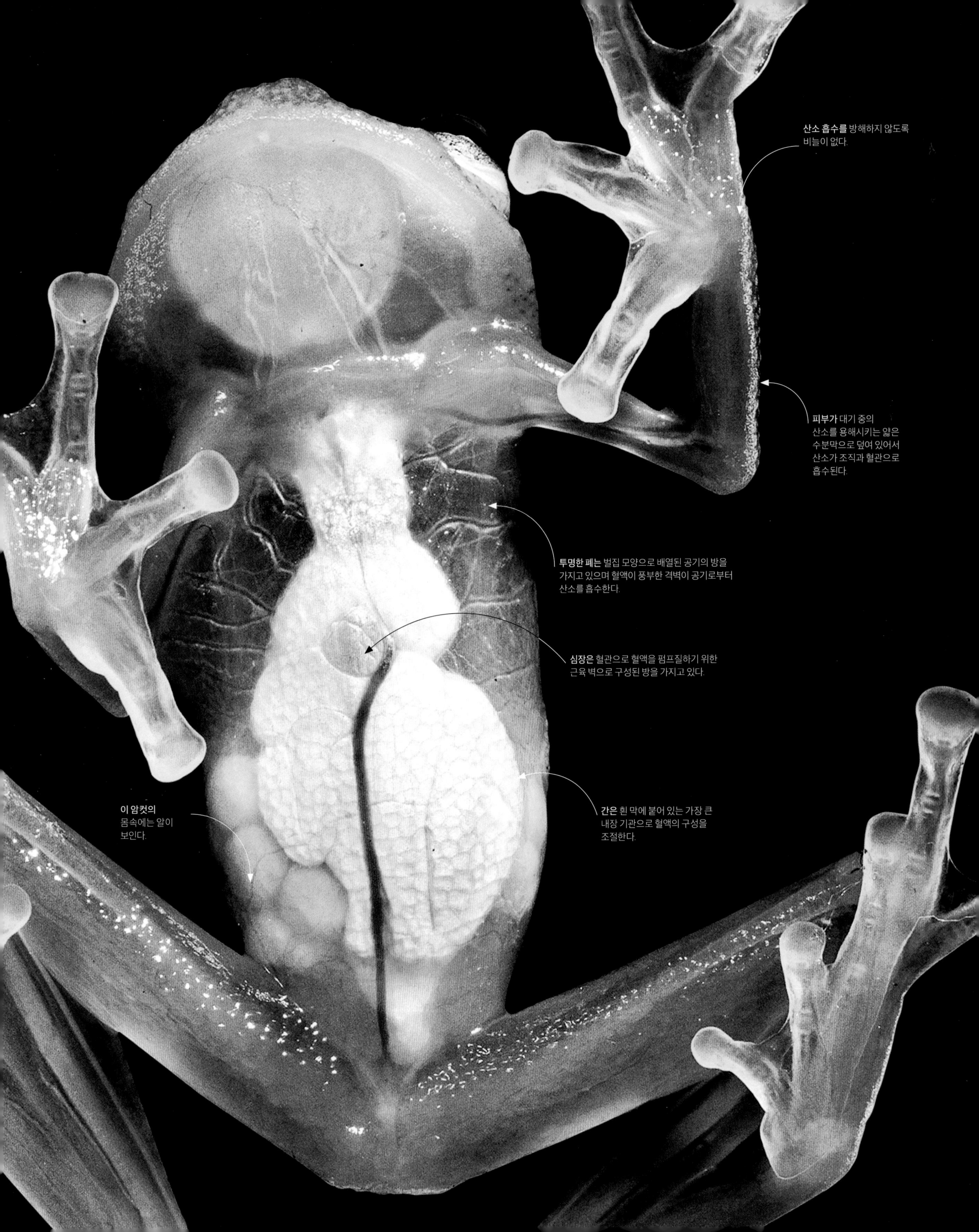
**산소 흡수를** 방해하지 않도록 비늘이 없다.
**피부가** 대기 중의 산소를 용해시키는 얇은 수분막으로 덮여 있어서 산소가 조직과 혈관으로 흡수된다.
**투명한 폐는** 벌집 모양으로 배열된 공기의 방을 가지고 있으며 혈액이 풍부한 격벽이 공기로부터 산소를 흡수한다.
**심장은** 혈관으로 혈액을 펌프질하기 위한 근육 벽으로 구성된 방을 가지고 있다.
**간은** 흰 막에 붙어 있는 가장 큰 내장 기관으로 혈액의 구성을 조절한다.
**이 암컷의** 몸속에는 알이 보인다.

# 산소 얻기

화학적 의미의 호흡은 양분에서 에너지를 얻는 것인데, 대부분의 동물은 이 과정을 위해 산소를 사용한다. 산소는 주변 환경으로부터 몸에 흡수되고 필요 없는 이산화탄소는 배출된다. 이 과정은 얇은 벽을 가진 넓은 표면에서 가장 효과적으로 일어난다. 가장 단순한 경로는 피부를 통과하는 것이지만 대개 피부 호흡만으로 충분한 것은 아주 작은 동물에서 뿐이다. 더 큰 신체에서는 아가미와 폐라는 특수한 호흡 기관이 효율적으로 기체를 교환한다.

**스패니시 숄**
(*Flabellinopsis iodinea*)

**크레스티드 넴브로타**
(*Nembrotha cristata*)

### 호흡 기관

아가미는 물속에서 산소를 흡수하는 신체 기관이고 폐는 육상에서 숨을 쉬기 위한 공기 주머니이다. 둘 다 넓은 표면적을 가진 얇은 표피에서 풍부하게 혈액이 공급되어 산소 흡수와 이산화탄소의 배출을 최대화한다.

비효율적인 관 모양의 폐

각각의 효율적이고 혈액이 충분한 아가미는 많은 수의 라멜라(섬유)로 구성된다.

도롱뇽(양서류)의 아가미

각각의 폐는 많은 수의 폐포(공기가 채워진 방)로 구성된다.

효율적이고 혈액이 풍부한 폐

쥐(포유류)의 폐

## 깃털 아가미

틸레시우스형광갯민숭달팽이(*Plocamopherus tilesii*)는 12센티미터까지 자란다. 피부 호흡만으로 산소 요구량을 달성하기에는 너무 큰 크기이다. 그러나 이 갯민숭달팽이는 등에 깃털 모양의 아가미를 가지고 있어서 물에서 흡수한 산소로 필요한 산소량을 채운다.

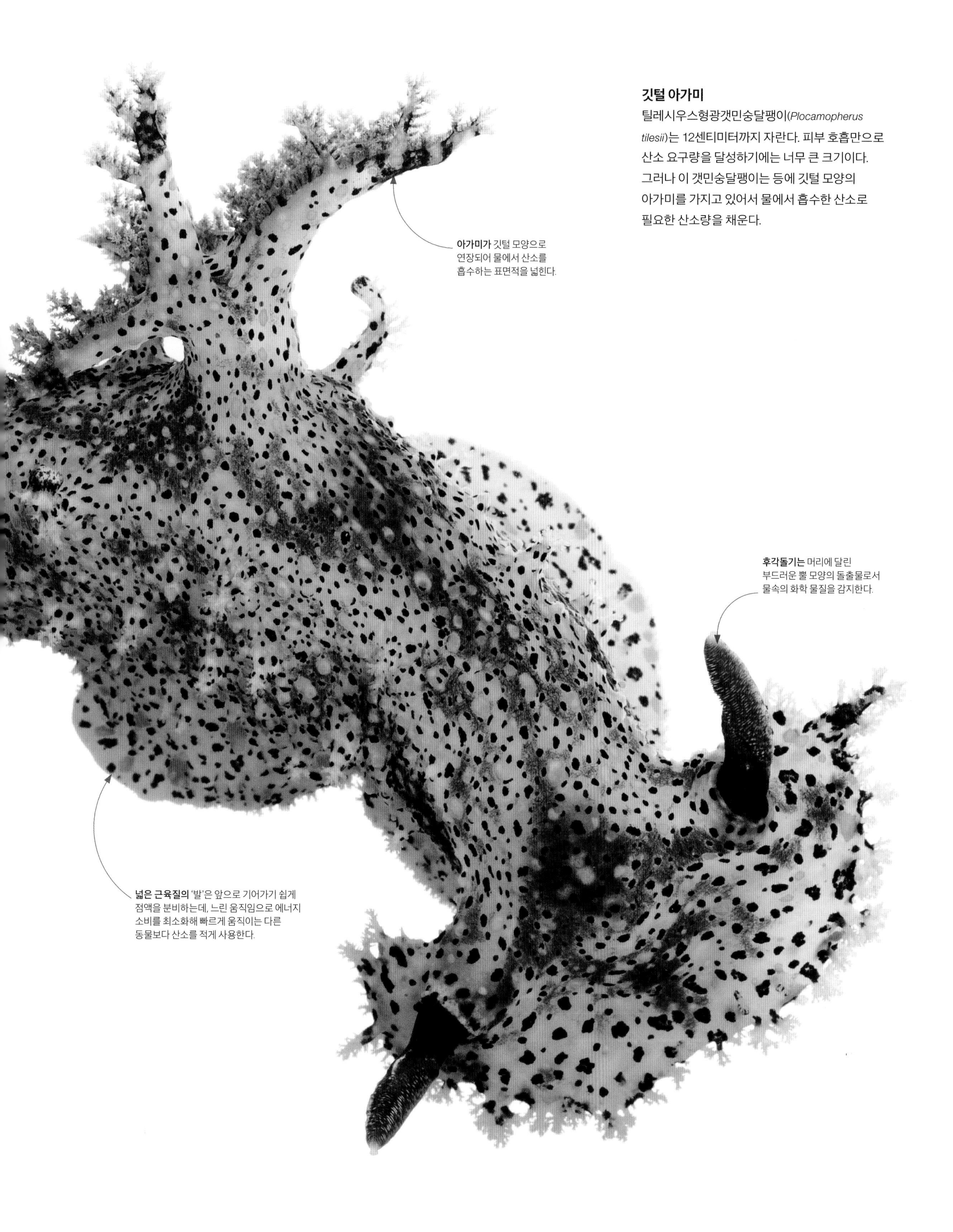

### 독개구리

남아메리카 독개구리(독개구리과)는 포식자들에게 강한 독이 있음을 경고하는 화려한 색을 가지고 있다. 100종 중에 일부는 엠베라족과 노아나마족에서 화살총에 독을 바르는 데 쓰인다.

**다리 색은** 파란색, 빨간색, 갈색 또는 검은색으로 다양하다.

**먹이에서 얻은 독**
다른 남아메리카 독개구리들과 마찬가지로 왼쪽의 딸기독개구리(*Oophaga pumilio*)는 개미와 같이 독이 있는 절지동물을 먹어서 독을 얻는다.

# 독이 있는 피부

양서류의 피부는 얇고 비늘이 없어서 표면으로 산소를 흡수할 수 있다. 피부에서 분비되는 독은 몸을 보호하는 데 엄청난 효과를 보이기도 한다. 피부의 분비샘(때로는 사마귀처럼 볼록하게 자란다.)에서 분비되는 독액은 쓴 맛을 내어 포식자를 쫓기도 하고, 어떤 종에서는 빠르게 적을 죽이기도 한다.

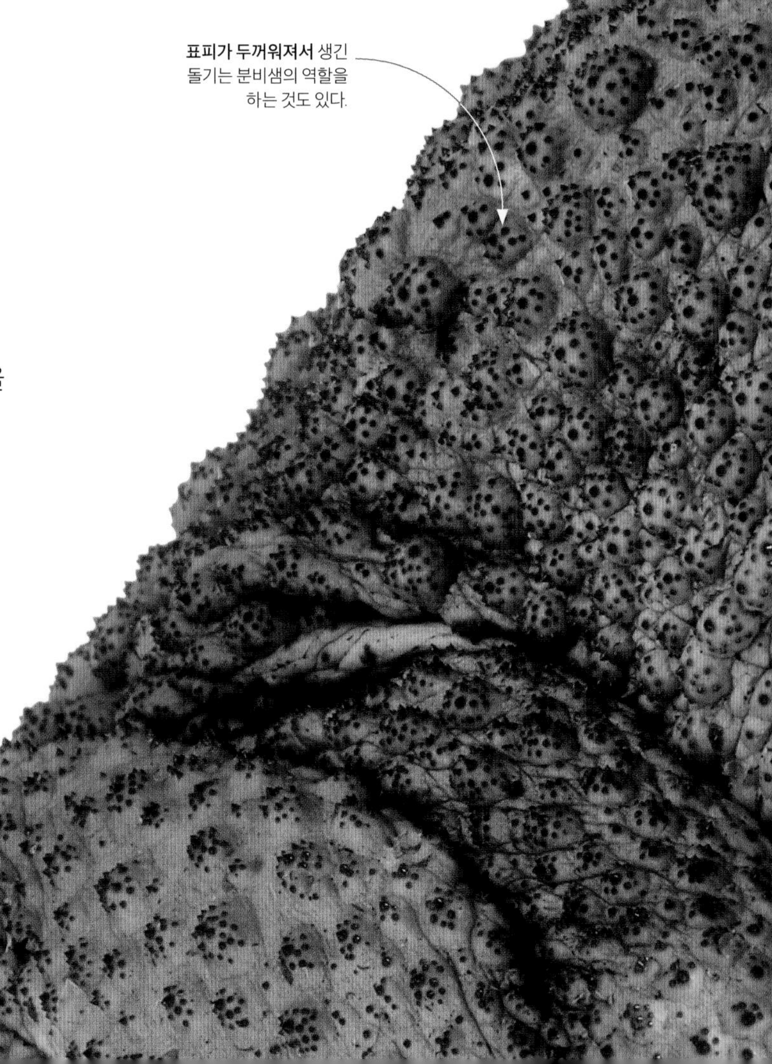

**표피가 두꺼워져서** 생긴 돌기는 분비샘의 역할을 하는 것도 있다.

**독이 있는 침입자**

열대의 아메리카 독두꺼비(*Rhinella marina*)의 대형 분비샘은 신경과 근육을 마비시키는 부포톡신이라는 물질을 생산한다. 이 두꺼비는 1935년에 사탕수수의 해충인 사탕수수딱정벌레를 조절하기 위해 도입되었지만 독으로 인해 지역 포식자들이 먹지 않아서 통제 불가능한 속도로 확산되어 고유종을 위협하고 있다.

### 색을 내는 세포

척추동물의 피부는 색을 형성하는 세포층을 최대 3개 가지고 있다. 노란색이나 붉은색 색소를 형성하는 층이 가장 위에 있고, 멜라닌(검은색 또는 갈색) 색소가 가장 아래에 있다. 파랑, 초록색 또는 보라색을 반사하는 결정을 가지고 있는 중간층은 어류, 양서류, 조류에서만 발견된다. 조류와 포유류는 표피에 어두운 색소 세포를 가지고 있어서 피부뿐만 아니라 깃털이나 털의 색을 낸다.

멜라닌 그래뉼이 위로 분산되어 피부색을 어둡게 한다.

표피

진피

노란 색소 그래뉼을 가진 황색소포 세포

구아닌 결정을 함유한 광채세포

진피 내의 혈액이 피부를 '핑크'색으로 보이게 한다.

멜라닌 그래뉼을 가진 멜라닌색소포 세포

척추동물 피부의 색을 만드는 세포들

**아성체의** 피부 패턴은 성체가 되면 흰 바탕에 검은 점으로 바뀐다.

**할리퀸 피시**
(*Plectorhinchus chaetodonoides*)

**이 물고기의** 푸른색은 독특하게도 빛을 반사하는 결정이 아니라 피부의 색소에 의한 것이다.

**만다린피시**
(*Synchiropus splendidus*)

**검은색은** 고농도의 멜라닌에 의한 것이다.

**어린 파랑쥐치**
(*Balistoides conspicillum*)

**노란색은** 물고기가 먹은 조류 속의 카로티노이드 색소 때문이다.

**옐로탱**
(*Zebrasoma flavescens*)

# 피부색

동물의 몸을 장식하는 아름다운 색상들은 대부분 페인트와 염색제의 생물학적 등가물, 즉 피부세포 속의 화학적 과정에 의해 생성된 색소에 의한 것이다. 갈색과 검은색은 멜라닌, 노랑색, 주황색, 붉은색은 카로티노이드(당근, 수선화, 달걀 노른자의 색을 내기도 한다.)라고 불리는 색소에 의한 것이다. 그러나 초록색, 푸른색, 보라색은 대개 피부, 비늘 또는 깃털이 체표면에서 빛을 반사해 만들어지는 것이다.

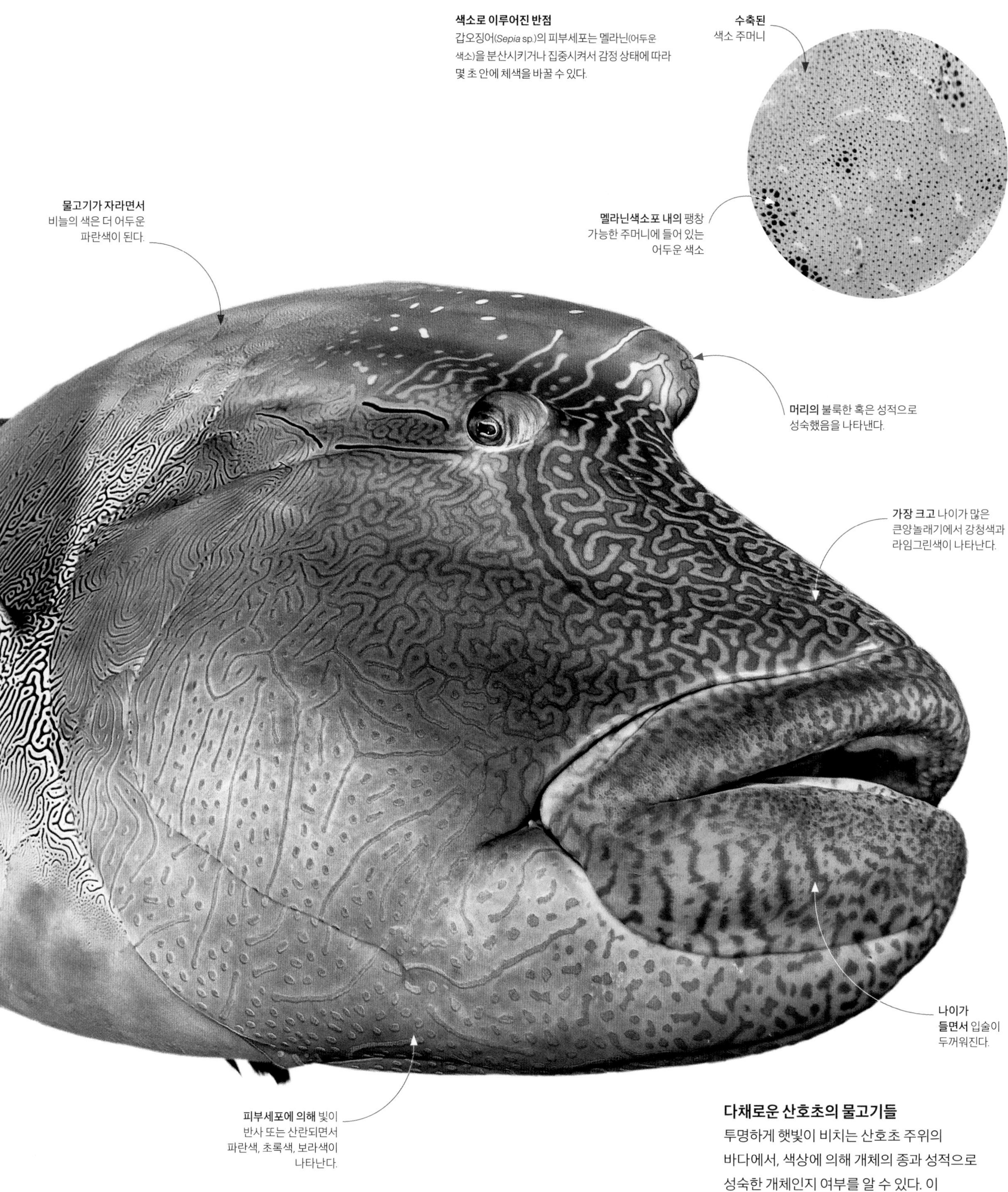


**다채로운 산호초의 물고기들**

투명하게 햇빛이 비치는 산호초 주위의 바다에서, 색상에 의해 개체의 종과 성적으로 성숙한 개체인지 여부를 알 수 있다. 이 큰양놀래기(*Chelinus undulatus*)를 포함한 많은 종에서 푸른색이 가장 흔한데, 그 까닭은 푸른색이 물속에서 더 멀리까지 보이기 때문이다.

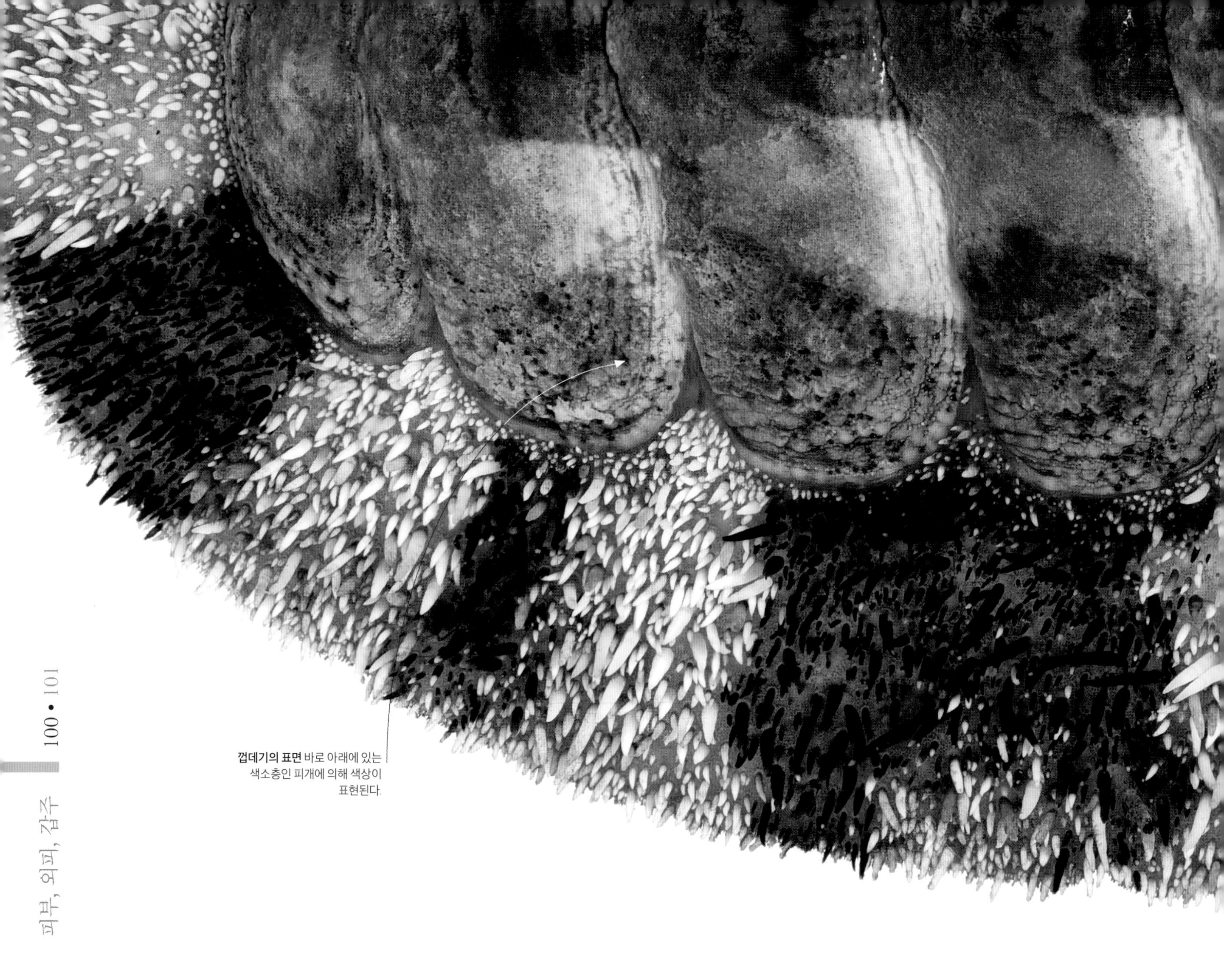

**껍데기의 표면** 바로 아래에 있는 색소층인 피개에 의해 색상이 표현된다.

# 껍데기의 형성

달팽이를 비롯한 연체동물은 특징적인 껍데기를 가지고 있다. 민달팽이와 문어 등의 일부 연체동물은 껍데기가 없지만, 많은 경우에 껍데기는 부드러운 몸을 보호해 주는 중요한 역할을 한다. 껍데기는 동물의 등을 덮고 있는 한 장의 얇은 피부와 근육, 즉 외투막 위에 형성된다. 외투막은 아가미, 배설과 생식을 위한 구멍을 포함하는 체강을 감싸고 있다. 외투막의 윗면에서 분비된 물질은 단단하게 굳어서 껍데기를 형성하는데, 삿갓조개의 삿갓처럼 단순한 것도 있고 소라고둥의 나선형 껍데기처럼 복잡한 형태도 있다.

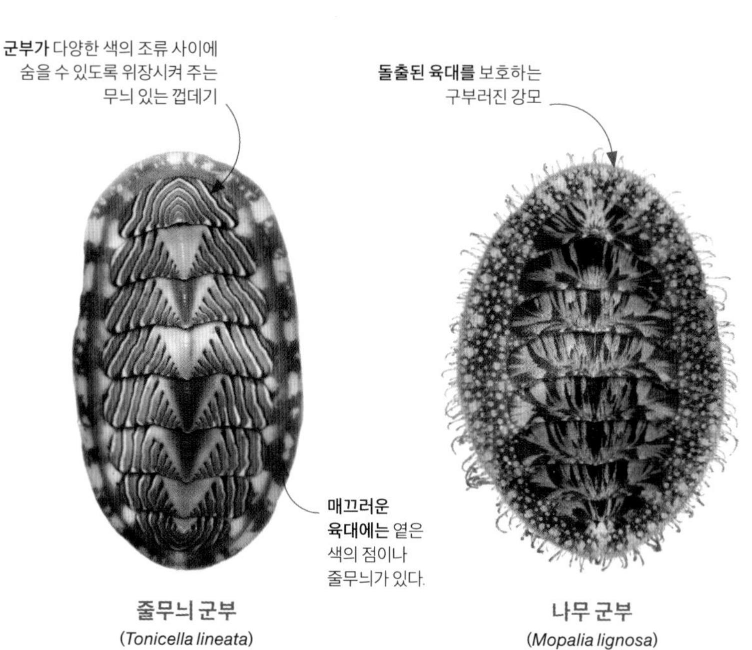

**군부가** 다양한 색의 조류 사이에 숨을 수 있도록 위장시켜 주는 무늬 있는 껍데기

**돌출된 육대를** 보호하는 구부러진 강모

**매끄러운 육대에는** 옅은 색의 점이나 줄무늬가 있다.

**줄무늬 군부** (*Tonicella lineata*)

**나무 군부** (*Mopalia lignosa*)

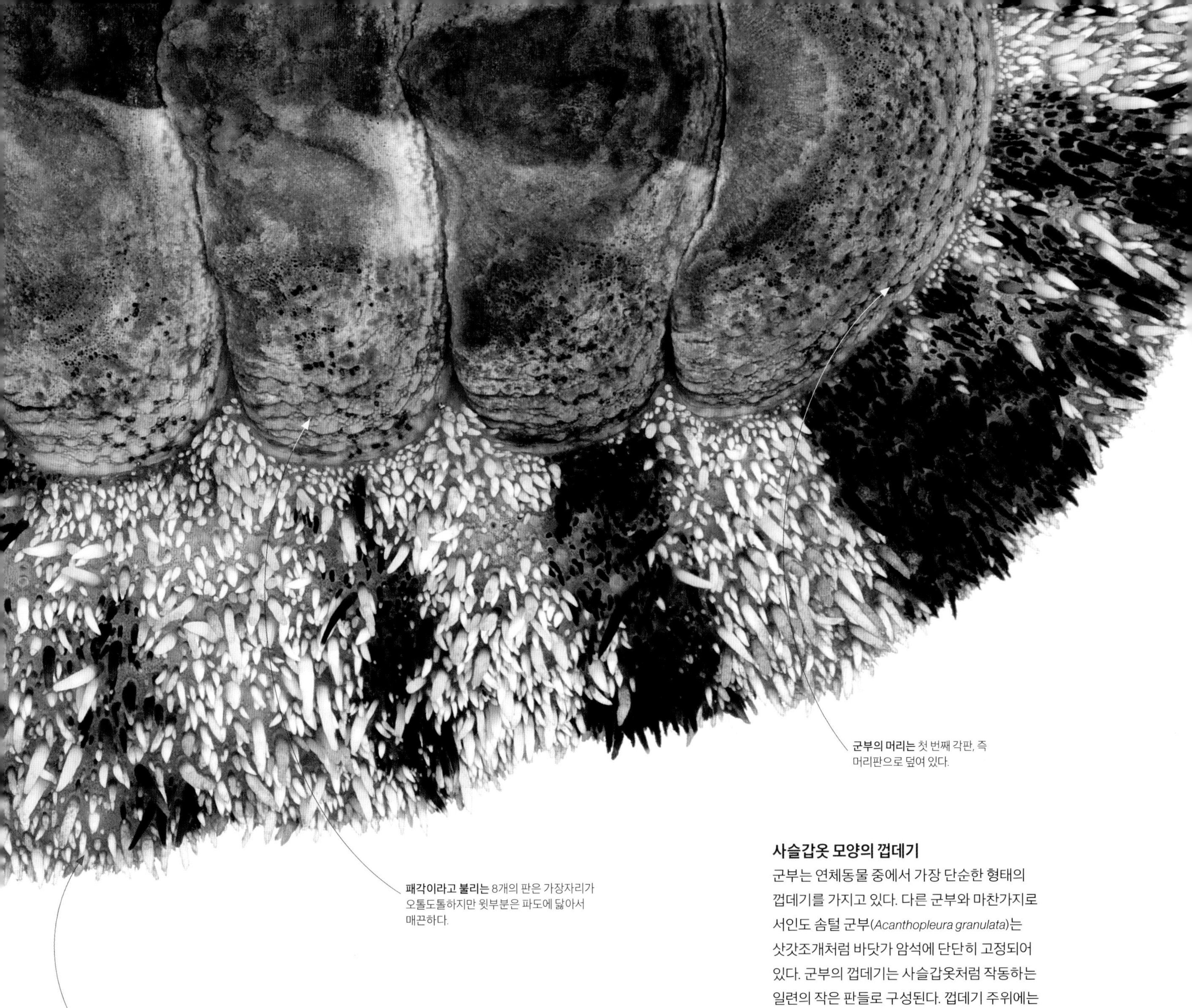

**군부의 머리는** 첫 번째 각판, 즉 머리판으로 덮여 있다.

**패각이라고 불리는** 8개의 판은 가장자리가 오톨도톨하지만 윗부분은 파도에 닳아서 매끈하다.

**외투막의 돌출된** 가장자리 부분, 즉 육대는 아래의 아가미를 보호한다. 다판류의 외투막은 윗부분의 날카로운 석회질의 가시에 의해 보호된다.

## 사슬갑옷 모양의 껍데기

군부는 연체동물 중에서 가장 단순한 형태의 껍데기를 가지고 있다. 다른 군부와 마찬가지로 서인도 솜털 군부(*Acanthopleura granulata*)는 삿갓조개처럼 바닷가 암석에 단단히 고정되어 있다. 군부의 껍데기는 사슬갑옷처럼 작동하는 일련의 작은 판들로 구성된다. 껍데기 주위에는 외투막 가장자리의 노출된 살, 즉 육대가 있다.

### 껍데기의 형성 과정

군부와 같은 연체동물의 외투막은 동물이 움직일 수 있도록 근육질일 뿐만 아니라, 표피에 껍데기를 형성하는 분비샘도 가지고 있다. 분비샘에서 분비되는 콘친이라는 단백질이 백악질의 광물과 결합해 석산호와 성게의 것과 같은 골격을 만든다.

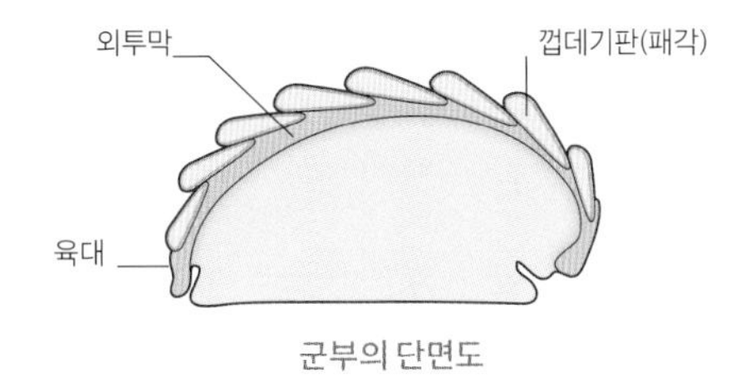


군부의 단면도

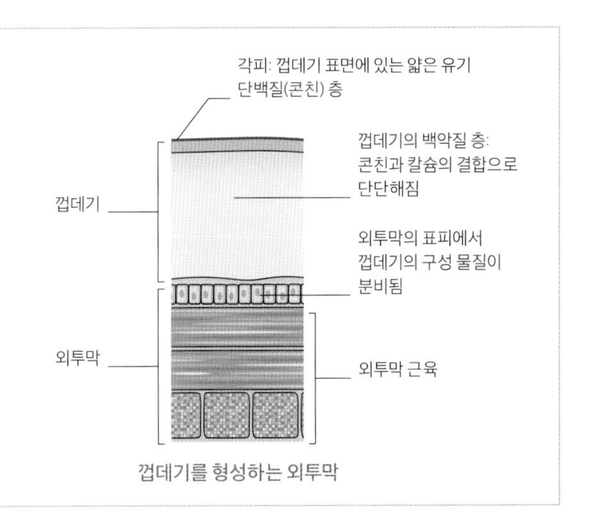


껍데기를 형성하는 외투막

# 연체동물의 껍데기

대부분의 연체동물은 복족강(달팽이와 민달팽이) 또는 이매패강(굴과 조개) 중 하나에 속한다. 복족류는 하나의 껍데기를 가지고 있으며 나선형의 껍데기가 많지만 이매패류는 경첩으로 연결된 두 장의 패각을 가지고 있다. 각각의 강은 껍데기의 형태에 따라 다시 분류된다.

## 복족류의 껍데기

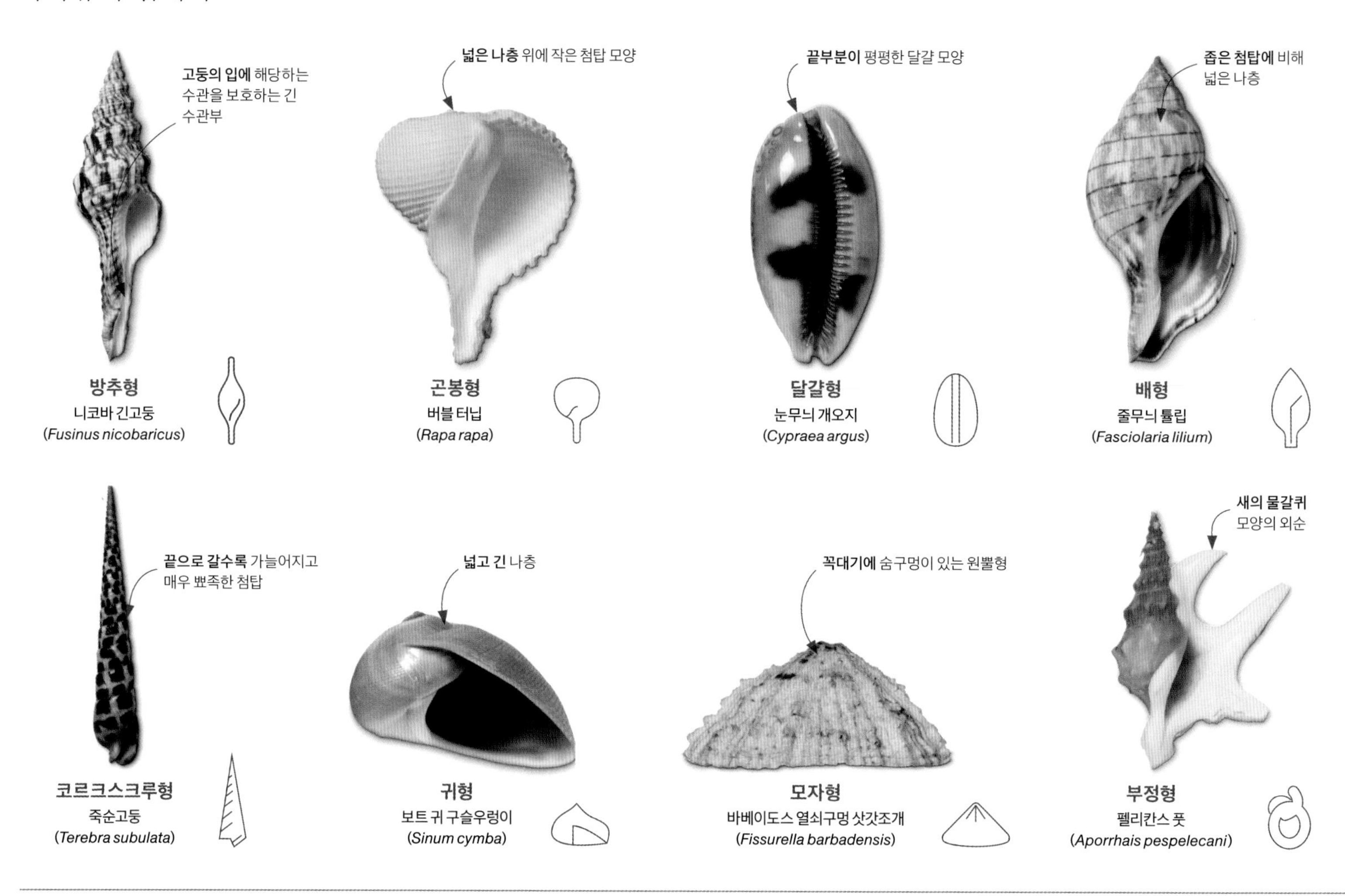


## 이매패의 껍데기

**원반형**
링 도시니아
(*Dosinia anus*)

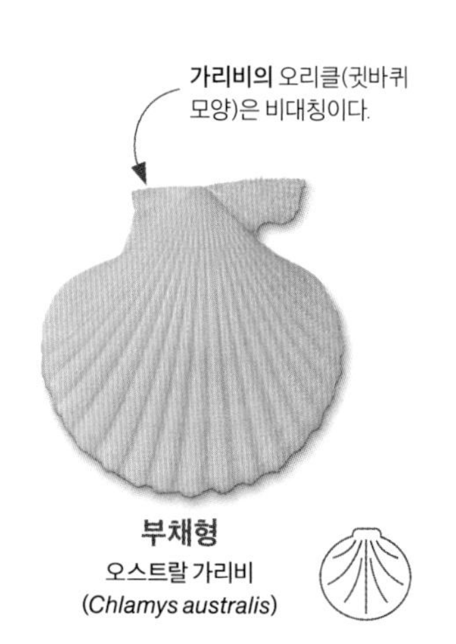

**부채형**
오스트랄 가리비
(*Chlamys australis*)

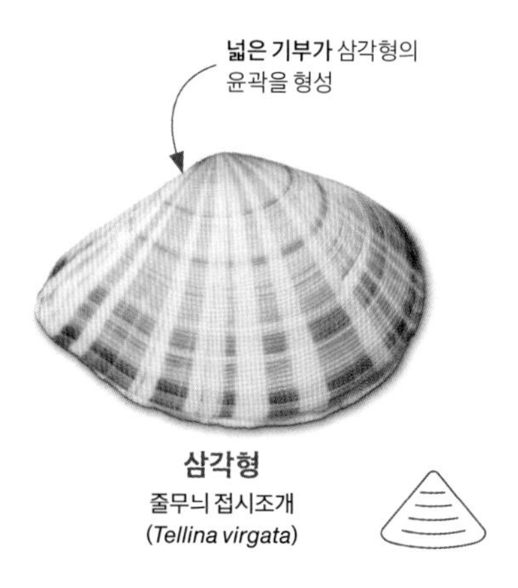

**삼각형**
줄무늬 접시조개
(*Tellina virgata*)

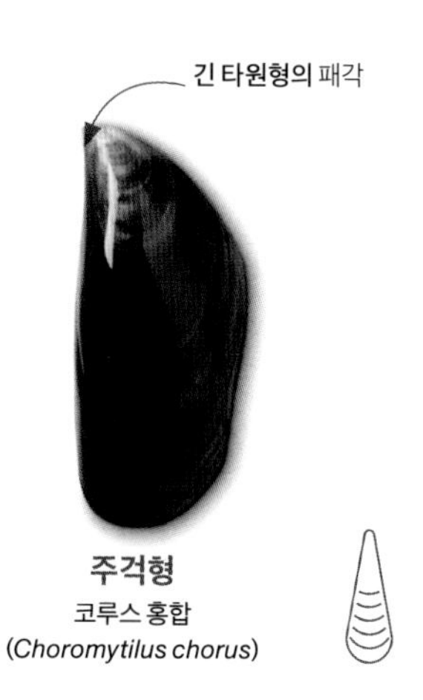

**주걱형**
코루스 홍합
(*Choromytilus chorus*)

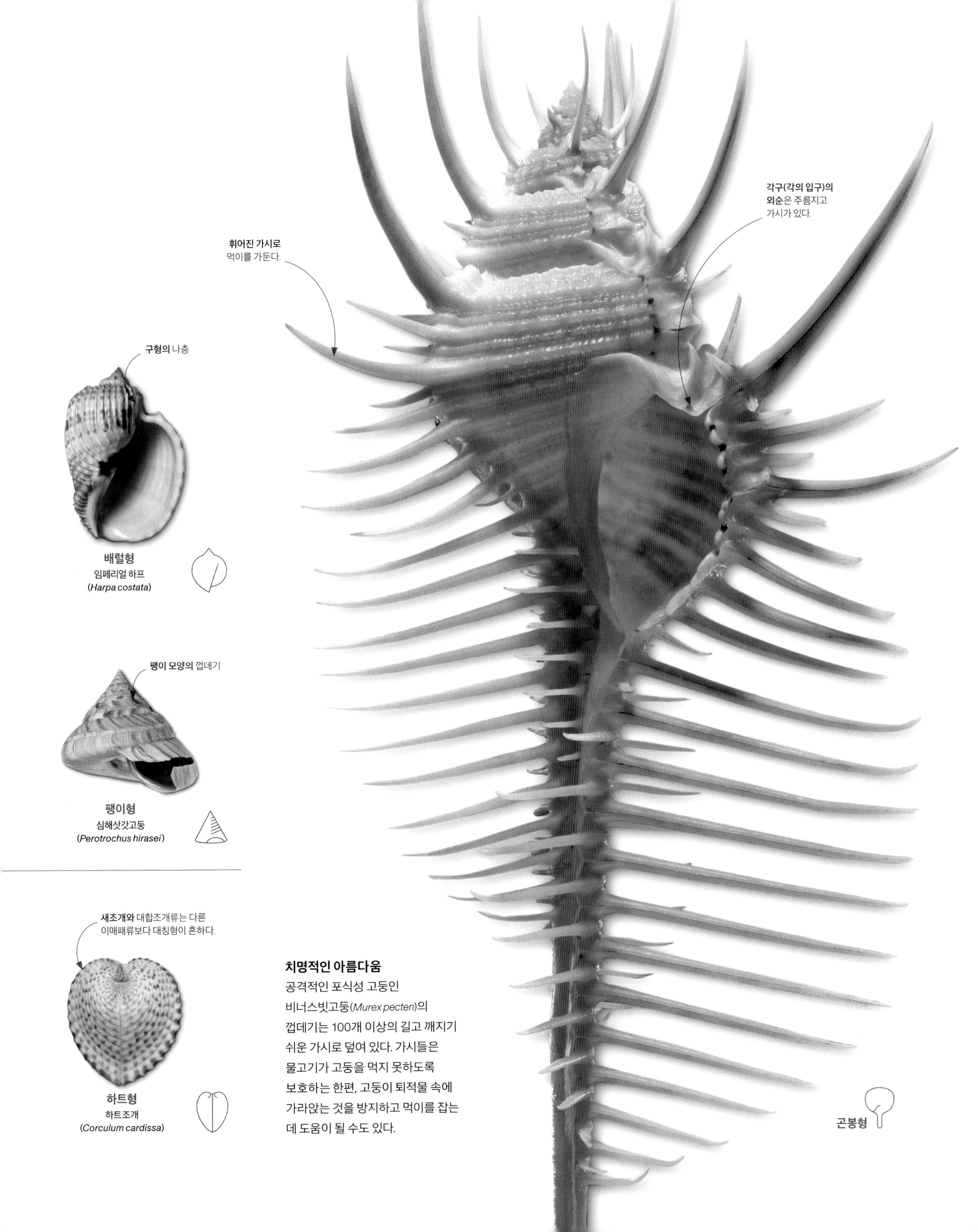


**치명적인 아름다움**
공격적인 포식성 고둥인 비너스빗고둥(*Murex pecten*)의 껍데기는 100개 이상의 길고 깨지기 쉬운 가시로 덮여 있다. 가시들은 물고기가 고둥을 먹지 못하도록 보호하는 한편, 고둥이 퇴적물 속에 가라앉는 것을 방지하고 먹이를 잡는 데 도움이 될 수도 있다.

# 척추동물의 비늘

접힌 피부로부터 형성된 비늘 껍질은 유연한 갑주를 제공한다. 어류의 비늘은 진피층 깊은 곳에 뼈로 된 코어를 가지고 있다. 파충류의 비늘은 표피에 한정되며 뼈가 없다. 단단한 케라틴과 함께 비늘 아래의 피부가 건조해지지 않게 하는 기름을 함유한다.

**머리의 비늘은** 몸의 다른 부분의 것보다 짧다.

**각각의 비늘에는** 중앙에 용골과 같은 융기선이 있어서 표면이 거칠다.

**비늘 피부**

각각의 비늘은 기부에 경첩으로 연결되어 있어서 피부가 유연성을 유지하고 움직임이 가능하다. 속눈썹살모사(*Bothriechis schlegelii*)와 같은 많은 어류와 파충류에서 많은 수의 비늘이 지붕 타일처럼 겹쳐져서 뒷부분의 모서리가 들려 있다. 다른 종에서는 비늘이 겹치지 않고 피부를 빽빽하게 조이고 있다.

**비늘의 다양성**
어류의 비늘은 이빨 같은 구조로 진화했다. 순린(placoid scale)과 경린(ganoid scale)에는 에나멜과 상아질층이 남아 있다. 오늘날의 대부분의 어류는 얇은 뼈로 된 원린(cycloid scale)과 즐린(ctenoid scale)을 가지고 있다. 뼈가 없는 파충류의 비늘은 어류와 독립적으로 진화한 것이다.

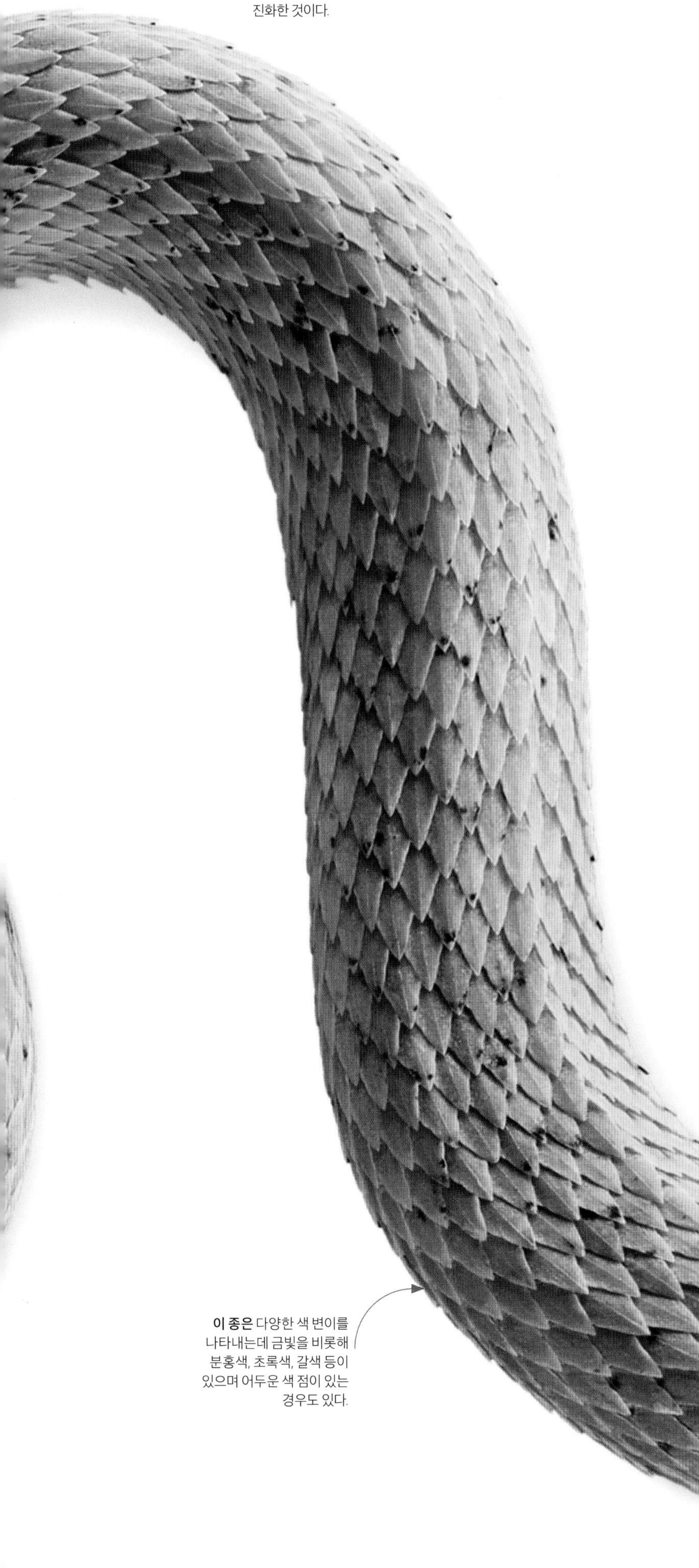

## 어류의 비늘

**뒤를 향하고** 있는 작은 순린들 때문에 사포처럼 피부 표면이 거칠다.

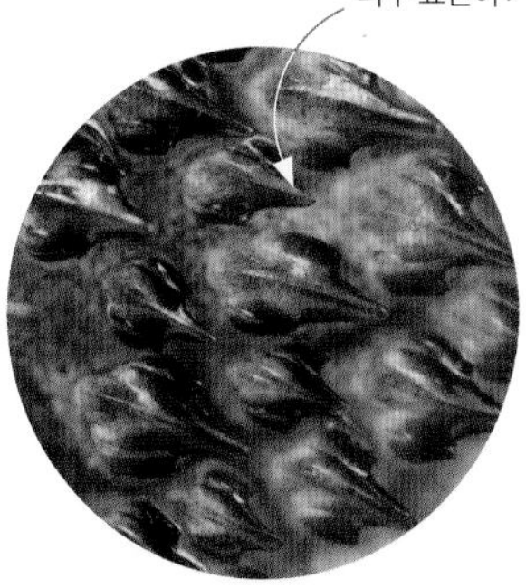

너스하운드상어
(*Scyliorhinus stellaris*)

**판 모양의** 경린은 에나멜 성분 때문에 단단하고 반짝거린다.

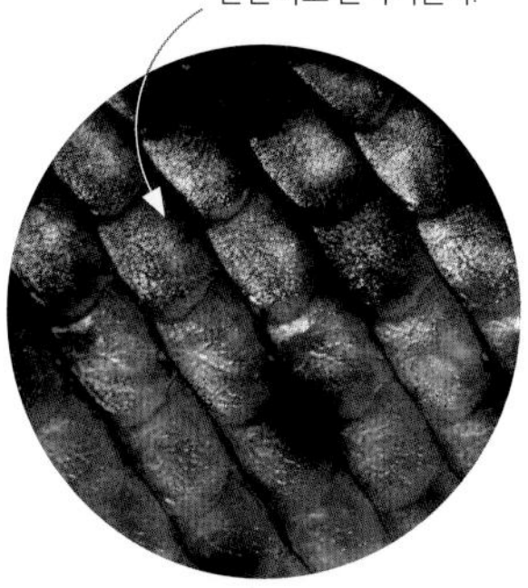

스포티드 가
(*Lepisosteus oculatus*)

**원린은** 얇은 뼈로 된 동심원의 고리들을 가지고 있다.

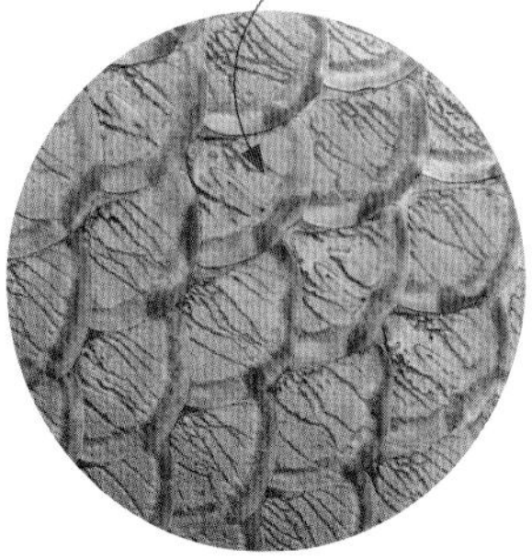

아시아 아로와나
(*Scleropages formosus*)

**즐린은** 가장자리가 빗 모양으로 되어 있어서 난류를 감소시킨다.

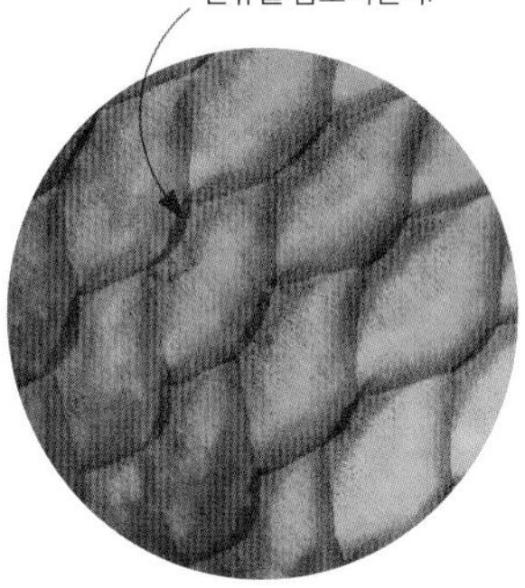

러스티 패럿피시
(*Scarus ferrugineus*)

## 파충류의 비늘

**구슬 모양의** 비늘은 겹치지 않는다.

볏도마뱀붙이
(*Correlophus ciliatus*)

**폭이 넓고** 겹쳐지는 배의 비늘은 나뭇가지를 잡는 데 도움이 된다.

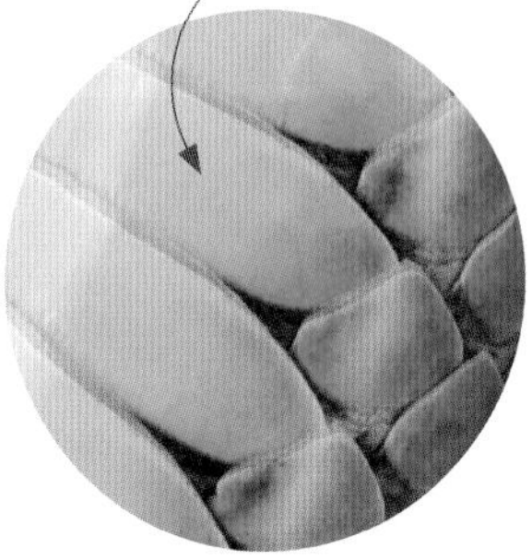

흰입술살모사
(*Trimeresurus albolabris*)

**이 종은** 다양한 색 변이를 나타내는데 금빛을 비롯해 분홍색, 초록색, 갈색 등이 있으며 어두운 색 점이 있는 경우도 있다.

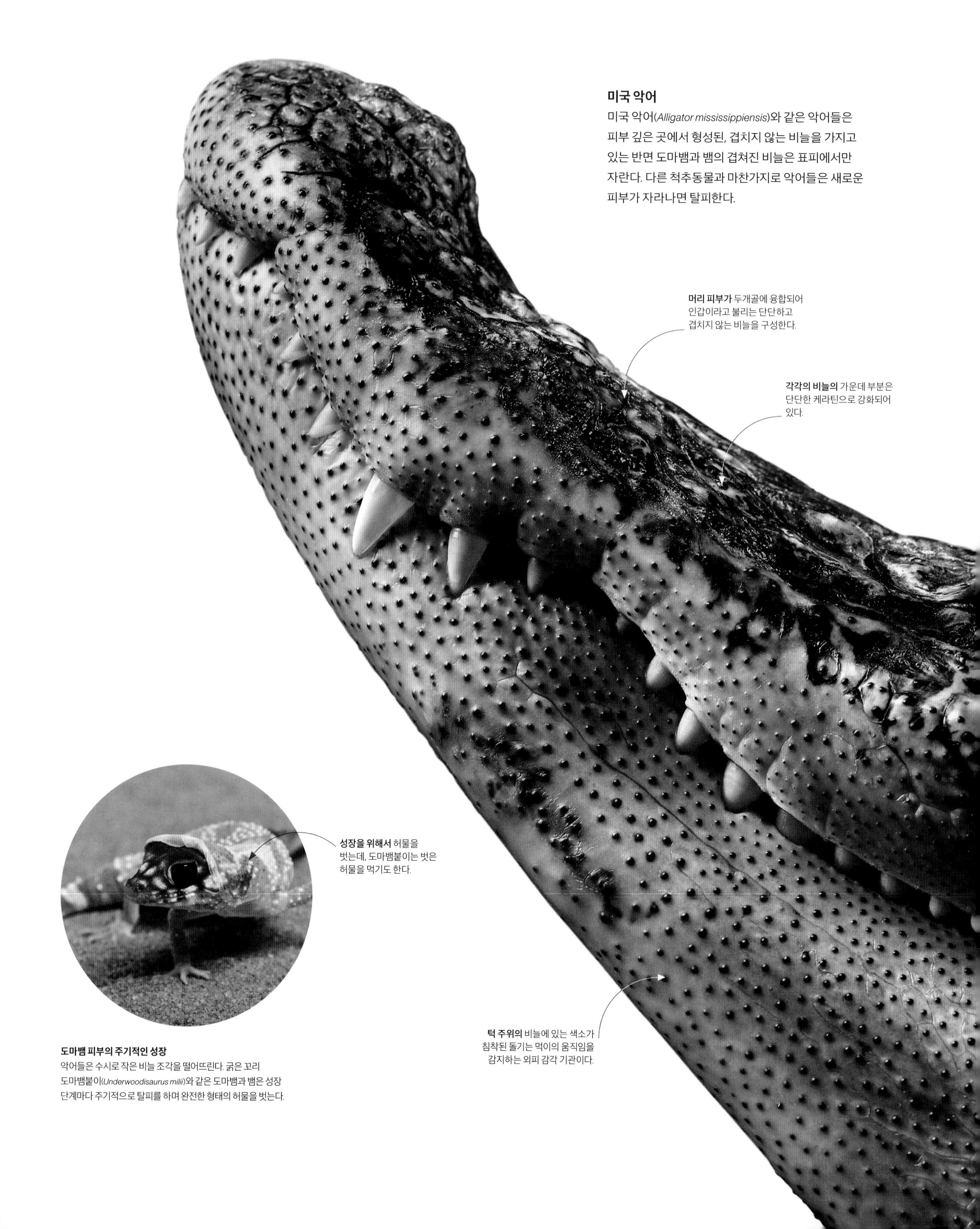

### 미국 악어

미국 악어(*Alligator mississippiensis*)와 같은 악어들은 피부 깊은 곳에서 형성된, 겹치지 않는 비늘을 가지고 있는 반면 도마뱀과 뱀의 겹쳐진 비늘은 표피에서만 자란다. 다른 척추동물과 마찬가지로 악어들은 새로운 피부가 자라나면 탈피한다.

**머리 피부가** 두개골에 융합되어 인갑이라고 불리는 단단하고 겹치지 않는 비늘을 구성한다.

**각각의 비늘의** 가운데 부분은 단단한 케라틴으로 강화되어 있다.

**성장을 위해서** 허물을 벗는데, 도마뱀붙이는 벗은 허물을 먹기도 한다.

**턱 주위의** 비늘에 있는 색소가 침착된 돌기는 먹이의 움직임을 감지하는 외피 감각 기관이다.

**도마뱀 피부의 주기적인 성장**

악어들은 수시로 작은 비늘 조각을 떨어뜨린다. 굵은 꼬리 도마뱀붙이(*Underwoodisaurus milii*)와 같은 도마뱀과 뱀은 성장 단계마다 주기적으로 탈피를 하며 완전한 형태의 허물을 벗는다.

# 파충류의 **피부**

파충류의 비늘 피부는 수분 증발을 막을 수 있는 단단하고 건조한 표면을 가지고 있어서 비늘이 없는 양서류 조상보다 육지 생활에 더 잘 적응했다. 파충류의 피부는 두 가지 케라틴 물질을 가지고 있는데 하나는 단단하고 잘 부서지며 다른 하나는 부드럽고 휘어지는 재질이다. 이 둘의 조합에 의해서 몸에 상처가 생기거나 피부가 건조해지지 않도록 막아 주는 유연한 장벽이 만들어진다.

**무장한 몸**
악어의 몸 위쪽의 비늘들은 단단한 케라틴으로 덮여 있으며 많은 수의 혈관이 열을 흡수 또는 배출해 체온을 조절한다.

**변색**

많은 동물들이 피부 속의 어두운 색소포를 확장시켜 체색을 바꾸지만(99쪽 참조), 카멜레온과 같은 동물들은 결정들을 이용한다. 다른 파충류, 양서류와 마찬가지로, 색을 반사하는 결정을 가지고 있는 홍색소포(98쪽 참조)를 가지고 있지만 카멜레온은 신경 조절을 통해 결정을 움직여서 몇 초 안에 색반사 특성을 바꿀 수 있다.

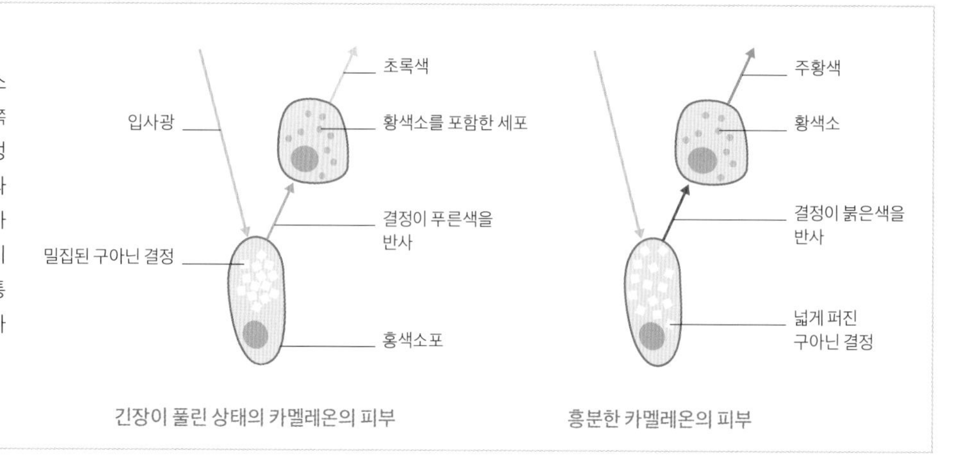


긴장이 풀린 상태의 카멜레온의 피부 | 흥분한 카멜레온의 피부

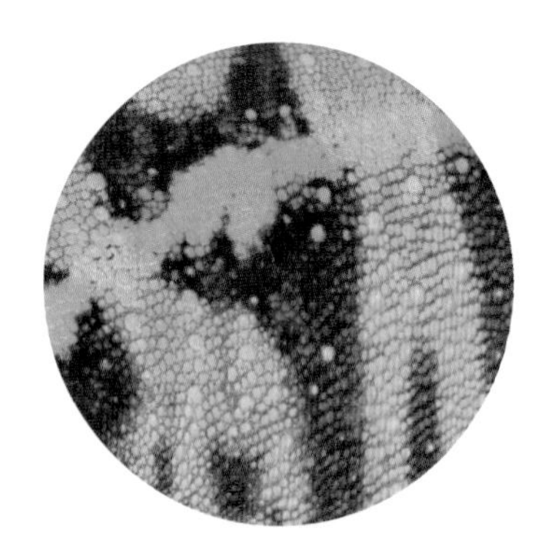

**초록색 피부**

**주황색 피부**

**과시**
대부분의 팬서 카멜레온의 바탕색은 초록색(긴장을 풀고 있을 때)에서 주황색 또는 붉은색(흥분했을 때)으로 바뀐다. 쉬고 있을 때의 색이 나무 꼭대기 서식지에서 위장하기에 더 적합하다.

**비늘 아래** 진피 부분에 색을 만드는 세포가 있다.

# 광고색

동물의 체색은 시각적으로 감지할 수 있는 강력한 신호로서 동물이 자라면서 성적으로 성숙했음을 알리거나 경쟁자에게 경고하기 위한 강렬한 색을 얻기도 한다. 다른 동물들은 신경이나 호르몬 조절에 의해 색을 바꿀 수 있다. 순간적인 색 변화를 활용해서 항구적으로 포식자의 주의를 끌 위험 없이 기질의 변화나 경쟁자 앞에서 공격 의사의 표현과 같은 사회적 신호를 보낼 수 있다.

### 무지개색의 피부

이 붉은색과 초록색의 표본은 마다가스카의 여러 지역에 사는 다양한 팬서 카멜레온(*Furcifer pardalis*)의 색 변이 중 하나이다. 수컷이 암컷보다 화려하다는 것은 경쟁자인 수컷과 싸우거나 잠재적인 짝에게 신호할 때 과시 행동이 더 고조될 수 있음을 의미한다.

**초록색은** 구아닌 결정에 의해 반사된 푸른 빛이 황색소포를 통과할 때 나타난다.

**푸른색은** 색소포가 적은 곳에서 구아닌 결정이 푸른 빛을 반사할 때 나타난다.

**붉은색은** 붉은색을 반사하는 결정들과 주황색, 붉은색 색소를 가진 세포가 조합되었을 때 나타난다.

**카멜레온(1612년경)**
우스타드 만수르(Ustad Mansur)의 카멜레온 그림은 날아다니는 곤충들 사이로 가지 위에 있는 생명체를 그린 것 이상으로 카멜레온의 생리와 서식지에 대한 연구로 볼 수 있다.

**단풍나무 위의 다람쥐들(1610년경)**
장난꾸러기 다람쥐들을 그린 세밀화는 무굴 제국 최고의 화가 아부 알하산(Abu al-Hasan, 1589~1630년)의 작품이다. 자항기르 황제(Jahangir, 1569~1627년)의 영역에 서식하지 않는 붉은 유럽다람쥐는 황제의 동물원에서 보고 그렸을 것이다. 동물과 새의 세심한 표현은 동료인 만수르의 도움을 받은 것으로 보인다.

명화 속 동물들

# 무굴 황궁의 예술

16~18세기 인도와 남아시아 대부분을 지배했던 무굴 제국의 부와 권력은 미학에 대한 사랑과 어우러졌다. 전설, 전투, 초상화, 사냥 장면들을 그린 보석 같은 세밀화들은 황궁에서 귀하게 여겨졌다. 제4대 자항기르 황제는 자연사에 깊이 빠져 식물과 동물을 정확히 묘사한 그림들을 주문했는데 오늘날까지도 그 정교함이 높이 평가되고 있다.

후마윤, 악바르, 자항기르 황제가 재위하는 동안 페르시아(현재의 이란), 중앙아시아, 아프가니스탄 최고의 화가들이 무굴 제국의 부와 명망에 이끌려 모여들었다. 세밀화들은 서예가, 디자이너, 예술가들의 협업으로 이루어졌는데, 먼저 드로잉을 흰색으로 얇게 칠한 후 고운 붓으로 색을 입혔다. 채색된 그림은 마노 보석과 에나멜 칠로 광택을 냈다.

자항기르가 가장 총애했던 아부 알하산과 우스타드 만수르는 황제와 함께 제국 전역을 여행했으며 '이 시대의 경이로움'이라는 칭호를 받았다. 자항기르에게 바쳐진 것으로 기록된 표본 중에는 페르시아 왕이 보낸 진귀한 매, 아비시니아의 얼룩말, 인도 고아에서 온 칠면조 수컷과 히말라야 부채머리꿩 등이 있는 것으로 보아 동물에 대한 황제의 애정을 엿볼 수 있다. 수라트에 있는 자항기르의 동물원에 있던 두 마리의 도도는 상인들이 선물한 것으로 보인다.

> “그는 신기하고 특이한 동물들을 여러 마리 데려왔다……나는 화가들에게 명해 이들을 그리도록 했다.”
>
> **『자항기르나마: 인도 황제 자항기르의 회고록』**, 1627년

**채색한 도도(1627년경)**
17세기 자항기르 황제의 황궁에서 최고의 화가였던 만수르는 황제의 명으로 희귀한 새, 동물, 식물을 기록했다. 만수르가 이 희귀한 도도의 그림을 채색한 것으로 생각된다.

# 목도리와 턱주머니

과시 행동을 할 때에 최고의 장식물은 필요할 때만 보이게 할 수 있는 것일 것이다. 평상시에도 과시 행동을 하고 있으면 포식자의 주의를 끌 수 있을 뿐만 아니라 잠시 동안 보여 주는 신호가 좀 더 강력하기 때문이다. 일부 도마뱀들은 목구멍 아래쪽에 있는 뼈로 된 장치를 움직여서 피부 덮개를 넓게 펼친다. 이것은 같은 종에게는 사회적 신호가 될 수 있고, 포식자에게는 도마뱀의 몸이 더 커 보이게 해 위협하는 효과가 있다.

**목도리 세우기**
목도리도마뱀(*Chlamydosaurus kingii*)은 영역 싸움을 할 때나 적을 겁주려고 할 때 입을 벌리고 목도리를 펼친다. 목구멍 속의 설골에는 각새골이라 불리는 뒤로 뻗은 긴 가시가 연결되어 있다. 근육이 이 가시들을 세워 피부를 부채처럼 펼친다.

목도리를 세운 상태

## 머리 신호

이구아나와 아놀에서 설골을 당기는 근육은 목 아래의 주머니를 확장하는 데 사용된다. 어떤 종에서는 턱주머니가 밝은 색이다. 의사소통을 할 때, 특히 짝을 유혹할 때 턱주머니를 부풀리며 머리를 흔든다.

그린 이구아나(*Iguana iguana*)

**목도리를 접은 상태**

**목도리를 반쯤 편 상태**

# 무기와 싸움

물리적 충돌은 위험할 수 있기 때문에, 무기를 가지고 있더라도 대부분의 동물은 싸움을 피하지만 때로는 위험을 감수할 가치가 있다. 사슴벌레 수컷의 턱은 너무 크게 자라서 입을 다물 수가 없다. 그러나 먹이 또는 짝을 두고 다툴 때 턱과 턱을 맞대고 밀어서 싸우며, 포유류인 사슴의 경우와 마찬가지로(88~89쪽 참조), 승자를 결정하는 것은 난폭한 힘이다.

**사슴벌레 수컷의 싸움**
람프리마색사슴벌레(*Lamprima adolphinae*)는 사슴뿔처럼 생긴 턱을 사용해서 싸운다. 상대방을 들어올려서 땅에 패대기 치려면 턱이 큰 쪽이 유리하다.

## 성장하는 몸

과시 행동이나 무기로 사용되는 부분은 몸의 다른 부분보다 빨리 자라서 불균형한 형태가 된다. 예시된 그림은 수컷 농게의 몸 크기에 대한 집게발의 성장 속도를 나타낸다. 농게는 수컷끼리 싸울 때나 암컷을 유혹할 때 커다란 한쪽 집게발을 사용한다.

어린 게보다 비율적으로 커진 성체의 집게발

발달 과정에서 몸과 다리의 비율은 유지된다.

가속된 집게발의 성장률(기하급수적)

농게 몸의 성장률(산술급수적 성장)

몸과 무기의 성장 비교

**암수 모두를 위한 무기**
아마존 보라풍뎅이(*Coprophanaeus lancifer*)의 암컷과 수컷은 모두 뿔 모양의 무기를 가지고 있다. 수컷은 수컷끼리 싸울 때 뿔을 사용하는 반면, 암컷은 유충의 먹이가 될 사체를 파묻는 동안 다른 암컷으로부터 사체를 지키는 데 사용한다.

**위장 중인 넙치**
공작 넙치(*Bothus lunatus*)는 어릴 때는 똑바로 헤엄치지만 자라나면서 극적으로 형태가 변해 오른쪽 눈이 왼쪽으로 이동한다. 넙치의 오른쪽이 아래가 되고 두 눈이 있는 왼쪽에는 얼룩무늬가 생겨 돌이 많은 바닥에 성공적으로 몸을 숨길 수 있다.

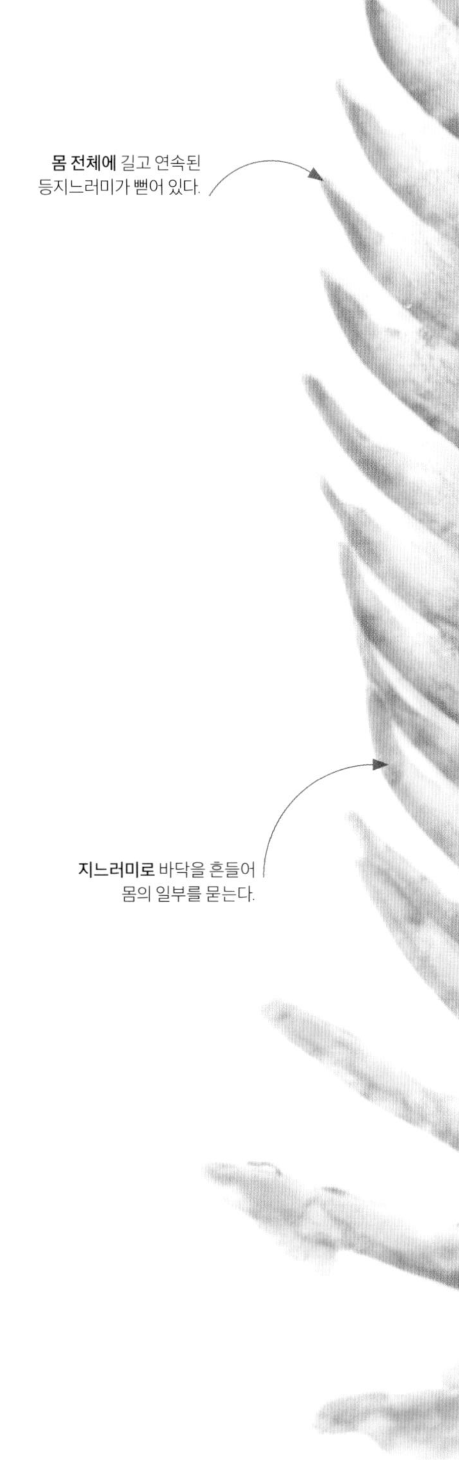

**몸 전체에** 길고 연속된 등지느러미가 뻗어 있다.

**지느러미로** 바닥을 흔들어 몸의 일부를 묻는다.

# 배경에 녹아들기

성공적인 위장은 동물에게 여러 가지로 이익이 된다. 방어용 무기가 없는 연약한 동물들은 사냥꾼을 피할 수 있는 반면, 포식자들은 먹이를 기습하기 위해 매복할 수 있다. 대부분의 동물은 타고난 형태와 색을 적절한 서식지 속에 숨기는 데 그치지만 좀 더 위장에 뛰어난 동물들은 신경계를 통해 배경에 맞게 체색이나 무늬를 바꿀 수 있다.





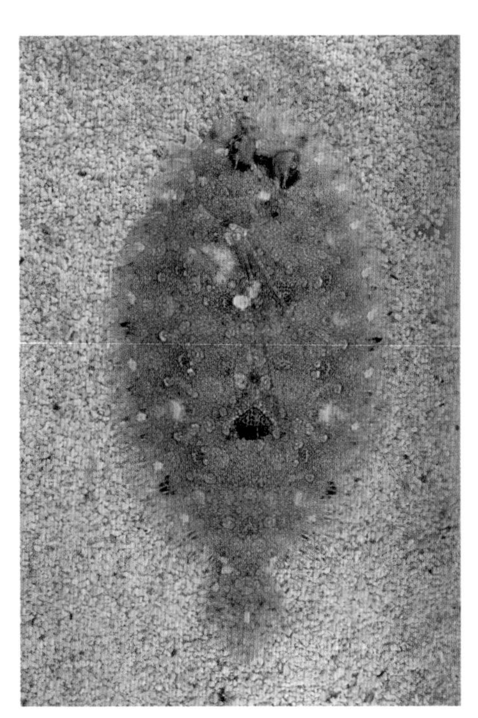

고운 모래 위에 숨은 넙치

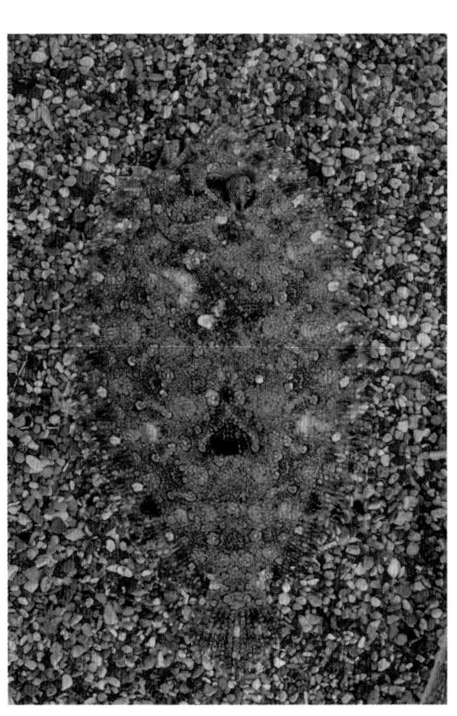

굵은 자갈 위에 숨은 넙치

**무늬 맞추기**
공작 넙치는 변색이 가능하도록 분화된 피부세포 덕분에 배경에 맞게 색과 무늬를 바꿀 수 있다(98쪽 참조). 이 세포들은 현미경 크기의 색소 그래뉼을 가지고 있으며 이들이 모였다 흩어졌다 하면서 피부색을 밝게 하거나 어둡게 할 수 있다. 공작 넙치가 시각으로 감지한 환경에 따라 호르몬이 분비되어 수 초 안에 피부 속의 색소 분포가 바뀐다.

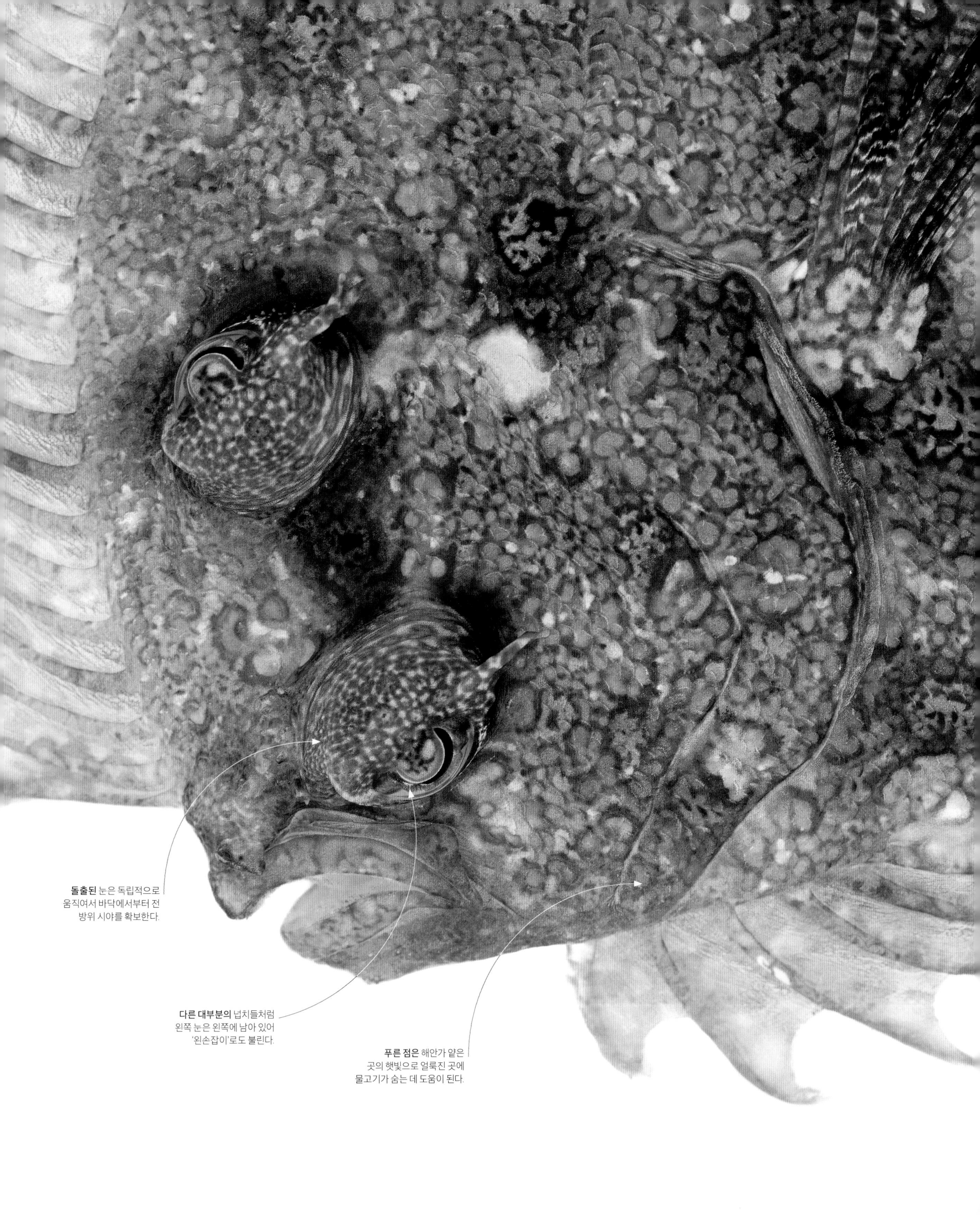
**돌출된** 눈은 독립적으로
움직여서 바닥에서부터 전
방위 시야를 확보한다.
**다른 대부분의** 넙치들처럼
왼쪽 눈은 왼쪽에 남아 있어
'왼손잡이'로도 불린다.
**푸른 점은** 해안가 얕은
곳의 햇빛으로 얼룩진 곳에
물고기가 숨는 데 도움이 된다.

*Markia hystrix*

# 송라여치

조류, 파충류, 박쥐, 땅이나 나무에 사는 포유류, 다른 곤충, 거미의 먹이가 되는 송라여치(*Markia hystrix*)는 우림 서식지에서 몸을 숨길 필요가 있다. 화학적 물리적 방어 수단이 없는 대신 극단적인 위장과 의태를 활용한다.

중남미의 고유종인 송라여치는 나무에 사는 야행성 곤충으로, 이러한 특성은 낮에 사냥하는 포식자나 땅 위에 사는 포식자를 피하는 데 도움이 된다. 송라여치의 먹이인 소나무 겨우살이(*Usnea* sp.)와 사실상 구별이 불가능하도록 채색, 형태, 움직임이 적응된 덕분에 생존의 기회가 더욱 증가한다.

겨우살이의 초록색과 흰색뿐만 아니라, 몸통과 다리도 겨우살이의 격자무늬를 모방한 가시를 가지고 있다. 이러한 조합에 더해 성체의 날개에도 겨우살이와 같은 무늬가 있기 때문에 포식자가 송라여치를 발견하는 것은 특별히 어렵다. 추적을 피하기 위해 송라여치는 평소에 천천히 신중하게 이동하다가 위협을 느끼면 날아서 도망친다.

여치과 곤충의 의태는 놀라운 수준의 다양성을 보여 준다. 나뭇잎, 이끼, 나무껍질, 심지어는 바위를 모방하기도 한다. 나뭇잎을 모방한 여치들의 경우 색과 나뭇잎, 잎맥의 모양을 흉내 낼 뿐만 아니라 썩은 부분이나 구멍처럼 보이는 점이 있는 경우도 있다. 그 결과 같은 종의 개체라도 모양이 달라 포식자가 나뭇잎과 여치를 구별하기가 더욱 어렵게 된다.

**완벽한 위장**
이 어린 송라여치는 아직 날개가 자라지 않았지만, 겨우살이의 가지 사이의 공간을 모방한 어두운 색의 무늬까지 완벽하게 겨우살이의 색과 일치한다.

**이끼의 모방**
코스타리카와 파나마의 가시베짱이(*Championica montana*)의 몸에 달린 식물 모양의 장식은 실제로 몸을 보호하는 가시이다.

**가짜 상처**
혈연 관계가 없는 깍지진디류처럼, 어떤 여치들은 나무껍질이 찢어지거나 뚫렸을 때 생기는 이랑의 모습을 흉내 낸다.

**다양한 색**

새의 깃털색은 매우 다양하다. 검은색과 갈색은 피부세포 속의 멜라닌 색소포로 인한 것이고, 노란색이나 붉은색은 먹어서 얻을 수도 있다. 푸른색, 보라색, 초록색은 깃털 구조가 구부러지거나 빛을 산란시키는 방식 때문에 나타난다(98쪽 색을 내는 세포 참조).

**분홍가슴파랑새**
(*Coracias caudatus*)

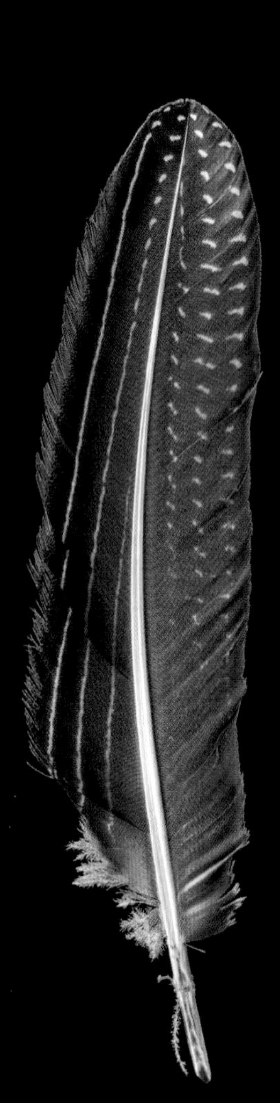

**대머리호로새**
(*Acryllium vulturinum*)

**아메리칸 플라밍고**
(*Phoenicopterus ruber*)

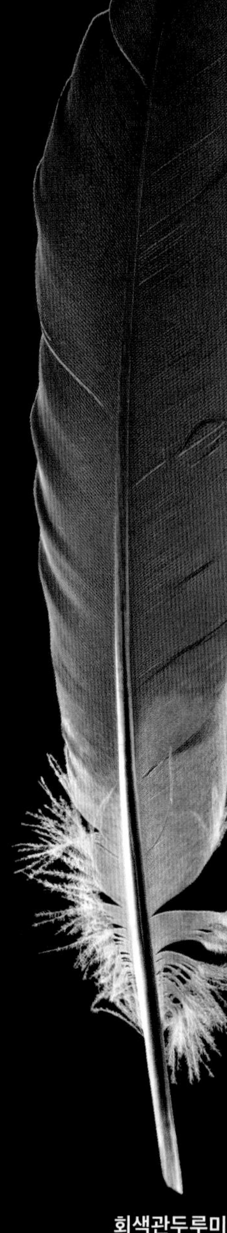

**회색관두루미**
(*Balearica regulorum*)

**수컷 에클렉투스 앵무**
(*Eclectus roratus*)

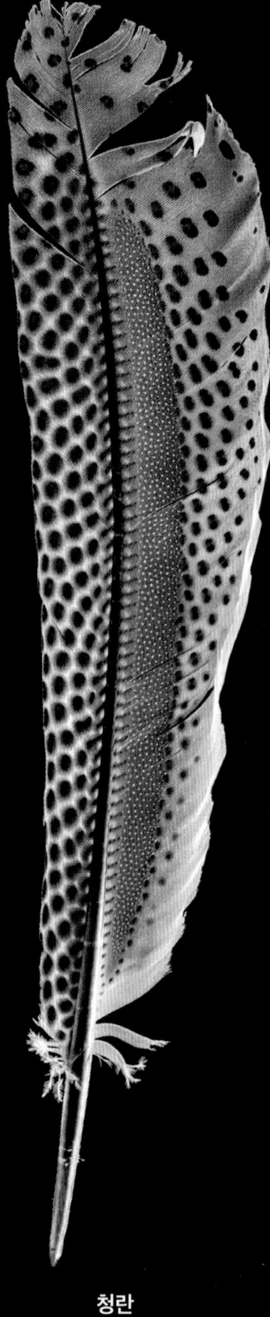

**청란**
(*Argusianus argus*)

# 깃털

새는 깃털을 가진 유일한 동물이다. 깃털은 공룡 조상의 비늘이 변형되어 진화했을 가능성이 높지만, '원시깃털'이 체온 유지를 위한 것이었는지 비행이나 활강을 위한 것이었는지는 확실하지 않다. 오늘날의 조류에서 깃털은 두 가지 역할을 모두 수행하는데, 배의 솜털은 단열을 위한 것이고 단단한 칼깃은 유선형의 윤곽을 형성하고 새가 공기 중을 날 때 몸을 떠받치는 역할을 한다.

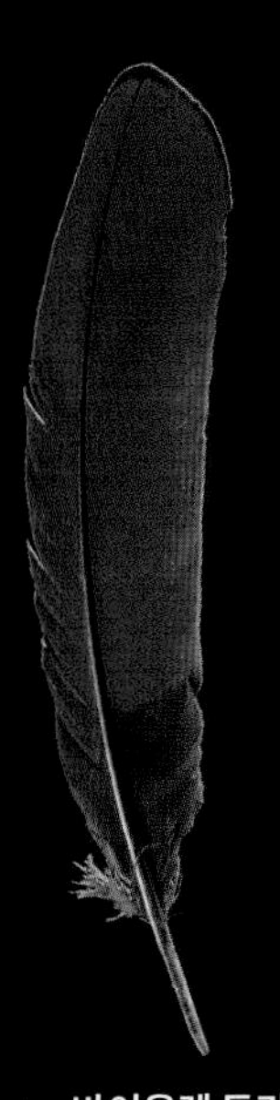

**바이올렛 투라코**
(*Musophaga violacea*)

**말레이 코뿔새**
(*Anthracoceros malayanus*)

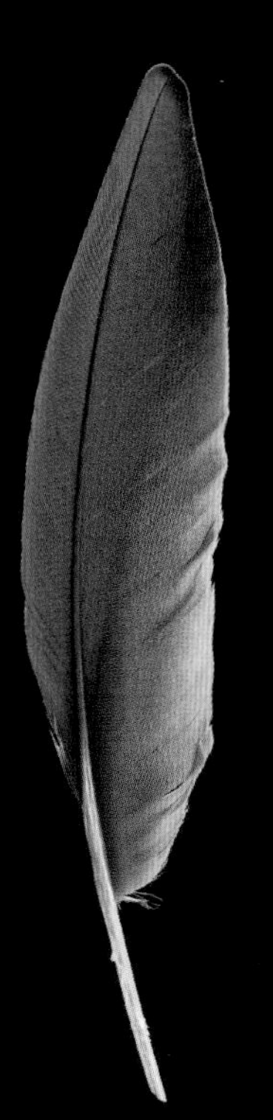

**붉은빰금강앵무**
(*Ara rubrogenys*)

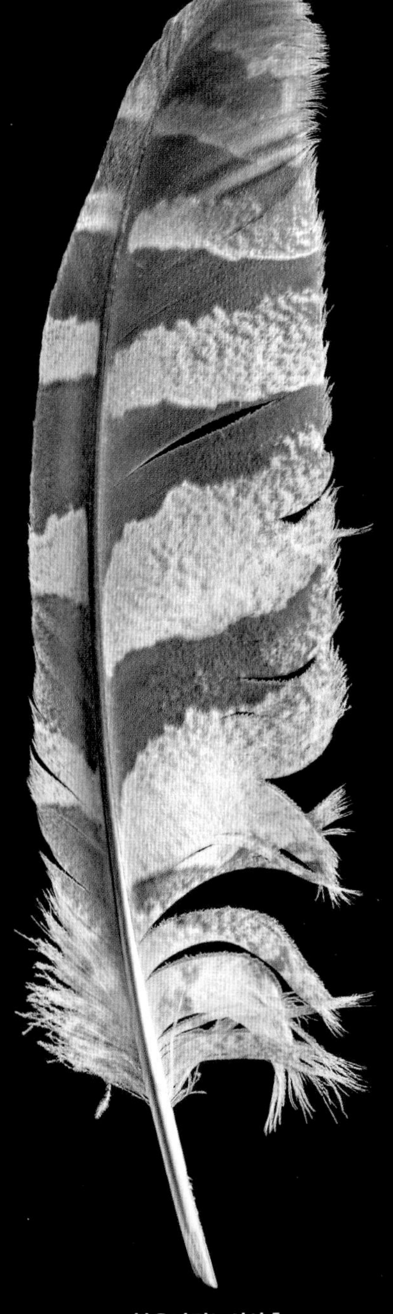

**붉은다리느시사촌**
(*Cariama cristata*)

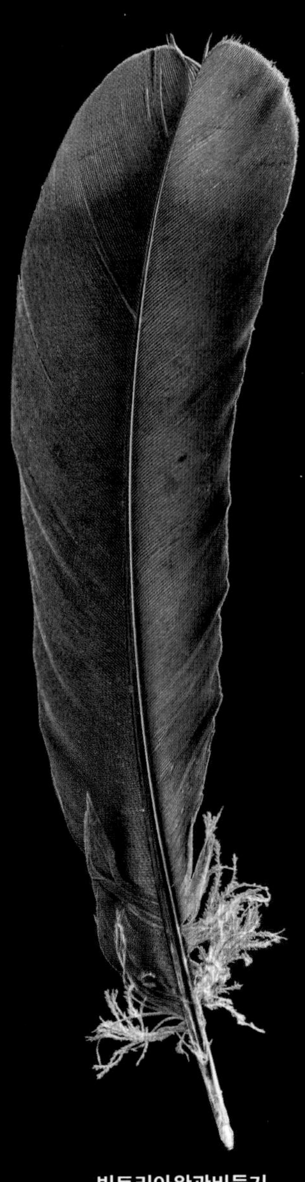

**빅토리아왕관비둘기**
(*Goura victoria*)

## 깃털의 유형

깃털은 모낭에서 자라며 각각 깃축과 넓은 깃판을 형성한다. 케라틴을 생산하는 세포로 이루어진 얇은 판에서 깃가지를 분리하는 복잡한 패턴의 슬릿이 열려 깃판을 형성한다. 날개깃과 겉깃털의 깃판은 현미경 크기의 갈고리로 자가밀봉되어 있다(123쪽 참조). 폭신한 솜털은 몸을 따뜻하게 유지하고, 실깃털은 감각을 느낀다.

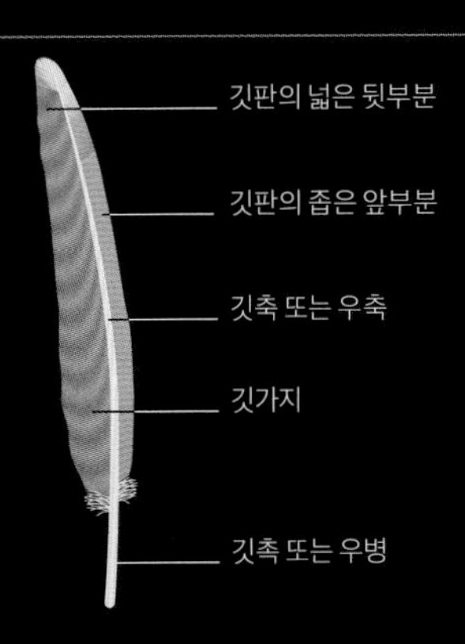


**날개깃**(날개의 비행용 깃털)

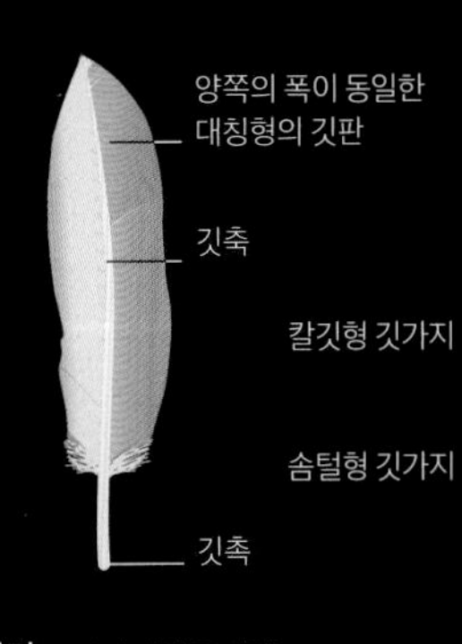


**꼬리깃**(꼬리의 비행용 깃털)

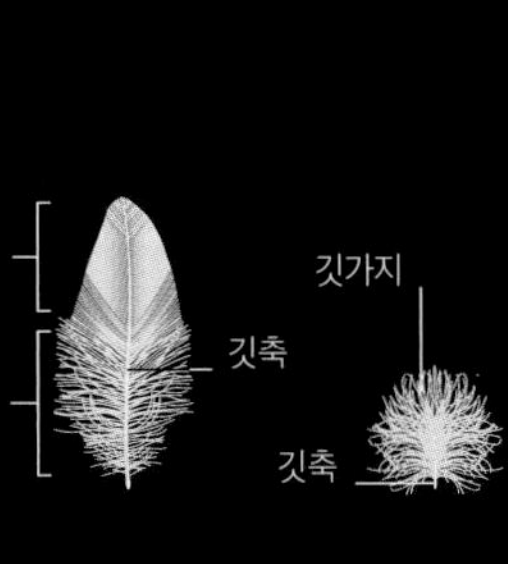


**겉깃털**

깃가지
깃축

**솜털**

깃가지
깃축
깃축

**실깃털**

**1차 비행깃은** 특히 비대칭형으로, 좁은 앞쪽 모서리로 공기를 가른다.

# 비행용 깃털

새가 날기 위해서는 특별한 종류의 깃털이 필요하다. 날개와 꼬리에서 가장 크고 단단한 깃털, 즉 비행깃은 골격에 직접 붙어 있으며 날개와 꼬리 표면의 대부분을 차지한다. 비행깃은 새를 공기 중으로 들어올리는 데 중요한 칼날 모양을 유지하기 위해 현미경 크기의 갈고리로 구성된 복잡한 시스템(오른쪽 박스 참조)에 의존하는 자가 밀봉되는 깃판을 가지고 있다.

**착륙 전에** 속도를 늦추기 위해 강력한 근육으로 꼬리깃을 펼친다.

**깃털 브레이크**

날개와 꼬리의 비행깃은 착륙할 때 브레이크의 작용도 한다. 홍금강앵무는 날개의 반 이상이 비행깃으로 구성되어 있고 독특한 꼬리 깃털은 머리와 몸을 합친 길이만큼 길다.

## 알록달록한 날개

홍금강앵무(*Ara chloropterus*)의 화려한 날개깃은 윗부분이 푸르고 아랫부분은 붉다. 이 깃털들은 공기 중에서 날개를 앞뒤로 퍼덕일 수 있도록 새의 날개뼈에 인대로 단단히 부착되어 있다.

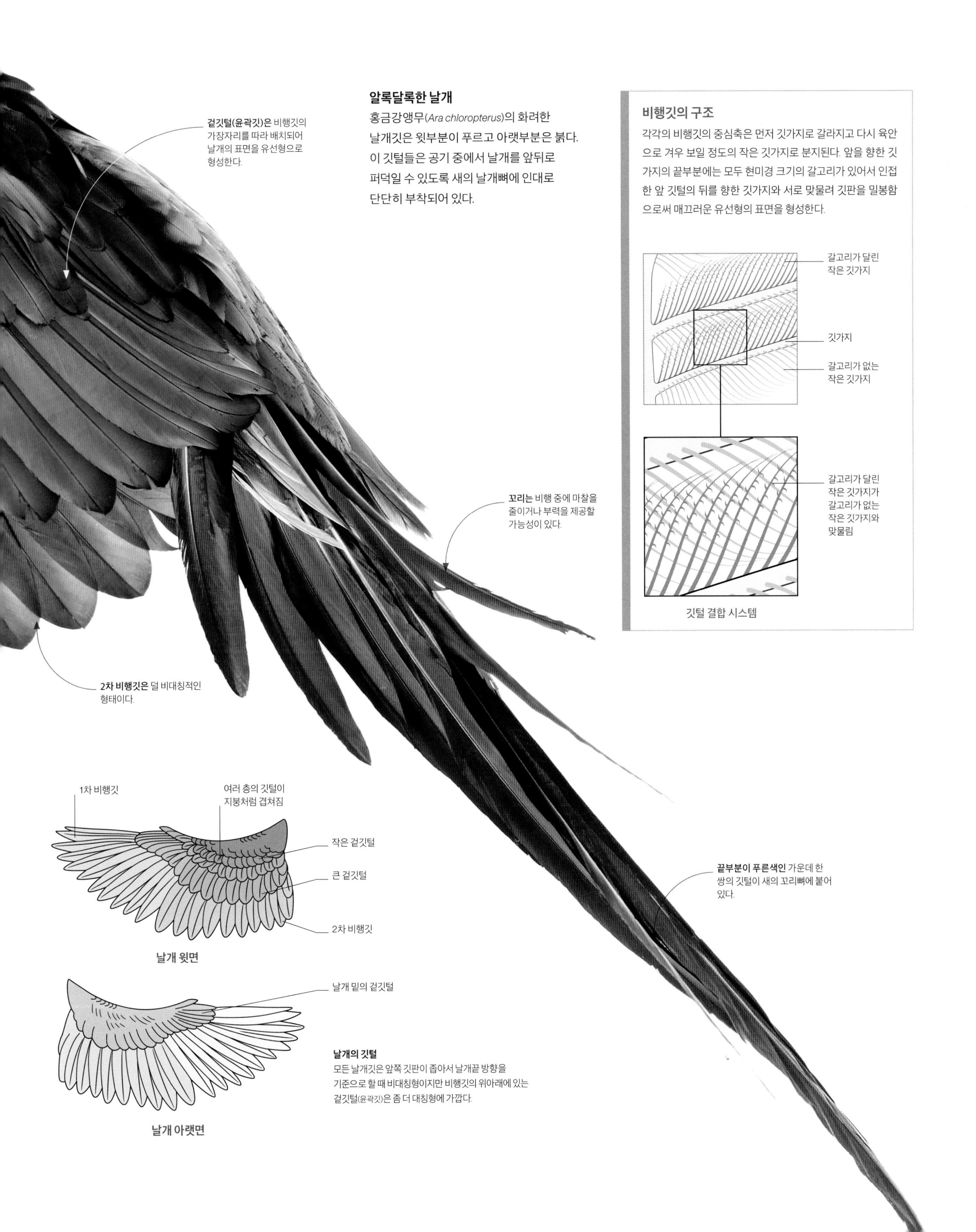


### 비행깃의 구조

각각의 비행깃의 중심축은 먼저 깃가지로 갈라지고 다시 육안으로 겨우 보일 정도의 작은 깃가지로 분지된다. 앞을 향한 깃가지의 끝부분에는 모두 현미경 크기의 갈고리가 있어서 인접한 앞 깃털의 뒤를 향한 깃가지와 서로 맞물려 깃판을 밀봉함으로써 매끄러운 유선형의 표면을 형성한다.

**날개의 깃털**

모든 날개깃은 앞쪽 깃판이 좁아서 날개끝 방향을 기준으로 할 때 비대칭형이지만 비행깃의 위아래에 있는 겉깃털(윤곽깃)은 좀 더 대칭형에 가깝다.

**관심끌기 경쟁**
흰기극락조(*Semioptera wallacii*)와 같은 많은 조류 종의 수컷들은 렉이라는 단체 구애 행동을 하며, 암컷들도 모여서 짝을 선택한다. 수컷의 정교한 깃털은 짝을 유혹하는 것의 중요성을 반영한다. 반대로 암컷은 혼자 양육을 하는 동안 위장하기 쉽도록 수수한 깃털을 가지고 있다.

**은밀한 과시**
가장 과장된 깃털을 가진 새들 중 일부는 뉴기니의 남부왕관비둘기(*Goura scheepmakeri*)처럼 깊은 숲속에 숨어서 산다. 이 새는 정말 중요한 대상, 시각적 실마리에 이끌린 잠재적인 짝에게만 보인다. 암수의 색이 같고 볏도 동일하다.

**레이스 형태의** 볏깃에는 단단한 깃축이 없고 갈고리가 없는 깃가지가 있다.

# 과시용 깃털

깃털은 시각적 과시를 위한 다양한 용도를 가진 도구가 된다. 구조적으로는 공작의 꼬리처럼 길고 단단한 깃판을 갖거나 타조깃처럼 듬성듬성한 경우가 있고, 색상은 과시를 위해 대담하고 화려한 경우도 있고 숨기 쉬운 보호색인 경우도 있다.

**깊은 인상을 주는 춤**
새들은 깃털을 활용한 춤으로 과시 행동의 효과를 최대화할 수 있다. 산쑥들꿩(*Centrocercus urophasianus*) 수컷은 부채처럼 펼친 꼬리깃을 뽐내며 가슴의 특수한 주머니를 부풀려 암컷의 관심을 끈다.

# 계절에 따른 보호

털로 덮인 피부는 포유류의 전형적인 부분이다. 털은 모든 육상 척추동물의 피부 표면을 강화하는 데 사용되는 단단한 단백질인 케라틴으로 구성된다. 춥고 가혹한 환경에서 특히 두텁게 자라는 털 덕분에 포유류는 영하 이하의 기온에서도 생존과 활동에 충분한 체열을 유지할 수 있다.

## 이중 털층

모든 털은 모낭이라고 불리는 표피 상의 특수한 주머니에서 자라며, 보호털과 이보다 작은 솜털 혹은 잔털의 두 가지 유형이 있다. 솜털은 피부 표면 가까이에 공기를 잡아두어 열 손실을 줄이는 데 효율적이다. 또한 큰 보호털에 부착된 미세 근육은 털을 곧게 세워서 아주 추운 곳에서 추가적인 단열 효과를 얻는다.

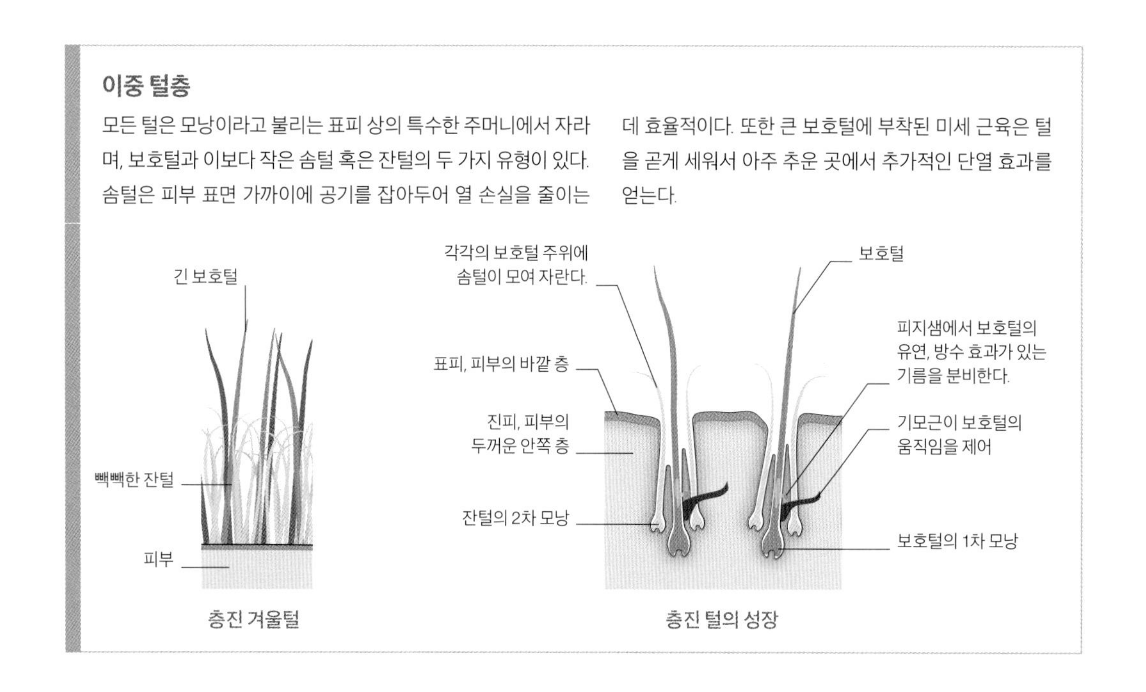

**봄이 온다**
얼음이 덮인 툰드라에서 북극여우(*Alopex lagopus*)는 제곱센티미터당 수천 개의 털로 이루어진 모피로 영하의 온도로부터 몸을 보호한다. 거위의 알을 운반 중인 이 여우에서 소위 '푸른' 여름털이 군데군데 보이는 것으로 보아 봄이 다가오는 중이다.

**색상**
카운터쉐이딩(어두운 색의 등과 대조되는 밝은 색의 배를 갖는 것)과 얼룩을 포함하는 털의 색과 무늬는 동물과 주변 환경을 구별하기 어렵게 만들기도 한다. 기린의 점이나 얼룩말의 줄무늬와 같은 무늬들은 위장 기능 외에 체온 조절을 돕기도 하고, 특히 얼룩말의 경우 파리를 쫓기도 한다. 흑백의 무늬는 그 동물이 위협받았을 때 독을 배출하거나 강하게 반격할 수 있음을 경고하는 경우도 있다.

**경고**
줄무늬 스컹크
(*Mephitis mephitis*)

**카운터쉐이딩**
인도 영양
(*Antilope cervicapra*)

**형태**
털은 가는 것과 굵은 것이 있으며 부드러운 것과 거친 것이 있다. 온대나 열대의 동물들은 대개 짧고 균일한 털로 덮여 있지만, 극한의 추위 속에 사는 동물의 털은 매우 두꺼운 모피 또는 이중털을 가지고 있으며 부드럽고 단열에 좋은 잔털과 굵고 방수가 되는 보호털로 구성된다. 두더지는 대개 흙 속에서 마찰을 최소화하기 위해 어떤 방향으로도 눕힐 수 있는 벨벳 같은 털을 가지고 있다. 일부 포유류에서 나타나는 가시, 가시털, 비늘은 털이 변형된 것이다.

**단일한 길이의 짧은 털**
사자
(*Panthera leo*)

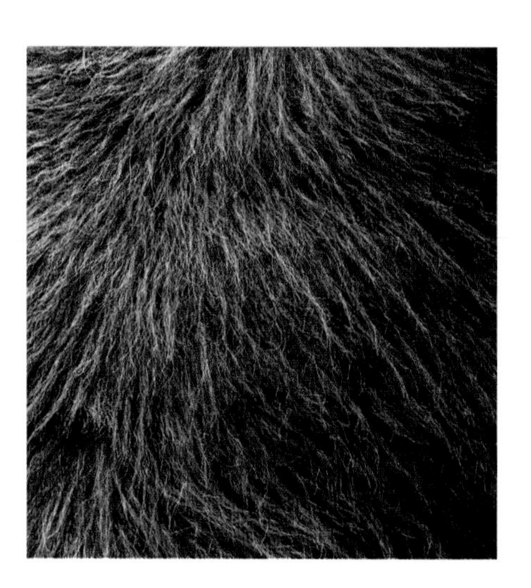

**이중털**
사향소
(*Ovibos moschatus*)

**울**
돌산양
(*Ovis dalli*)

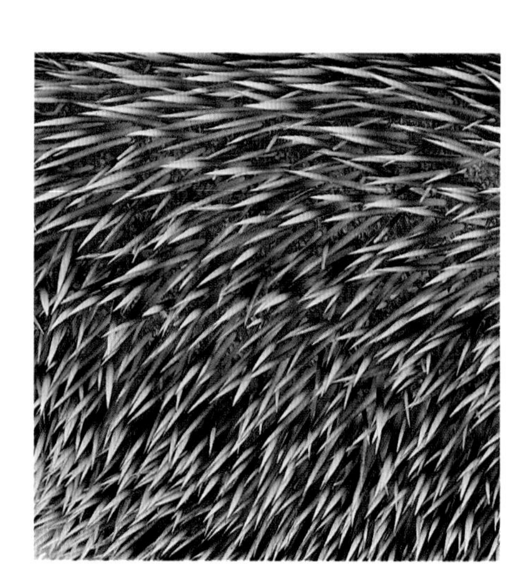

**가시**
작은고슴도치텐렉
(*Echinops telfairi*)

얼룩 무늬
북중국표범
(*Panthera pardus japonensis*)

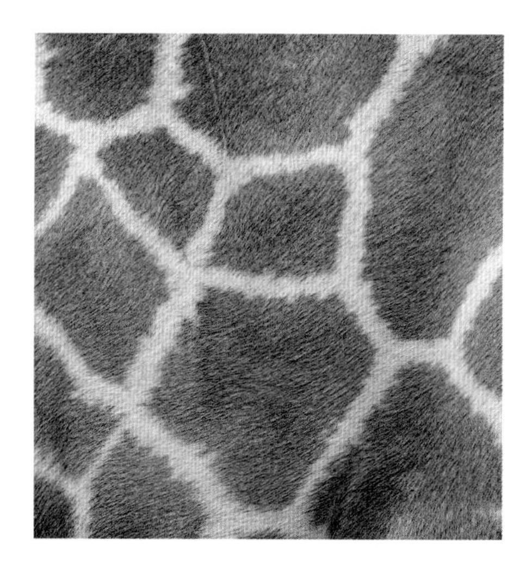

점 무늬
그물무늬 기린
(*Giraffa camelopardalis reticulata*)

줄무늬
사바나얼룩말
(*Equus quagga*)

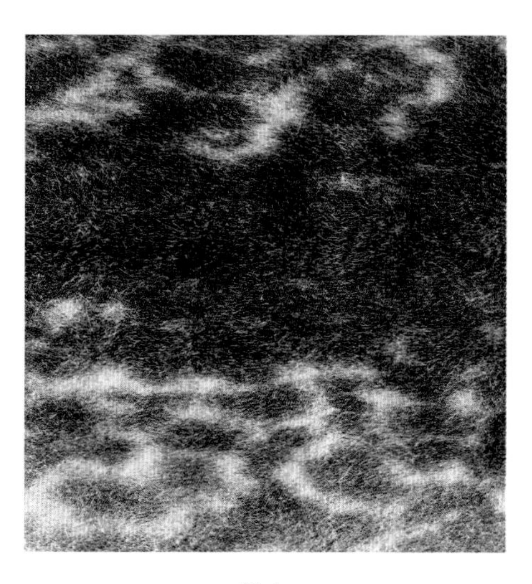

방수
잔점박이물범
(*Phoca vitulina*)

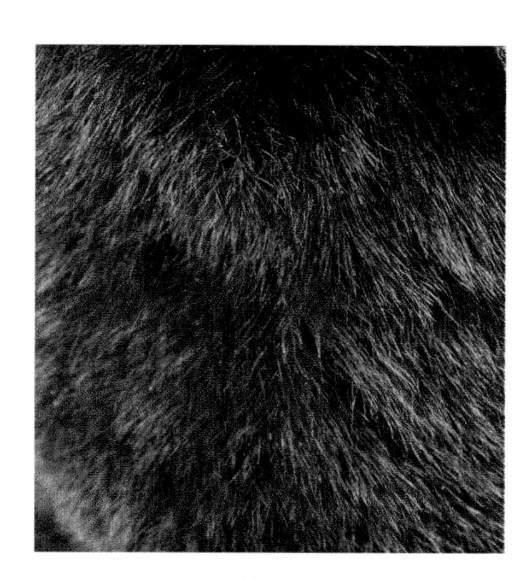

마찰 감소
유럽 두더지
(*Talpa europaea*)

굵은 털
갈색목세발가락나무늘보
(*Bradypus variegatus*)

# 포유류의 털

포유류의 피부를 덮고 있는 모피, 털, 수염은 모두 케라틴이라는 단백질로 구성되어 있다. 털은 단열과 보호 기능 외에도 포식자와 피식자가 위장할 수 있게 해 주고, 마찰을 감소시키고, 성적 성숙 신호를 보내기도 하며 어떤 색상과 무늬는 추가적인 기능을 갖기도 한다.

**방수가 되는** 보호털이 빽빽한 잔털로 털 속의 공기로 된 단열층을 유지한다.

**지구상에서 가장 빽빽한 털**
제곱센티미터당 최대 15만 5000개의 털을 가진 해달(*Enhydra lutris*)은 두꺼운 지방층이 없지만 섭씨 1도의 차가운 물에서도 정상 체온을 유지한다.

**푸른 여우(1911년)**
독일의 화가이자 판화가인 프란츠 마르크(Franz Marc, 1880~1916년)는 짧은 생애에 걸쳐 지속적으로 동물 그림을 그렸다. 그는 단순한 윤곽과 형상 속에 영적으로 조합된 색채를 투입해 주제를 '영혼까지 관통하는' 작품을 창조해 냈다.

**두 마리 게(1889년)**
네덜란드의 후기 인상주의 화가 빈센트 반 고흐(Vincent van Gogh, 1853~1890년)가 바다색 배경 위에 생생한 붉은색의 게를 그린 정물화는 보색의 조합을 통해 매혹적인 효과를 만들어 냈다. 그는 일본의 대가 가쓰시카 호쿠사이(葛飾北斎, 1760~1849년)의 게 목판화에서 영감을 얻은 듯하다.

명화 속 동물들

# 표현주의의 본질

20세기 초의 화가들은 현대적인 삶의 속도와 복잡성을 반영할 수 있는 혁신적인 방식을 추구했다. 놀랄만한 새로운 접근법으로, 표현주의 화가들은 자연계에 대한 충실함을 넘어서 선, 형상, 가장 중요하게는 색채를 고양시켰다. 평론가들은 생생한 색채 속에 표현된 날것의 감정과 관객들의 본능적인 반응 때문에 앙리 마티스(Henri Matisse, 1869~1954년)와 조르주 루오(Georges Rouault, 1871~1958년) 같은 프랑스 화가들을 야수파라고 이름 붙였다.

19세기 후반의 인상주의가 풍경화, 꽃 그림, 초상화에서 순간적인 빛의 변화를 포착하는 데 몰두한 반면, 후기 인상주의는 새롭게 방향을 틀었다. 예를 들어 빈센트 반 고흐의 작품에 나타난 색과 형상에 대한 집착은 추상화로 향하는 중도에 있었고, 독일의 표현주의 화가 프란츠 마르크에게 영감을 주었다. 야수파와 마찬가지로 마르크는 인간의 자연계에 대한 감정이입에 관심이 있었다. 동물이 그 열쇠가 되었다. 그는 뮌헨에서 동물 해부학을 공부하고 베를린 동물원에서 동물과 새의 행동을 관찰하고 이들의 형상을 스케치하는 데 많은 시간을 들였다.

그는 1920년의 논문에서 '말이나 독수리, 사슴, 개들은 어떻게 세상을 보고 있을까? 동물의 영혼을 꿰뚫고 그들의 인식을 상상해 보는 대신 인간의 눈에 담긴 풍경 속에 동물을 배치하는 우리의 관습은 얼마나 빈약하고 공허한가?'라고 썼다.

1911년 마르크는 추상 미술이야 말로 유독한 세계를 견제할 수 있다는 믿음을 공유하던 바실리 칸딘스키(Vassily Kandinsky, 1866~1944년)와 함께 '청기사'라는 유파를 공동 설립하고 《청기사(*Der Blaue Reiter*)》를 펴냈다. 어떤 회화에서든지 색채는 초월적 연관성을 가진 독립된 실체여서 푸른색은 남성, 단호함과 영성을, 노랑색은 여성성과 온화함, 행복함을, 붉은색은 잔혹성과 무거움을 상징했으며 색채의 병치와 혼합을 통해 작품에 통찰력과 균형을 부여했다.

마르크의 푸른 여우와 작고 푸른 말의 그림은 순수함을 의미하는 반면 노란 소의 그림은 무한한 즐거움을 표현한다. 야생 동물들을 종말론적으로 묘사한 작품인 동물들의 운명(1913년)에서는 붉게 불타는 숲속에 갇힌 채색된 짐승을 통해 다가올 세계 대전을 묘사했으며 마르크는 결국 전장에서 생을 마감했다.

> "동물이 가진 생명에 대한 자연스러운 감정은 내 안의 모든 선함을 일깨워 준다."
>
> **프란츠 마르크, 서부 전선에서 보낸 편지, 1915년 4월**

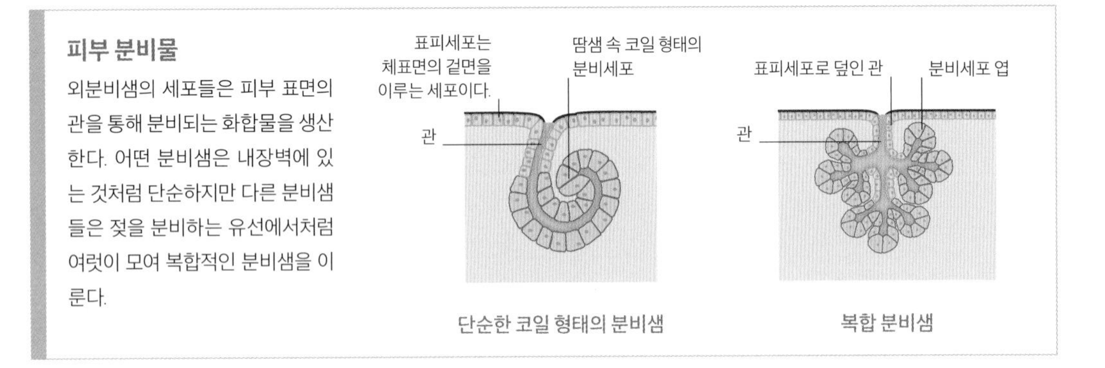


# 피부샘

분비샘은 유용한 물질을 분비하는 기관이다. 내분비샘은 호르몬이라는 화합물을 혈류로 분비하는 반면 외분비샘은 표피 상의 관을 통해 내용물을 배출하는데, 예를 들어 내장벽에서 분비되는 소화액이나 피부 분비액 등이 있다. 포유류는 다양한 피부샘을 가지고 있는데 일부는 체온을 낮추기 위해 수분이 포함된 땀이나 방수를 위한 기름을 분비하는 반면 어떤 분비샘들은 영역 표시나 개체 식별, 구애 자극을 위한 냄새 화합물을 생성한다.



**얼굴의 냄새샘**
많은 유제류들은 얼굴에 냄새샘을 가지고 있다. 커크작은영양의 안하샘은 영역 내에서 자주 지나다니는 곳이나 배설물 무더기 근처의 나뭇가지와 잔가지에 스며드는 짙은 색의 타르 같은 분비물을 분비한다.

**사회적 신호**
아프리카 영양의 일종인 커크작은영양(*Madoqua kirkii*)은 냄새로 집단을 조직한다. 뿔이 있는 수컷(가운데)은 암컷과 최근에 낳은 새끼와 함께 다니며 두 성체(암컷보다는 수컷)가 얼굴 분비물로 영역을 표시해 적을 쫓는다.

## 가장 긴 뿔

아프리카 코뿔소는 조금 더 흔한 아래 그림의 흰 코뿔소(*Ceratotherium simum*)와 검은 코뿔소의 두 종이 있다. 둘 다 2개의 뿔이 있는데 흰 코뿔소의 큰 뿔은 최대 1.5미터까지 자란다.

**첫 번째** 뿔은 코뼈 위에 형성되며 평균 길이는 90센티미터이다.

**피부단이** 뼈의 거친 부분까지 뿔을 고정한다.

**외뿔 코뿔소**
아시아에는 3종의 코뿔소가 있다. 오른쪽의 인도 코뿔소(*Rhinoceros unicornis*)는 하나의 뿔을 가지고 있지만 뿔이 하나인 자바코뿔소(*R. sondaicus*)의 암컷은 뿔이 없다.

**특징적인** 피부 주름 덕분에 인도코뿔소는 아프리카 코뿔소보다 중무장한 것처럼 보인다.

# 피부에서 뼈로

코뿔소라는 이름은 그리스 어의 '코-뿔'에서 유래한 것으로, 다른 동물에 없는 독특한 뿔을 가지고 있다. 코뿔소의 뿔은 두개골 위에 얹혀 있다는 점뿐만 아니라 형성 과정도 특이하다. 다른 동물의 뿔은 뼈 위에 경화된 피부가 덮여 있지만(87쪽 참조), 코뿔소의 뿔은 발톱과 털의 성분이기도 한 케라틴이 압축되어 효과적으로 휘두를 수 있는 방어용 무기를 형성한 것이다.

**코뿔소 뿔의 구조**

코뿔소의 뿔을 자세히 살펴보면, 뼈로 된 핵이 없고 중앙이 칼슘과 멜라닌 색소로 강화되어 햇빛으로부터 뿔을 보호한다. 바깥층은 좀 더 부드러워 닳기도 한다. 그러나 코뿔소를 멸종 위기로 몰아가고 있는 뿔의 치료제로서의 가치에 대한 과학적 증거는 없다.

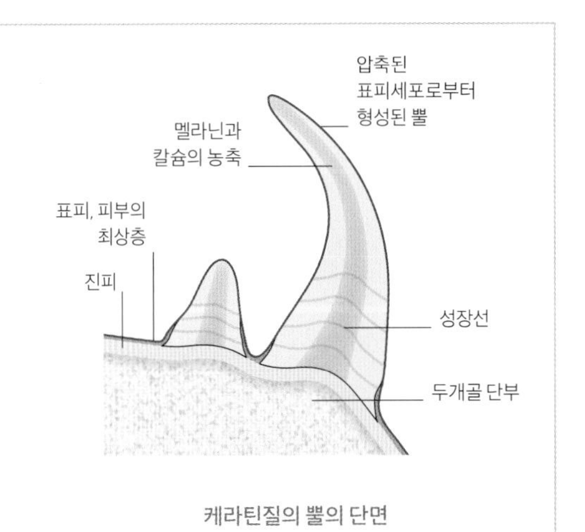


케라틴질의 뿔의 단면

# 무장한 피부

케라틴은 피부를 강화하는 단단한 단백질이다. 케라틴은 털, 발톱, 깃털에서 가장 순수한 형태로 발견되며 일부 동물에서는 갑주를 구성한다. 천산갑은 촉감에 매우 예민한, 단단하고 케라틴화된 손톱 같은 비늘로 보호되며 몸 아래쪽에만 비늘이 없다. 비늘을 생성하고 유지하려면 고단백의 식단이 필요하기 때문에 천산갑은 대량의 개미와 흰개미를 먹어야 한다.

**아르마딜로의 보호구**
천산갑과 마찬가지로 아르마딜로도 단단한 비늘을 가지고 있지만 아르마딜로의 비늘은 하나로 융합되어 뼈판으로 지지되는 하나의 연속된 실드를 형성한다. 가장 작은 종인 애기아르마딜로(*Chlamyphorus truncatus*)는 자기 방어를 위해 엉덩이 판으로 굴속에 모래를 압축하거나 입구를 막을 수 있다.

## 천산갑의 비늘

천산갑의 비늘은 단단한 케라틴으로 채워진(케라틴화된) 피부세포에 의해 무생물인 단단한 물질을 형성하는 과정, 즉 각화에 의해 생성된다. 이 비늘들은 영장류의 손톱과 가장 유사하다. 노출된 가장자리가 마모되면 표피 속의 각화세포로부터 비늘의 기부에서 새로운 케라틴이 만들어져 '보수'된다.

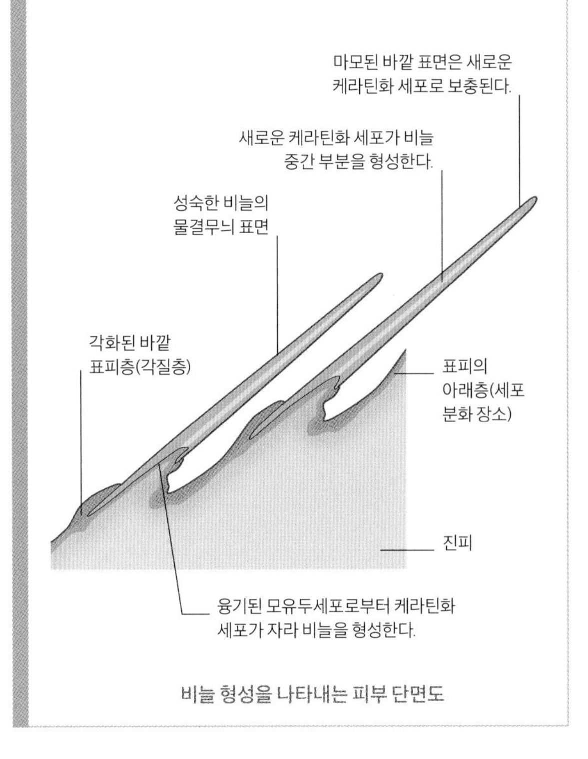

비늘 형성을 나타내는 피부 단면도

**어린 천산갑의** 비늘은 꼭지점이 3개 있지만 나이가 들면서 매끈해진다.

**중첩된 비늘은** 큰 포식자에게 물리는 것을 막을 수 있지만 곤충에게 쏘이는 것을 막지는 못한다.

### 선천적인 보호

갓 태어난 나무천산갑(*Manis tricuspis*)은 부드러운 비늘에 덮인 채로 태어나지만 비늘은 곧 단단해진다. 아기 천산갑은 곧 안전하게 어미의 등에 매달리는 법과 위험할 때 어미처럼 몸을 공처럼 돌돌 마는 법을 배운다.

# 감각

**감각.** 시각, 청각, 후각, 미각 또는 촉각과 같이 동물이 외부 세계에 대한 정보를 받아들이는 능력.

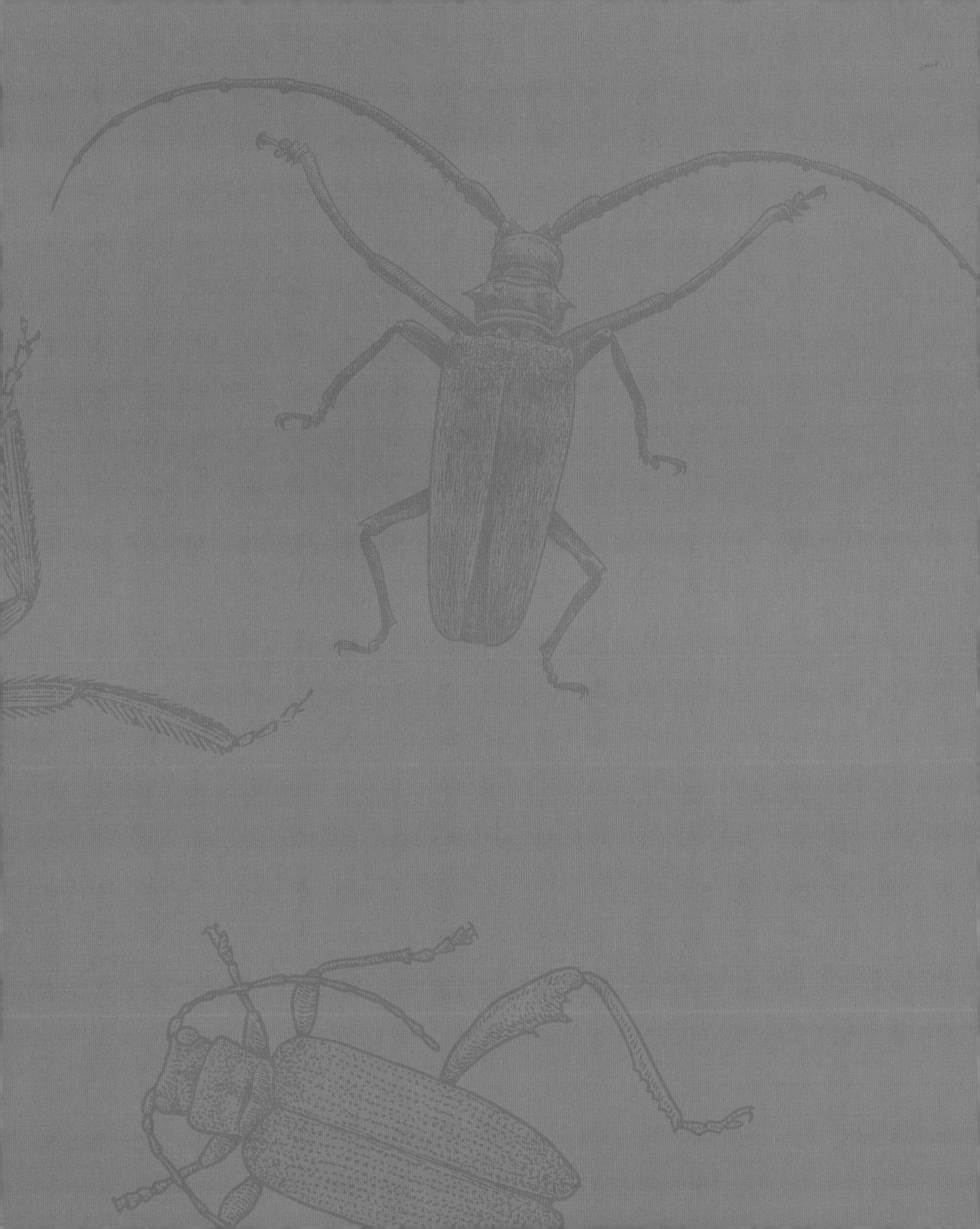

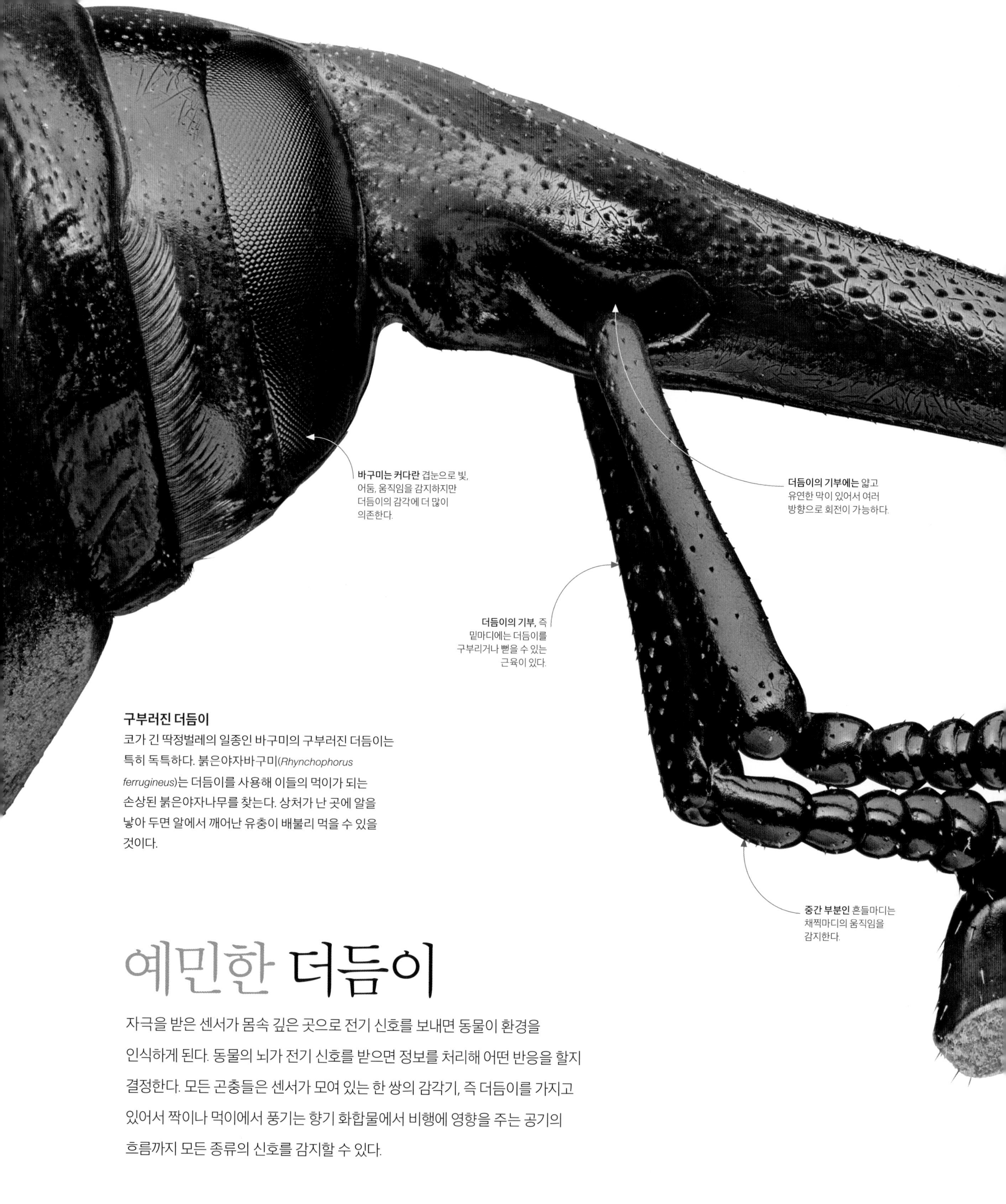


**구부러진 더듬이**

코가 긴 딱정벌레의 일종인 바구미의 구부러진 더듬이는 특히 독특하다. 붉은야자바구미(*Rhynchophorus ferrugineus*)는 더듬이를 사용해 이들의 먹이가 되는 손상된 붉은야자나무를 찾는다. 상처가 난 곳에 알을 낳아 두면 알에서 깨어난 유충이 배불리 먹을 수 있을 것이다.

# 예민한 더듬이

자극을 받은 센서가 몸속 깊은 곳으로 전기 신호를 보내면 동물이 환경을 인식하게 된다. 동물의 뇌가 전기 신호를 받으면 정보를 처리해 어떤 반응을 할지 결정한다. 모든 곤충들은 센서가 모여 있는 한 쌍의 감각기, 즉 더듬이를 가지고 있어서 짝이나 먹이에서 풍기는 향기 화합물에서 비행에 영향을 주는 공기의 흐름까지 모든 종류의 신호를 감지할 수 있다.

## 더듬이의 유형

모든 곤충은 머리의 입 윗부분에 더듬이가 달려 있다. 더듬이는 여러 개의 관절로 연결되어 있어서 자유롭게 움직일 수 있다. 이 감각 기관의 형태는 매우 다양한데, 크기와 형태에 따라 오른쪽과 같이 분류할 수 있다. 센서, 즉 감각기는 끝부분에 몰려 있으며 가능한 한 많은 센서를 수용하기 위해 부풀어 오르거나 깃털 모양으로 변형된 경우도 있다.

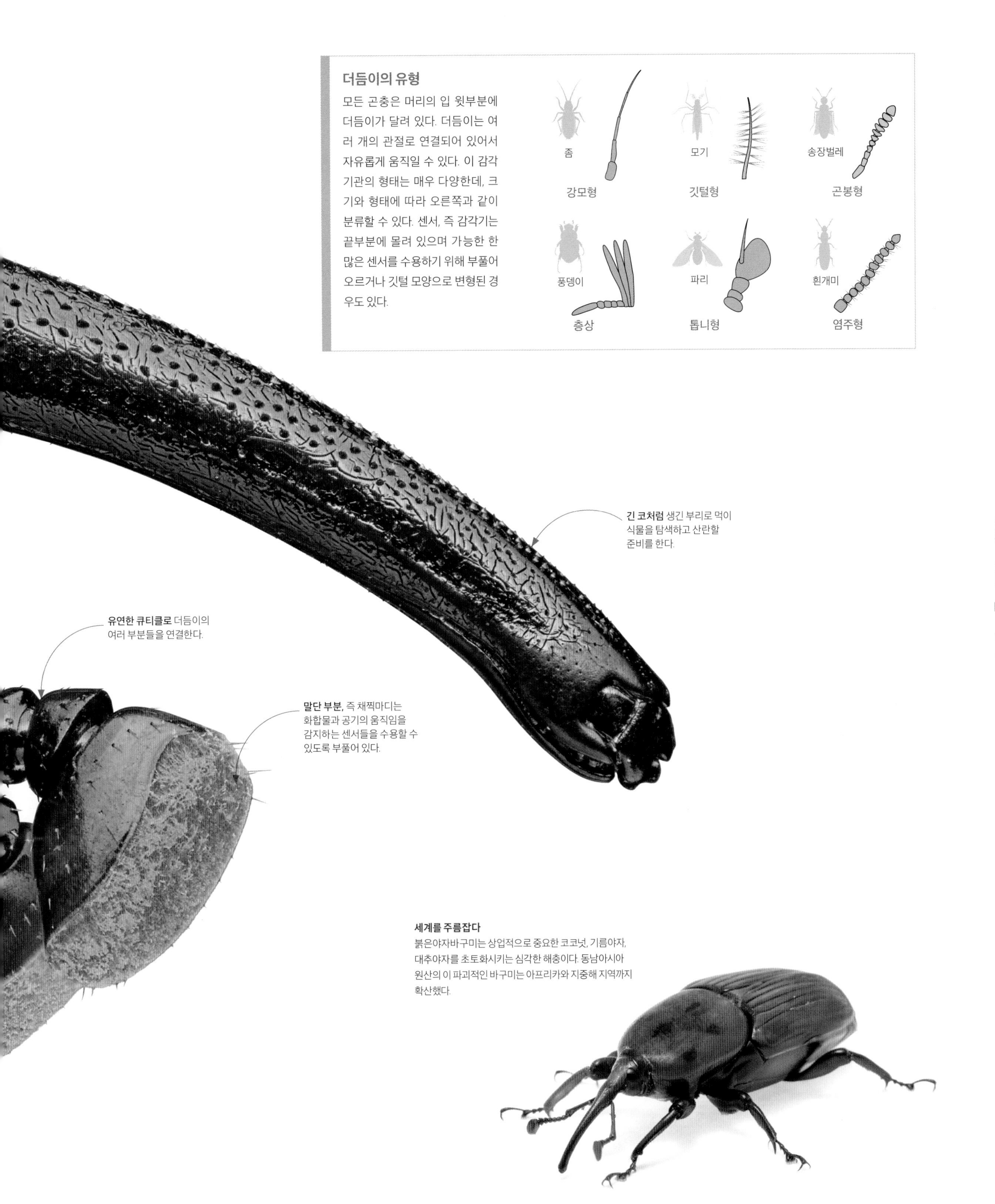


**세계를 주름잡다**
붉은야자바구미는 상업적으로 중요한 코코넛, 기름야자, 대추야자를 초토화시키는 심각한 해충이다. 동남아시아 원산의 이 파괴적인 바구미는 아프리카와 지중해 지역까지 확산했다.

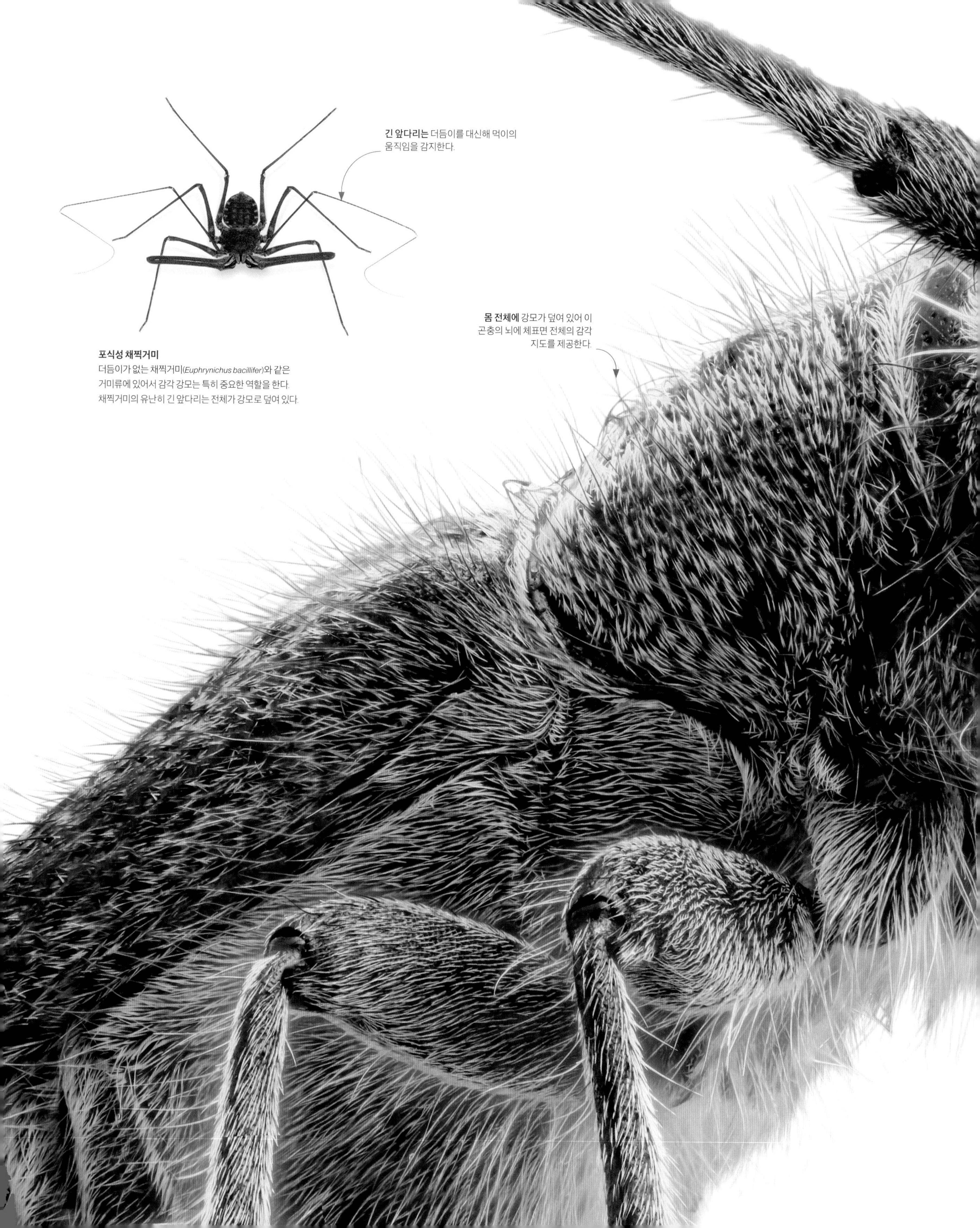


**포식성 채찍거미**
더듬이가 없는 채찍거미(*Euphrynichus bacillifer*)와 같은 거미류에 있어서 감각 강모는 특히 중요한 역할을 한다. 채찍거미의 유난히 긴 앞다리는 전체가 강모로 덮여 있다.

# 감각 강모

모든 동물의 피부는 환경과 만나는 최전선에 있기 때문에 환경으로부터의 신호를 감지해 뇌로 전달하는 감각신경 말단이 모여 있다. 피부 밖에 외골격을 가지고 있는 곤충과 거미류에서는 촉감과 움직임에 대한 감도를 높이기 위해 표피세포가 단단한 바깥층 밖으로 뻗은 다수의 촉각 강모를 생성한다.

### 거미 다리의 강모

포식성 거미류는 움직임을 감지하는 귀털을 포함해 여러 가지 유형의 감각털을 가지고 있다. 귀털은 곤충의 날개 진동과 같은 먹이에 의한 공기의 진동을 감지할 수 있다.

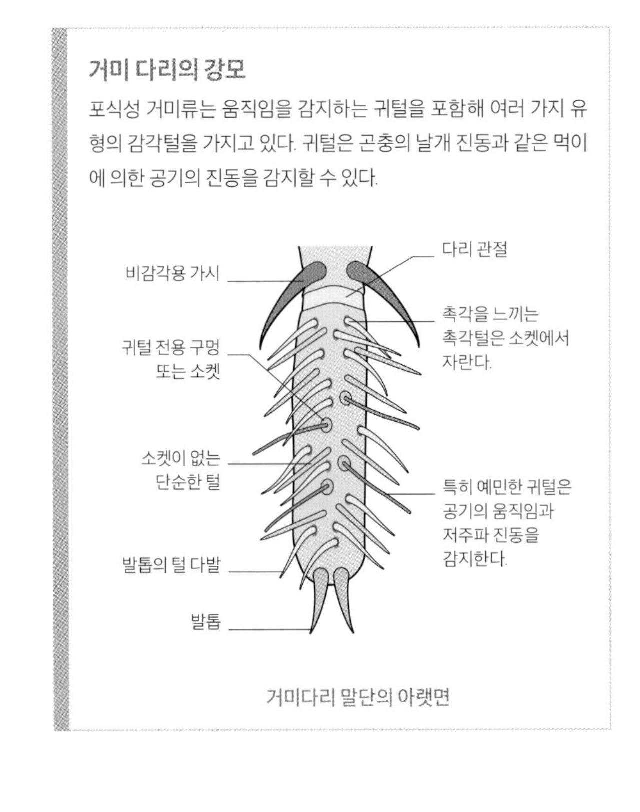


거미다리 말단의 아랫면

### 빽빽하게 덮인 벌레

고배율로 확대해 보면 이 푸른하늘소(*Opsilia coerulescens*)는 특히 많은 수의 감각 강모(센털)로 덮여 있어 이 곤충이 촉각 자극에 크게 의존한다는 점을 알 수 있다. 각각의 털이 움직일 때마다 이 곤충이 어디에 있고 주변에서 무슨 일이 일어나는지 알려 준다.

**촉각을 감지하는** 센털은 모두 감각 신경과 연결된 소켓에 나 있다.

**관절에 집중된** 털(털판)은 몸의 각 부분의 움직임을 감지해 상대적인 위치에 대한 정보를 제공한다.

> 현미경 덕분에, 이제 연구 대상에서 벗어날 수 있을 만큼 작은 대상은 없다.

로버트 후크, 『마이크로그라피아』, 1665년

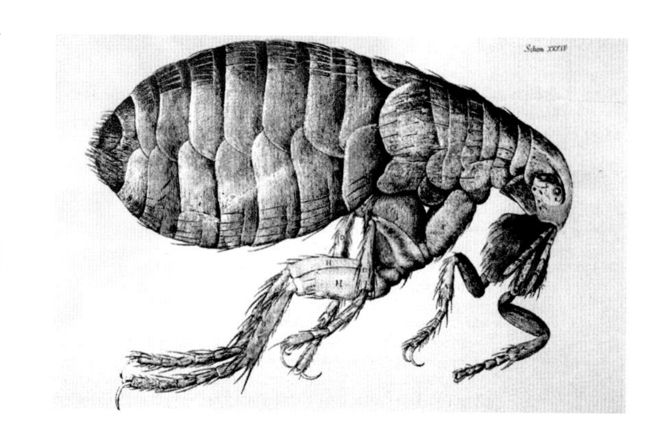

**벼룩(1665년)**
자연 철학자 로버트 후크(Robert Hooke, 1635~1703년)는 그의 저서 『마이크로그라피아』에서 배율 조절이 가능한 혁신적인 현미경에 의해 이전에 관찰된 적이 없었던 벼룩의 복잡한 구조를 드러내었다.



명화 속 동물들

# 작은 세계

200년에 걸친 탐사로 세계의 야생 동물들을 유럽의 해안 국가에 가져온 후, 17세기는 새로운 발견의 시대가 되어 더 작은 세계의 신비를 드러내었다. 현미경의 발달, 과학자들의 예술적 기법, 인기 있는 예술 작품 속에 곤충을 묘사한 정확한 기법을 사용하는 예술가들에 의해 새로운 곤충학이 발전하기 시작했다.

17세기의 새로운 곤충학자들에게 있어서 삽화를 그리는 기술은 필수적이었다. 영국의 발명가이자 과학자였던 로버트 후크는 원숙한 예술가였다. 그는 새로운 복합 현미경과 조명을 활용해 상상한 적 없던 곤충의 해부학적 구조를 밝혀내고 식물의 세포를 식별했다. 1665년에 출판된 그의 저서 마이크로그라피아에는 놀라운 삽화들이 수록되었는데, 너무 생경한 나머지 실제라고 믿지 않는 사람들도 있었다.

네덜란드의 직물 상인이었던 안토니 판 레이우엔훅(Antonie van Leeuwenhoek, 1632~1723년)은 1밀리미터 렌즈를 사용해 소형 현미경을 제작했다. 제작법은 철저히 비밀에 붙여졌는데, 옷감을 검사할 때 사용하는 유리 구슬을 단조했을 것으로 추측된다. 탁월한 확대율 덕분에 단세포 생물, 세균, 정자의 구조를 밝혀낼 수 있었다.

같은 시기에 자연물에 대한 날카로운 관찰력으로 유명한 예술가들이 등장했다. 저명한 브뤼헐 가문 출신의 얀 판 케셀 2세(Jan van Kessel II, 1654~1708년)는 살이 있는 곤충 표본을 가지고 작업하며 삽화가 그려진 과학 문헌을 꼼꼼히 읽어서 작품에 완벽한 정확성을 부여했다.

프랑크푸르트 태생의 마리아 지빌라 메리안(Maria Sibylla Merian, 1647~1717년)은 10대 시절에 나방과 나비 애벌레의 변태에 매료되었다. 그녀는 먹이 식물 위에 곤충과 나비를 그린 최초의 예술가들 중 하나가 되었다. 암스테르담으로 이주한 후, 52세에 메리안은 드물게 수리남의 네덜란드 식민지에서 곤충을 기록하기 위한 정부 지원을 받게 되었다. 이후 칼 린네는 그녀의 저서 수리남 곤충의 변태의 훌륭한 그림을 참고해 신종들을 분류했다.

**곤충과 물망초(1653년)**
얀 판 케셀은 과학 문헌의 정보를 토대로 양피지에 수채물감으로 딱정벌레, 나방, 나비, 메뚜기의 세밀화를 그렸다. 그는 애벌레로 자신의 이름을 쓴 그림을 그리기도 했다.

### 애벌레, 나비, 꽃(1705년)

수리남 곤충의 변태에 관한 메리안의 저명한 책에는 수채물감으로 그려진 우뚝 솟은 열대 나무의 꽃가지를 멕시코와 남아메리카에 널리 서식하는 두 마리의 누에나방(*Arsenura armida*)이 둘러싸고 있다. 그림 속의 애벌레는 메리안의 생각과 달리 이 나방의 것이 아니라 알려지지 않은 종의 것이다.

### 예민한 털

기술적으로는 감각털에 해당하는 각각의 수염은 수염 주변을 둘러싸고 있는 피부 표면 근처의 몇몇의 감각 신경 말단에 연결되어 있다. 그러나 수염과 결부된 신경 말단의 80퍼센트는 더 깊은 곳에서 수염의 뿌리와 평행을 이룬다. 수염이 모낭 속의 기부로부터 굽혀지면 신경 말단이 자극되어 뇌에 전기 신호를 보낸다.

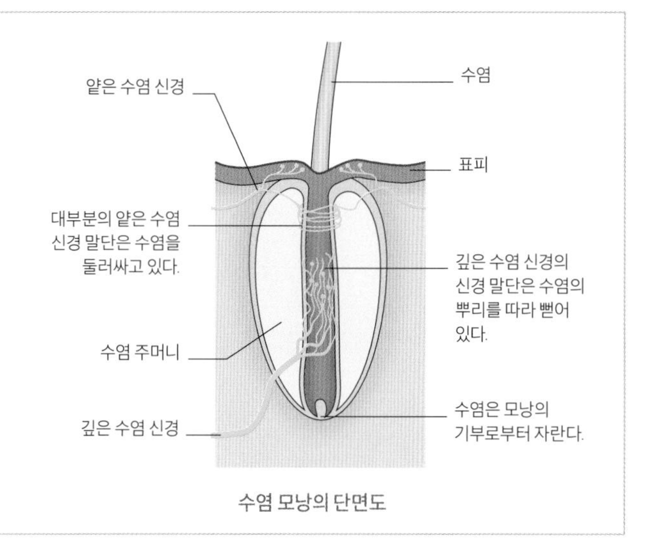

수염 모낭의 단면도

### 물고기를 느끼다

동물은 수염으로 물이나 공기의 미세한 진동을 감지함으로써 환경을 '느낄' 수 있다. 캘리포니아바다사자(*Zalophus californianus*)의 수염은 해류의 배경 진동으로부터 먹이인 물고기가 만든 작고 미약한 반류를 감지할 수 있을 뿐만 아니라 심지어 대상의 크기, 모양, 질감까지 알아낼 수 있다. 바다사자의 수염은 연안의 탁한 바닷물속에서도 먹이를 찾을 수 있게 한다.

# 감각을 느끼는 수염

포유류의 털은 신경과 근육에 뿌리를 두고 있어서 동물이 털의 움직임을 감지할 수 있다. 특히 육식동물과 설치류에서 얼굴의 털은 매우 약한 접촉에도 반응하는 복잡한 신경섬유 다발에 연결되어 특히 민감하게 진화했다. 수백만 년 전 포유류의 파충류 조상이 가졌던 최초의 '원시털'은 야행성의 또는 굴을 파는 종들이 어둠 속에서 힘겹게 길을 찾아다니면서 이러한 촉각 기능을 갖도록 진화했을 가능성도 있다.

**새의 수염**
어떤 새들은 부리센털이라고 불리는 단단하게 변형된 깃털을 가지고 있는데 부리 기부에서 자라며 수염과 같은 기능을 한다. 부리센털은 쏙독새와 딱새에서 두드러지는 데 아마도 날아다니면서 사냥할 때 곤충과의 접촉을 감지하기 위해서일 것이다. 부리센털은 야행성 종에서 가장 발달되어 있다. 키위는 새로서는 특이하게 발달한 후각의 도움을 받아서 부리센털로 땅속의 무척추동물을 감지한다.

**각각의 부리센털은** 깃가지가 없고 깃축이 단단하게 변형된 깃털이다.

**바다사자의 모피는** 가늘고 짧은 잔털 위를 덮는 보호털로 구성되며 피하샘에서 분비되는 기름으로 방수 처리된다.

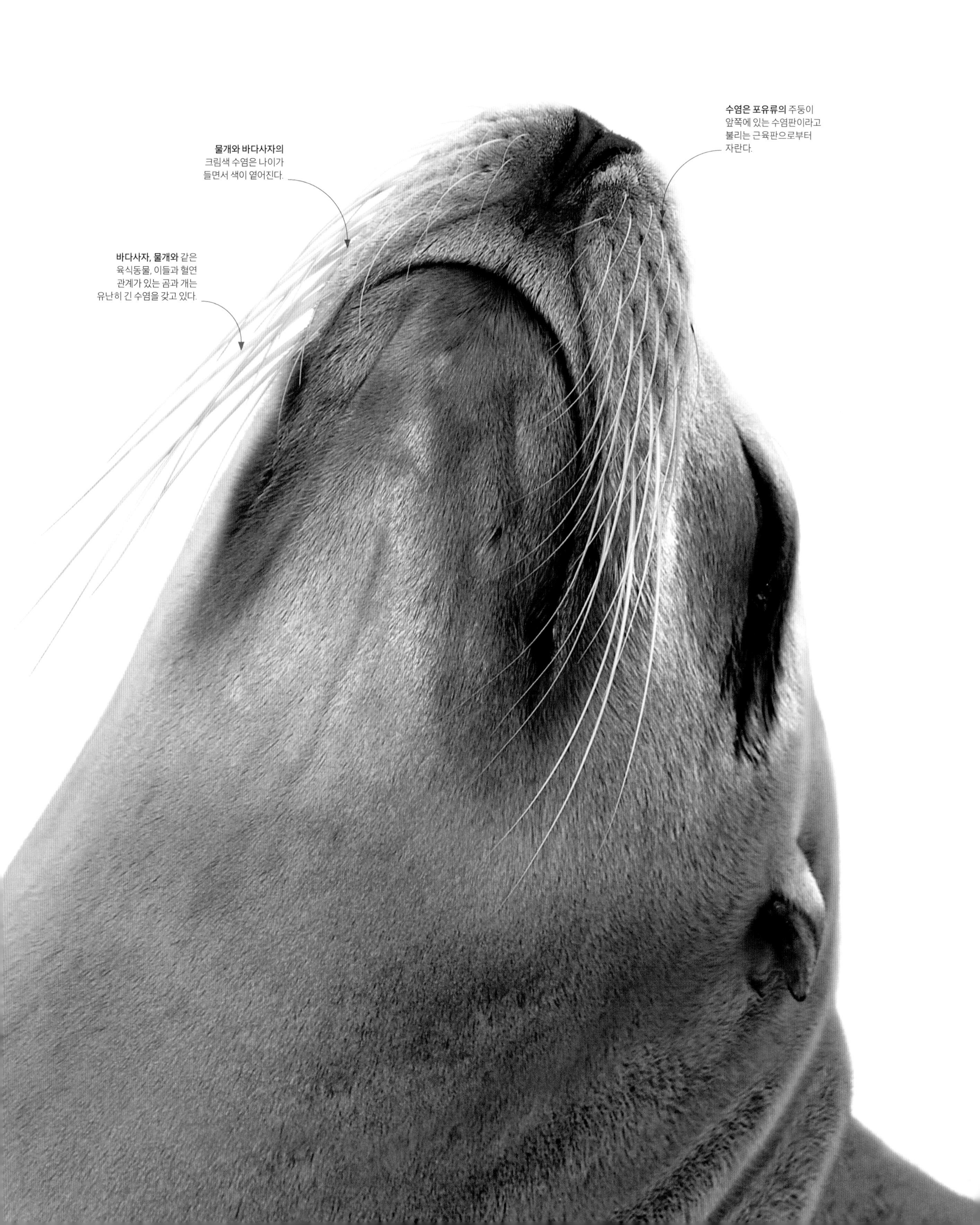
**물개와 바다사자의** 크림색 수염은 나이가 들면서 색이 옅어진다.
**수염은 포유류의** 주둥이 앞쪽에 있는 수염판이라고 불리는 근육판으로부터 자란다.
**바다사자, 물개와** 같은 육식동물, 이들과 혈연 관계가 있는 곰과 개는 유난히 긴 수염을 갖고 있다.

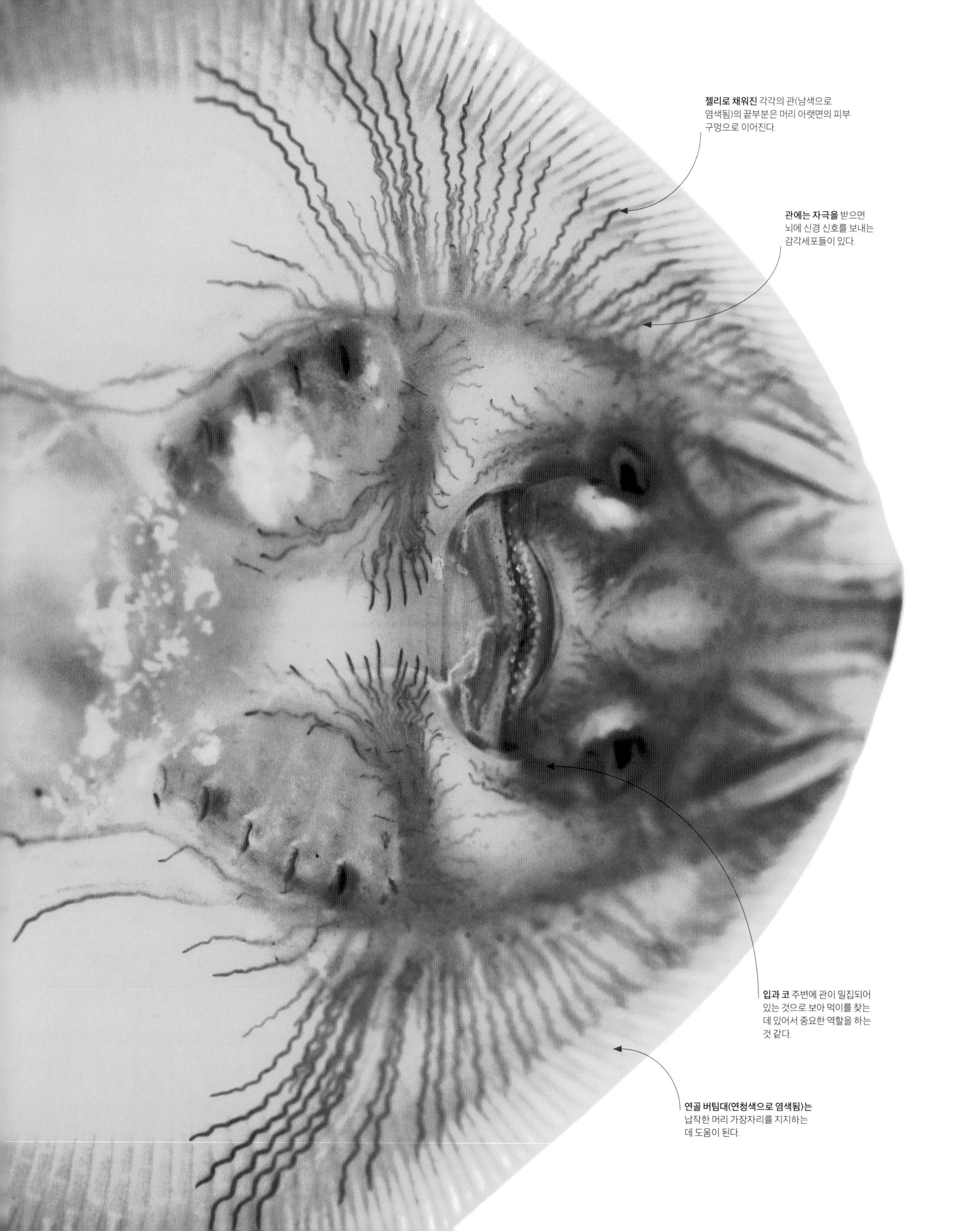
**젤리로 채워진** 각각의 관(남색으로 염색됨)의 끝부분은 머리 아랫면의 피부 구멍으로 이어진다.
**관에는 자극을** 받으면 뇌에 신경 신호를 보내는 감각세포들이 있다.
**입과 코** 주변에 관이 밀집되어 있는 것으로 보아 먹이를 찾는 데 있어서 중요한 역할을 하는 것 같다.
**연골 버팀대(연청색으로 염색됨)는** 납작한 머리 가장자리를 지지하는 데 도움이 된다.

**감각관**

푸른색으로 염색된 꼬마홍어(*Leucoraja erinacea*)의 납작한 머리 아랫면에는 팽대부 기관이라고 불리는, 젤리로 채워진 어두운 색의 관이 방사형으로 뻗어 있다. 이 관에는 먹이 동물의 근육에서 발생한 전기장을 감지하는 감각세포가 있다. 감각세포가 자극을 받아 홍어의 뇌에 신경 신호를 보내면 몸 아랫면에 달린 입을 해저에 보이지 않게 묻혀 있는 무척추동물이 있는 방향으로 유도한다.

**먹이 찾기**

큰귀상어(*Sphyrna mokarran*)의 변형된 머리의 넓은 앞쪽을 따라 센서들이 배열되어 있어 화학, 전기 신호를 측량해 먹이의 위치를 정확히 집어낸다.

# 수중 동물의 감각

수중 동물들은 공기보다 밀도가 높은 매질, 즉 소리는 더 잘 전달되지만 깊거나 탁한 곳에서는 빛이 사라지고 냄새가 더 천천히 분산되는 곳에서 산다. 수중 동물들은 이러한 조건에 적응해 미세한 잔물결까지 감지할 수 있는 촉각 수용기와 먹이로부터의 화합물의 흔적과 미약한 전기 신호까지 찾아내는 뛰어난 센서를 갖는 감각계를 진화시켰다.

**움직임 감지**

물고기들은 몸 측면의 피부 밑에 한 줄로 배열된 감각관, 즉 옆줄을 통해 물의 움직임을 감지한다. 주변의 물이 감각관으로 들어와 신경소구(젤리로 덮인 감각세포 다발)를 구부리면 앞뒤로 움직일 때마다 신경 신호가 뇌로 전달된다.



상어 체표면의 단면도

신경소구

**갈라진 혀**
갈라진 혀는 끝이 두 갈래로 갈라져 있다. 한쪽 갈래가 반대쪽 갈래보다 많은 냄새 분자를 수집했을 때 이 정보를 가지고 냄새의 진원지의 위치를 결정할 수 있다.

**혀의 일부분이** 연장되어 있다.

**갈라진 혀의** 피부는 미각 수용기가 없어서 화합물을 입천장으로 가져가서 '맛'을 본다.

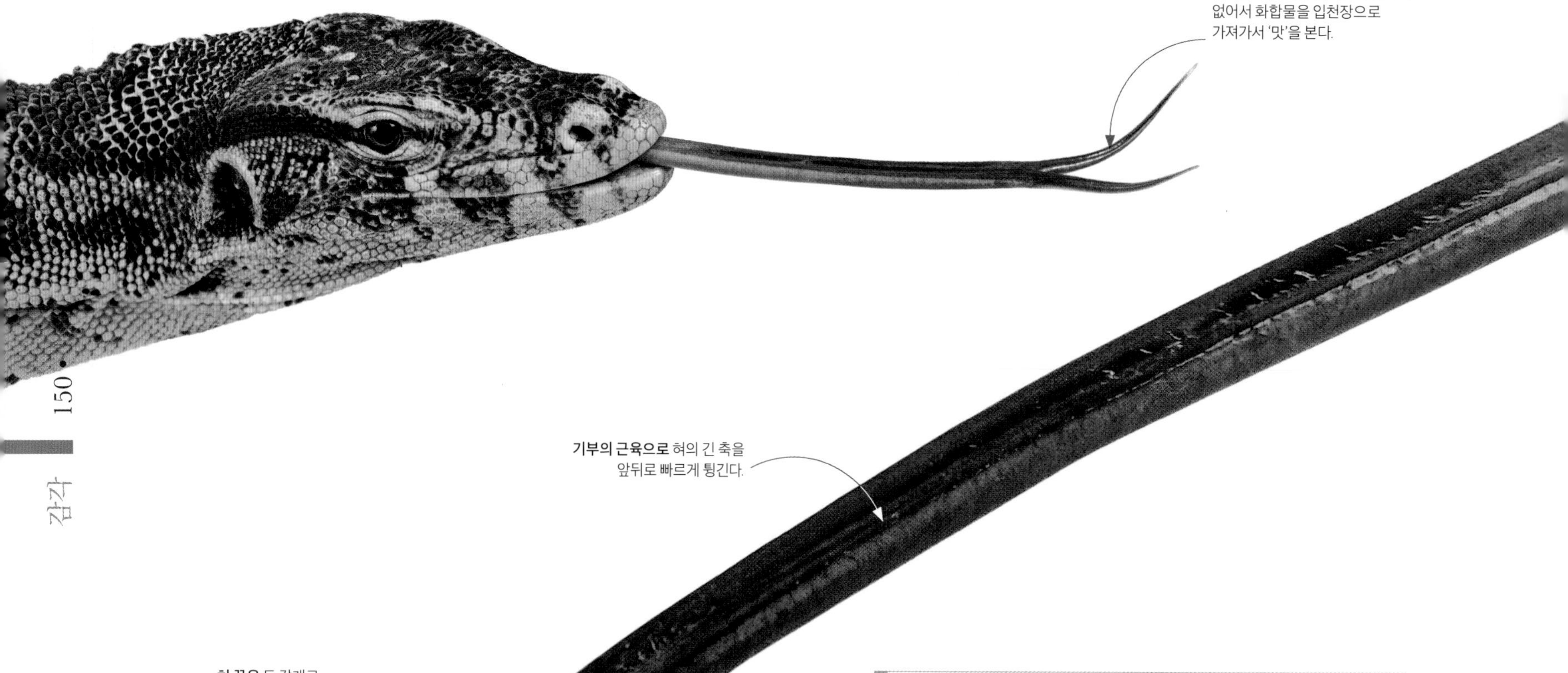

**기부의 근육으로** 혀의 긴 축을 앞뒤로 빠르게 튕긴다.

**혀 끝은** 두 갈래로 갈라진다.

## 냄새 샘플링

도마뱀과 뱀은 공중에서 혀를 튕겨 냄새 분자를 수집한 뒤 입천장에 있는 보습코기관으로 가져간다. 보습코기관과 후각 표피로부터 발생한 신경 신호가 뇌에 전달되는 방식으로 '냄새' 정보가 전달된다.

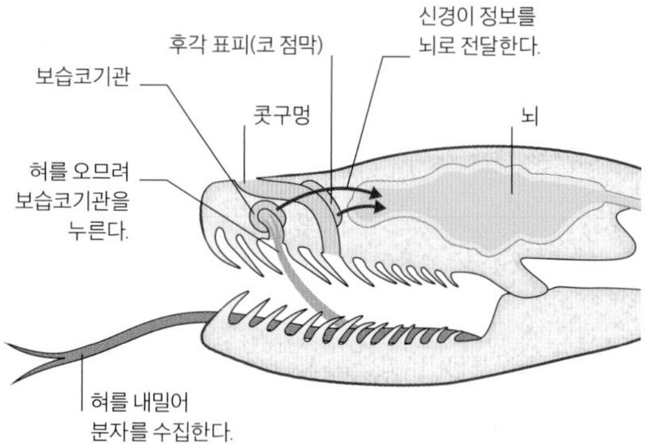

뱀의 보습코기관

**혀를 날름거리는 육식 동물**
왕도마뱀 70종 중 대부분이 육식을 하며 혀를 날름거려 살아 있는 먹이와 시체를 식별할 수 있다. 가장 큰 종 중 하나인 아시아 물왕도마뱀(*Varanus salvator*)은 다 자라면 어린 악어 크기의 동물을 공격하기도 한다.

# 공기를 맛보다

화합물을 감지하는 화학적 수용은 냄새를 맡는 후각과 입으로 맛을 보는 미각의 형태가 있지만 후각과 미각의 경계가 분명치 않을 때도 있다. 보습코기관(야콥슨 기관)은 많은 양서류, 파충류, 포유류에서 후각을 보조하는 감각 기관이다. 도마뱀과 뱀에서는 갈라진 혀로 공기 중의 냄새 분자를 수집해 동물이 먹이, 포식자, 또는 짝을 찾기 위해 공기를 '맛보는'것을 돕는다.

**쐐기 모양의** 구멍의 오목한 벽에 감각 신경 말단이 뭉쳐 있다.

**각각의 입술** 구멍은 비늘이 변형된 것이다.

# 열 감지

많은 동물들이 온도 센서 대신 적외선을 감지하는 세포로 열을 감지한다. 적외선은 따뜻한 물체가 방출하는 전자기 복사의 한 형태로서 가시광선보다 파장이 좀 더 길다. 적외선 센서를 가진 동물들은 먼 거리에서도 복사열을 감지해 뱀과 같은 포식자들이 온혈 동물 먹이를 추적하는 것을 돕는다.

## 열 센서

초록나무비단구렁이(*Morelia viridis*)와 같은 비단구렁이의 적외선 센서는 주둥이의 위아래 입술을 따라 배열된 구멍에 들어 있다. 이 구멍들은 뱀이 밤에 먹이를 감지하는 것을 돕는다. 비단구렁이는 번개같이 빠른 턱으로 먹이를 잡은 다음 질식사시킨다.

### 적외선 수용기

감각 신경 말단이 적외선 수용기의 역할을 하며 주변 조직이 적외선에 의해 따뜻해지면 신호를 발생시킨다. 왕뱀은 신경 말단이 표면 비늘 속에 묻혀 있고 비단구렁이는 구멍 바닥에 있다. 둘 다 열의 일부가 피부 속으로 유실된다. 살모사는 막 속에 신경 말단이 퍼져 있어서 더 빨리 따뜻해지기 때문에 더 민감하다.

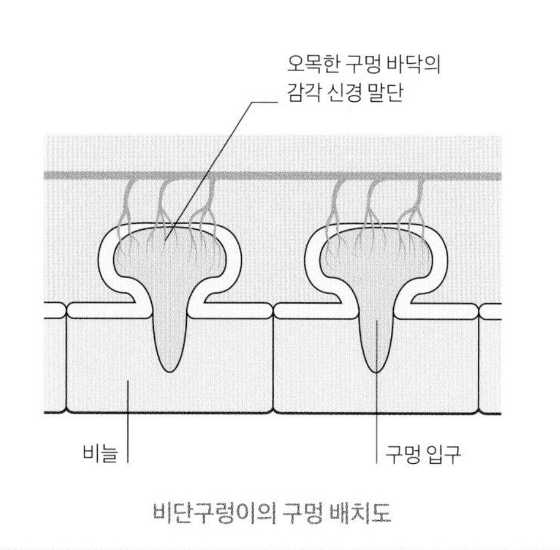


비단구렁이의 구멍 배치도

**평행 진화**

서로 다른 지역에서 진화했지만, 남아메리카의 에메랄드나무왕뱀(*Corallus caninus*)과 뉴기니의 초록나무비단구렁이는 여러 가지 공통점이 있다. 둘다 우림의 낮은 가지에 사는 야행성 사냥꾼이고 적외선을 탐지해 어둠 속에서 온혈 동물 먹이를 사냥한다.

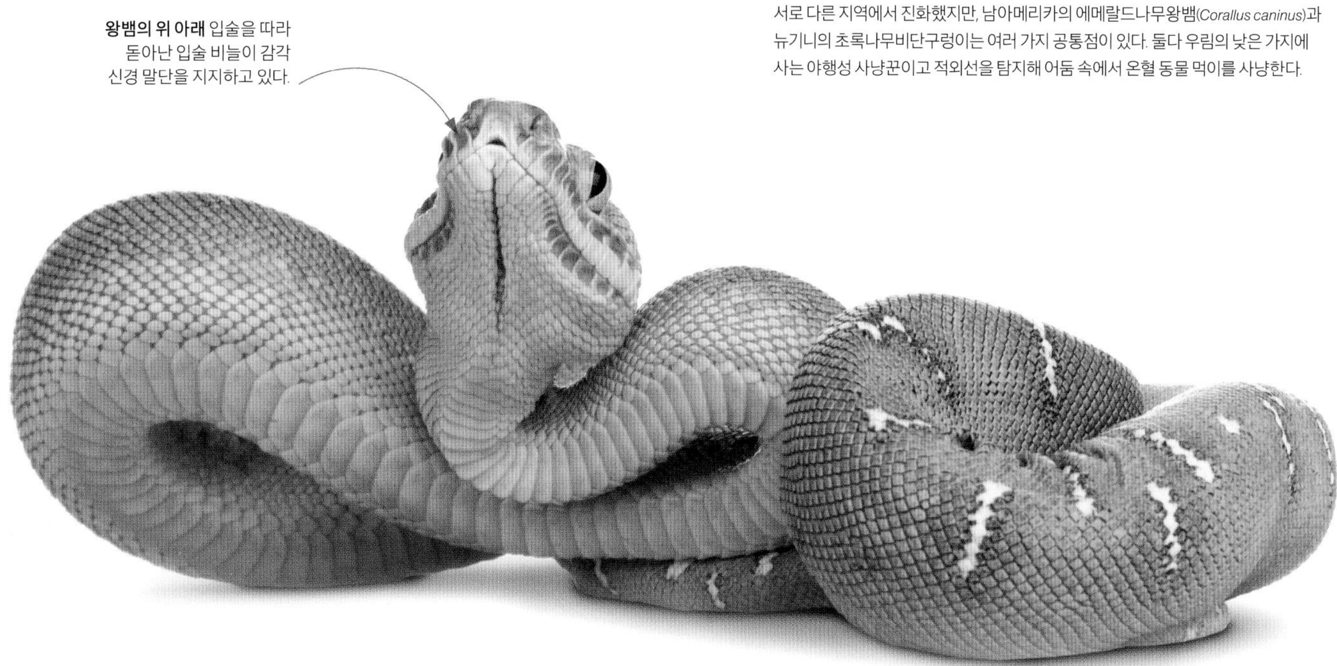

# 전기 감각

탁한 물속을 헤엄치는 것은 안전할 수는 있지만 먹이를 발견하기 어렵다는 문제점이 있다. 어떤 동물들은 특별한 센서를 이용해 물속의 미네랄에 의해 전도되는 전기를 감지할 수 있다. 대부분의 어류와 난생 포유류(단공류)는 이러한 센서를 이용해 먹이나 포식자의 존재를 알려주는 전기 신호를 감지한다.

**물속에서는** 눈과 귀를 받고 부리의 감각에 의존한다.

**센서로 가득찬** 피부로 구성된 이마판으로 전기 신호를 감지하는 영역을 확장한다.

**나팔 모양의** 콧구멍은 헤엄칠 때 닫힌다.

**센서가** 들어 있는 고무질의 피부가 부리 모양의 얼굴뼈를 덮고 있다.

**이빨 대신** 단단한 판으로 무척추동물 먹이의 외골격을 으깬다.

### 전기 감지로 먹이 찾기

난생 포유류에는 두 가지가 있다. 가시두더지는 뾰족한 코에 전기 센서가 있어서 흙 속에서 벌레를 찾을 수 있다. 그러나 물에 사는 오리너구리는 부리에 센서가 가득 차 있다. 먹이가 전기 신호를 흘리면 거의 즉시 부리로 감지한다. 다른 센서들은 조금 늦게 물속의 움직임을 감지한다. 오리너구리의 뇌는 이 시간 차를 이용해 물속에서의 먹이의 위치를 특정한다.

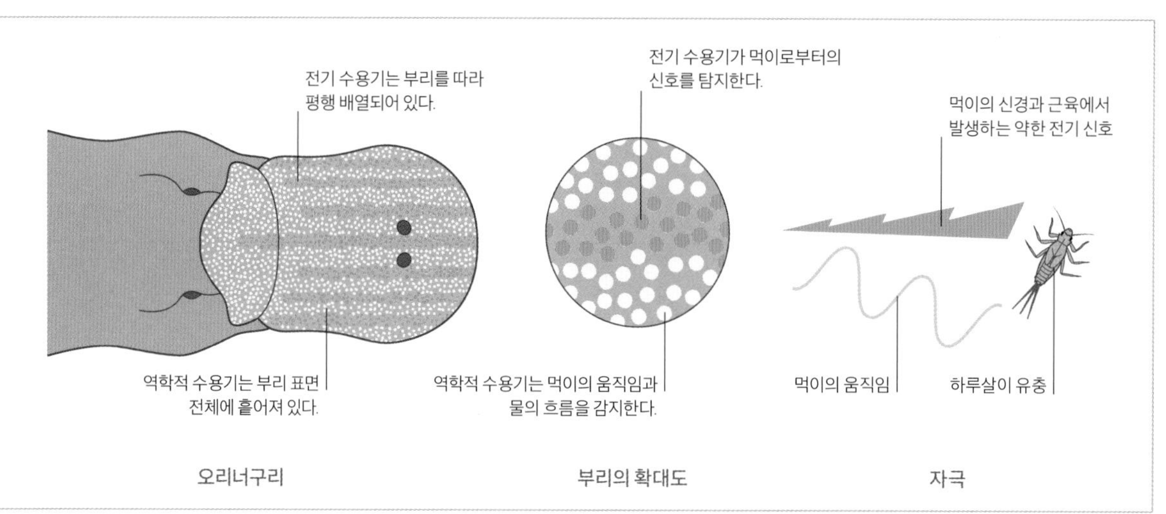

## 탁한 물속을 조사하기

오리너구리(*Ornithorhynchus anatinus*)는 예민한 부리로 물속의 먹이, 주로 날도래, 실잠자리, 강도래의 유충, 때로는 작은 물고기나 올챙이를 찾는다. 잽싸게 다이빙해 어두운 물속에서 부리를 좌우로 휘저어 사냥하는 것이 보통이다.

**전기를 발생시키는 동물**
어떤 물고기들은 스스로 전기장을 발생시킨다. 코끼리은상어(위, 정확한 삽화는 아님)는 전기장을 소나처럼 사용해 어둡거나 탁한 물속을 헤엄칠 때 전기장을 왜곡시키는 물체들을 감지한다.

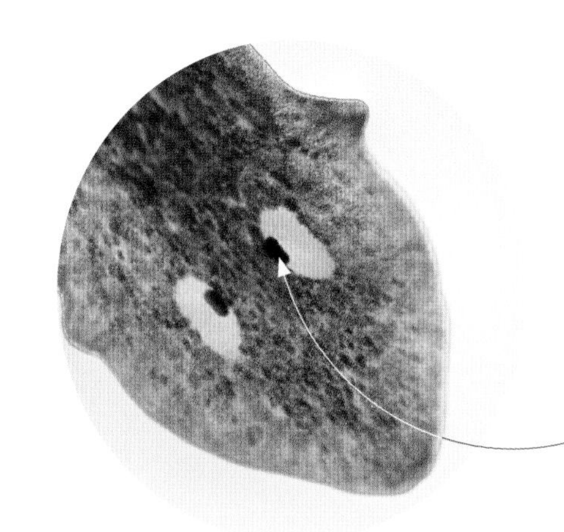

**안점**
이 플라나리아(*Dugesia* sp.)는 각각의 눈 안쪽 표면에 어두운 색의 점을 가지고 있다. 이점들은 각각의 눈이 서로 다른 방향에서 오는 빛을 감지할 수 있도록 빛을 차단한다.

**각각의 눈은** 어두운 색의 안점의 옆면으로부터 오는 빛만을 감지하는 신경섬유의 '컵'이다

# 빛 감지

빛을 감지하기 위해서는 빛을 받았을 때 화학적으로 변형되는 색소가 필요하다. 세균과 식물에도 있지만, 오로지 동물만이 빛으로부터 진정한 시각이라고 부를 수 있는 정보를 발생시킨다. 빛이 눈 속의 색소포를 자극해 발생한 신호는 뇌에서 처리된다. 가장 단순한 동물의 눈, 예를 들어 플라나리아의 눈은 빛과 빛의 방향을 감지하지만 거미의 눈과 같은 겹눈은 렌즈를 이용해 초점을 맞추고 이미지를 생성한다.



**사냥꾼의 눈**
대부분의 거미는 8개의 눈을 가지고 있으며 각각의 눈에 렌즈가 있다. 거미줄을 치는 거미들은 시각보다는 촉각에 더 의존하지만 깡충거미처럼 추격 사냥을 하는 거미들은 먹이를 습격할 때 전면의 큰 눈으로 세부 사항과 원근을 판단한다.

## 편형동물의 눈과 거미의 눈

편형동물의 눈은 신경섬유 다발의 불룩한 말단에 시각 색소를 가득 채워 놓은 수준이다. 거미의 눈은 훨씬 복잡한데, 망막이라고 불리는 색소포 층 위에 빛을 모으는 렌즈를 가지고 있다.

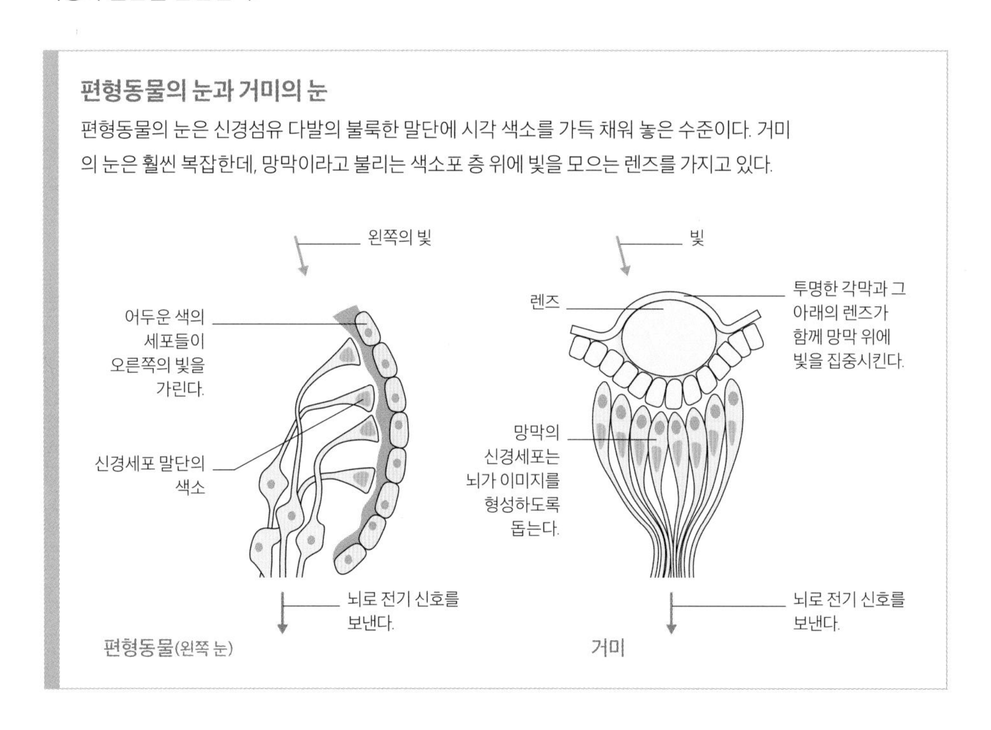

**가로 동공**

포식성 몽구스를 제외하면 가로 동공을 가진 대부분의 포유류는 사슴이나 가젤과 같은 초식 동물이다. 초식 동물들은 대부분의 시간을 고개를 숙인 채로 보낸다. 가로 동공은 땅에 초점을 맞춘 상태에서 포식자를 감지하기 위한 파노라마 뷰를 제공한다. 땅의 초점면에 맞게 가로 동공을 조절하기 위해 쉴 새 없이 눈을 움직인다.

알파인 아이벡스
(*Capra ibex*)

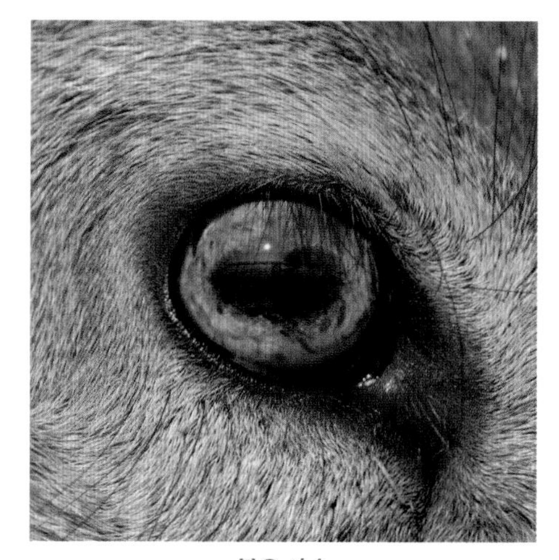

붉은 사슴
(*Cervus elaphus*)

**둥근 동공**

유인원이나 코끼리와 같이 키가 큰 포유류에서처럼, 땅에서부터 거리가 멀수록 동공이 둥글어지는 것이 일반적이다. 대형 고양이과 동물이나 늑대처럼 힘이나 속도에 의존하는 활동적인 사냥꾼들과 부엉이나 독수리처럼 아주 높은 곳에서 먹이의 위치를 정확히 집어내야 하는 맹금류도 둥근 동공을 가지고 있다.

수리부엉이
(*Bubo bubo*)

서부 고릴라
(*Gorilla gorilla*)

**세로 동공**

붉은 스라소니처럼 먹이를 매복 공격하는 작은 포식자들은 세로 동공을 가진 경우가 많다. 이런 형태의 동공은 머리를 움직이지 않고 거리를 가늠할 수 있으므로 먹이에게 들킬 위험이 적다. 세로 동공은 빛에 빠르게 반응해 어두울 때 확대되었다가 밝은 곳에서는 급격히 수축하므로 빛의 양이 변화하는 조건에서 사냥하는 동물에서 주로 나타난다.

볏도마뱀붙이
(*Correlophus ciliatus*)

붉은 스라소니
(*Lynx rufus*)

# 동공의 형태

동공의 형태를 보면 그 동물의 먹이 사슬 속에서의 위치뿐만 아니라, 포식자일 경우에는 어떤 사냥 기법을 사용하고 먹이일 경우에는 무엇을 어떻게 먹는지까지 알 수 있다. 쉽게 분류하기 어려운 형태의 동공을 가진 동물들도 있지만, 대부분은 가로, 원형, 세로의 세 가지 기본적인 유형에 속한다.

**사바나얼룩말**
(*Equus quagga*)

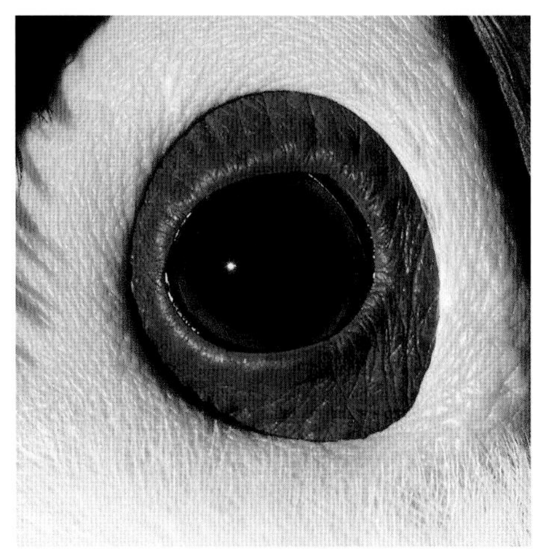

**토코 투칸**
(*Ramphastos toco*)

**회색 늑대**
(*Canis lupus*)

**사자**
(*Panthera leo*)

**붉은 여우**
(*Vulpes vulpes*)

**초록나무비단구렁이**
(*Morelia viridis*)

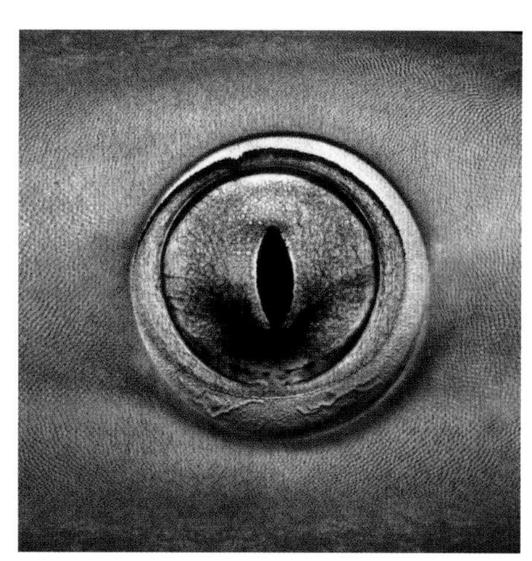

**백기흉상어**
(*Triaenodon obesus*)

# 겹눈

곤충과 그의 친척들은 수백 또는 수천 개가 뭉쳐져 겹눈을 형성하고 있는 아주 작은 렌즈로 세상을 본다. 각각의 렌즈는 빛 감지기와 뇌로 연결된 신경이 갖춰진 시각 단위인 낱눈의 일부이다. 각각의 낱눈은 선명한 이미지를 만들지 못하지만 여러 개가 모여서 포식자인 새와 같은 대상이 지나가면서 낱눈들을 차례로 자극함으로써 작은 움직임까지 감지할 수 있게 된다.

**꽃등에 수컷의** 눈은 머리 가운데에서 맞닿아 있지만 암컷은 눈이 더 작아서 서로 닿아 있지 않다.

### 예민한 눈

테이퍼 꽃등에(*Eristalis pertinax*)의 수컷은 많은 빛을 받아들여 짝을 잘 찾을 수 있도록 암컷보다 낱눈겉면이 큰 겹눈을 가지고 있다. 낱눈겉면이 크면 보통은 해상도가 감소하지만 꽃등에와 빠르게 나는 파리들의 눈은 신경이 복잡하게 배열되어 극도로 예민하면서도 해상도가 높은 시각계를 갖추고 있다.

**감각강모는** 공기의 움직임을 포함하는 촉각적 자극을 감지한다.

### 빛을 수집하는 낱눈겉면

각각의 낱눈은 원뿔 모양의 렌즈로 감간이라고 불리는 광수용체 세포 다발의 광자극 감수 부위에 빛을 집중시킨다. 어두운 색의 슬리브로 빛이 인접한 낱눈에 들어가는 것을 방지한다.

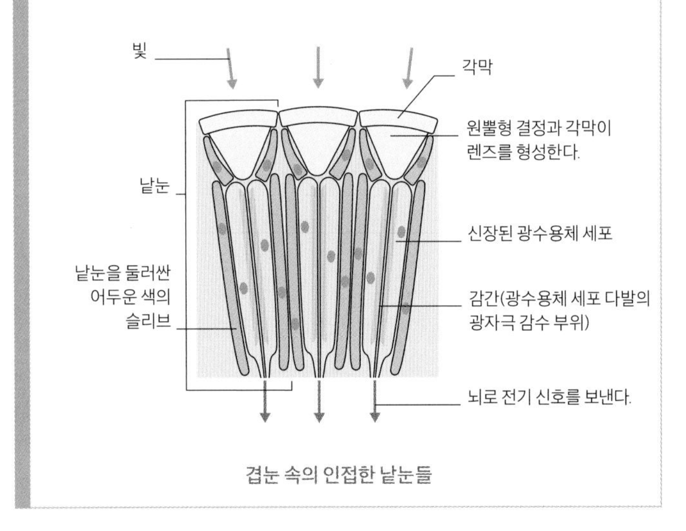


겹눈 속의 인접한 낱눈들

**겹눈 속의** 작은 렌즈들은 척추동물의 홑눈보다는 적은 양의 빛을 수집한다.

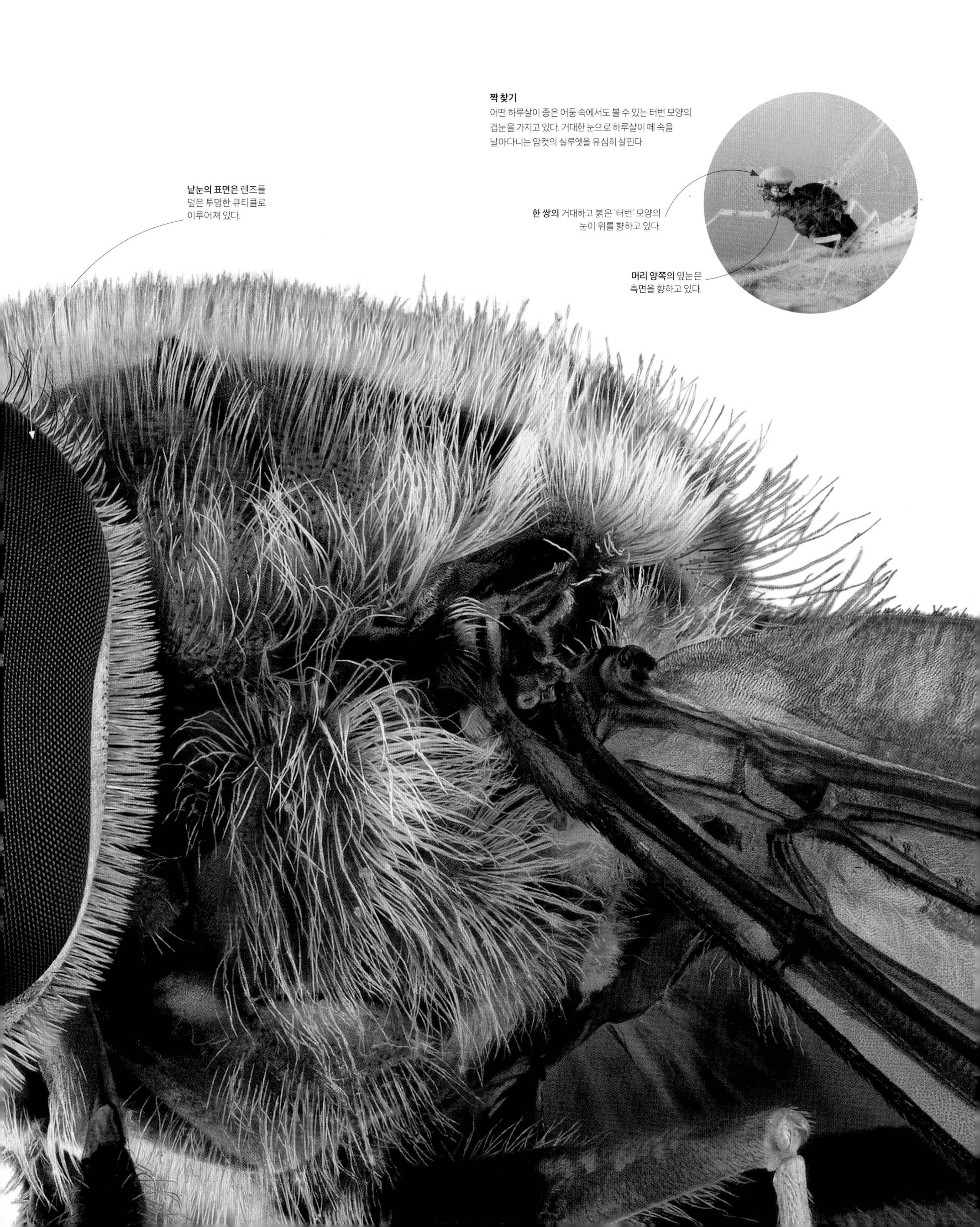


**짝 찾기**
어떤 하루살이 종은 어둠 속에서도 볼 수 있는 터번 모양의 겹눈을 가지고 있다. 거대한 눈으로 하루살이 떼 속을 날아다니는 암컷의 실루엣을 유심히 살핀다.

**알록달록한 갑각류**
화려한 색의 산호초에 사는 갯가재류는 시각을 활용해 먹이, 짝, 경쟁자를 감지한다.

# 색각

많은 동물의 눈은 단순히 빛을 감지하는 것을 넘어서서 빛의 파장을 구별할 수 있다. 이것은 짧은 파장의 푸른색과 긴 파장의 붉은 색, 그 사이 스펙트럼의 색을 감지할 수 있음을 의미한다. 색의 구분이 가능한 이유는 동물의 눈에 서로 다른 파장을 흡수하는 여러 종류의 시각 색소가 들어 있기 때문이다. 천연색의 세계에 산다는 것은 동물이 구애를 위해 짝을 유혹하는 색이나 위험을 피하기 위한 경고색과 같은 수많은 시각적 신호를 인식할 수 있음을 의미한다.

**스펙트럼의 확장**
인간은 3가지 시각 색소를 가지고 있지만 광대사마귀새우(*Odontodactylus scyllarus*)는 12개를 가지고 있다. 광대사마귀새우는 인간이 볼 수 없는 자외선과 적외선도 볼 수 있다.

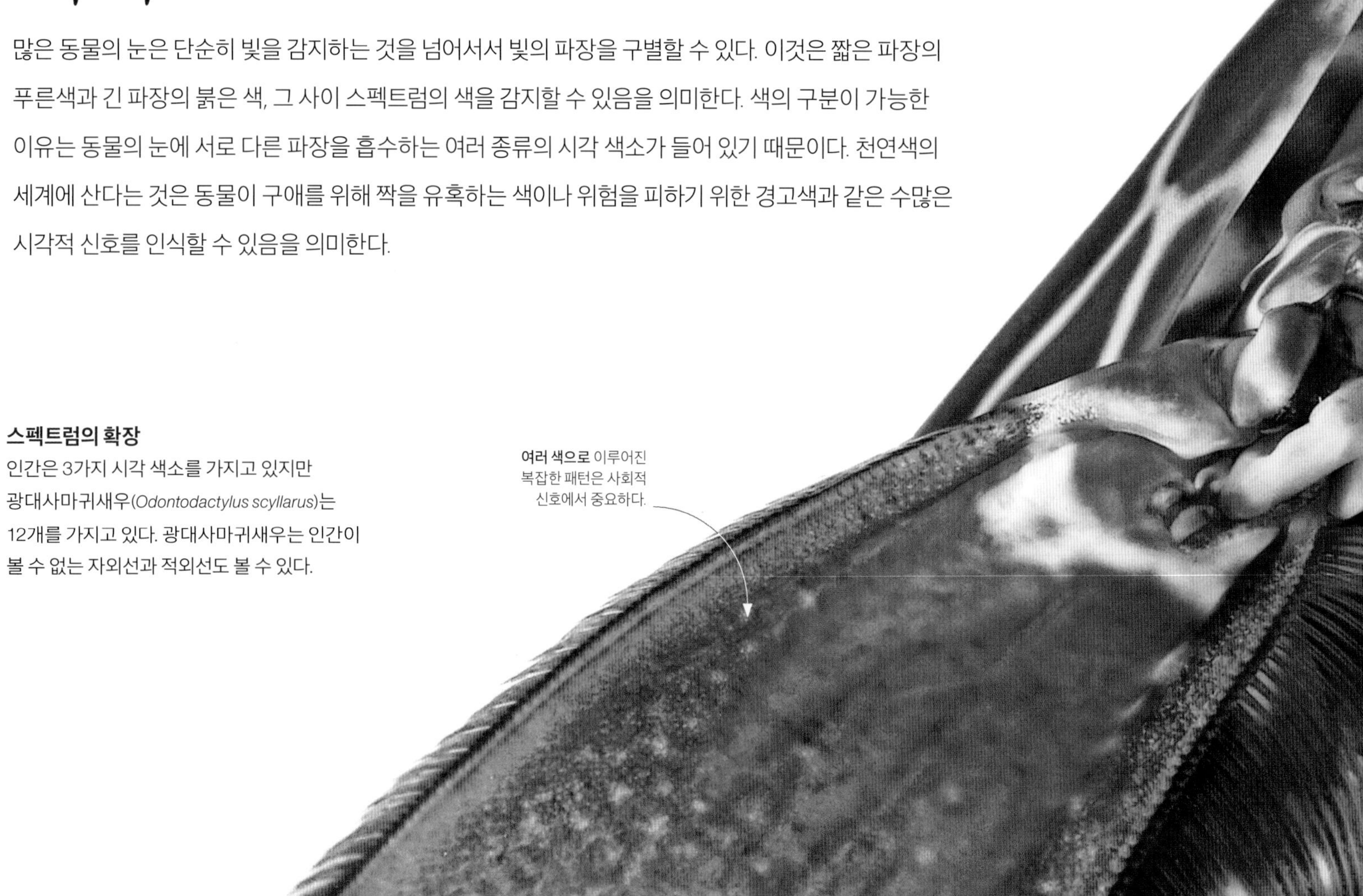

## 색채의 인식

눈 속의 광수용체 소포 속에는 시각 색소가 들어 있다. 시각 색소의 유형은 흡수하는 파장에 따라 다르다. 각각의 색소로부터 받은 신호를 뇌가 분석해 색을 인지한다. 물고기, 도마뱀, 새에는 최대 4가지 색소가 있으며 인간은 3가지를 가지고 있지만 대부분의 포유류는 2가지를 가지고 있다.

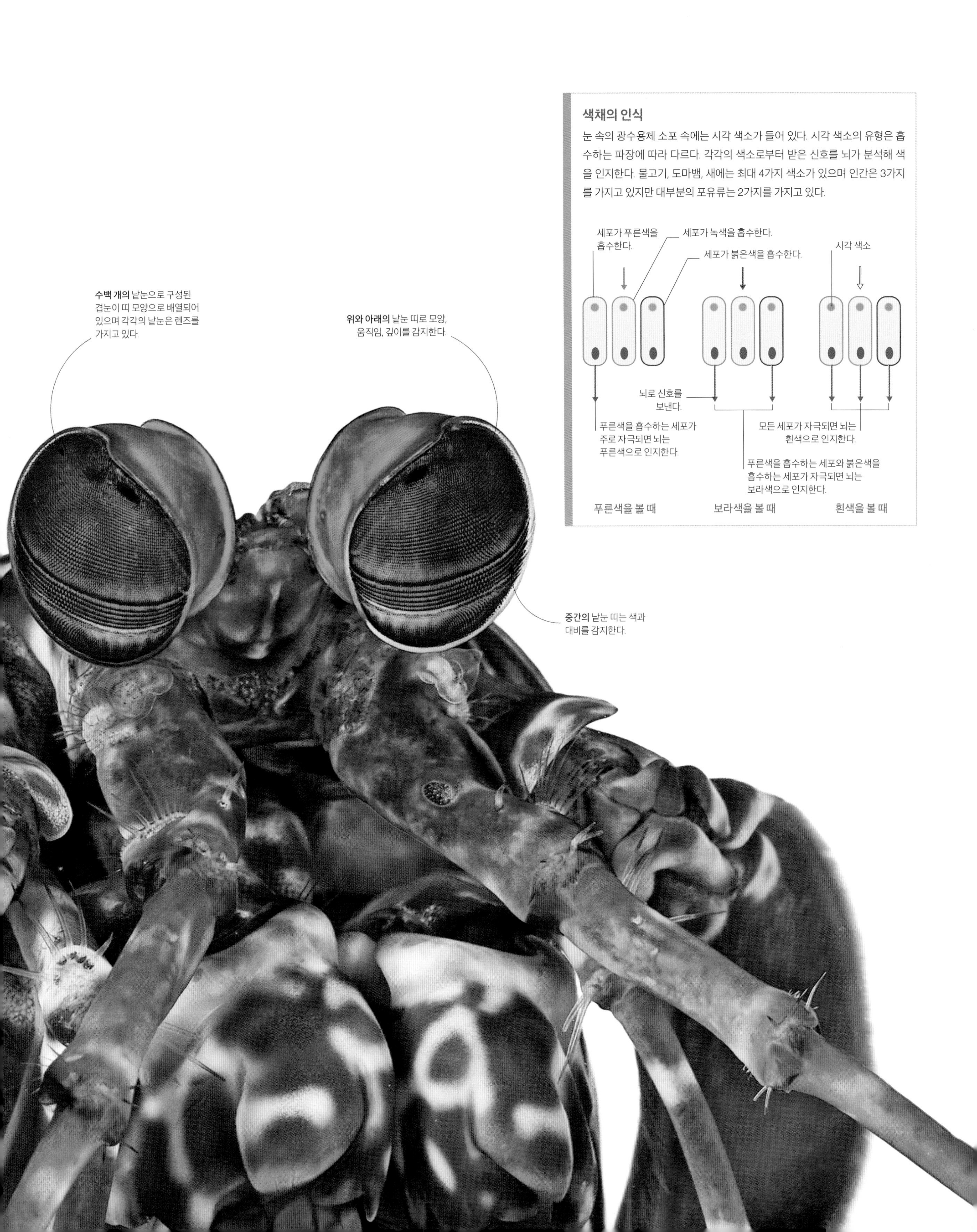

**최고의 시력**
카멜레온의 눈은 독립적으로 돌아가기 때문에 단안 시야로 넓은 지역을 살펴볼 수도 있고 두 눈을 앞으로 모아서 양안 시야로 곤충 먹이를 찾아낼 수도 있다.

**각각의 눈알이** 원뿔형 탑에 고정되어 있어서 눈구멍에서처럼 시야가 제한되지 않으며 각각의 눈은 거의 180도 회전이 가능하다.

# 깊이 보기

많은 무척추동물의 단순한 눈과 달리 척추동물의 한 쌍의 눈에는 위치나 모양을 바꾸어 거리에 따라 초점을 맞출 수 있는 렌즈가 있다. 척추동물의 광수용체 세포(빛을 감지하는 세포)는 눈 뒤쪽에 망막이라고 불리는 층을 형성한다. 극도로 예민한 세포들 덕분에 동물을 둘러싼 세계의 자세한 3차원 사진을 구성하기에 충분한 데이터를 뇌에 제공할 수 있다.

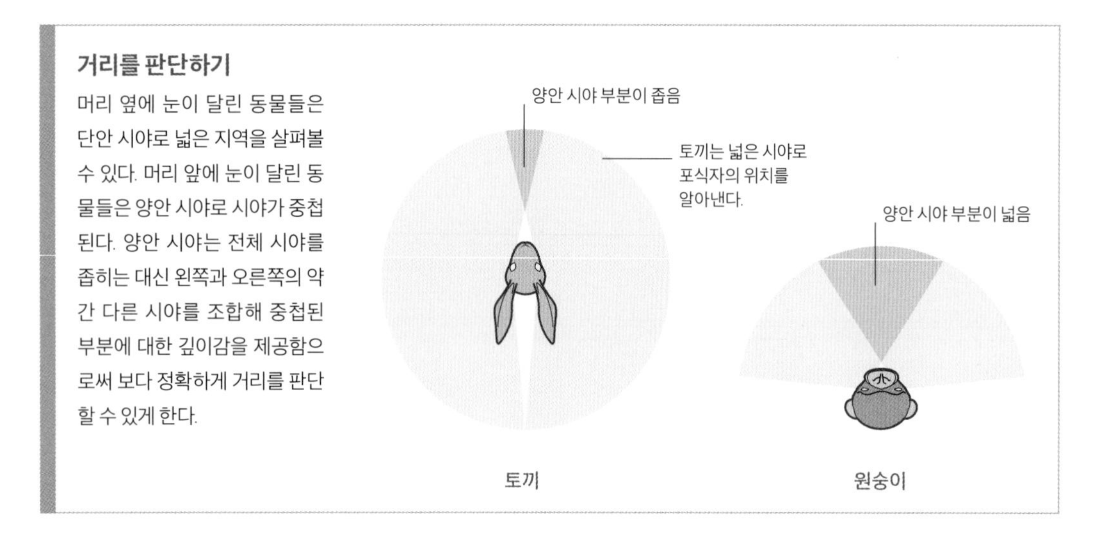


**거리를 판단하기**
머리 옆에 눈이 달린 동물들은 단안 시야로 넓은 지역을 살펴볼 수 있다. 머리 앞에 눈이 달린 동물들은 양안 시야로 시야가 중첩된다. 양안 시야는 전체 시야를 좁히는 대신 왼쪽과 오른쪽의 약간 다른 시야를 조합해 중첩된 부분에 대한 깊이감을 제공함으로써 보다 정확하게 거리를 판단할 수 있게 한다.

**나무에 사는 야행성 동물**
안경원숭이(*Tarsius tarsier*)의 생활 방식은 양안 시야에 크게 의존한다. 우림의 어두운 밤에 나무에서 나무로 뛰기 위해서는 앞을 향한 커다란 눈으로 정확한 거리를 판단해야만 한다.

귓바퀴를 독립적으로 돌려서
인간이 듣지 못하는 초음파를
들을 수 있다.
눈구멍 속에서 움직일 수 없을
정도로 거대한 눈알로 최대한
많은 빛을 모은다.
눈알을 움직이지 못하는 대신
목이 유연해서 양쪽으로 180도
이상 머리를 돌릴 수 있다.
긴 손가락으로
나뭇가지를 감싸서
단단히 쥘 수 있다.
안경원숭이의 크기는 쥐와 비슷하지만 뛰어난
깊이 감각 덕분에 긴 뒷다리로 최대 3미터까지
정확하게 뛰어오를 수 있다.

*Alcedo atthis*

# 물총새

물총새(*Alcedo atthis*)는 확실히 이름값을 하는 독특한 종이다. 물총새는 다른 바닷새들과 같은 방식으로 물속의 먹이를 사냥하지 못한다. 예를 들어 펭귄은 단단한 뼈와 수영복처럼 몸에 꼭 맞는 깃털을 가지고 있어서 잠수해 먹이를 찾는다. 그러나 물총새는 물 밖에서 물속의 먹이의 위치를 정확히 파악해야만 한다.

물총새에는 100여 종이 있지만, 오스트레일리아 쿠카부라를 비롯한 대부분의 종이 육상에서 사냥을 한다. 물총새는 가장 다양한 종이 살고 있으며 단검처럼 생긴 부리로 땅 위의 작은 동물을 낚아채어 사냥하고 있는 열대의 숲에서 진화했을 것으로 추정된다. 유라시아 물총새를 포함해 전체 물총새과의 25퍼센트만이 다이빙해 물고기를 잡는 기술을 가지고 있다.

다이빙을 하는 물총새들은 정확하고 신속하며 사냥 본능이 강해 겨울에 얇은 얼음을 뚫고 먹이를 덮치기도 한다. 뼈 속이 비어 있고 방수 깃털이 있어서 물에 잘 뜨고 오랫동안 잠수할 수 없기 때문에 물총새들은 물에 뛰어들기 전에 먹이의 위치를 파악한다. 강가의 자신이 선호하는 위치에서 물속의 물고기를 고른다. 수면에서의 빛의 굴절을 감안해 공격 각도를 정한다(아래 그림). 이어서 다이빙을 개시하는데, 빠르게 물속으로 파고들 수 있도록 날개를 접어 몸을 유선형으로 하고 먹이를 향해 몸을 던진다. 불투명한 눈꺼풀(많은 척추동물에서 발견되는 순막)으로 눈을 덮어서 눈을 보호한다. 부리로 물고기를 잡고 나면 부력에 힘입은 몇 번의 날개짓으로 수면 위로 돌아갈 수 있다. 나뭇가지 위로 돌아가서 물고기의 꼬리를 잡고 휘둘러 물고기의 머리를 나뭇가지에 세게 내리친 다음 머리부터 삼킨다. 물고기의 비늘이 꼬리를 향하고 있으므로 머리부터 먹어야 쉽게 삼킬 수 있다. 사냥의 시작부터 마무리까지 걸리는 시간은 불과 몇 초밖에 걸리지 않는다.

### 푸른 섬광

물총새의 먹이의 60퍼센트가 물고기이고 나머지는 수생 무척추동물이다. 물총새는 보통 수면으로부터 1~2미터 높이에서 다이빙을 하며 1미터 깊이까지 잠수할 수 있다.



### 물속의 먹이 위치 파악

보통의 환경에서는 빛이 목표물에서 눈까지 직선으로 도달한다. 그러나 물에서 공기로 빛이 전달될 때에는 빛이 굴절되므로 육안으로 보는 대상의 위치는 실제와 다르다. 물총새는 목표물을 일직선으로 타격할 수 있도록 굴절에 의한 오차를 정확히 계산해 다이빙한다.

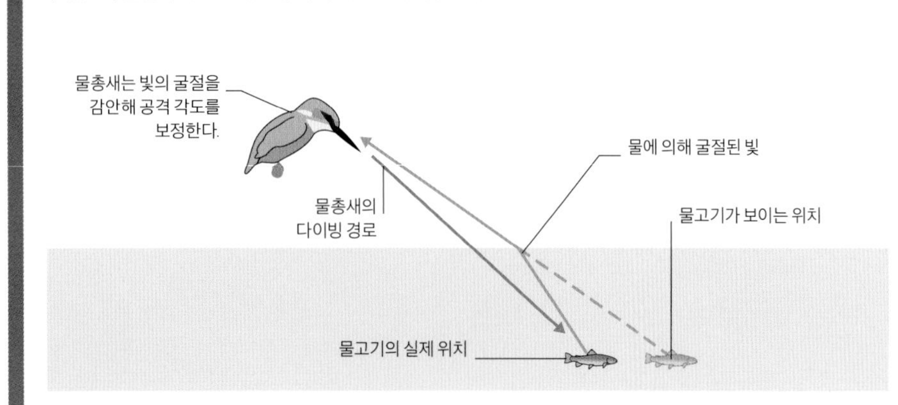

**공포 전술**
암수 폴리페모스 나방의 날개 무늬는 갑자기 펼쳤을 때 점 무늬가 부엉이의 눈과 비슷하기 때문에 개구리나 새와 같은 포식자들을 놀라게 하는 역할을 한다.

**더듬이의 가장** 긴 부분인 채찍마디는 감각 수용체들을 담을 수 있도록 변형되어 있다.



# 냄새 감지

냄새와 맛은 주로 먹이와 관련이 있지만 주변의 다른 동물에 대해 놀라울 정도로 정확한 정보를 알려주기도 한다. 예를 들어 먹이 종들은 포식자의 독특한 냄새 물질을 감지할 수 있다. 짝에게 광고할 때와 같은 많은 사회적 신호들이 페로몬이라고 불리는 향 화합물의 형태를 띠는데, 페로몬 감수성을 가진 동물이라면 상당히 먼 거리에서도 감지할 수 있다.

**더듬이의 기부는** 매우 유연하며 공기의 흐름에 의해 채찍마디가 움직였을 때 자극되는 센서들을 담고 있다.

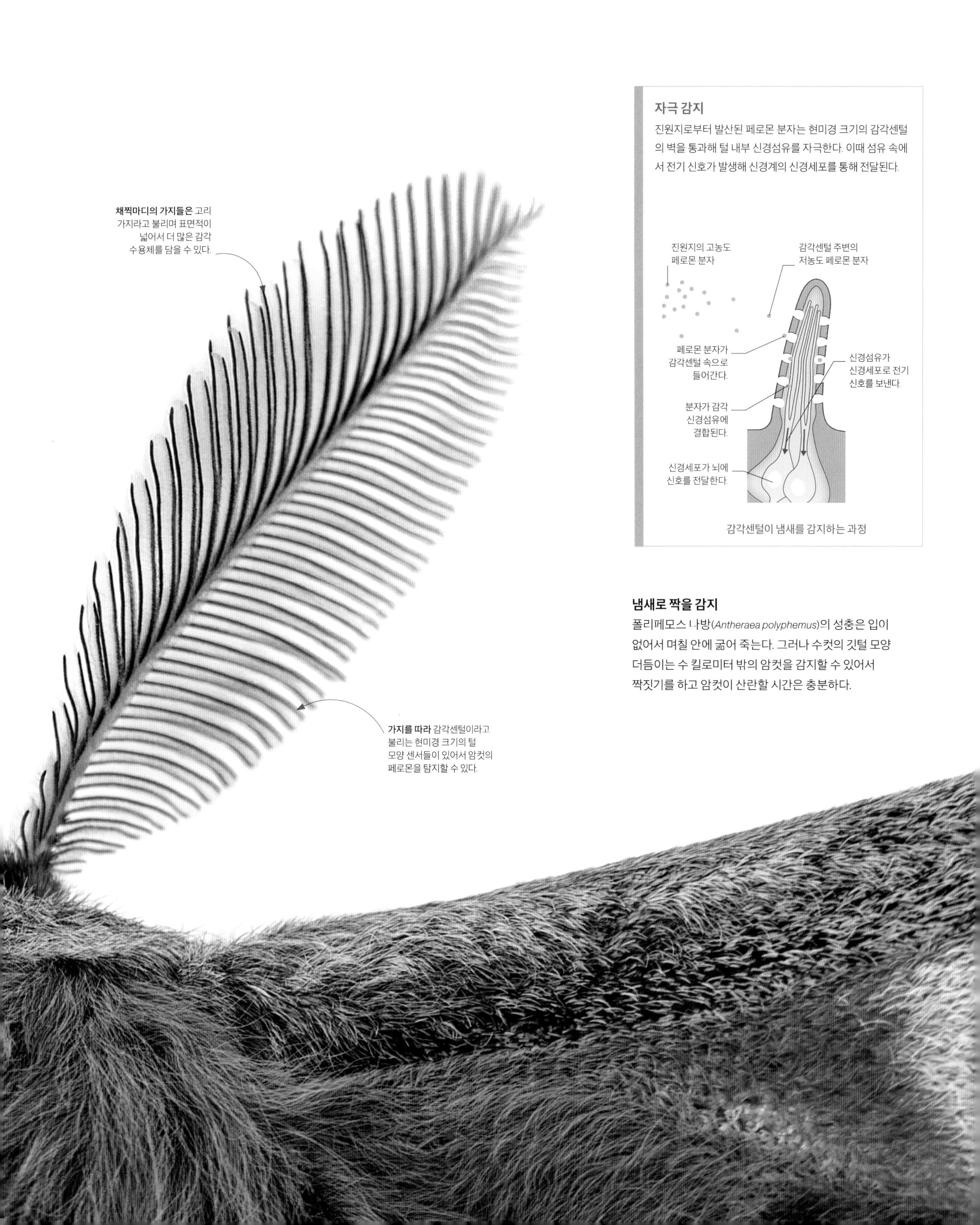


### 자극 감지

진원지로부터 발산된 페로몬 분자는 현미경 크기의 감각센털의 벽을 통과해 털 내부 신경섬유를 자극한다. 이때 섬유 속에서 전기 신호가 발생해 신경계의 신경세포를 통해 전달된다.

감각센털이 냄새를 감지하는 과정

## 냄새로 짝을 감지

폴리페모스 나방(*Antheraea polyphemus*)의 성충은 입이 없어서 며칠 안에 굶어 죽는다. 그러나 수컷의 깃털 모양 더듬이는 수 킬로미터 밖의 암컷을 감지할 수 있어서 짝짓기를 하고 암컷이 산란할 시간은 충분하다.

**카카포의 깃털에서는** 성별, 나이, 계절에 따라 다양하게 강한 사향 냄새가 난다.
**다른 앵무새의** 눈보다 더 멀리 앞을 보는 눈은 어두운 달빛 아래에서 거리를 가늠하는 데 도움이 된다.
**콧구멍은** 다른 앵무새와 마찬가지로 납막이라고 불리는 불룩한 피부 위에 돌출해 있다.

**냄새로 해산물 찾기**

알바트로스와 그 친척들, 슴새와 바다제비는 독특한 튜브 모양의 콧구멍 때문에 '튜브 코'라는 별명을 가지고 있다. 이들의 후각은 플랑크톤이 분비하는 디메틸 설파이드라는 화합물에 특화되어 있다. 이 냄새를 따라서 플랑크톤을 먹는 물고기, 오징어, 크릴 새우를 추적할 수 있다.

흰머리 알바트로스
(*Thalassarche cauta*)

**사향 냄새가 나는 앵무새**

뉴질랜드의 날지 못하는 대형 야행성 앵무새인 카카포(*Strigops habroptilus*)의 뇌에서는 놀랍게도 냄새 정보를 처리하는 후각엽이 확대되어 있는 것이 발견되었다. 이 새의 깃털에서는 달콤한 사향 냄새가 나는데, 고도로 발달한 후각이 사회 생활에서 중요한 역할을 하는 것 같다.

# 새의 후각

대부분의 새는 후각보다는 시각과 청각을 많이 사용하지만, 후각도 어느 정도의 역할이 있으며 많은 종이 이에 의존한다. 예를 들어 알바트로스는 물속의 먹이를 찾기 위해 바람을 가로지르며 바다 위를 날아다니고, 터키콘도르는 머나먼 땅 위의 시체 냄새를 맡을 수 있다. 최근에는 대부분의 새들이 독특한 체취를 발산해 개체를 식별하거나 둥지를 찾는 것으로 여겨지고 있다.

**서학도(1112년)**

20마리의 학이 푸른 하늘을 선회하는 모습을 그린 비단 족자는 황궁의 지붕 위로 상서로운 학의 무리가 모여든 장면을 기념하기 위한 것이다. 예술가이자 시인이었던 휘종 황제(徽宗, 1082~1135년)는 이 광경을 보고 자신의 이름(조길)으로 이 아름다운 그림을 그렸다.

명화 속 동물들

# 노래새

'중국의 르네상스'라고 알려질 만큼 문화가 특히 융성했던 북송 시대의 예술가들은 이후 400년 동안 세계의 다른 어떤 지역과도 비교할 수 없을 만큼 서정적이고 감수성이 풍부한 그림과 시를 남겼다. 12세기에 그려진 풍경과 동물, 특히 새의 그림들은 중국 예술사에서 가장 뛰어난 작품들로 평가되고 있다.

**딱따구리(1927년)**
고기봉의 딱따구리 그림은 전통적인 중국 화조도와 서양화 스타일, 일본식의 흰색 하이라이트를 결합했다. 족자 위의 건조한 붓 자국은 영남화파의 전형적인 특징이며 일본회화의 영향을 받은 것이다.

선화 시대의 중심에는 어려서부터 정치를 멀리하고 예술에 탐닉해 준비되지 않은 채로 제위에 오른 조길이 있었다. 그는 휘종 황제로 즉위해 26년간 재위했으나 북송의 몰락과 여진족의 침입으로 비참하게 감옥에서 생을 마감했다. 재위 기간 중 휘종 황제는 걸출한 예술가들을 후원했으며 그 자신도 그림과 글씨, 시, 음악, 건축에 뛰어난 조예가 있었다.

시서화가 조화된 비단 족자는 펼쳐서 오른쪽에서 왼쪽으로 읽도록 되어 있다. 세로로 긴 족자들은 벽에 걸기도 했으나 대부분은 공개 전시보다는 개인 소장용이었다. 전통적인 주제는 풍경과 소박한 동물, 새의 그림이었다. 그림 속의 새는 전통적으로 길흉을 의미했는데, 평생 하나의 짝과 살며 짝을 잃으면 죽는 것으로 알려진 원앙은 화목과 부부금슬을, 비둘기는 사랑과 정절을, 부엉이는 흉조를, 학은 장수와 지혜를 상징했다. 1112년 구름 사이로 내려와 황궁 위를 날아다닌 20마리의 학은 상서로운 징조로 여겨졌으며 조길이 직접 남긴 어필화는 숨이 막힐 듯한 아름다움을 자랑한다.

송 왕조의 유산은 전통적인 풍경, 꽃, 물고기, 새와 서양화 스타일의 조화를 시도했던 19세기 후반과 20세기 초반의 예술가들의 작품에서도 볼 수 있다. 고검부(高劍父, 1879~1951년)와 고기봉(高奇峰, 1889~1933년) 형제는 진수인과 함께 중국 광동 지역에서 영남화파를 창시하기 전에 일본의 퓨전 회화를 연구했다. 1920년대에 이르러 영남화파의 독자적인 화풍이 확립되었다. 여백의 미와 화려한 색채를 특징으로 하고 오늘날에도 신구 융합의 화경이라 불리며 인기가 높다.

> " 선학이 상서로운 징조를 알리며
> 홀연히 짝지어 왔네. "

**조길, 「서학도」에 쓴 시, 1112년**

**갑개**

대부분의 포유류의 주둥이 뒷 부분은 갑개라고 불리는 얇은 스크롤 형태의 뼈 벽으로 가득 차 있다. 갑개는 신경 말단과 연결된 감각세포의 막으로 이루어진 후각 표피의 면적을 증가시킨다. 이것은 다양한 냄새 분자들을 저농도에서도 감지할 수 있다. 고래와 돌고래, 영장류를 제외한 대부분의 포유류는 후각이 매우 발달해 있다.

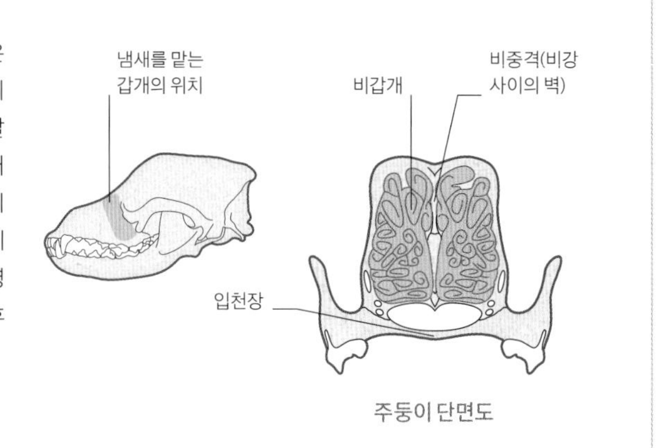


# 포유류의 후각

육상 척추동물의 코는 어류 조상의 간단한 비와에서부터 좀 더 복잡한 냄새 감지 채널로 진화해 왔다. 코는 입 뒤쪽과 연결되어 있어서 입을 다문 상태에서도 숨을 쉴 수 있다. 포유류에서 커다란 비강은 공기가 후각 표피(박스 참조)에 닿기 전에 따뜻하고 촉촉해지게 한다. 점막의 감각세포들은 먹이 공급원이 풍기는 냄새나 포유류의 사회 생활에서 중요한 역할을 하는 화학 신호인 페로몬을 감지한다.



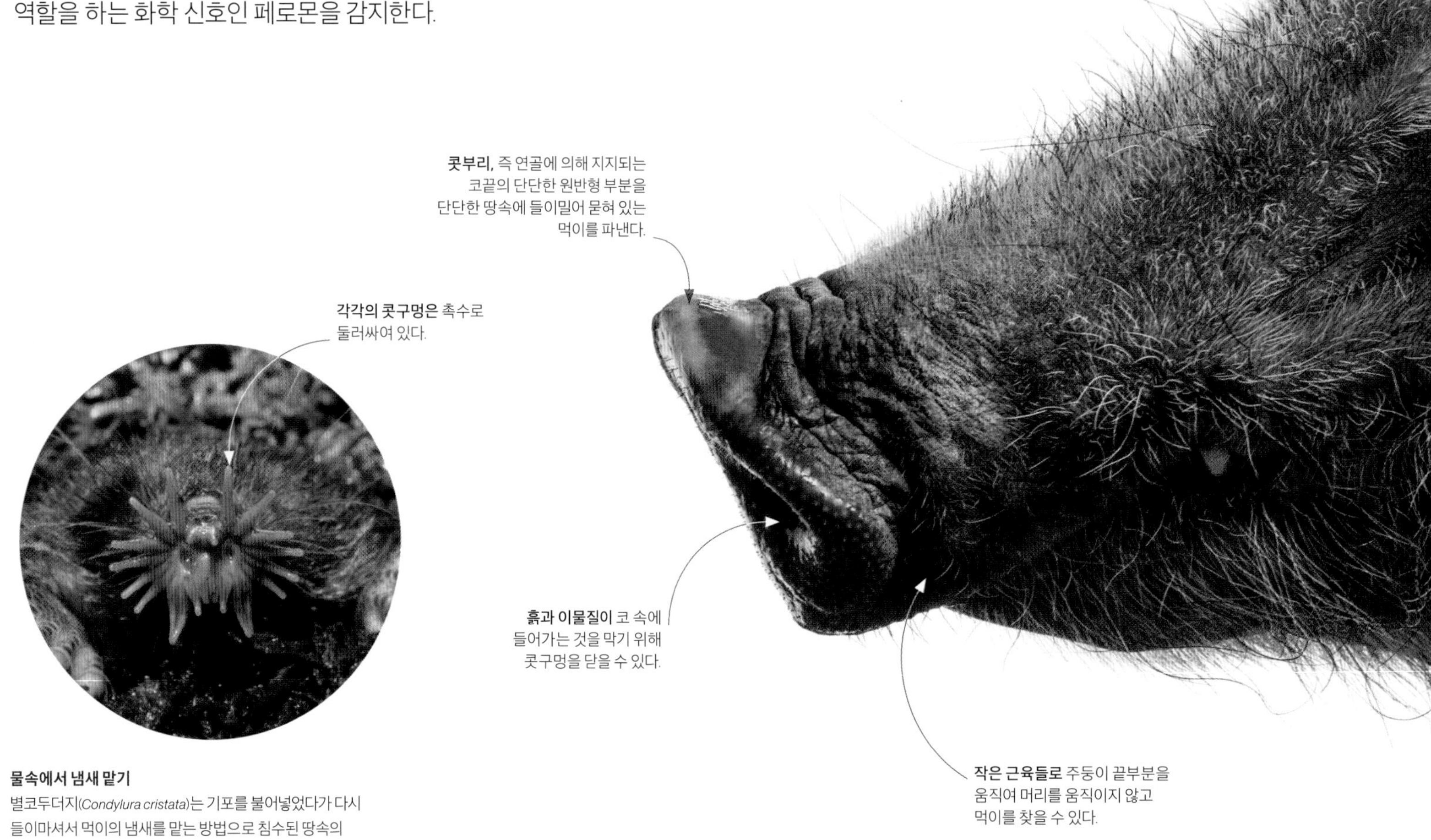


**물속에서 냄새 맡기**
별코두더지(*Condylura cristata*)는 기포를 불어넣었다가 다시 들이마셔서 먹이의 냄새를 맡는 방법으로 침수된 땅속의 무척추동물을 잡아먹는다. 별코두더지는 코 주변의 촉수에 있는 2만 5000개의 촉각 수용체로 먹이를 느낄 수도 있다.

**먹이를 찾는 코**

돼지의 납작한 코는 단단한 원반 모양의 연골로 지지되고 끝에 커다란 콧구멍이 있어서 땅속의 먹이를 파내기에 완벽한 형태이다. 잡식성인 덤불멧돼지(*Potamochoerus porcus*)는 어두운 밤에도 식물의 뿌리, 구근, 열매 또는 시체의 냄새를 성공적으로 감지할 수 있다.

**먹이의 소리를 듣기**
원숭이 올빼미(*Tyto alba*)의 귀는 극도로 예민하기 때문에 인간의 관점에서 완전한 어둠 속에서도 먹이를 잡을 수 있다. 하트 모양의 얼굴은 먹이의 소리를 반사하고 증폭시켜 수풀이나 눈 속에 숨어 있는 먹이까지도 감지할 수 있다.

### 짝귀

많은 올빼미 종이 비대칭으로 위치한 귀를 가지고 있다. 원숭이 올빼미는 왼쪽 피부의 구멍이 좀 더 높지만, 북방올빼미는 두개골 자체가 비대칭형이고 오른쪽 귀가 왼쪽 귀보다 높은 곳에 있다. 먹이로부터의 음파가 낮은 쪽 귀보다 높은 쪽 귀에 약간 늦게 도착하는 데 이 시간차를 이용해서 목표물의 방향과 위치를 특정할 수 있다.



북방올빼미의 두개골



# 동물의 청각

동물은 진동이나 음파를 감지해 소리를 듣는다. 척추동물의 귓속에는 섬모(현미경 크기의 털)가 있는 청각세포가 있어서 음파가 지나가면서 방향이 바뀌면 신경 신호를 발생시켜 뇌가 소리를 인식하게 한다. 새와 같은 육상 척추동물은 공기 중의 음파를 전달, 증폭시켜 내이로 전달하는 고막(178쪽 참조)이 있어서 음의 크기와 높이를 구별할 수 있다.

### 숨겨진 귀

원숭이 올빼미는 포유류의 귓바퀴(178~179쪽 참조) 대신 얼굴의 깃털판이 숨겨진 귓구멍으로 음파를 전달한다. 얼굴판은 귓바퀴보다는 유선형에 가까워서 공기 역학적으로 유리하다. 새들은 고막과 내이가 3개의 뼈로 연결된 포유류와 달리 하나의 뼈로 연결되어 있다.

**귀가 큰 잡식동물**
남아메리카 대초원이 원산지인 갈기늑대(*Chrysocyon brachyurus*)는 큰 귀로 키 큰 수풀 속의 먹이가 내는 소리를 듣는다.

# 포유류의 귀

포유류는 다른 동물보다 밤에 위험을 감지하거나 먹이를 사냥할 때 청각에 많이 의존한다. 포유류에서는 청각을 향상시키는 여러 가지 특징들이 진화했다. 포유류의 머리 속에는 소리의 진동을 증폭시키는 3개의 뼈, 즉 귓속뼈가 있다. 머리 밖에는 2개의 살로 이루어진 나팔 모양의 귓바퀴가 있어서 소리를 증폭계로 보낸다.

## 포유류의 청력

포유류의 귀에서 기능적인 부분은 머리 안쪽에 있다. 음파가 외이도에 진입하면 고막을 진동시킨다(180쪽 참조).이어서 진동이 귓속뼈를 거쳐 내이로 전달된다. 이때 달팽이관(액체로 채워진 나선형 관) 속의 세포가 진동을 감지하고 뇌로 신경 신호를 보낸다.

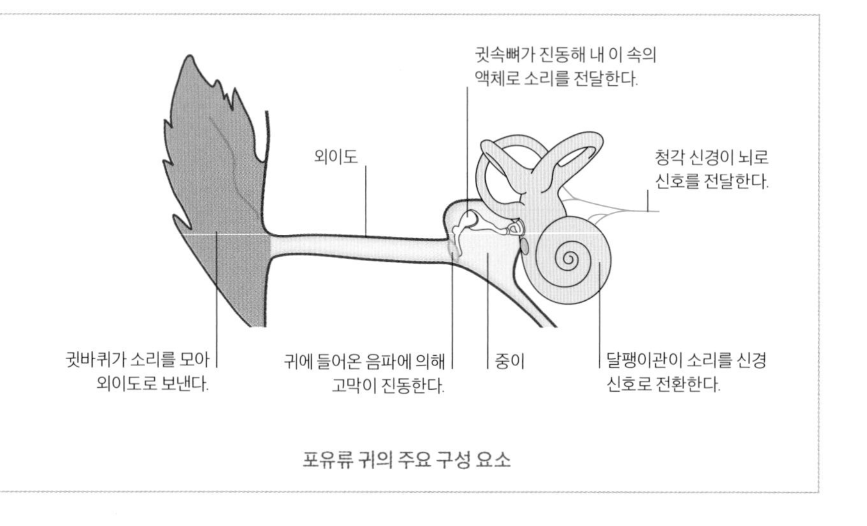


포유류 귀의 주요 구성 요소

## 먹이가 내는 소리를 듣기

페넥여우(*Vulpes zerda*)는 개과에서 가장 작은 동물이다. 그러나 비슷한 크기의 육식동물들 중에서 몸 크기 대비 가장 큰 외이(귓바퀴)를 가지고 있다. 사하라 사막의 광활한 모래 위에 살며 먹이가 모래 속에서 땅을 파는 소리를 들을 수 있다.

## 천연의 음파 탐지기

작은박쥐는 후두, 또는 일부 큰 과일 박쥐의 경우 혀로 소리를 낼 때마다 귀가 손상되지 않도록 귓속뼈를 분리했다가 반향이 오자마자 다시 복구한다. 음파의 파장은 나방 하나 정도의 길이이며 이보다 길어지면 소리가 강하게 반사되지 않을 수도 있다. 고주파(짧은 파장)를 사용하면 작은 물체로부터도 반사가 잘 되고 식별력과 해상도가 높아진다.

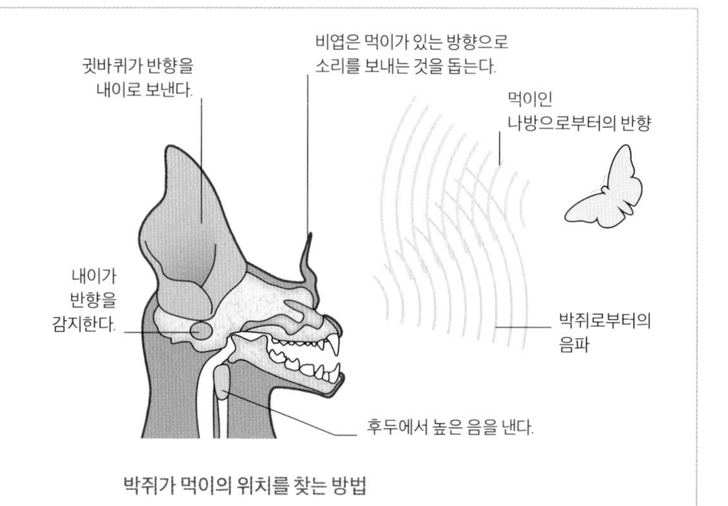

박쥐가 먹이의 위치를 찾는 방법

## 음파 탐지 동물

박쥐 중에서 작은박쥐는 가장 인상적인 음파 탐지 능력을 가지고 있다. 1000종 이상의 작은박쥐에서 음파를 모으는 비엽과 반향을 받아들이는 큰 귀를 포함한 다양한 얼굴 구조물이 진화했다. 콧구멍으로 소리를 내는 종에서 특히 비엽이 크게 발달한 경우가 많다. 드러나 대부분의 작은 박쥐는 사실상 입으로 소리를 내기 때문에 정교한 비엽이나 얼굴 구조물을 가지고 있지 않다.

# 반향을 듣기

밤이나 탁한 물속에서처럼 시야가 확보되지 않는 환경에서는 동물들이 자연적인 음파 탐지 기술에 의존하기도 한다. 동물들은 스스로 낸 소리의 반향을 들어서 주변 환경의 이미지를 구축할 수 있다. 박쥐는 장애물이나 날아다니는 곤충의 위치를 파악하기 위해 음파 탐지를 이용한다. 박쥐들은 고주파 음파 탐지에 의해 대상의 크기, 모양, 위치, 질감까지도 알 수 있다.



**소리 방향 지시기와 소리 탐지기**
관박쥐, 위흡혈박쥐, 잎코박쥐와 같은 작은박쥐류는 비엽으로 반사된 음파를 모은다. 어떤 박쥐들은 먹이가 반향을 보낸 위치를 특정하기 위해 순간적으로 큰 귀의 모양을 바꾸기도 한다.

흰목둥근귀박쥐
(*Lophostoma silvicolum*)

포모나둥근잎박쥐
(*Hipposideros pomona*)

캘리포니아잎코박쥐
(*Macrotus californicus*)

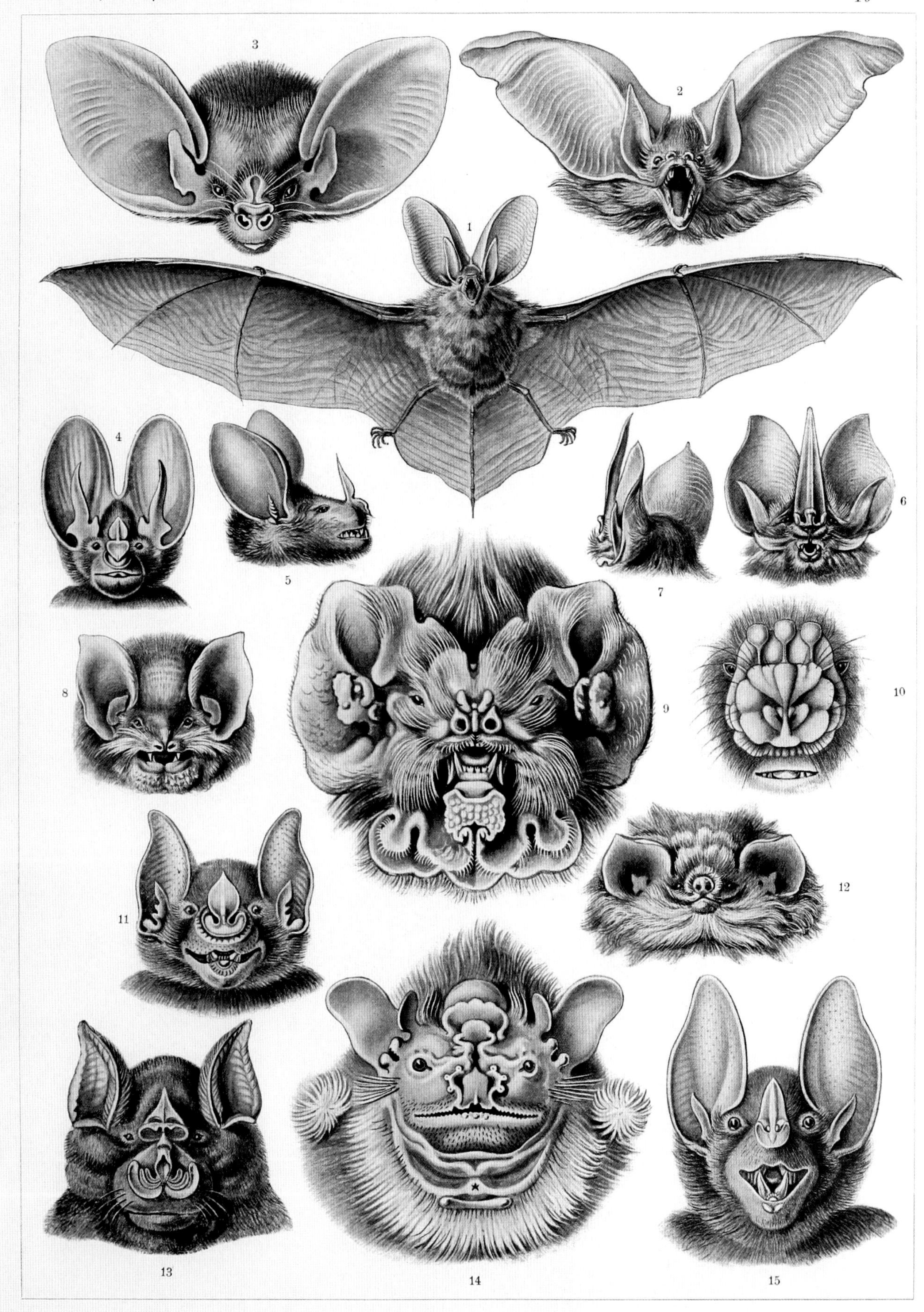


Chiroptera. — Fledertiere.

*Delphinus* sp.

# 참돌고래

돌고래의 지능에 대해는 잘 알려져 있으며 복잡한 행동으로 나타난다. 몸 크기에 비해 인간 다음으로 뇌의 크기가 크다. 참돌고래(*Delphinus* sp.)는 뛰어난 사냥 기술을 가지고 있을 뿐만 아니라 더 많은 사냥을 위해서 여럿이 협동하기도 한다.

참돌고래는 따뜻한 바다에 살며 일반적으로 수심 180미터 이하에서 헤엄친다. 고래목의 다른 동물들과 마찬가지로 공기 호흡을 하는 포유류로서는 최대한 수중 생활에 적응되어 있다. 몸 전체가 유선형이며 갈라진 꼬리로 추진력을 얻고 앞지느러미로 방향을 조절하며 머리 꼭대기의 분수공이 콧구멍의 역할을 대신한다.

돌고래의 뇌는 강력한 정보 처리 장치이다. 공기 중에서보다 물속에서 음파가 더 잘 전달되기 때문에, 돌고래는 음파 탐지로 먹이를 찾는다. 이들은 분수공 아래에 이마 부분에 있는 '멜론'이라는 기름 주머니를 이용해 초음파를 발사하고 되돌아온 반향을 아래턱의 기름관을 통해 내이로 전달한다. 청각 정보를 처리하기 위해 이와 관련된 뇌 부분이 크게 확장되어 있으며 후각과 관련된 부분은 후각에 더 많이 의존하는 다른 포유류들에 비해 줄어들어 있다.

그러나 돌고래는 단지 입수한 신호의 해석을 위해서 뇌를 사용하는 것은 아니다. 인지 기능을 담당하는 뇌조직의 주름진 표면, 즉 신피질이 특히 잘 발달해서 기억을 저장하거나 합리적인 판단을 하거나 새로운 행동을 개발하기도 한다. 돌고래 무리는 자유롭게 의사소통을 할 수 있어서 물고기를 잡기 쉽도록 가깝게 헤엄쳐서 몰이 사냥을 하는 식으로 협동하기도 한다.

**협동하는 두뇌**
긴부리참돌고래(*Delphinus capensis*)은 대륙붕 위의 바다를 헤엄치며, 이 사진의 돌고래 무리는 정어리 떼를 공 모양으로 몰고 있다. 참돌고래 속에 속하는 다른 종인 짧은부리참돌고래(*D. delphis*)는 좀 더 먼 연안에 산다.

**위장색**
19세기에 그려진 이 삽화는 고래목에서 가장 밝은 색을 가진 참돌고래의 무늬를 묘사한 것으로, 몸의 윤곽을 알아보기 어렵게 만들어서 자신보다 큰 포식자를 피하는 데 도움이 된다.

# 입과 턱

**입.** 동물이 먹이를 먹고 소리를 내는 구멍.

**턱.** 동물이 물고 씹을 수 있도록 입의 형태를 잡아주고 먹이를 다루는 데 사용되는 여닫이 구조물.

### 부리 여과

먹이 농도가 꾸준히 높게 유지되는 환경에서는 여과 섭식이 유용하다. 플라밍고는 알칼리성 호수 서식지에 사는 작은 동물과 조류를 먹는다. 아메리칸 플라밍고(*Phoenicopterus ruber*)의 부리는 1.5~6밀리미터 크기의 유기체를 여과할 수 있다.

### 플라밍고 필터 펌프

플라밍고는 혀로 펌핑해 먹이를 먹는다. 혀를 뒤로 당기면 살짝 벌려진 부리의 좁은 틈으로 조류와 작은 동물이 가득한 물이 들어온다. 혀를 앞으로 밀어 남은 물을 뱉는다.

아래턱에 빗살 모양의 작은 판들이 있어서 먹이를 거른다.

혀에는 뒤쪽을 향해 돋아난 가시가 있어서 먹이를 뒤로 이동시킨다.

근육질의 혀로 물과 큰 입자들을 부리 밖으로 밀어낸다.

위턱의 휘어진 잎 모양의 가시로 큰 입자들을 걸러낸다.

부리의 단면도

# 여과 섭식

많은 동물들이 물속에 떠 있는 작은 먹이 입자들을 먹으며, 먹이를 수집하기 위해 효율적인 기법을 진화시켜 왔다. 작은 무척추동물들은 점액으로 먹이를 잡지만, 크고 힘센 동물들은 먹이가 풍부한 물을 고운 체 형태의 필터로 먹이를 거른다. 이러한 방식을 여과 섭식이라고 하는데, 대왕고래나 고래상어와 같은 큰 동물들뿐만 아니라 고등어와 섭금류 플라밍고와 같이 작은 동물들도 여과 섭식을 한다.

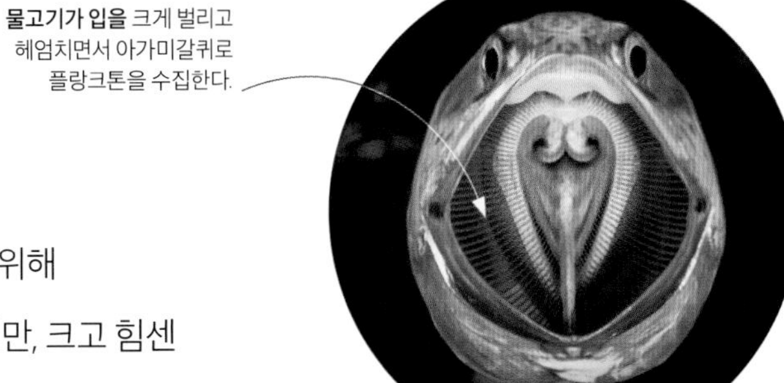


**바다에서의 여과 섭식**
줄무늬고등어(*Rastrelliger kanagurta*)를 비롯한 많은 바닷고기들은 헤엄칠 때 물에서 플랑크톤을 걸러내는 아가미의 골질 구조물인 아가미갈퀴를 가지고 있다.

*Spirobranchus giganteus*

# 크리스마스트리 웜

'숲'의 축소판 형태로 나무를 닮은 이 동물은 산호초에 살면서 산호를 보호해 준다. 크리스마스트리 웜(*Spirobranchus giganteus*)은 식물처럼 생겼지만 이들의 나선형 깃털은 사실 변형된 아가미인 촉수로서, 먹이를 먹고 숨을 쉬는 기관이다.

이 특이한 생명체는 방란 방식으로 생성된 배아의 형태로 태어난다. 암수가 동시에 정자와 난자를 물에 방사해 수정이 이루어지면 자유롭게 떠다니는 유생이 된다. 몇 시간~몇 주가 지나면 단단한 산호 위에 정착하고 변태를 거쳐 점액질 관 속에 사는 형태로 바뀌는데, 이 관으로부터 카보네이트 관을 만들어 약 30년간 살게 된다.

어린 벌레는 칼슘이 풍부한 입자를 소화시킨 후 특수한 분비샘에서 탄산칼슘의 형태로 분비해 산호의 단단한 바깥쪽 뼈대에 닿는 20센티미터가량의 관을 만든다. 크리스마스트리 웜에서 보이는 부분은 2개의 나선형 '나무' 형태의 전구엽뿐이고 나머지 부분은 관 속에 남아 있다. 위험을 느끼면 나무 부분도 관 속으로 숨는다(아래 박스 참조).

각각의 크리스마스트리 웜의 나선은 5~12개의 가시바퀴라고 불리는 촉수로 둘러싸인 소용돌이 모양 구조물로 구성되며, 가시바퀴는 섬유상의 깃가지로 덮여 있고 이 깃가지는 다시 현미경 크기의 섬모들로 덮여 있다. 섬모로 물을 저어서 플랑크톤을 빨아들여 먹는다.

각각의 나무 뿌리 부분에는 2개의 겹눈이 있는데, 각각 최대 1000개의 낱눈을 가지고 있다. 이 눈으로 무엇을 볼 수 있는지는 확실치 않은데, 과학자들의 실험에 따르면 포식자인 물고기가 다가오면 그림자가 지지 않아도 관 속으로 움츠린다.

### 산호초를 위한 선물

이 벌레는 촉수의 홈을 따라 떠다니는 먹이를 '나무' 뿌리 부분에 있는 입까지 운반해서 먹는다. 이 과정에서 발생한 물의 흐름은 산호가 양분을 모으거나 필요 없는 것을 버리는 데 도움이 된다.

### 헤드업

관을 만들어 정착 생활을 하는 여과 섭식자가 되기 위해서는 일반적인 환형동물의 머리와 다른 특수한 변형이 필요하다. 석회관갯지렁이과 동물의 입 주변을 둘러싸고 있는 고도로 전문화된 촉수는 몸을 보호하는 뚜껑 역할을 하는 한편, 나머지는 먹이를 모으고 기관과 호흡을 하는 아가미의 역할을 하는 깃털형 구조물로 발달했다. 크리스마스트리 벌레의 머리 끝부분, 즉 전구엽의 높이 1~2센티미터이고 폭은 3.8센티미터이며 3센티미터 길이의 몸은 관 속에서 안전하게 보호된다. 위험을 감지하면 전구엽도 관 속으로 움츠려 숨길 수 있다.

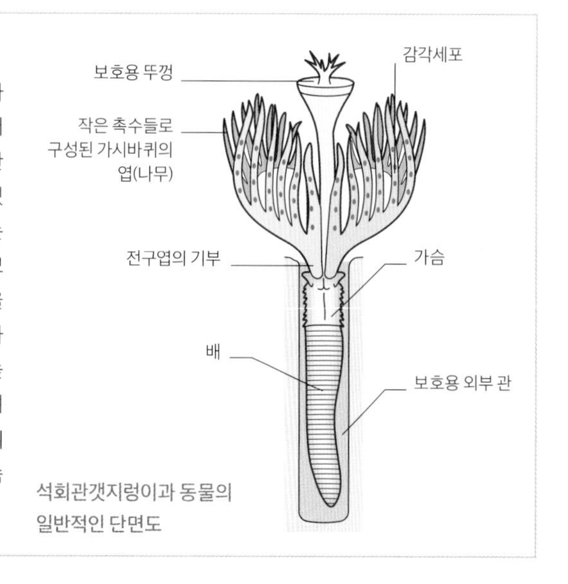


석회관갯지렁이과 동물의 일반적인 단면도

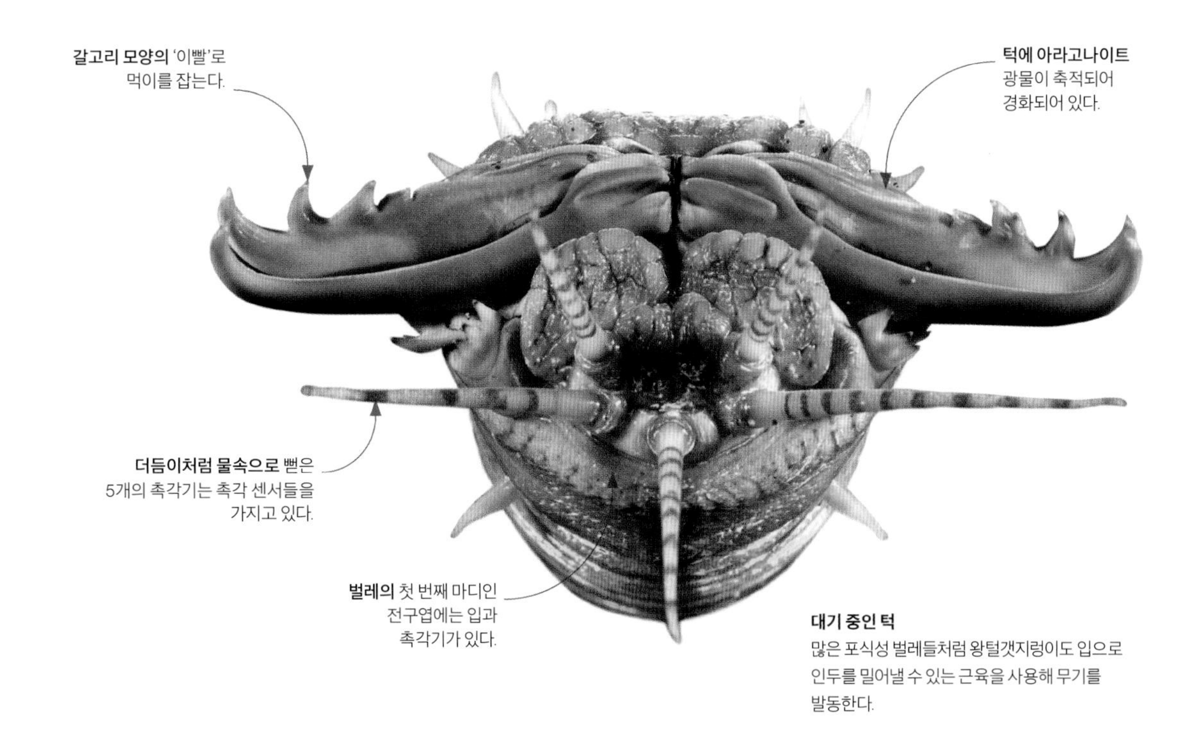


**대기 중인 턱**
많은 포식성 벌레들처럼 왕털갯지렁이도 입으로 인두를 밀어낼 수 있는 근육을 사용해 무기를 발동한다.



# 무척추동물의 턱

턱이 진화하기 이전의 동물들은 해파리와 말미잘이 지금도 그러하듯이 입의 크기에 맞는 물체를 통째로 삼켰다. 초기의 벌레들이 근육으로 턱을 움직여 먹이를 자르거나, 부수거나 다듬을 수 있게 되면서 동물들은 나뭇잎이나 살덩어리 같은 큰 고체 먹이들을 한 번에 삼킬 수 있고 소화하기 쉬운 크기로 조각낼 수 있게 되었다. 날카로운 턱은 방어용 무기나 먹이를 잡아 처치하는 도구로서도 효과적이었다. 오늘날 개미에서 대왕오징어와 포식성 벌레에 이르기까지 다양한 무척추동물들이 다양한 크기, 형태, 복잡도를 가진 턱을 사용하고 있다.

**유압구동식 턱**
왕털갯지렁이(*Eunice aphroditois*)는 몸속의 유압으로 목구멍을 밀어서 톱니가 있는 턱과 촉각기를 입 밖으로 내민다. 가까이 헤엄쳐 지나가던 물고기가 촉각기를 자극해 압력을 해방시키면 목구멍이 다시 수축하면서 턱이 닫혀 물고기를 꽉 물게 된다.

**흡혈동물의 턱**
많은 경우 턱이 닫히면 칼날이 맞물려 가위처럼 작동하지만, 거머리의 턱은 수술용 메스에 가깝다. 숙주의 피부에 빨판을 붙인 후 3개의 턱을 사용해서 피부를 Y자형으로 절개한다. 침샘에서 분비한 물질이 날카로운 칼날을 타고 상처로 들어간다. 침 속의 항응고제로 인해 피가 계속 흐르는 동안 인두(목구멍)의 강력한 근육으로 액상의 먹이를 빨아들인다.

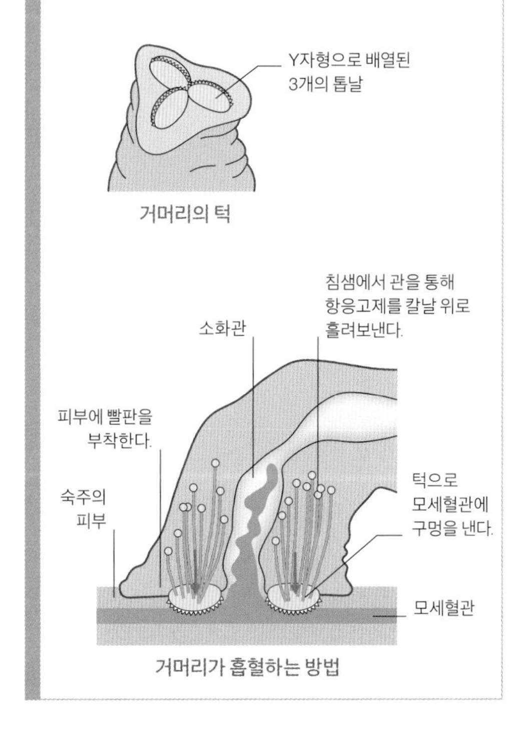


거머리의 턱

거머리가 흡혈하는 방법

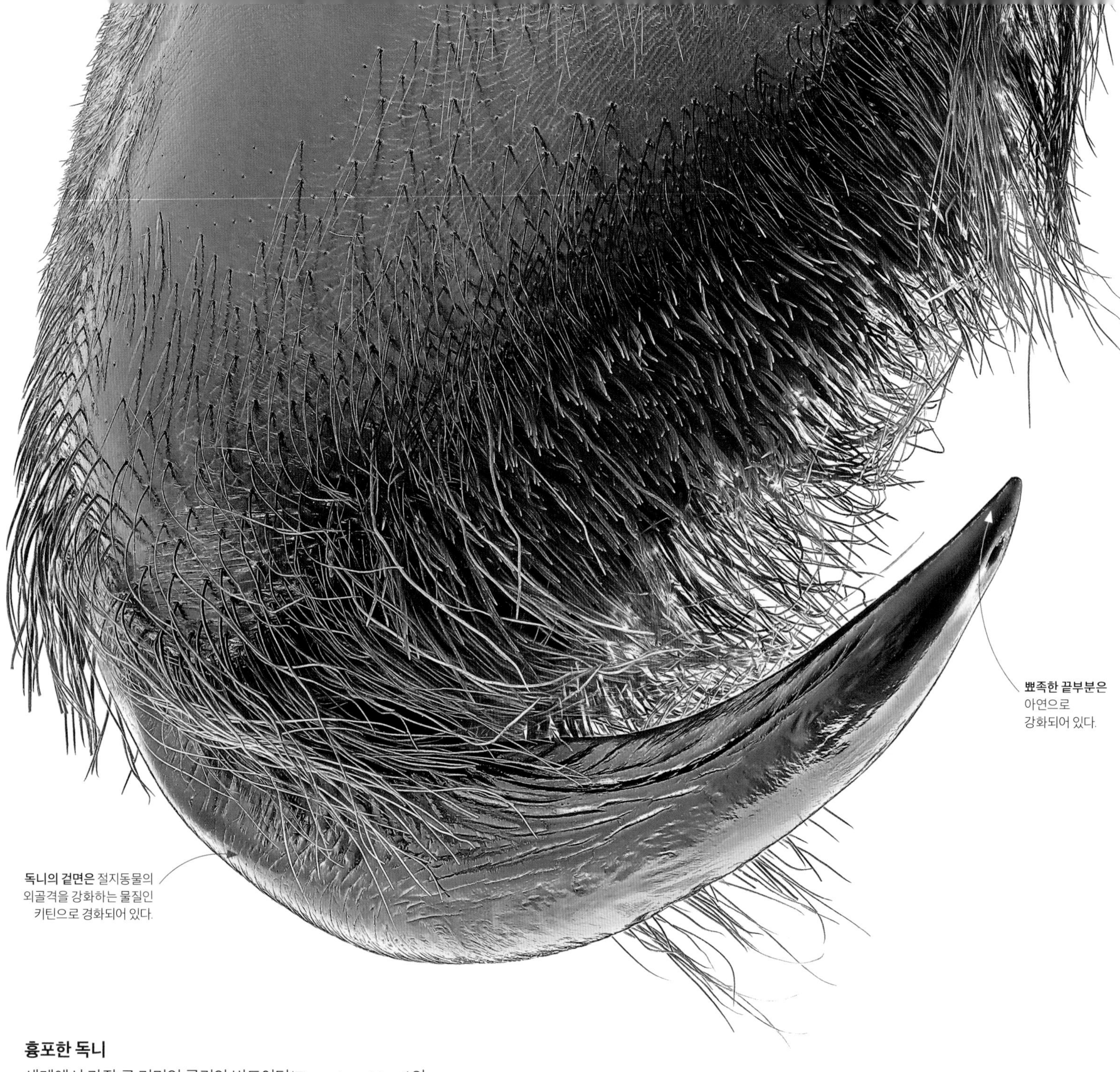


**흉포한 독니**
세계에서 가장 큰 거미인 골리앗 버드이터(*Theraphosa blondi*)의 독니는 이 그림에서 보는 바와 같이 버려진 허물에서도 위협적으로 빛난다. 안쪽으로 휘어진 독니의 작은 구멍으로 독이 나온다. 거대한 크기이지만 사람의 생명을 위협하지는 않는다.

# 독 주입하기

거미들은 거의 모든 육상 환경에 존재하는 지배적인 무척추동물 포식자이다. 거미는 수십억 종의 곤충과 몇몇 도마뱀 또는 새를 죽일 수 있다. 독이 없는 수백여 종을 제외하면 5만 가지 이상의 종의 대부분이 독니로 독을 주입해 먹이를 죽인다. 거미는 고체 먹이를 소화하지 못하기 때문에 먹이가 몸부림치지 못하도록 독으로 마비시킨 후에 몸속에 소화 효소들을 주입해 녹인다. 브라질의 블랙위도우나 오스트레일리아의 깔때기그물거미 등의 몇몇 종만이 인간의 생명을 위협하는 독을 가지고 있다.

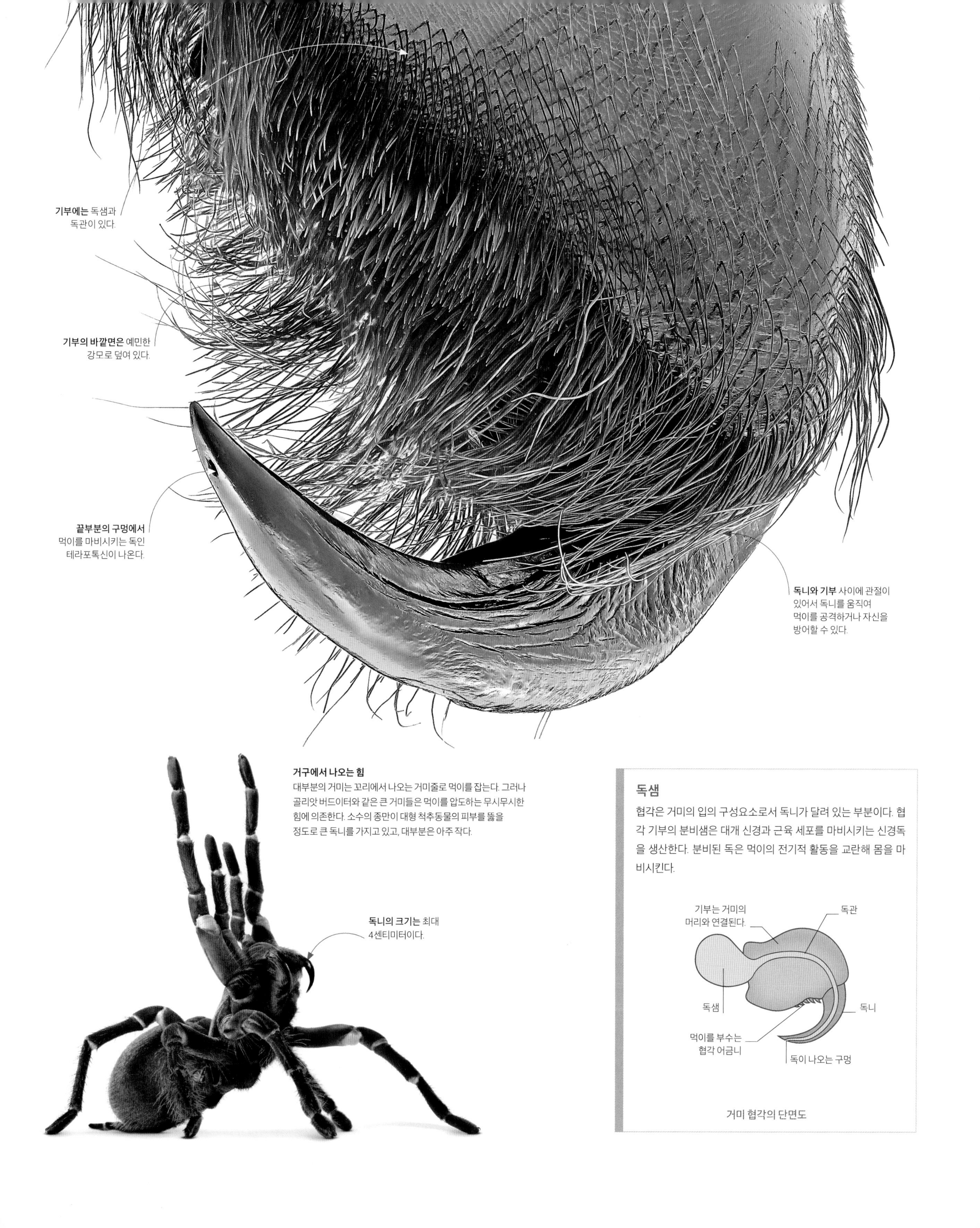


**거구에서 나오는 힘**

대부분의 거미는 꼬리에서 나오는 거미줄로 먹이를 잡는다. 그러나 골리앗 버드이터와 같은 큰 거미들은 먹이를 압도하는 무시무시한 힘에 의존한다. 소수의 종만이 대형 척추동물의 피부를 뚫을 정도로 큰 독니를 가지고 있고, 대부분은 아주 작다.

## 독샘

협각은 거미의 입의 구성요소로서 독니가 달려 있는 부분이다. 협각 기부의 분비샘은 대개 신경과 근육 세포를 마비시키는 신경독을 생산한다. 분비된 독은 먹이의 전기적 활동을 교란해 몸을 마비시킨다.



거미 협각의 단면도

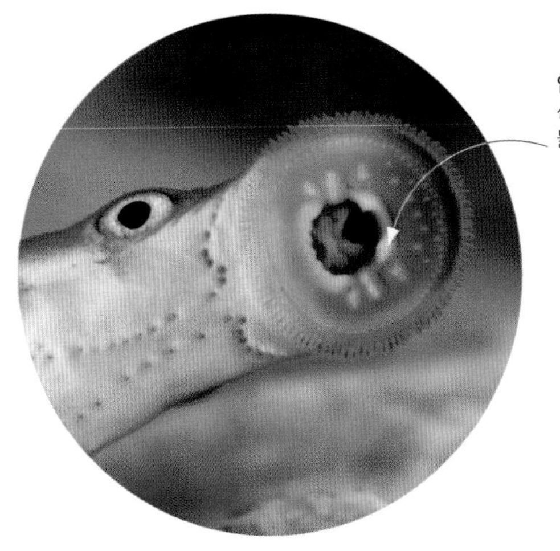


**턱이 없는 생물**
현재 살아 있는 척추동물 중에서 턱이 없는 동물은 칠성장어와 먹장어뿐이다. 유럽 다묵장어(*Lampetra planeri*)는 바위에 달라붙을 때 빨판 같은 입을 사용하며 빨판이 없는 치어일 때만 입으로 먹이를 먹는다. 다른 칠성장어들은 성체가 되면 빨판으로 다른 물고기에 달라붙어서 기생하며 숙주의 피와 살을 빨아먹는다.

**아가미 활에서 턱으로**

발생학적 연구와 화석 증거에 따르면 척추동물의 턱은 물고기의 아가미 활에서 진화했다. 아가미 활은 머리 옆의 아가미 구멍 사이에 있는 뼈로 된 버팀대이다. 맨 앞에 있는 아가미 활이 무는 턱의 위턱과 아래턱이 되었을 것으로 추정된다.

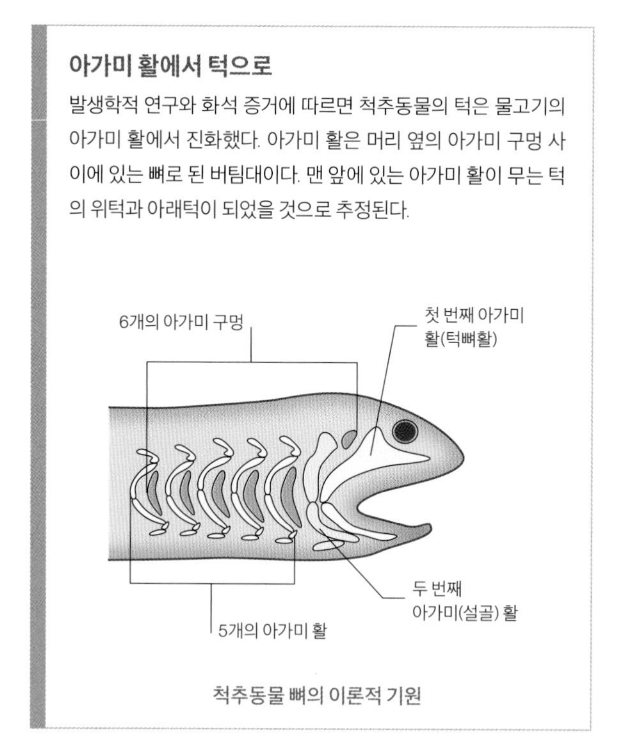


척추동물 뼈의 이론적 기원



# 척추동물의 턱

5억 년 전, 턱의 진화로 척추동물이 다양해지기 전에 선사 시대의 바다를 헤엄치던 최초의 어류는 턱이 없어서 아마 해저의 퇴적물에서 먹이를 긁어먹었을 것이다. 초기의 유악어류에서는 턱을 열었다 닫았다 해 산소가 풍부한 물을 아가미로 통과시키는 것이 턱의 최초의 역할이었을지도 모른다. 무는 기능이 있는 턱의 진화는 필연적으로 척추동물의 섭식 방식에 혁신을 가져왔다. 초식성 척추동물은 무는 턱으로 식물을 씹을 수 있게 되었고, 육식성 척추동물은 먹이를 죽일 수 있게 되었다.

**턱뼈**
다른 모든 포유류와 마찬가지로 피그미하마의 아래턱은 치골이라고 불리는 하나의 뼈에서 형성된 것이다. 포유류의 파충류 조상들의 턱 관절은 다른 뼈들로 이어져 있었지만 진화 과정에서 이 뼈들은 포유류의 청각을 향상시키는 중이의 이소골로 바뀌었다.

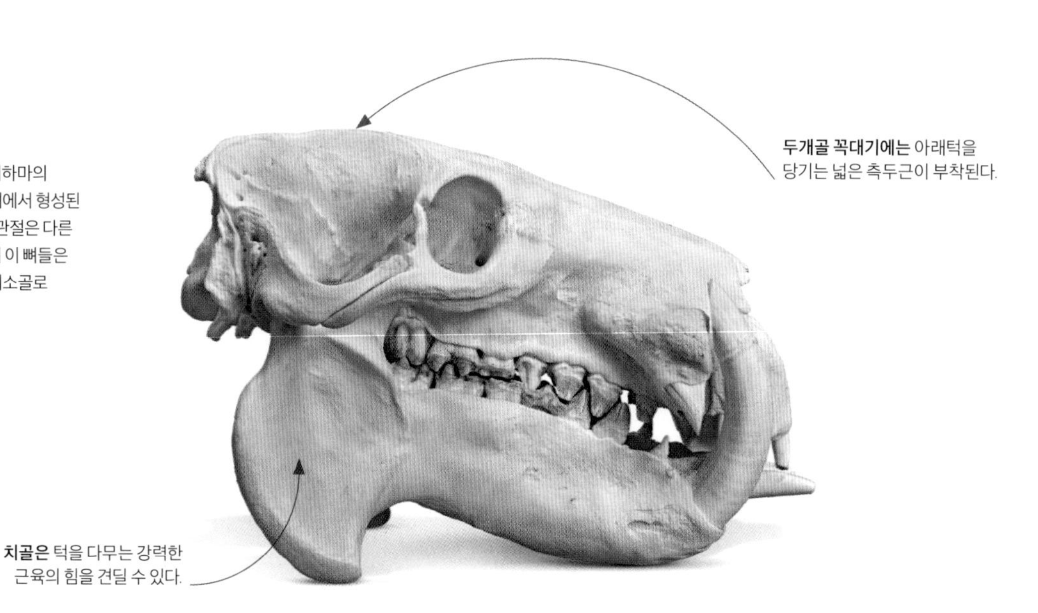

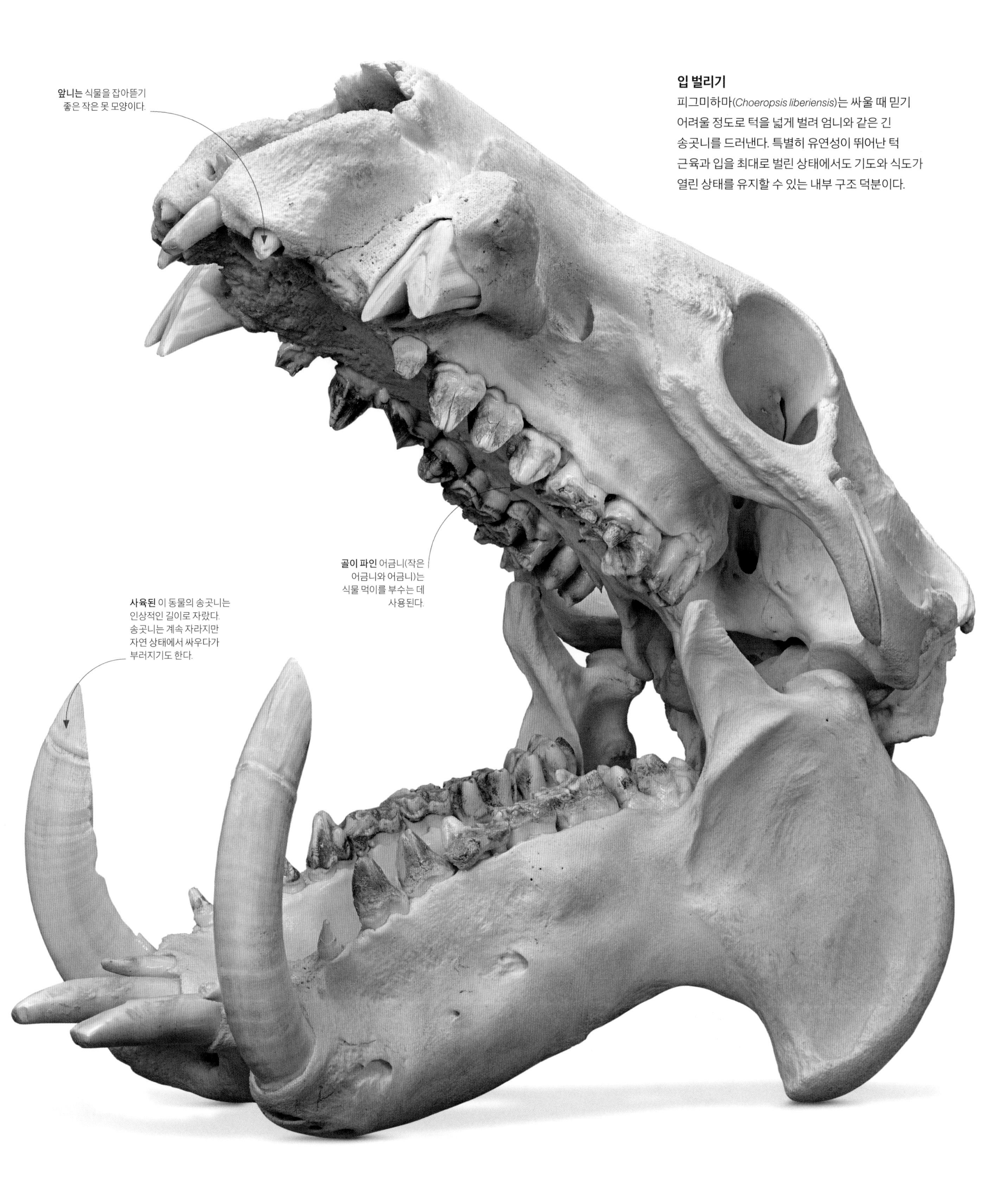


### 입 벌리기

피그미하마(*Choeropsis liberiensis*)는 싸울 때 믿기 어려울 정도로 턱을 넓게 벌려 엄니와 같은 긴 송곳니를 드러낸다. 특별히 유연성이 뛰어난 턱 근육과 입을 최대로 벌린 상태에서도 기도와 식도가 열린 상태를 유지할 수 있는 내부 구조 덕분이다.

**독특한 큰** 눈은 다른
섭금류보다 앞을 향하고
있어 먼 거리도 볼 수 있다.
**윗부리는** 중앙의 용골 돌기로
강화되어 있다.
**강인한 목근육으로** 거대한
부리, 특히 무거운 먹이를
운반할 때 무게를 지탱한다.
**넓은 칼날로** 큰 먹이의
머리를 자를 수 있다.
**부리 끝의** 갈고리로
꿈틀거리는 물고기를
꿰어 잡는다.

**무시무시한 광경**
동아프리카의 습지에 사는 거대한 슈빌은 키가 1.2미터에 달한다. 이 새는 식물들 사이로 돌진해 거대한 부리로 75센티미터에 달하는 폐어와 같은 큰 먹이를 잡는다.

# 새의 부리

진화 과정에서 새는 파충류 조상이 가지고 있던 무시무시한 이빨을 잃어버렸다. 대신, 이들은 날카로운 무기에서 씨앗을 부수는 섬세한 도구 또는 꿀을 빠는 빨대에 이르기까지 다양한 용도를 갖는 단단한 부리를 갖게 되었다(198~199쪽 참조). 새의 턱은 아래턱과 위턱을 동시에 움직일 수 있을 정도로 유연하기 때문에 입을 크게 벌려서 먹이를 다룰 수 있다.

### 새의 부리의 구조

새의 부리의 중심 부분은 뼈로 구성되어 있으며 겉표면은 발톱과 손톱을 구성하는 조직과 같이 케라틴으로 구성된 질기고 단단한 각초로 덮여 있다. 각초에는 혈관과 신경이 분포해 있어서 촉각을 느낄 수 있다.

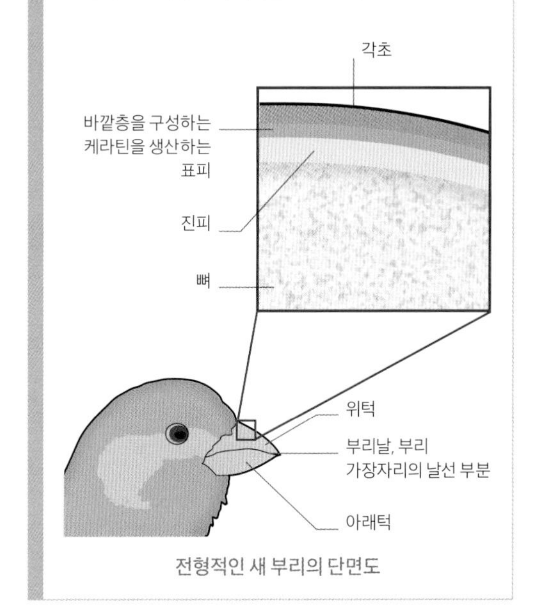


전형적인 새 부리의 단면도

### 무서운 섭금류

한때 고래머리황새로 불린 적도 있는 슈빌(*Balaeniceps rex*)은 섭금류이지만 DNA 분석에 따르면 펠리칸에 더 가깝다. 주머니는 없지만 펠리칸의 부리처럼 윗부리가 구부러져 있고 용골 돌기가 있다.

# 조류의 부리 형태

새의 부리는 서식지에 풍부한 먹이의 종류에 따라 다르게 진화해 무엇을 어떻게 먹는지에 따라 다양한 부리 형태를 가지고 있다. 많은 조류가 계절에 따라 동물성과 식물성 먹이를 모두 먹는 잡식성이지만, 대부분은 씨앗, 꿀 또는 무척추동물 등의 특정한 먹이에 따라 전문화되어 있다.

## 과일, 씨앗, 견과류를 먹는 새

**큰부리밀화부리**
(*Eophona personata*)

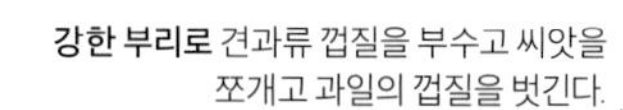

**유리마코앵무**
(*Ara ararauna*)

**목주머니 코뿔새**
(*Rhyticeros undulatus*)

## 꿀을 마시는 새

**노랑장식꿀빨이새**
(*Lichenostomus melanops*)

**검은목태양조**
(*Aethopyga saturata*)

**보라관요정벌새**
(*Thalurania colombica colombica*)

## 진흙이나 흙을 뒤지는 새

**아메리카장다리물떼새**
(*Recurvirostra americana*)

**갈색 키위**
(*Apteryx mantelli*)

**붉은따오기**
(*Eudocimus ruber*)

**먹이에 맞는 부리**

새 부리의 형태와 크기는 그 새의 주식을 알 수 있는 좋은 실마리이다. 예를 들어 핀치의 부리처럼 짧고 굵은 원뿔형의 부리는 씨앗을 먹는 것을 의미하고, 독수리나 다른 맹금류와 같은 육식성의 새의 부리는 보통 휘어지고 끝이 날카로워서 살코기를 먹기 쉬운 크기로 찢을 수 있다.

## 살코기를 찢어서 삼키는 새

참수리
(*Haliaeetus pelagicus*)

왕대머리수리
(*Sarcoramphus papa*)

아프리카대머리황새
(*Leptoptilos crumeniferus*)

## 곤충을 잡는 새

유럽쏙독새
(*Caprimulgus europaeus*)

유럽울새
(*Erithacus rubecula*)

초록벌잡이새
(*Merops orientalis*)

## 물고기를 낚는 새

분홍사다새
(*Pelecanus onocrotalus*)

**화려한 색의** 부리로 한 번에 여러 마리의 작은 물고기를 잡는다.

아틀란틱 퍼핀
(*Fratercula arctica*)

큰물총새
(*Megaceryle maxima*)

No. 14.
PLATE LXVI.
Drawn from Nature and Published by John J. Audubon F.R.S.F.L.S.
Ivory-billed Woodpecker, PICUS PRINCIPALIS. Linn. Male 1 Female, 2,3.
Engraved, Printed & Coloured by R. Havell.

**다윈 딱새**
굴드는 다윈이 항해에서 가져온 표본들을 가지고 대대적인 작업을 했다. 갈라파고스 군도에서 온 노란색과 회색의 암컷 다윈 딱새(*Pyrocephalus nanus*)를 그린 이 삽화는 『HMS 비글 호 항해의 동물학 보고서』(1838년)에 수록된 것이다.

명화 속 동물들

# 조류학자의 예술

19세기 박물학자들을 가장 애태웠던 도전 과제 중 하나는 전 세계의 새들의 수, 화려함, 다양한 형태, 소리, 그리고 나는 모습이었다. 당시는 새의 기록, 스케치, 분류, 조류학적 예술의 상징적인 작품들을 생산해 내는 새로운 인쇄 기법의 시대였다.

열성적인 박물학자들이 세계를 여행하며 얻은 자연사학적 발견물들과 새 표본들 중 다수는 분류학자이자 조류학자였던 굴드의 수중에 들어갔다. 런던 동물학회의 초대 큐레이터이자 후원자였던 굴드는 세계 최고의 조류학 서적들을 출판했다. 석회석판에 그림을 그려서 인쇄하는 새로운 인쇄 기법인 석판 인쇄법의 발달로 손으로 그린 생생한 컬러 인쇄물을 제작할 수 있었다. 굴드는 그의 주요 저서인 『유럽의 새들』(1832~1833년)을 위해 유럽에 가서 새들의 목록을 만들고 스케치했으며, 그 후 화가인 그의 아내 엘리자베스와 함께 2년에 걸쳐 타스마니아와 오스트레일리아를 탐방하고 328개의 신종을 포함해 오스트레일리아의 새들에 관한 7권짜리 책을 저술했다.

이 책의 새들은 마치 살아 있는 것처럼 생생했는데, 이 새들의 대부분은 죽어서 해부, 박제된 후에 그려졌다. 미국의 박물학자이자 사냥꾼이었던 존 제임스 오듀본(John James Audubon, 1785~1851년)은 황홀하리만큼 사실적인 이미지를 만들어 내기 위해 서식지를 배경으로 갓 죽은 시체를 철사로 고정하기도 했다. 미국의 과학자들로부터 지탄을 받게 되자 그는 미국의 모든 새들에 관한 기념비적인 동판화 제작을 위해 영국의 귀족이나 대학 도서관으로부터 후원금을 모집했다. 『미국의 새들』 200권을 완성하는 데 거의 12년이라는 시간과 미화 11만 5000달러의 자금이 소요되었다.

**사랑앵무**
영국의 조류학자 굴드는 그의 대표작인 『오스트레일리아의 새들』(1840~1848년)에 수록하기 위해 최고로 섬세하고 아름다운 색상의 석판화 600점을 제작했다. 1840년에 굴드가 처음으로 사랑앵무를 영국에 가져오자 애완용으로 많은 인기를 끌게 되었다.

**흰부리딱따구리**
오듀본은 미국의 모든 새를 실물 크기로 묘사하고자 100×67센티미터 크기의 더블엘리펀트지를 사용했다. 흰부리딱따구리는 현재 멸종된 것으로 알려져 있으나, 『미국의 새들』(1827~1838년)의 435개의 기념비적인 판화들 중 하나로 남아 있다.

> "나는 단 하루도 새들의 노래를 듣거나, 독특한 습관을 관찰하거나, 최대한 자세하게 기술하는 것을 포기할 수 없다."

**존 제임스 오듀본, 『오듀본 전기』, 1899년**

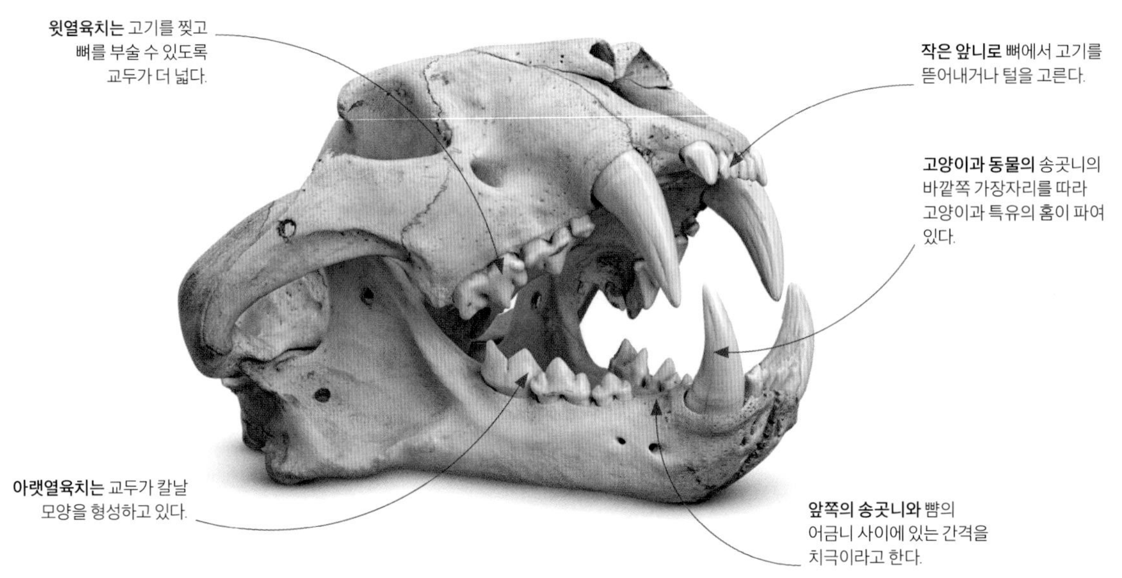


**호랑이의 두개골**
다른 육식동물과 마찬가지로, 호랑이(*Panthera tigris*)의 무시무시하게 강한 턱에는 열육치라고 불리는, 가위처럼 맞물려 고기를 자르는 깊이 뿌리 내린 어금니가 있다. 피부를 뚫는 긴 송곳니로 저항하는 먹이를 꽉 문다.



# 육식동물의 이빨

해파리, 길앞잡이 또는 악어와 같이 고기를 먹는 동물을 육식동물이라고 부르지만, 고기를 먹는 식생활에 가장 인상적으로 적응된 형태는 포유류의 식육목에서 나타난다. 고양이, 개, 족제비, 곰과 같은 소위 식육류는 찌르고, 죽이고 토막 낼 수 있는 이빨이 장착된 강력한 무는 턱에 의존한다. 다른 대부분의 포유류와 마찬가지로 변형된 이빨로 먹이를 씹으면서 동시에 입으로 다른 일도 할 수 있다.

## 분화된 이빨

대부분의 어류, 양서류, 파충류에서 이빨의 형태는 비슷하다. 악어의 이빨은 균일하게 원뿔 모양이다. 이렇게 이빨의 형태가 일정한 것을 동치형 치열이라고 한다. 반대로 포유류는 분화된 이형치를 가지고 있어서 각각 다른 방식으로 먹이를 처리한다. 대개 앞니는 끌 모양으로 갉거나 자르는 역할을 하고, 앞니 뒤에 있는 원뿔형의 송곳니는 찌르는 역할을 하며, 뒤에 있는 골이 파인 모양의 어금니(작은 어금니와 어금니)는 먹이를 부수거나 가는 역할을 한다.

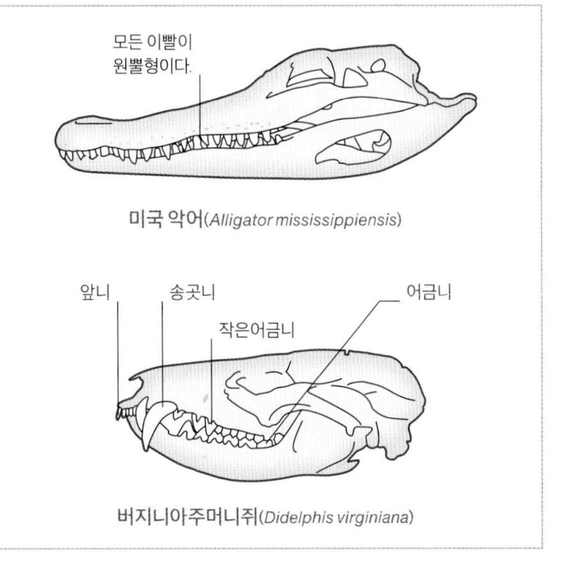


미국 악어(*Alligator mississippiensis*)

버지니아주머니쥐(*Didelphis virginiana*)

**육식동물의 이빨**
여전히 무섭기는 하지만, 치타(*Acinonyx jubatus*)의 이빨은 다른 고양이과 동물의 이빨보다 비율상 작다. 송곳니 뿌리가 작아서 비강에 여유 공간이 있기 때문에 고속 추격 후에 먹이를 문 채 코로 가쁘게 숨을 쉰다. 먹이의 목을 조여 질식시키는 단검 모양의 송곳니는 육식동물의 것임이 틀림없다.

**판다에 관한 오해**
대왕판다는 1860년대에 검은색과 흰색의 모피가 서양에 전해지기 전까지 아시아 이외의 지역에 알려져 있지 않았다. 그때까지도 판다가 덩치 큰 너구리의 일종이라고 믿는 학자가 있었다.

*Ailuropoda melanoleuca*

# 대왕판다

둥근 얼굴에 주로 초식을 하며 검은색과 흰색의 털을 가진 대왕판다(*Ailuropoda melanoleuca*)는 얼핏 보기에는 곰이라기보다는 큰 너구리처럼 보인다. DNA 검사에 따르면 이 포유류 동물은 확실히 곰과에 속하며 판다의 해부학적 구조와 식성은 끊임없이 과학자들의 흥미를 끌고 있다.

대왕판다는 세계에서 가장 취약한 종 중의 하나로 야생에는 1500~2000개체가 남아 있는 것으로 추정된다. 성체는 키가 1.2~1.8미터까지 자라고 무게는 최대 136킬로그램이 나간다. 천천히 움직이지만 수영을 하거나 물속을 걸을 수 있고, 민첩하게 나무를 타기도 하며, 가짜 엄지라고 불리는 확장된 손목뼈로 대나무를 꽉 잡을 수 있다. 5~6년째에 성체가 되는 데 평상시에는 단독 생활을 하는 수컷과 암컷이 3월에서 5월 사이의 번식기에 수일 내지 수주 동안 함께 지낸다. 3~6개월 후 새끼가 태어나면 최대 2년 동안 어미 곁에 머문다.

이 동물의 식성은 수수께끼이다. 판다는 하루에 최대 16시간에 걸쳐 9~18킬로그램의 먹이를 먹고 한참 동안 쉰다. 육식동물처럼 송곳니와 짧은 소화관을 가지고 있지만 섭취하는 먹이의 99퍼센트는 영양이 적은 대나무이고, 질긴 식물성 먹이를 분쇄할 수 있는 넓고 평평한 어금니와 초강력 턱근육을 가지고 있다. 대부분의 육식동물은 풀을 소화시킬 수 있는 장내균이 없는 반면 대왕판다는 섭취한 셀룰로스의 일부를 소화하기에 충분할 만큼 가지고 있다. 먹이에서 얻은 에너지 중에서 생존에 반드시 필요한 17~20퍼센트만 사용한다. 이들의 식성으로는 겨울에 동면을 하는 데 필요한 지방층을 만들 수 없다.

**산속에 사는 동물**
과거에는 저지대에서도 발견되었지만, 인간에게 밀려나 고지대에서만 살게 되었다. 대왕판다는 현재 중국 중부 산악 지역의 울창한 숲에서만 서식한다.

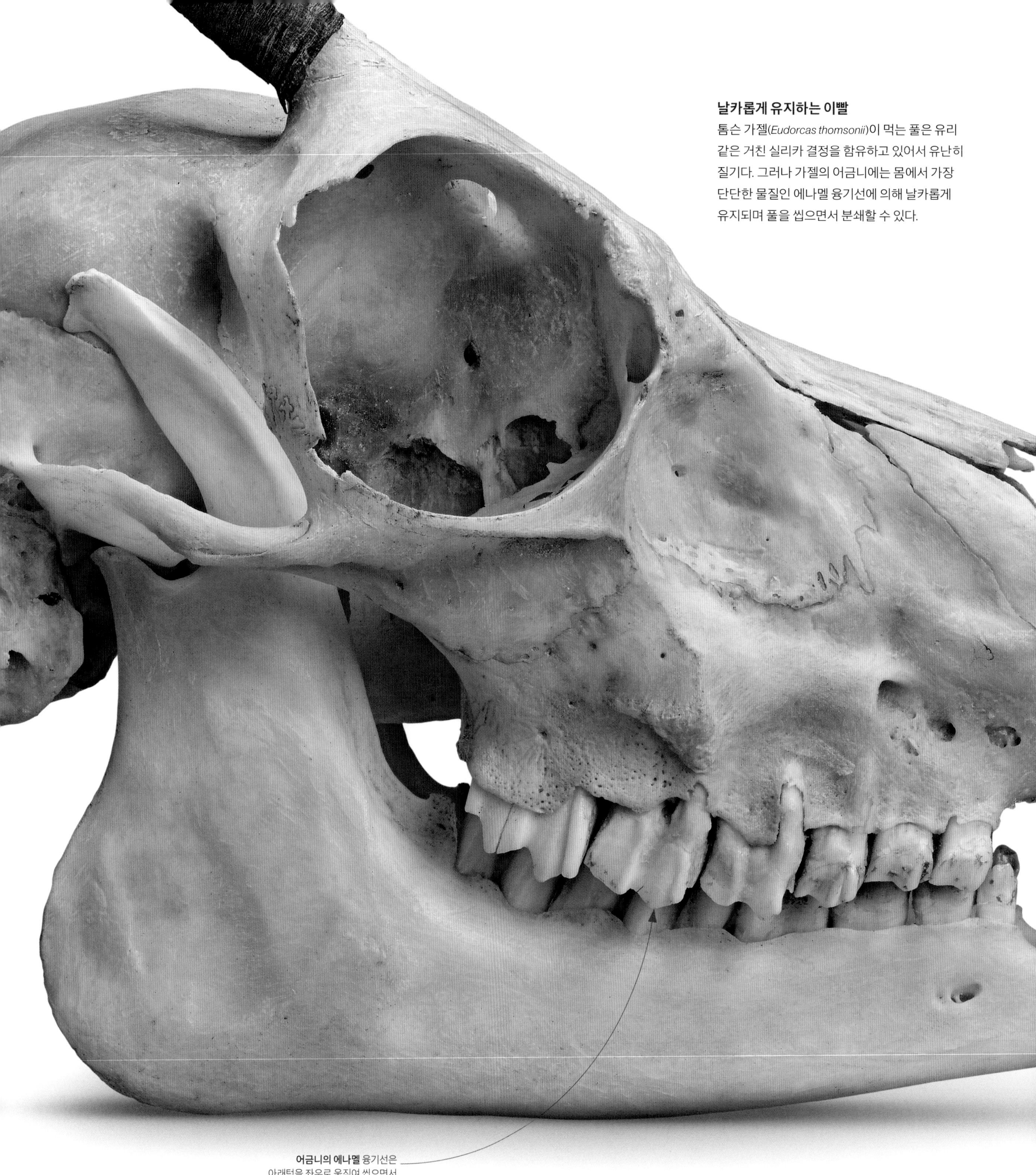

**어금니의 에나멜** 융기선은
아래턱을 좌우로 움직여 씹으면서
풀이 잘 분쇄되도록 돕는다.

### 날카롭게 유지하는 이빨

톰슨 가젤(*Eudorcas thomsonii*)이 먹는 풀은 유리 같은 거친 실리카 결정을 함유하고 있어서 유난히 질기다. 그러나 가젤의 어금니에는 몸에서 가장 단단한 물질인 에나멜 융기선에 의해 날카롭게 유지되며 풀을 씹으면서 분쇄할 수 있다.

**좁은 두개골** 덕분에 가젤이 거친 풀밭을 헤치고 맛있는 잎에 닿을 수 있다.

**풀을 뜯기 위한 두개골**
거친 풀을 먹는 다른 동물들처럼, 톰슨 가젤은 길게 배열된 어금니를 가지고 있다. 작은 관목의 부드러운 잎을 먹는 초식동물들은 좀 더 짧게 배열된 어금니를 가지고 있는 경우가 많다.

### 미생물을 활용하기

초식동물의 장내균은 식물 섬유를 당류와 지방산으로 분해하는 셀룰라제를 생산한다. 장내균은 말, 코뿔소, 토끼 등과 같은 많은 초식성 포유류에서는 장이 확장된 부분에 살지만 반추동물(소와 영양을 포함함)에서는 여러 개의 방으로 이루어진 위 속에 산다.

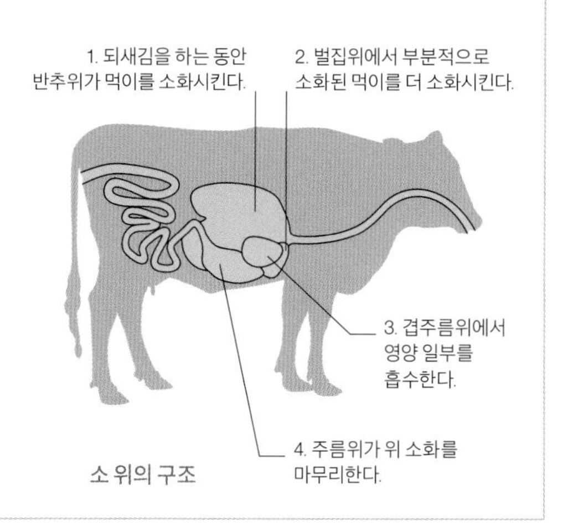


소 위의 구조

# 초식

식물에서 영양을 얻는 동물들은 한 가지 문제에 직면하게 된다. 식물은 식물 세포벽의 구성성분인 섬유질의 셀룰로스로 둘러싸여 있어서 소화하기 어렵다. 초식동물은 질긴 잎을 자르고 씹는 도구뿐만 아니라 잘 씹은 덩어리에서 영양 성분을 추출할 수단을 가지고 있어야 한다. 초식동물은 초식에 특화된 치열 뿐만 아니라 소화계 내에 살아 있는 장내균을 배양해야 한다. 이 장내균들은 식물 섬유를 소화해 신체에 동화될 수 있는 당류를 얻는 데 필요한 효소를 제공한다.

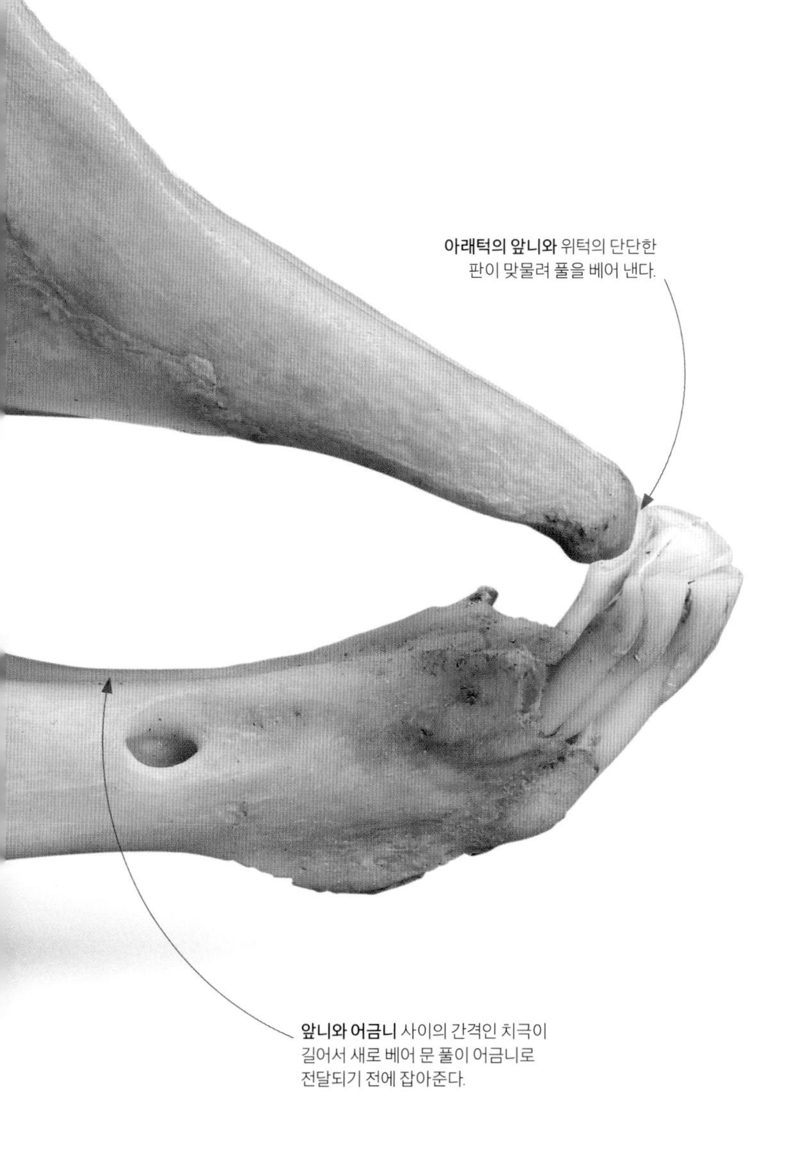

**아래턱의 앞니와** 위턱의 단단한 판이 맞물려 풀을 베어 낸다.

**앞니와 어금니** 사이의 간격인 치극이 길어서 새로 베어 문 풀이 어금니로 전달되기 전에 잡아준다.

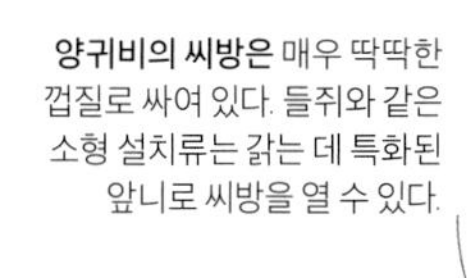

**양귀비의 씨방은** 매우 딱딱한 껍질로 싸여 있다. 들쥐와 같은 소형 설치류는 갉는 데 특화된 앞니로 씨방을 열 수 있다.

**씨앗 먹기**
어떤 초식동물들은 소화하기 쉬운 씨앗과 과일을 주로 먹는다. 씨앗에는 탄수화물, 지방, 단백질이 풍부해서 설치류처럼 대사율이 높은 소형 설치류에게 이상적인 영양이 함유되어 있다.

# 유연한 얼굴

모든 동물에서 입과 턱의 주된 기능은 먹는 것이다. 그러나 고등 영장류와 같은 포유류들은 수백 개의 미세 근육으로 움직이는 특별히 유연한 얼굴을 가지고 있어서 사회적 집단을 조직하는 데 있어서 중요한 신호를 전달할 수 있다. 시각과 시각적 과시 행동에 크게 의존하는 동물들에게 있어서 얼굴은 기분과 관심을 표현하는 수단이 되었다.

**얼굴 표정**

복잡한 사회적 집단에서 사는 침팬지는 얼굴 표정으로 기분과 감정을 표현한다. 입을 벌려 행복감을 표현하거나, 이를 드러내어 공포감을 표시하거나, 안심시켜달라는 뜻으로 입술을 내밀거나 해 다른 구성원들에게서 반응을 이끌어 낸다. 이들은 공감을 표현해 사회적 결속을 다지기도 한다.

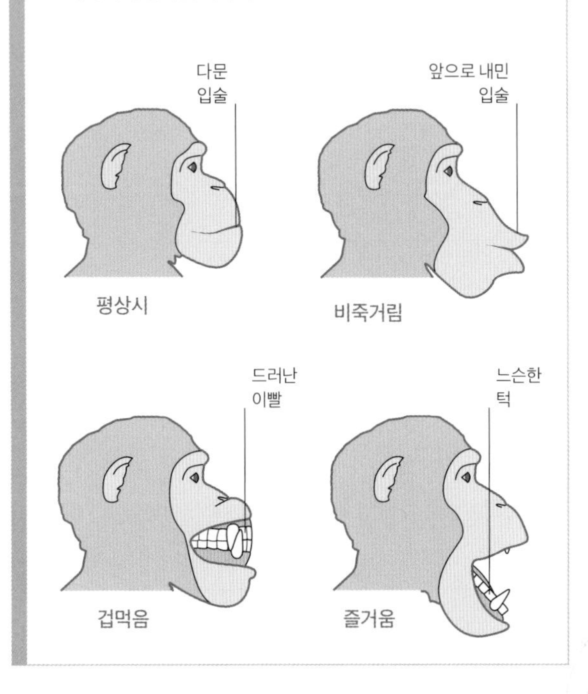


**나 좀 봐**

보르네오 오랑우탄(*Pongo pygmaeus*)은 나무에서 과일을 따서 입술로 껍질과 씨를 분리해 낸다. 오랑우탄은 아프리카 침팬지보다는 단독 생활을 하는 경우가 많지만 이들도 사회적 동물로서 얼굴 표정으로 의사소통을 한다.

**다른 대형** 유인원과 마찬가지로 얼굴에 털이 거의 없어서 얼굴 표정을 뚜렷하게 나타낼 수 있다.
**눈이 앞을** 향하고 있어서 거리를 판단하고 기분을 시각적으로 표현할 수 있다.
**이 어린** 오랑우탄은 얼굴이 핑크색이지만 나이가 들면서 색소가 침착되어 어두운 갈색이 된다.
**입술을 길게** 내밀었다가 입의 위아래 근육으로 입술을 뒤로 당기면서 '쪽쪽' 소리를 낸다.

# 다리, 팔, 촉수, 꼬리

**다리.** 이동과 지지를 위해 체중을 떠받치는 신체 부위.

**팔.** 대개 사물을 쥐는 데 사용되는 척추동물의 전지 또는 문어의 부속지.

**촉수.** 이동, 쥐기, 느끼기 또는 섭식에 사용되는 유연한 부속지.

**꼬리.** 동물의 가장 뒤에 달린 길고 유연한 부속지.

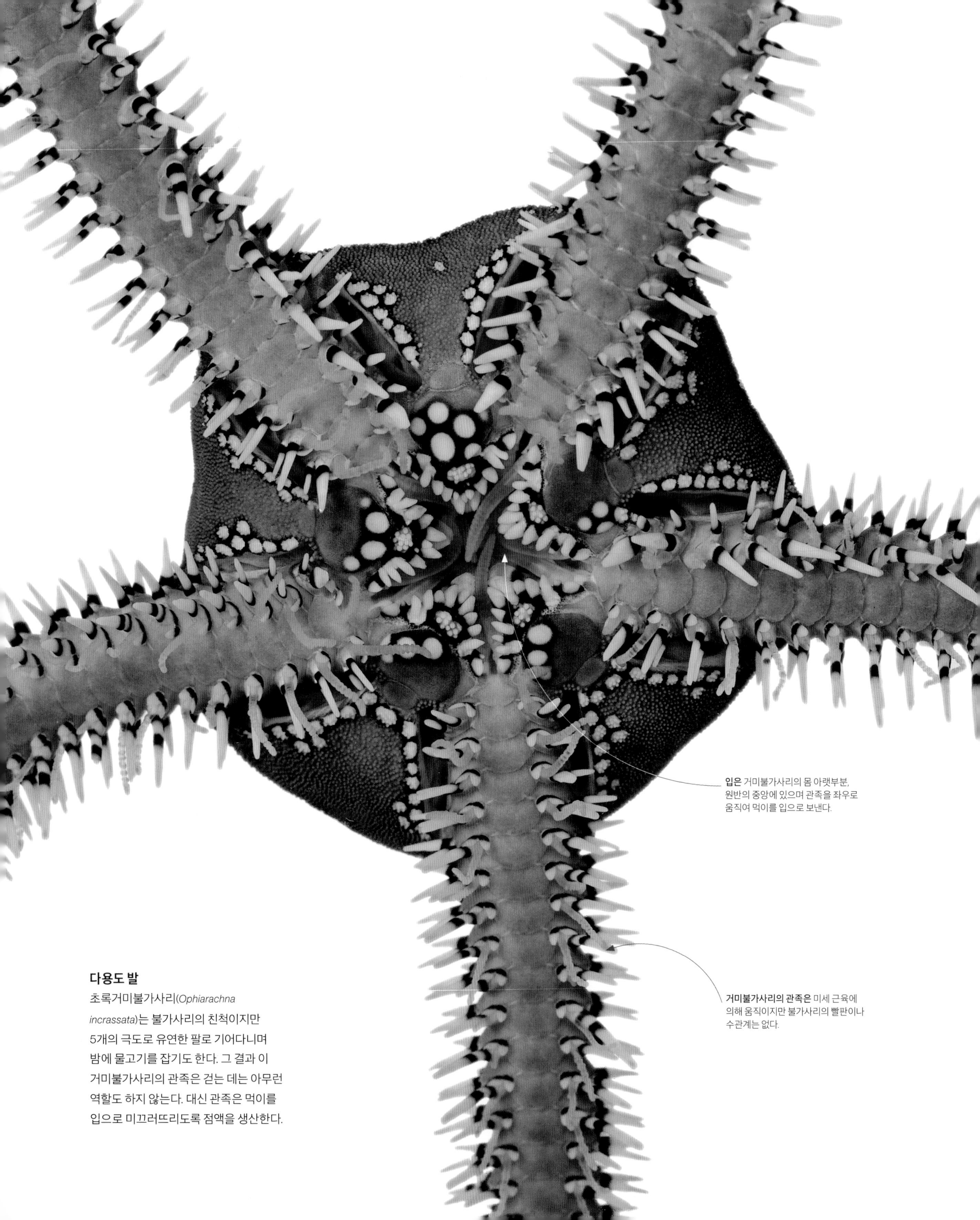

**입은** 거미불가사리의 몸 아랫부분, 원반의 중앙에 있으며 관족을 좌우로 움직여 먹이를 입으로 보낸다.

**거미불가사리의 관족은** 미세 근육에 의해 움직이지만 불가사리의 빨판이나 수관계는 없다.

### 다용도 발

초록거미불가사리(*Ophiarachna incrassata*)는 불가사리의 친척이지만 5개의 극도로 유연한 팔로 기어다니며 밤에 물고기를 잡기도 한다. 그 결과 이 거미불가사리의 관족은 걷는 데는 아무런 역할도 하지 않는다. 대신 관족은 먹이를 입으로 미끄러뜨리도록 점액을 생산한다.

# 관족

불가사리와 거미불가사리는 말미잘처럼 방사 형태를 가진 비슷한 동물이지만 말미잘이 바다밑에서 정착 생활을 하며 떠다니는 먹이를 먹는 것과 달리 이 두 동물은 움직이며 사냥을 하거나 해초를 갉아 먹을 수 있다. 불가사리는 몸 아래에 있는 수백 개의 살로 된 돌출물, 즉 관족을 조직적으로 움직여 해저를 미끄러지듯이 돌아다닌다. 반면 거미불가사리는 길고 유연한 팔을 움직여 잠재적인 먹이를 잡고 관족으로 자세히 살핀다.

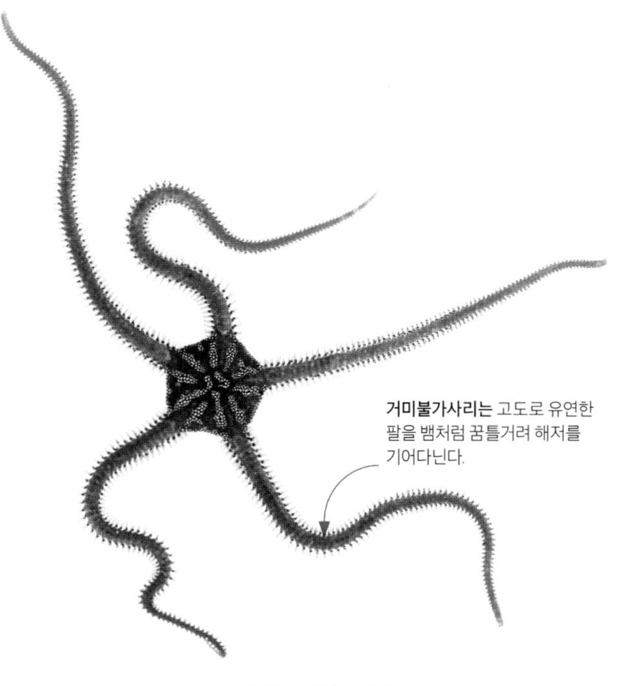

**거미불가사리는** 고도로 유연한 팔을 뱀처럼 꿈틀거려 해저를 기어다닌다.

**초록거미불가사리**
(*Ophiarachna incrassata*)

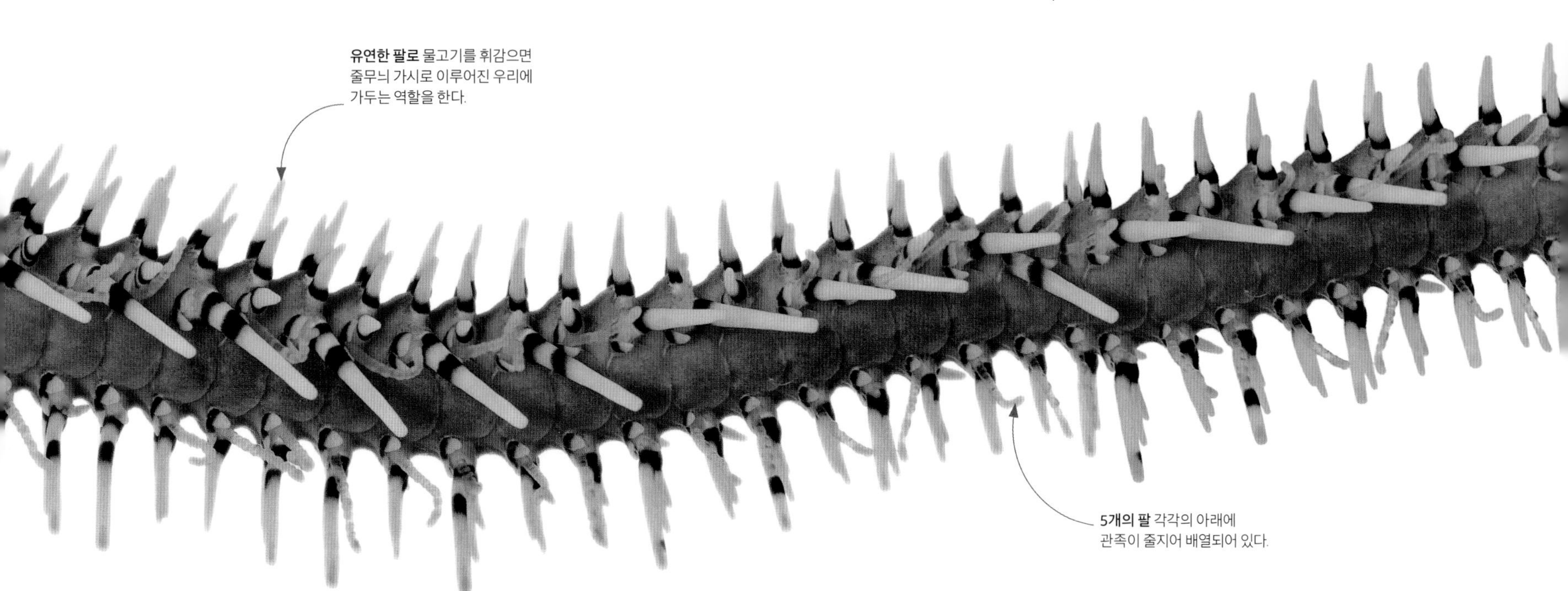

**유연한 팔로** 물고기를 휘감으면 줄무늬 가시로 이루어진 우리에 가두는 역할을 한다.

**5개의 팔** 각각의 아래에 관족이 줄지어 배열되어 있다.

## 불가사리의 수관계

불가사리에는 각각의 관족 위에 병낭이라고 불리는 바닷물 주머니가 있으며 이 동물 특유의 수관계를 구성하고 있다. 병낭 속의 근육이 수축해 바닷물이 관족으로 내려가면 관족이 늘어나면서 빨판으로 바닥에 달라붙는다. 이어서 관족의 근육이 수축하면 불가사리가 앞으로 이동하게 된다.

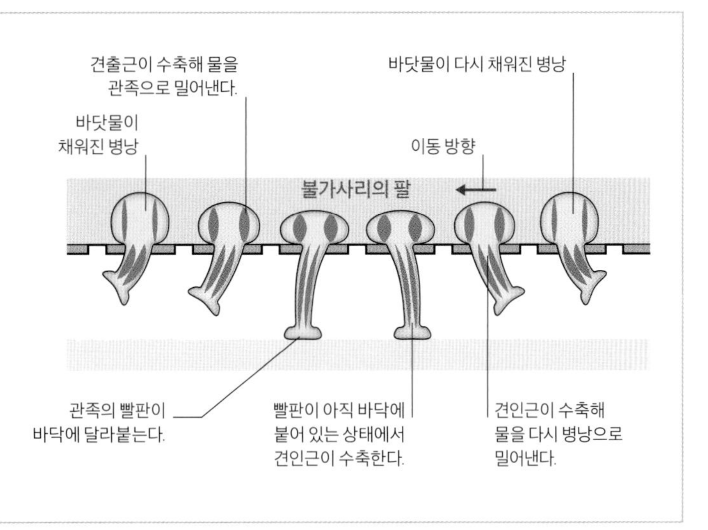

**빨판이 달린 발**
불가사리의 관족 끝에는 걸을 수 있게 도와주는 빨판이 있다. 이 빨판은 홍합 껍데기를 열 수 있을 정도로 힘이 센 것도 있다.

# 다리 관절

외골격의 진화(68~69쪽 참조)는 동물이 단단한 틀을 가질 수 있음을 의미했다. 외골격이 발달하면서 다리와 다른 부속지에 관절이 생겨났다. 그 결과 단단한 껍데기에도 불구하고 유연하게 움직일 수 있는 지점이 여러 군데 생겼다. 다리 내부의 짝을 이룬 근육들이 관절에 부착되어 있어서 부속지를 굽혔다 폈다 할 수 있다.

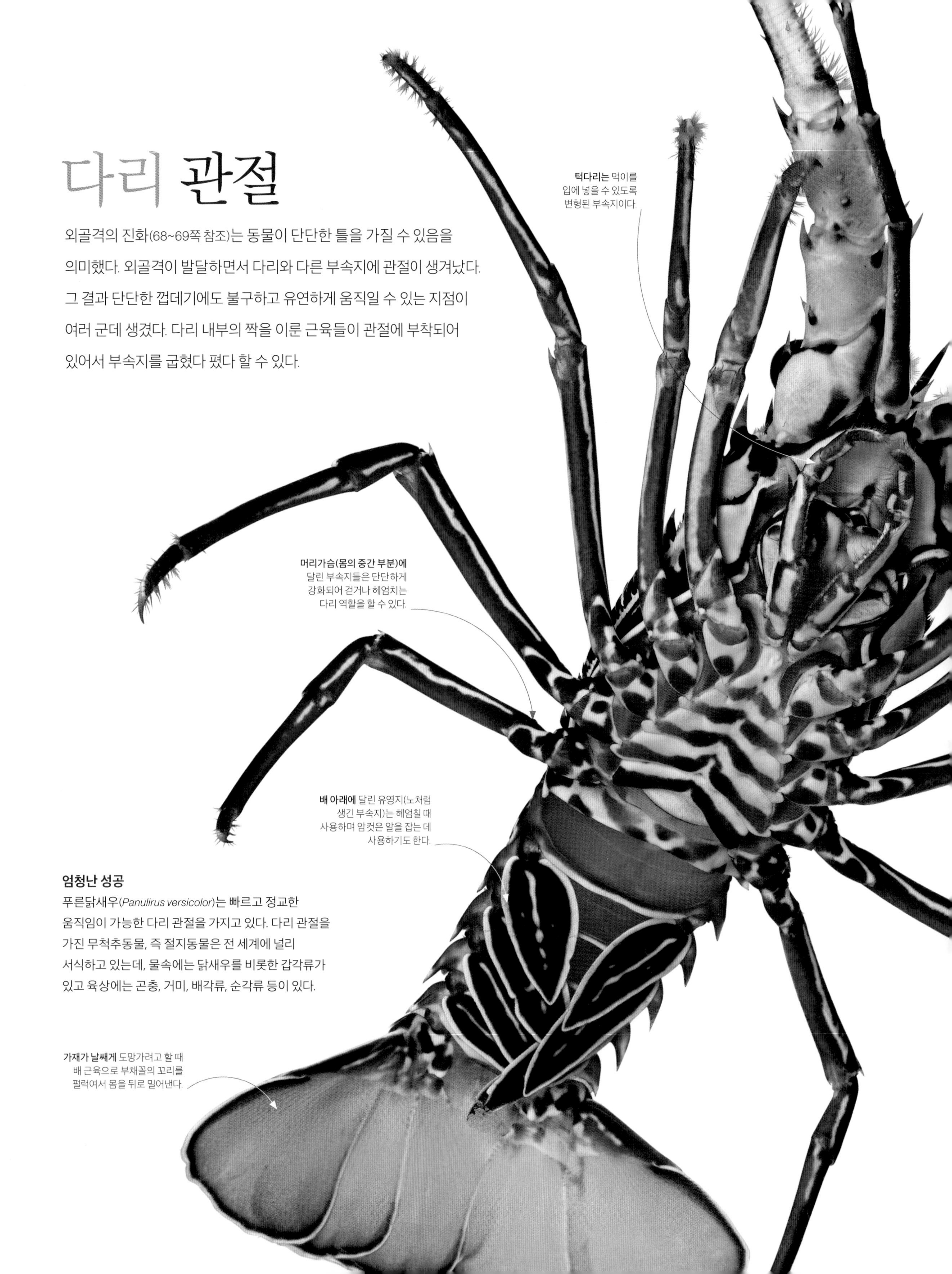


**엄청난 성공**

푸른닭새우(*Panulirus versicolor*)는 빠르고 정교한 움직임이 가능한 다리 관절을 가지고 있다. 다리 관절을 가진 무척추동물, 즉 절지동물은 전 세계에 널리 서식하고 있는데, 물속에는 닭새우를 비롯한 갑각류가 있고 육상에는 곤충, 거미, 배각류, 순각류 등이 있다.

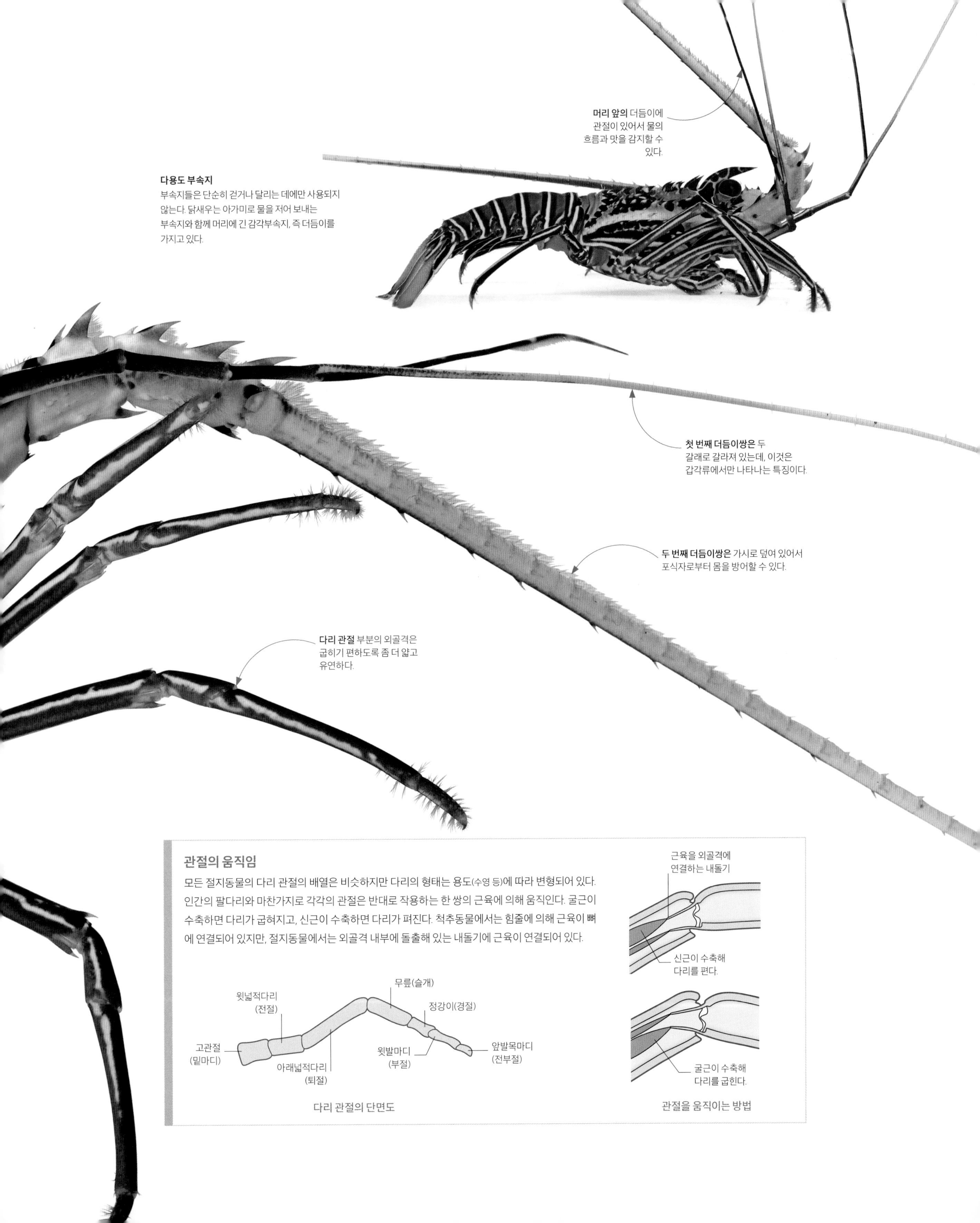

**다용도 부속지**
부속지들은 단순히 걷거나 달리는 데에만 사용되지 않는다. 닭새우는 아가미로 물을 저어 보내는 부속지와 함께 머리에 긴 감각부속지, 즉 더듬이를 가지고 있다.

**머리 앞의** 더듬이에 관절이 있어서 물의 흐름과 맛을 감지할 수 있다.

**첫 번째 더듬이쌍은** 두 갈래로 갈라져 있는데, 이것은 갑각류에서만 나타나는 특징이다.

**두 번째 더듬이쌍은** 가시로 덮여 있어서 포식자로부터 몸을 방어할 수 있다.

**다리 관절** 부분의 외골격은 굽히기 편하도록 좀 더 얇고 유연하다.

## 관절의 움직임

모든 절지동물의 다리 관절의 배열은 비슷하지만 다리의 형태는 용도(수영 등)에 따라 변형되어 있다. 인간의 팔다리와 마찬가지로 각각의 관절은 반대로 작용하는 한 쌍의 근육에 의해 움직인다. 굴근이 수축하면 다리가 굽혀지고, 신근이 수축하면 다리가 펴진다. 척추동물에서는 힘줄에 의해 근육이 뼈에 연결되어 있지만, 절지동물에서는 외골격 내부에 돌출해 있는 내돌기에 근육이 연결되어 있다.


다리 관절의 단면도


관절을 움직이는 방법

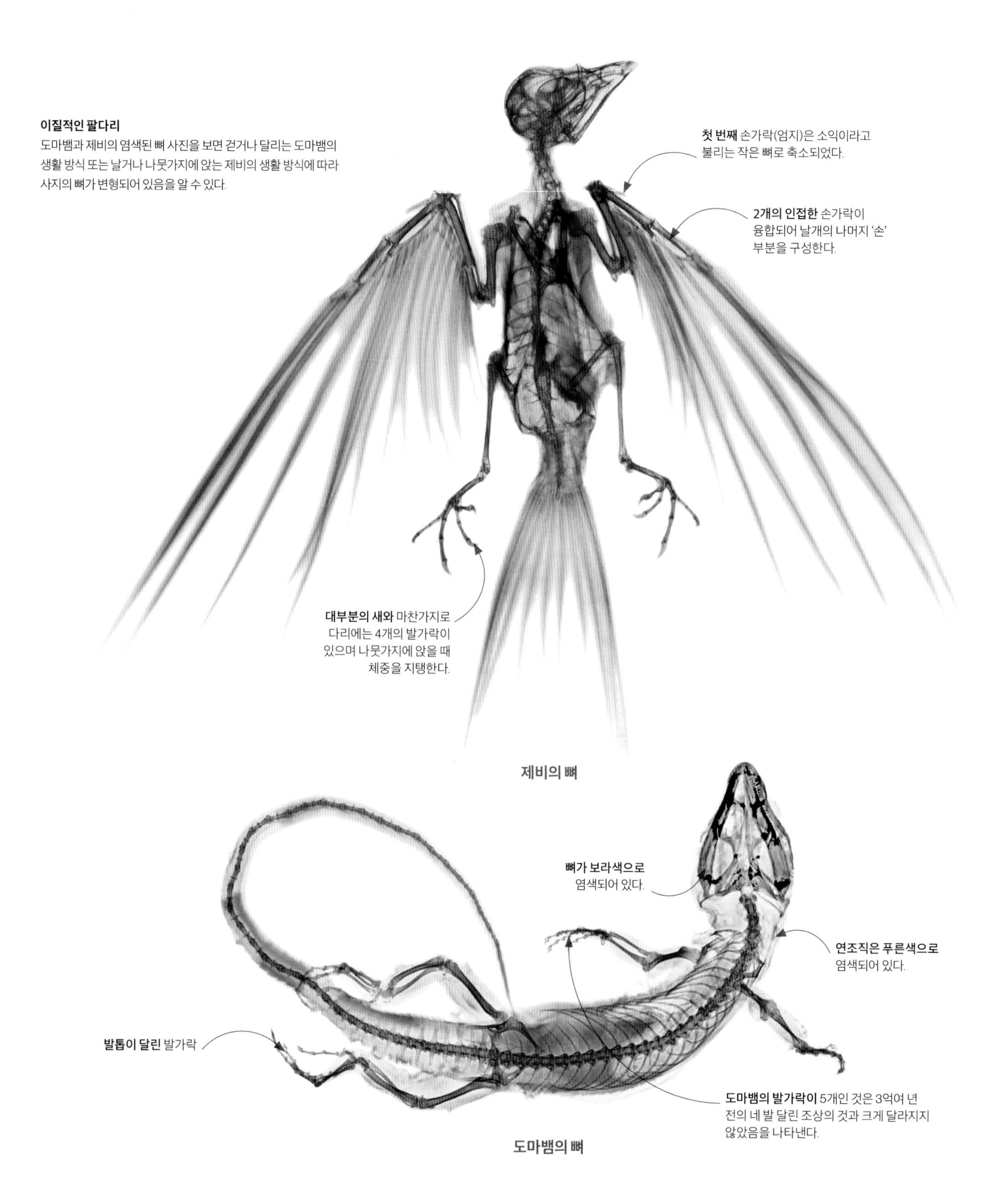


제비의 뼈

도마뱀의 뼈

# 척추동물의 팔다리

사지동물, 즉 4개의 팔다리를 가진 척추동물은 육상에서 걸을 수 있도록 변형된 살지느러미를 가진 물고기로부터 진화했다. 사지동물의 다리는 하나의 대퇴골과 2개의 평행한 하퇴골이 관절로 연결되어 있으며 그 아래에 발이 있고 발가락은 5개 이하이다. 기본적인 '5지(발가락이 5개인)' 배열로부터 날개와 지느러미발이 진화하거나 또는 뱀처럼 사지 전부가 퇴화하기도 했다.

**나는 개구리**

월리스날개구리(*Rhacophorus nigropalmatus*)의 엑스선 사진을 보면 대부분의 현생 사지 양서류의 전형적인 형태와 같이 5개의 발가락과 4개의 손가락이 있다. 길어진 손가락과 발가락 사이의 넓은 물갈퀴를 낙하산처럼 펼쳐서 높은 나뭇가지에서 뛰어내리거나 짧은 거리를 활강하기도 한다.

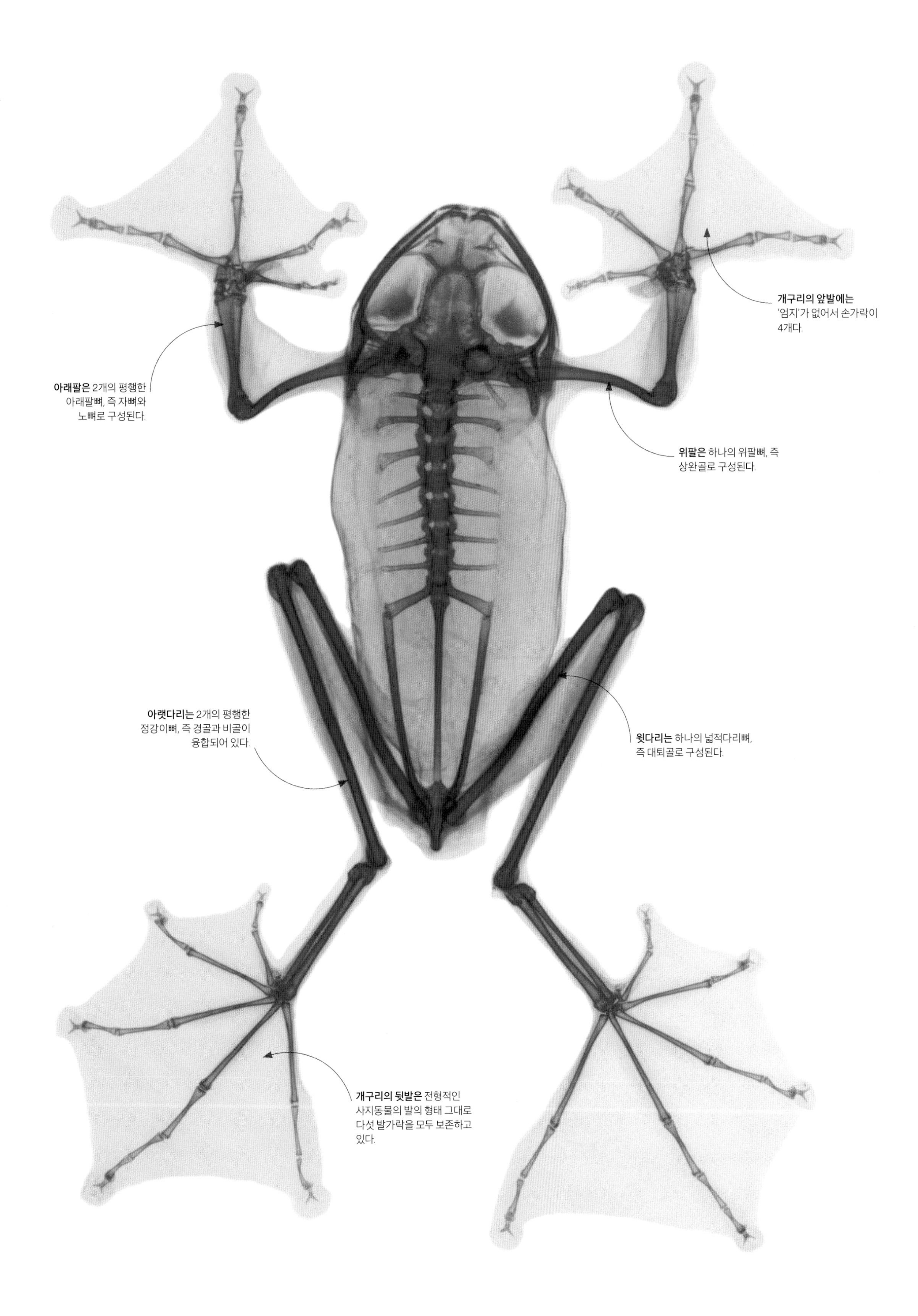
개구리의 앞발에는 '엄지'가 없어서 손가락이 4개다.
아래팔은 2개의 평행한 아래팔뼈, 즉 자뼈와 노뼈로 구성된다.
위팔은 하나의 위팔뼈, 즉 상완골로 구성된다.
아랫다리는 2개의 평행한 정강이뼈, 즉 경골과 비골이 융합되어 있다.
윗다리는 하나의 넓적다리뼈, 즉 대퇴골로 구성된다.
개구리의 뒷발은 전형적인 사지동물의 발의 형태 그대로 다섯 발가락을 모두 보존하고 있다.

**두발가락나무늘보**
다른 나무늘보류와 마찬가지로, 이 어린 호프만두발가락나무늘보(*Choloepus hoffmanni*)는 거꾸로 매달려 사는 데 도움이 되는 강한 발톱과 강인한 근육계를 가지고 태어났다.

**각각의 뒷발에는** 발톱이 달린 발가락이 3개씩 있다.

**각각의 앞발에는** 발톱이 달린 발가락이 2개씩 있으며 뒷발의 발톱보다 길이가 짧다.

# 포유류의 발톱

육상 척추동물의 손발 끝에 있는 휘어진 발톱은 털을 고르거나 물건을 집을 때 쓰기도 하고 무기로 사용되기도 한다. 모든 조류와 대부분의 파충류, 포유류가 발톱을 가지고 있으며 일부 양서류도 발톱이 있다. 발톱은 뿔과 마찬가지로 기부의 특수한 세포에서 생산되는 케라틴 단백질로 구성된다. 발톱은 중심의 혈관으로부터 영양을 공급받아 지속적으로 자라므로 적당히 닳아야 너무 길어지지 않는다.

### 내밀 수 있는 발톱

포유류 중에서는 고양이와 사향고양이 종류만이 날카로운 발톱 끝에 찔리지 않도록 발톱을 집어 넣고 있을 수 있다. 발가락 근육을 수축시켜 발을 넓게 펴면 발톱이 늘어나서(밀려나와서) 무기로 사용할 수 있다.

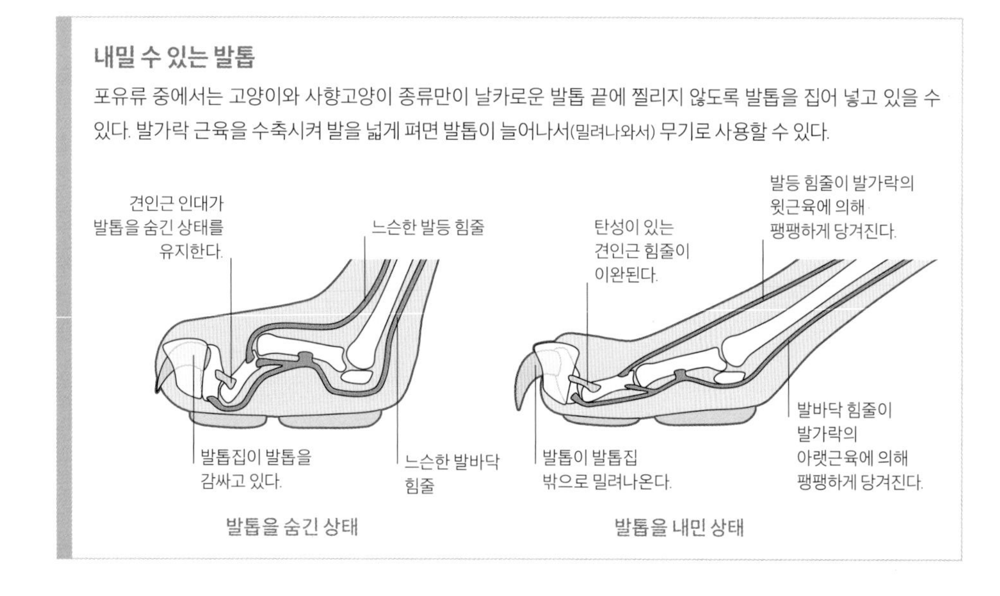

**3개의 비교적 짧은** 발톱이 달린 뒷발로 땅을 밀어서 앞으로 이동한다.

### 갈고리 모양의 발톱

중남미의 다른 나무늘보들과 마찬가지로 세발가락나무늘보(*Bradypus variegatus*)는 발가락들이 부분적으로 융합되어 있어서 나뭇가지를 쥘 수 없다. 그 대신, 나무늘보는 갈고리 같은 긴 발가락을 나뭇가지에 걸어서 몸을 끌어올려 매달린다. 땅 위에서는 발톱이 이동에 방해가 되기 때문에 아래팔로 기는 수밖에 없다.

**안전하게 매달리기**

암컷 나무늘보는 발톱을 나뭇가지에 걸고 아기와 함께 움직인다. 발톱을 나뭇가지에 걸면 최소한의 노력으로 가지에 매달려 있을 수 있다. 나무늘보가 죽은 후에도 나뭇가지에 매달린 상태가 유지될 정도로 단단하게 고정된다.

*Panthera tigris*

# 호랑이

호랑이(*Panthera tigris*)는 고양이과에서 가장 큰 동물이자 노련한 포식자로서 몸 전체가 먹이를 포획하고 죽이고 삼키기 위한 구조로 이루어져 있다. 호랑이는 대개 단독 생활을 하는 야행성 동물로서 세밀한 감각과 스피드, 타고난 힘으로 작은 돼지나 사슴에서 거대한 물소에 이르기까지 다양한 크기의 동물을 습격하거나 추적한다.

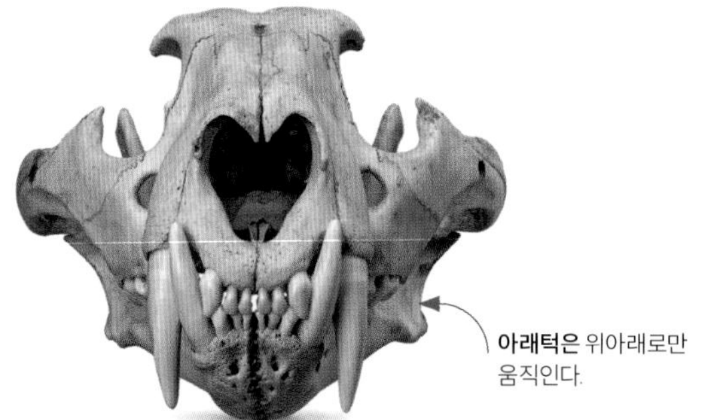


**강력한 턱**
호랑이의 두개골은 짧고 넓고 단단하며 아래턱은 씹기 불편한 대신 무는 힘을 최대화하기 위한 구조로 되어 있다.

모든 호랑이가 덩치가 크지는 않다. 아무르(구 시베리아) 호랑이는 인도네시아 열대림에 사는 호랑이보다 3배나 큰데, 열대림에서는 큰 덩치가 거추장스럽고 체온이 지나치게 높아질 위험이 있기 때문이다. 그러나 모든 호랑이가 유연한 척추와 긴 근육질의 다리 덕분에 엄청난 운동 능력을 가지고 있다. 큰 성체는 선 자리에서 10미터 높이까지 뛰어오를 수 있고, 앞을 향한 커다란 눈으로 입체적인 시각을 제공해 정확하게 거리를 판단할 수 있다. 호랑이는 거대한 앞다리와 어깨를 가지고 있으며 발톱을 완전히 숨길 수 있어서 발톱 끝이 닳아서 뭉툭해지는 일이 없다. 어딘가에 기어오르거나, 나무를 긁어 영역 표시를 하거나, 싸울 때 외에도 먹이를 낚아채고, 움켜쥐고, 끌어내릴 때도 발톱을 쓴다. 큰 먹이의 숨통을 바이스처럼 죄거나 작은 동물의 목을 물어서 부러뜨려 제압한 후에야 턱과 이빨을 사용할 차례가 된다.

호랑이는 큰 덩치에 비해 눈에 잘 띄지 않는다. 강한 빛 아래에서나 얼룩진 빛 아래에서나 호랑이의 대담한 털무늬는 숲, 초원 또는 암석지대에서 놀라우리만큼 효과적으로 위장하는 도구가 된다. 드물게 누런 털 대신 흰 털이 있는 변종들도 있다. 줄무늬는 그대로이지만 위장 효과는 떨어진다.

한때 호랑이가 번성했던 넓은 분포 지역과 다양한 서식지는 범위가 줄어들고 멸종 위기에 처한 이 종의 적응성을 암시한다. 이것은 대부분 인간의 활동에 기인한 것으로, 9개의 아종 중에서 3개가 멸종된 상태이다.

**타고난 힘**

호랑이는 대개 뒤에서 먹이를 덮쳐 체중으로 눌러서 수 초 안에 먹이를 제압한다. 이 정도 크기의 사슴은 한 끼에 소비할 수 있지만 더 큰 먹이는 저장해 두었다가 여러 날에 걸쳐 먹기도 한다.

# 끈적한 발

기어오르기에는 발톱이 있는 발가락과 움켜쥘 수 있는 발도 유용하지만, 작은 동물들의 경우 원자와 분자 사이의 아주 작은 인력만 더해져도 지극히 매끄러운 표면에 달라붙는 데 충분한 힘이 된다. 도마뱀붙이의 발가락 빨판은 수백만개의 미세한 강모로 덮여 있다. 강모들이 모두 표면에 달라붙으면 300그램에 달하는 도마뱀의 무게를 지탱하는 데 충분한 힘을 발휘하며, 심지어 거꾸로 매달리는 것도 가능하다.

**벽 타기의 명수**

많은 도마뱀붙이들이 매끄러운 나뭇잎이나 암석 표면에 달라붙는 데 능력을 사용하지만, 어떤 도마뱀붙이들은 건물의 벽이나 천장에 붙어서 곤충과 무척추동물 먹이를 사냥한다. 토케이도마뱀붙이(*Gecko gecko*)는 원래 우림에 서식했지만 인간과 가까이에 살도록 적응해 열대 지역의 집 안에서 발견되곤 한다.

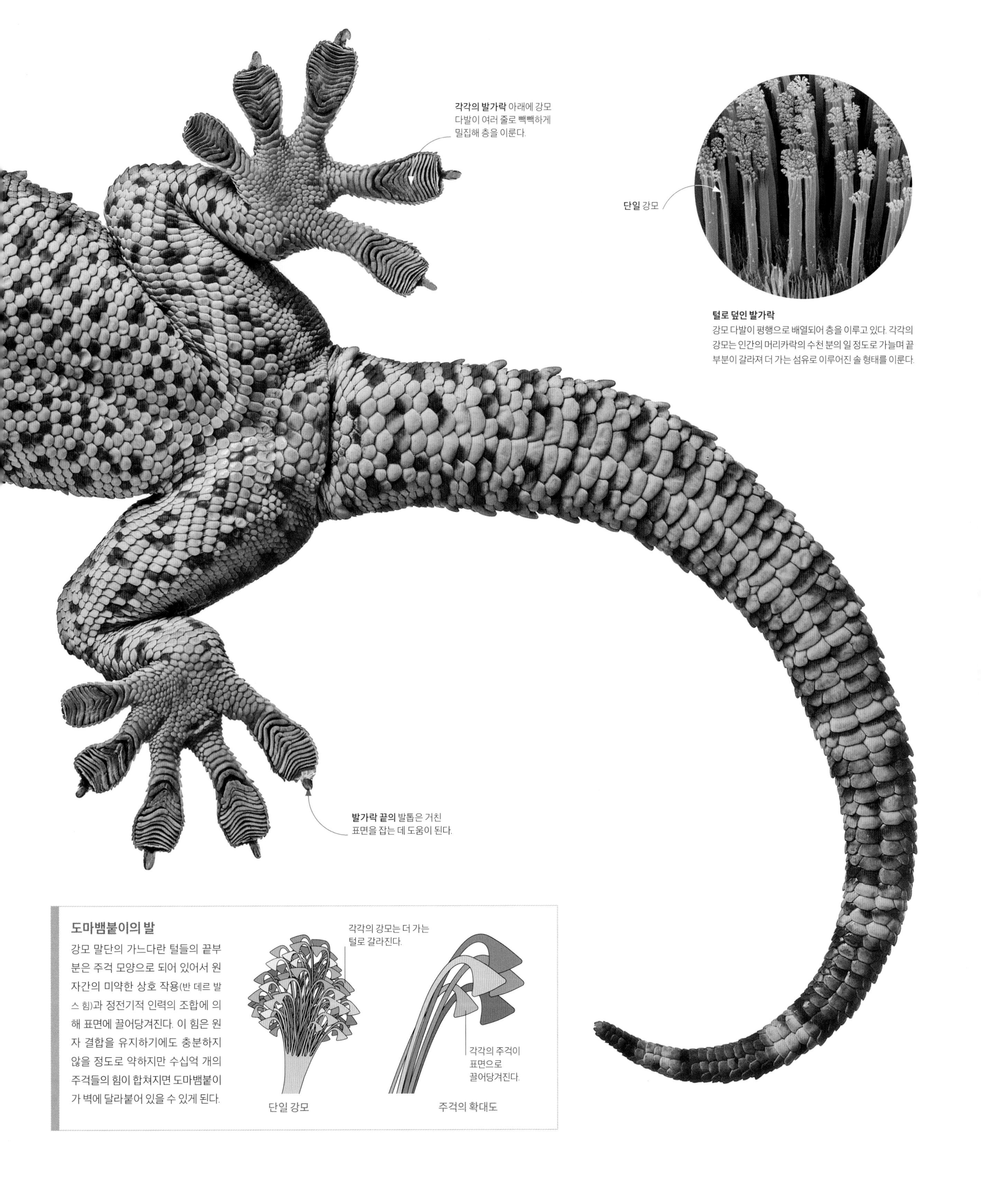


**털로 덮인 발가락**
강모 다발이 평행으로 배열되어 층을 이루고 있다. 각각의 강모는 인간의 머리카락의 수천 분의 일 정도로 가늘며 끝부분이 갈라져 더 가는 섬유로 이루어진 솔 형태를 이룬다.

## 도마뱀붙이의 발

강모 말단의 가느다란 털들의 끝부분은 주걱 모양으로 되어 있어서 원자간의 미약한 상호 작용(반 데르 발스 힘)과 정전기적 인력의 조합에 의해 표면에 끌어당겨진다. 이 힘은 원자 결합을 유지하기에도 충분하지 않을 정도로 약하지만 수십억 개의 주걱들의 힘이 합쳐지면 도마뱀붙이가 벽에 달라붙어 있을 수 있게 된다.

**죽음을 부르는 발**

수리부엉이(*Bubo bubo*)는 사냥할 때 목표물을 잘 잡기 위해 발톱이 직사각형을 이루도록 발가락을 펼치고 위에서 덮친다. 한 번에 먹이를 쥐어서 죽이지 못하면 머리 뒤를 물어서 죽인다.

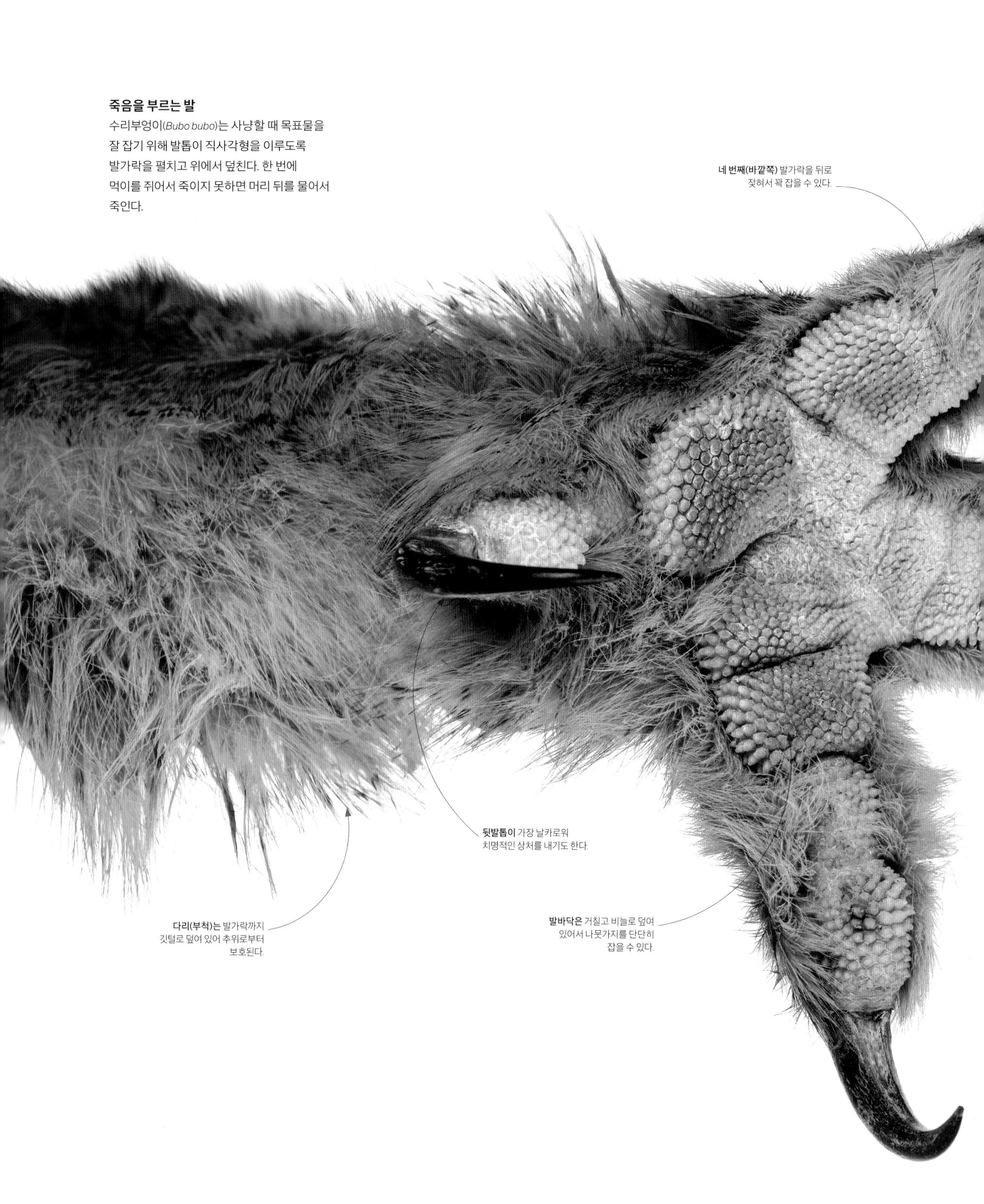

**포식자 위의 포식자**
세계에서 가장 큰 올빼미 종 중의 하나인 수리부엉이는 몸무게가 최대 4.2킬로그램까지 나가며 어린 사슴 크기의 먹이를 사냥할 수 있을 뿐만 아니라 여우나 말똥가리 같은 다른 포식자의 먹이를 가로채기도 하는 것으로 알려졌다.



### 낚시하는 발

올빼미류와 마찬가지로 물수리는 앞을 향한 2개의 발가락과 뒤를 향한 2개의 발가락으로 무거운 먹이를 들어올린다. 물수리들은 길고 휘어진 발톱과 발가락 아래의 뾰족뾰족한 피부 표면을 갖추고 있어서 미끄러운 물고기를 안전하게 물 위로 들어올릴 수 있다.

물수리(*Pandion haliaetus*)

# 맹금류의 발

맹금류는 무시무시한 부리와 발톱으로 무장하고 있다. 둘 다 살을 뚫는 단검 같은 역할을 하며, 무시무시한 근력으로 휘둘러지지만 대개 치명타를 먹이는 것은 발톱이 달린 발이다. 맹금류는 먹이를 바이스처럼 조이고 발톱으로 주요 기관을 뚫어서 확실히 숨을 끊은 후에 먹기 시작한다.

**매달려 고정하기**
날여우박쥐(*Pteropus giganteus*)와 같은 박쥐들은 발톱으로 나뭇가지를 잡고 적은 근력으로 몸을 단단히 고정하기 위해 특별히 강화된 힘줄에 의존한다. 조류와 달리 박쥐는 발가락이 마주보게 배치되어 있지 않다.

**박쥐의 발톱은** 매달린 몸의 체중이 실린 상태에서도 닫힐 수 있다.

# 기어오르기와 나뭇가지에 앉기

사지가 달린 척추동물이 비행을 할 수 있게 진화하면서 앞다리는 날개로 변하고 착지한 후에는 뒷다리로 체중을 지탱하게 되었다. 오늘날, 박쥐는 날개에 발톱이 남아 있어서 물건을 쥘 수 있지만 새들은 달리거나 기어오를 때 두 다리만을 사용해야 한다. 그러나 이 두 능숙한 비행사들은 자고 있을 때에도 지치지 않고 나뭇가지를 단단히 쥔 상태로 체중을 지탱할 수 있는 발을 가지고 있다. 그 결과, 박쥐와 새는 땅에서 멀리 떨어진 곳에서도 편안하게 생활하게 되었다.

## 잠겨진 힘줄

새가 나뭇가지를 쥘 때는 대퇴근이 수축해 다리를 구부리면서 발가락 끝까지 뻗어 있는 굴곡건을 잡아당긴다. 힘줄에 걸린 장력이 증가하면 새의 발가락이 나뭇가지를 쥐게 된다. 힘줄은 건초에 둘러싸여 있는데 힘줄과 건초 표면에 있는 물결 모양의 요철이 서로 맞물려 고정되어서 새의 체중을 지탱한다.

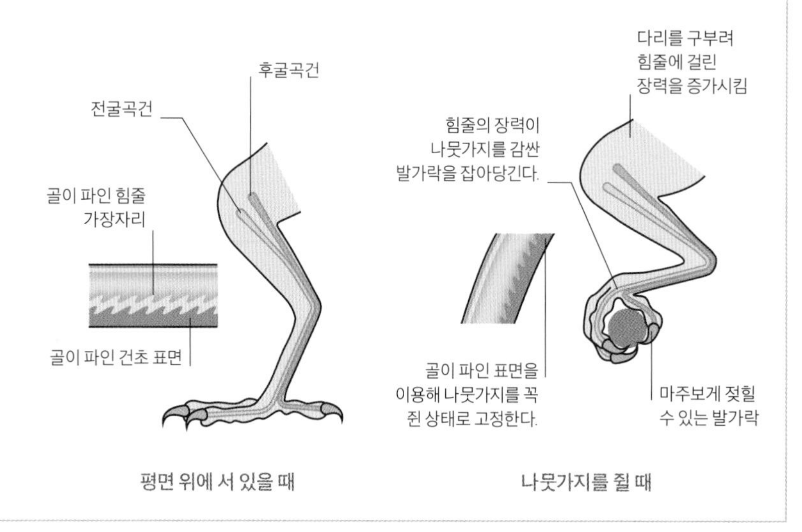

## 나무를 움켜쥐기

나무 위에서 생활할 때, 특히 수직 방향의 나무 줄기에 매달릴 때는 잘 쥐는 것도 중요하지만 완벽한 균형을 유지하는 것도 중요하다. 붉은배오색딱따구리(*Melanerpes carolinus*)는 앞을 향한 2개의 발가락과 뒤를 향한 2개의 발가락을 펼치고 꼬리를 버팀목으로 사용한다. 크기가 훨씬 작은 흰가슴동고비(*Sitta carolinensis*)는 머리를 아래로 향하고 나무줄기를 달려 내려갈 수 있을 정도로 민첩하다.

**짝수 발굽을 가진 유제류**
작은 사슴은 가장 작은 유제류에 속하며 토끼보다 약간 크다. 다른 짝수 발굽을 가진 유제류와 마찬가지로 다리에 셋째와 넷째 발굽이 있다.

# 포유류의 **발굽**

빠르게 달리도록 적응된 많은 포유류들은 발 끝에 조상들이 가지고 있던 굽어진 발톱 대신에 바닥이 평평한 발굽을 가지고 있다. 발가락의 수도 감소해 사슴, 영양, 그리고 갈라진 발굽을 가진 다른 포유류들에서는 한 쌍의 발가락에, 말과 얼룩말에서는 하나의 발굽에 체중을 싣는다. 길고 가늘고 가벼운 다리 끝에 달린 발굽과 몸의 중심부까지 꽉 채워진 다부진 근육 덕분에 큰 보폭으로 움직여 포식자로부터 빠르게 도망칠 수 있다.

## 발의 자세

사람이나 곰과 같은 척행동물은 발바닥 전체에 체중을 싣지만 빠르게 달리는 동물의 발뼈는 다리가 길어지도록 위로 들려 있다. 개와 같은 지행동물은 땅에 닿는 발끝의 뼈가 평평하지만 유제류는 발가락 전체가 발끝으로 선 형태로 들려 있어서 보폭이 최대화된다.

**범례**
대퇴골(넓적다리)
비골(종아리)
부척골(윗발)
중족골(아랫발)
지골(발가락)

척행동물 (곰)
지행동물 (개)
유제류 (말)

**홀수 발굽을 가진 유제류**

프르제발스키 말(*Equus przewalskii*)과 같은 말과 동물은 유일하게 하나의 발굽을 가진 포유류이다. 체중을 가운데(세 번째) 발가락에 집중시키는 형태인 기제류에는 말의 가까운 친척인 맥과 코뿔소도 포함된다. 사슴과 영양의 짝수 발굽은 이들과 독립적으로 진화한 것으로 보인다.

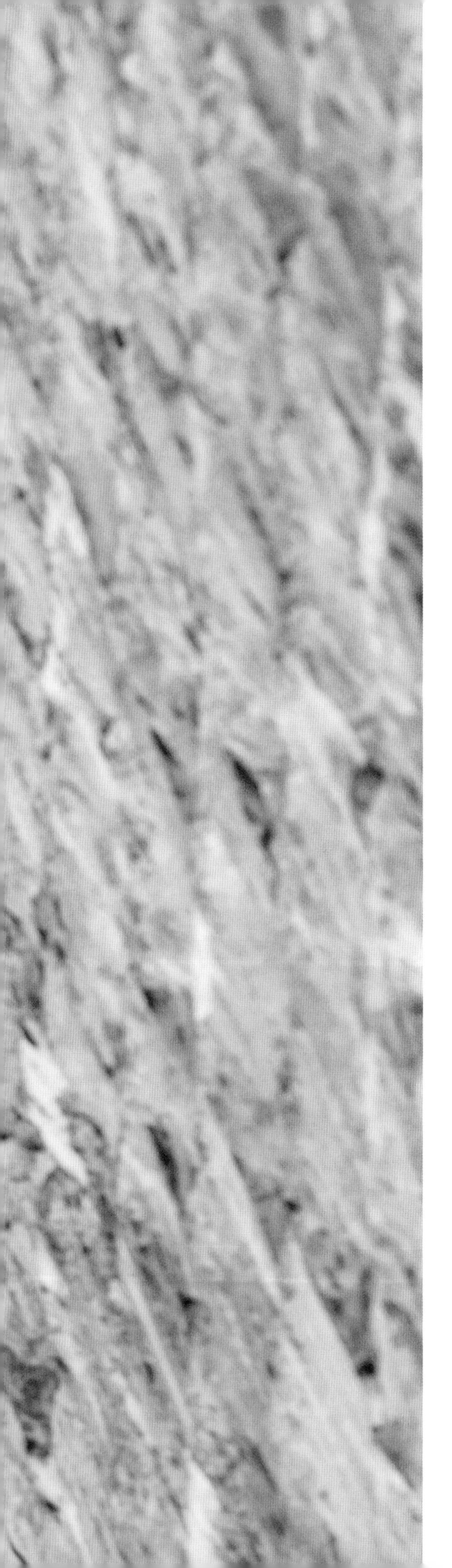

*Capra ibex*

# 알파인 아이벡스

가파른 암벽에서 중심을 잡으려면 무쇠 신경이 필요하지만, 염소, 양, 아이벡스에게는 일상 생활이다. 개방된 서식지와 달리 포식자의 손길이 닿지 않는다는 상당한 이점이 있기 때문에 위험을 무릅쓸 가치가 있다.

약 1100만 년 전 아시아 어딘가에서 암벽 타기에 능한 유제류가 진화했다. 이들은 짧고 튼튼한 정강이뼈를 발달시켰으며 오늘날 타킨, 알프스산양, 염소, 양, 아이벡스는 유리시아와 북미 일부의 산악 지대에 사는 뿔이 달리고 갈라진 발굽을 가진 포유류의 3분의 1 이상을 차지한다.

중유럽의 알파인 아이벡스는 암벽타기의 명수로서 교목 한계선보다 훨씬 높은 곳에 살며 최대 고도 3200미터까지 서식한다. 이들은 60도가 넘는 기울기의 댐 벽에 서 있는 것이 관찰된 적도 있다. 이 동물들은 견인력을 발생시키는 발굽 패드가 있으며 무릎 뒤에는 뾰족한 암석으로부터 보호해 주는 굳은 살이 있다. 이들의 서식지에는 대형 포식자가 없으며 겨울에는 암벽의 가파른 경사면과 협곡의 곡벽에서 깊이 쌓인 눈을 잠시 피할 수도 있다. 암양은 경사면에서 새끼를 낳으며 새끼들은 빠르게 경사면에서 걷는 법을 배운다. 봄이 되면 어미는 새끼들을 풀을 먹기 쉬운 목초지로 데려간다. 암벽을 타려면 몸이 가볍고 다리가 짧아야 하기 때문에 수컷의 경우 11살이 되면 평지로 이동해 다시 돌아오지 않는다.

산 속의 생활은 매우 고달프며 많은 아이벡스가 산사태로 죽는다. 또한 실족사하는 아이벡스의 3분의 1 정도는 감염에 의한 눈병으로 실명한 경우이다. 그러나 개체군은 번성하고 있으며 먹이가 풍부할 때에는 어린 아이벡스의 95퍼센트가 성체가 될 때까지 생존하기도 한다.

**민첩한 어린 아이벡스**
어린 수컷 알파인 아이벡스가 북 이탈리아의 댐에서 흘러나온 염분에 이끌려 댐 사면을 올라가고 있다. 이 아이벡스는 벽을 올라갈 때는 지그재그로 움직이고 내려올 때는 좀더 직선에 가까운 경로로 움직인다.

### 물건을 쥐는 발굽

알파인 아이벡스는 갈라진 발굽으로 가파른 암벽을 등반할 수 있다. 아이벡스는 발가락을 벌려서 땅을 잡을 수 있다. 발가락 아래의 고무 같은 발바닥이 빨판처럼 작용해 아이벡스의 발과 지면 사이에 고무와 콘크리트 사이에서 발생하는 것 이상의 마찰력을 제공한다.

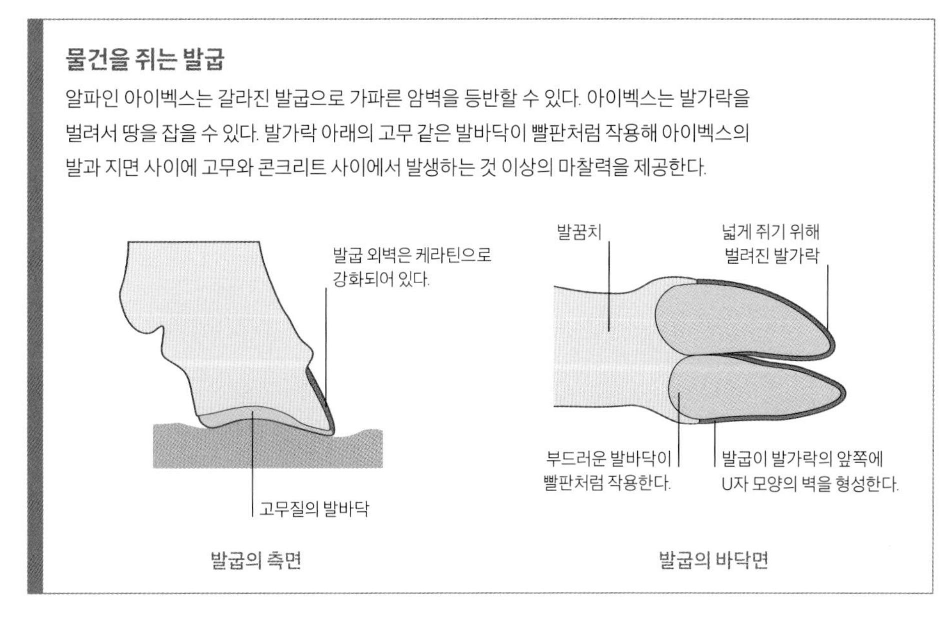


발굽의 측면

발굽의 바닥면

**황제전갈**
(*Pandinus imperator*)

# 절지동물의 집게발

어떤 절지동물의 입은 집게처럼 물거나 잡는 기능을 하지만, 게, 가재, 전갈에서는 다리 끝에 집게발이 발달했다. 집게발은 걸을 때 사용하는 것과 같은 종류의 근육으로 움직이지만 발톱처럼 생긴 집게 날이 서로 맞물릴 수 있는 점이 다르다. 작은 집게발은 먹이를 능숙하게 다룰 수 있으며 큰 집게발은 무시무시한 방어 무기로 활용할 수 있다.

## 집게발의 움직임

동물의 다른 움직이는 부위와 마찬가지로, 집게발도 반대로 움직이는 한 쌍의 근육 그룹을 가지고 있다. 한 그룹은 집게 날을 굽혀서 집게를 닫고, 다른 그룹은 집게를 여는 역할을 한다. 근육은 내돌기라고 불리는 외골격 내부의 돌기를 잡아당긴다. 커다란 굴근은 집게에 강한 힘을 부여한다. 야자집게의 거대한 집게발은 먹이인 코코넛을 부술 수 있을 정도로 힘이 세다.

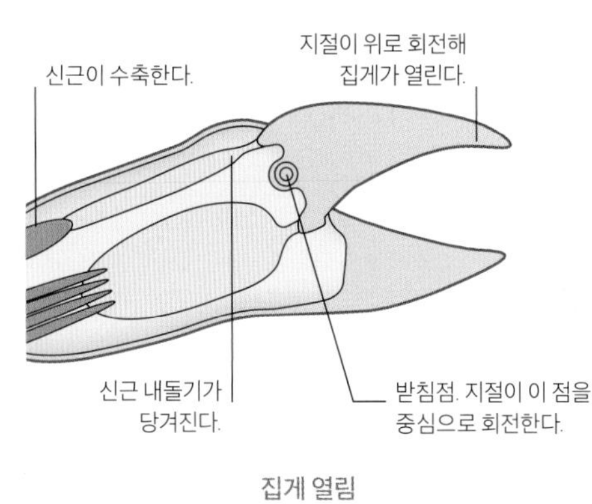


집게 열림

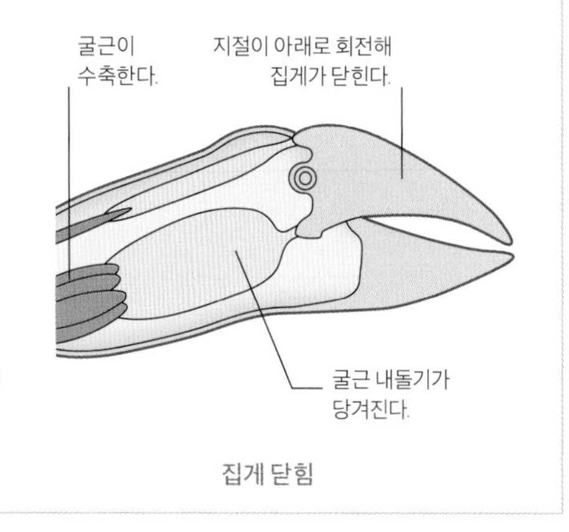


집게 닫힘

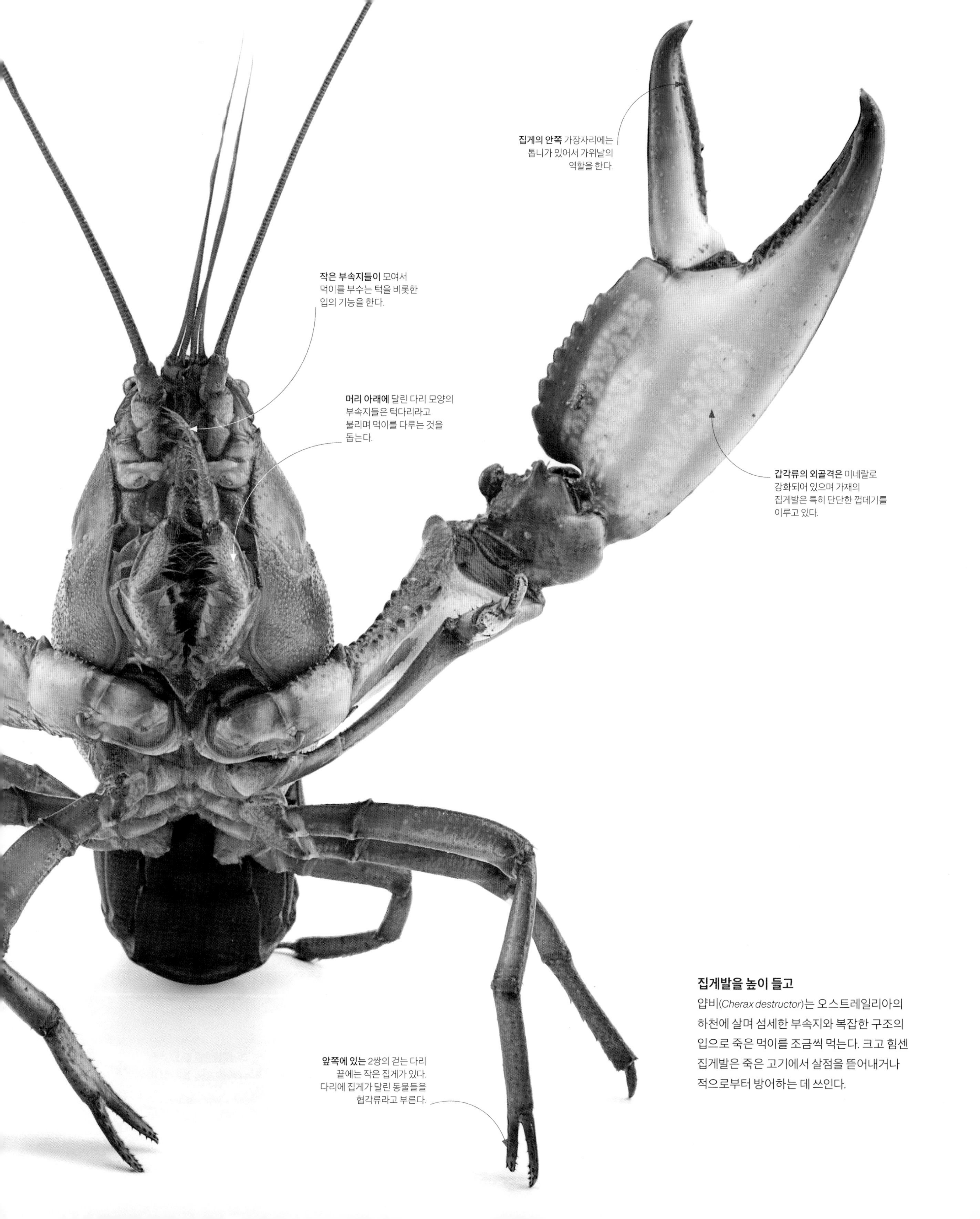


**집게발을 높이 들고**

얍비(*Cherax destructor*)는 오스트레일리아의 하천에 살며 섬세한 부속지와 복잡한 구조의 입으로 죽은 먹이를 조금씩 먹는다. 크고 힘센 집게발은 죽은 고기에서 살점을 뜯어내거나 적으로부터 방어하는 데 쓰인다.

**가재와 새우 두 마리(1840년경)**

우타가와 히로시게(歌川広重, 본래 성은 안도(安藤), 1797~1858년)는 40대에 전국을 여행하면서 전원의 아름다움에 매료되어 서양화가들에게 영감을 주는 풍경과 자연물에 관한 목판화를 제작했다. 가재의 다그닥거리는 다리와 빳빳한 더듬이가 생동감 있게 표현된 이 목판화는 일본 목판화의 기법, 색감, 질감이 최고조에 이르렀던 시기에 제작된 것이다.

**두 마리의 잉어(1831년)**
가쓰시카 호쿠사이(葛飾北斎, 1760~1849년)의 목판화에서는 에메랄드빛 수초를 배경으로 두 마리의 잉어의 비늘과 지느러미 하나하나가 정교하게 묘사되어 있다. 사무라이의 상징인 잉어는 용기, 품위, 인내를 상징한다.

명화 속 동물들

# 덧없는 세상 속의 예술가들

우키요에(浮世絵)라고 불리는 일본의 목판화들은 흔히 생각하는 바와 같이 바다와 강의 생물을 그린 것이 아니었다. 일본어에서 우키요는 풍속, 기녀, 민담, 풍경을 그린 그림이 큰 인기를 끌었던 17세기 후반에 부유한 상인들이 드나들던 극장과 기루를 가리키는 것이었다. 19세기 말이 다가올 무렵 국내 여행을 통해 풍경에 대한 대중의 관심이 높아지자, 당대 최고의 예술가들이 빼어난 풍경이나 새, 물고기 기타 다른 동물들을 섬세하게 묘사한 그림들로 화답하게 되었다.

목판화의 전성기에는 누구나 그림을 살 수 있도록 정해진 가격에 수천 장의 판화가 인쇄되었다. 출판업자가 디자이너 또는 화가, 조각사, 인쇄업자와 협업하며 판본에 관한 모든 권리를 가졌다. 먼저 화가가 그린 그림을 결이 고운 벚나무 블록 위에 엎어 놓고 조각사가 그림째로 목판을 깎아서 목판 블록에 디자인을 그대로 옮긴다. 단색이나 2색 인쇄는 18세기 중반부터 색마다 별개의 블록을 사용하는 화려한 천연색의 '양단' 인쇄로 대체되었다. 목판 블록이 닳지 않도록 한 장 한 장을 손으로 인쇄해 수천 장의 판화를 생산할 수 있었다.

고대로부터 내려온 신토 신앙에서는 모든 산, 개울, 나무에 신이 깃들어 있다고 했다. 전통적으로 동물은 상징성을 지녔는데, 예를 들어 토끼는 다산과 행복을, 학은 장수를 상징했다. 19세기의 화가 히로시게는 기녀, 가부키 배우, 풍속을 그리는 대신 이상화된 자연 세계를 그렸으며 이것은 전통적인 가치로 회귀하는 국가적 요구의 신호탄이 되었다. 히로시게의 평화로운 풍경과 새, 동물, 물고기를 그린 섬세한 그림들은 서양에서도 널리 호응을 얻어 빈센트 반 고흐, 클로드 모네(Claude Monet, 1840~1926년), 폴 세잔(Paul Cezanne, 1839~1906년), 제임스 휘슬러(James Whistler, 1834~1903년) 같은 표현주의 화가들에게 영감을 주었다.

현대의 화가이자 목판화가 가쓰시카 호쿠사이가 70년 동안 남긴 작품들은 일본과 서구에서 비슷하게 찬사를 받고 있다. 그가 바다, 풍경, 후지 산, 화조와 동물을 그린 수많은 붓 그림의 뒷면에는 다음과 같은 글이 적혀 있다. "73세가 되자 비로소 새와 짐승, 곤충과 물고기의 구조를 이해하기 시작했다.…… 계속 노력하면 86세에는 더 잘 이해할 수 있게 될 것이고 90세가 되면 본질을 꿰뚫어볼 수 있게 될 것이다."

" 히로시게는 자연의 아름다움을 생생하게 관찰자의 마음으로 가져오는 재능을 가지고 있었다. "

**나카이 소타로, 『히로시게의 색 판화』, 에드워드 스트레인지, 1925년**

**엄마와 함께 그네 타기**

아기 보닛긴팔원숭이(*Hylobates pileatus*)가 어미의 털을 손으로 꼭 붙잡고 있다. 약 2년이 지나면 그 손으로 우림 서식지의 높은 나무 위에서 멋진 묘기를 선보일 수 있게 될 것이다.

**직립 보행**
변형된 관절과 같은, 나무 위 생활에 적응된 특성 덕분에 긴팔원숭이는 인간을 제외한 다른 영장류보다 땅 위에서 빠르게 걸을 수 있다.

**유난히 긴** 팔 덕분에 긴팔원숭이가 나무에 매달려서 빠르게 이동할 수 있다.

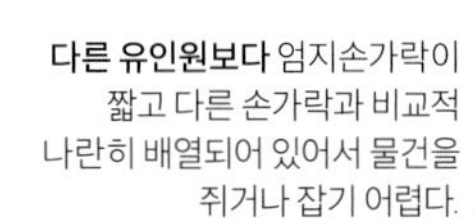
**다른 유인원보다** 엄지손가락이 짧고 다른 손가락과 비교적 나란히 배열되어 있어서 물건을 쥐거나 잡기 어렵다.

**손가락이 매우** 길어서 나뭇가지에 갈고리처럼 걸어서 안정적으로 매달릴 수 있다.

# 나무 사이로 그네타기

긴팔원숭이처럼 나무 꼭대기에서 생활하도록 적응한 영장류에서는 강한 근력이 팔에 집중되어 있다. 긴팔원숭이는 다른 영장류에 비해 몸 크기 대비 팔의 길이가 유난히 길다. 이들은 팔을 써서 가지 위로 몸을 끌어올리거나 매달리고 나무 사이로 그네를 타듯이 이동한다. 브래키에이션이라고 불리는 그네타기 동작으로 빠르게 효율적으로 나무 위를 이동할 수 있다. 긴팔원숭이와 거미원숭이는 늘 그네타기로 이동한다.

## 브래키에이션

긴팔원숭이의 유연한 손목 관절은 팔로 그네타기를 할 때에 필요한 회전이 가능하다. 느긋하게 움직일 때는 적어도 하나의 팔을 나뭇가지에 걸고 있지만, 나무 사이로 빠르게 이동해야 할 때는 손과 손 사이의 거리를 늘리기 위해서 완전히 자유롭게 움직인다.



긴팔원숭이가 나무 사이로 그네타기를 하는 과정

## 기민한 손

영장류의 엄지손가락은 나머지 손가락과 마주보고 있어서 물건을 쥐는 '그립'이 가능하다. 유인원들은 파워 그립으로 나무를 타고 오른다. 이들은 짧은 엄지손가락을 검지손가락에 맞대는 정밀성 그립으로 물체를 다룰 수도 있다. 인간은 엄지손가락이 더 길기 때문에 엄지손가락을 다른 손가락 끝과 쉽게 맞댈 수 있다.

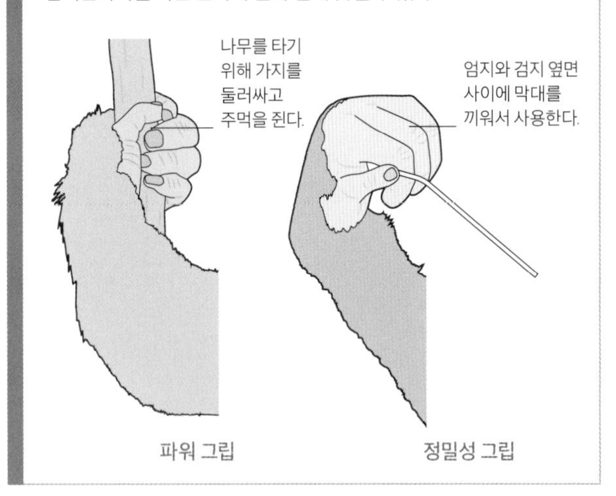


## 다목적 도구

보노보(*Pan paniscus*)와 같은 대형 유인원의 손은 힘이 세면서 놀라울 정도로 예민하다. 친척인 침팬지나 사람처럼 대부분의 보노보는 오른손잡이지만 양손을 동시에 사용할 수 있다.

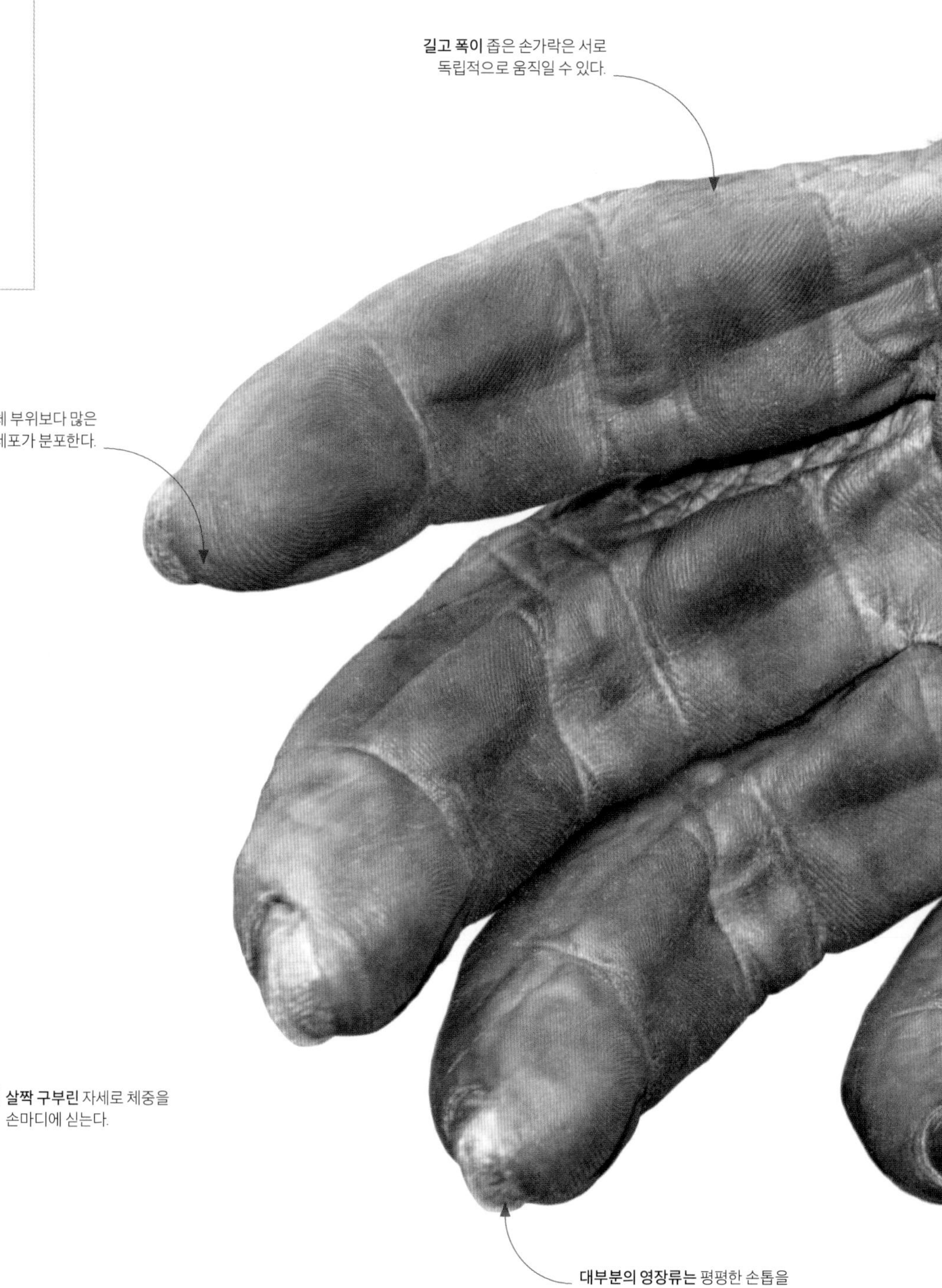

**손마디로 걷기**
예민한 손끝을 가진 쥐는 손은 나무 위에서는 유용하지만 네 발로 걸을 때는 필요치 않다. 다른 아프리카 유인원과 마찬가지로 침팬지(*Pan troglodytes*)는 땅 위에서 많은 시간을 보내며 손마디로 설 수 있다. 이런 방식으로 예민한 손바닥을 보호하는 동시에 물건을 들고 장소를 옮길 수도 있다.

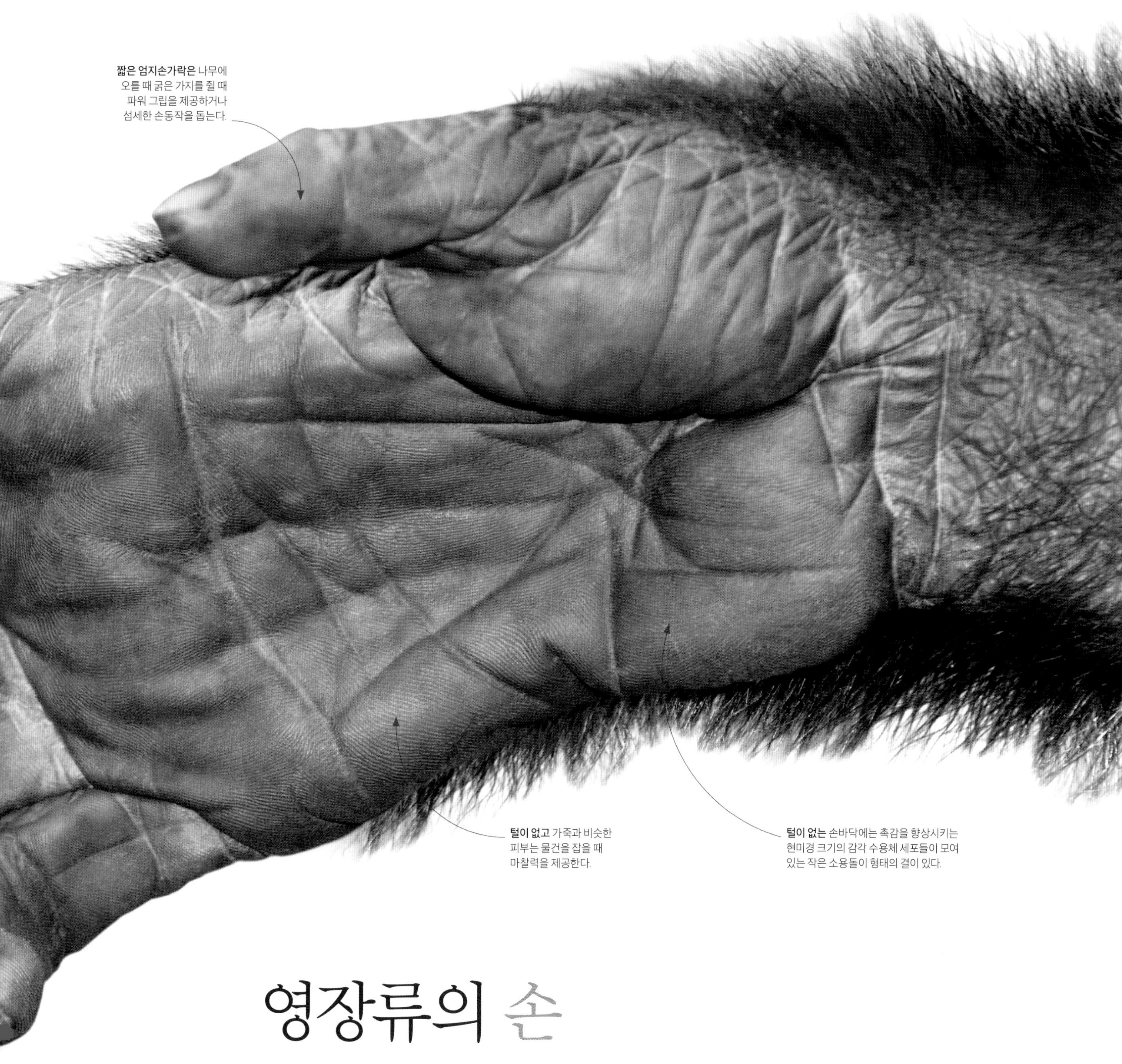


# 영장류의 손

많은 동물들이 사지로 물건을 잡을 수 있지만 고등 영장류만큼 기민한 손을 가진 동물은 없다. 유인원과 원숭이의 손은 손가락이 최대한으로 움직일 수 있도록 진화했으며 수많은 접촉점을 구별할 수 있도록 고도로 예민한 손끝을 가지고 있다. 영장류는 예민한 손과 뛰어난 지능 덕분에 주변의 사물을 능숙하게 다룰 수 있다.

*Pongo* sp.

# 오랑우탄

폰고(*Pongo* sp.) 속의 유일한 생존자인 오랑우탄은 아시아에서 점차 줄어들고 있는 우림에 살며 진화적 적응에 의해 나무 위에 기어오르는 데 이상적인 형태의 신체를 갖게 되었다. 이들은 고도의 지능을 가지고 있어서 도구를 사용하고 비를 피할 쉼터를 만들며 약초를 이용해서 스스로 치료를 할 수 있다.

아시아의 대형 유인원은 나무 위에 사는 포유류 중에서 가장 크고 무거우며 가장 심각한 멸종 위기에 처해 있다. 오랑우탄이라는 이름은 '숲속에 사는 사람'을 의미하며 보르네오 오랑우탄(*Pongo pygmaeus*), 수마트라 오랑우탄(*P. abelii*), 그리고 북수마트라 바탕 토루 숲에서 드물게 발견되는 타파눌리 오랑우탄(*P. tapanuliensis*)의 3개의 종이 있다. 3종류 모두 종에 따라 주황색이나 붉은색의 덥수룩한 털을 가지고 있고 몸통이 비교적 짧고 굵으며 매우 길고 힘센 팔을 가지고 있다는 점이 유사하다.

성체 수컷은 체중이 90킬로그램이 넘고 성체 암컷의 체중은 30~50킬로그램이다. 숲속에서 매우 유연한 나뭇가지를 건너서 이동하기에 적합한 신체를 가지고 있다.

소형 영장류와 달리 이들은 걷기, 기어오르기, 넓은 거리를 가로지르기 위한 그네타기 등의 이동 기술을 조합해 사용한다. 오랑우탄은 대부분의 시간을 먹고, 먹이를 찾고, 쉬고, 우림의 나무 위로 돌아다니며 보내는 데 특히 수마트라 오랑우탄은 호랑이와 같은 포식자를 피하기 위해서 거의 땅에 내려오지 않는다. 이들은 과일이나 나뭇잎, 그 외의 식물, 곤충을 주로 먹으며 때로는 알이나 소형 포유류를 먹기도 한다. 성체는 대체로 단독 생활을 하지만 4~5년마다 번식을 하며 한 마리의 새끼와 함께 관찰되기도 하는데 새끼는 최대 11년까지 어미 곁에 남아 있기도 한다.

**더 높은 곳을 찾아서**
손과 발로 나무를 쥘 수 있고 인간보다 7배나 강한 팔 근육을 가지고 있는 오랑우탄은 등반의 명수이다. 이 보르네오 오랑우탄(*P. pygmaeus*)은 먹이를 찾아 30미터 높이의 덩굴무화과나무를 오르고 있다.

**나무 위 생활에 적합한 신체 구조**
고도로 발달된 근육 외에도, 오랑우탄의 골격은 나무 위 생활에 적합한 독특한 적응 형태를 보여 준다.

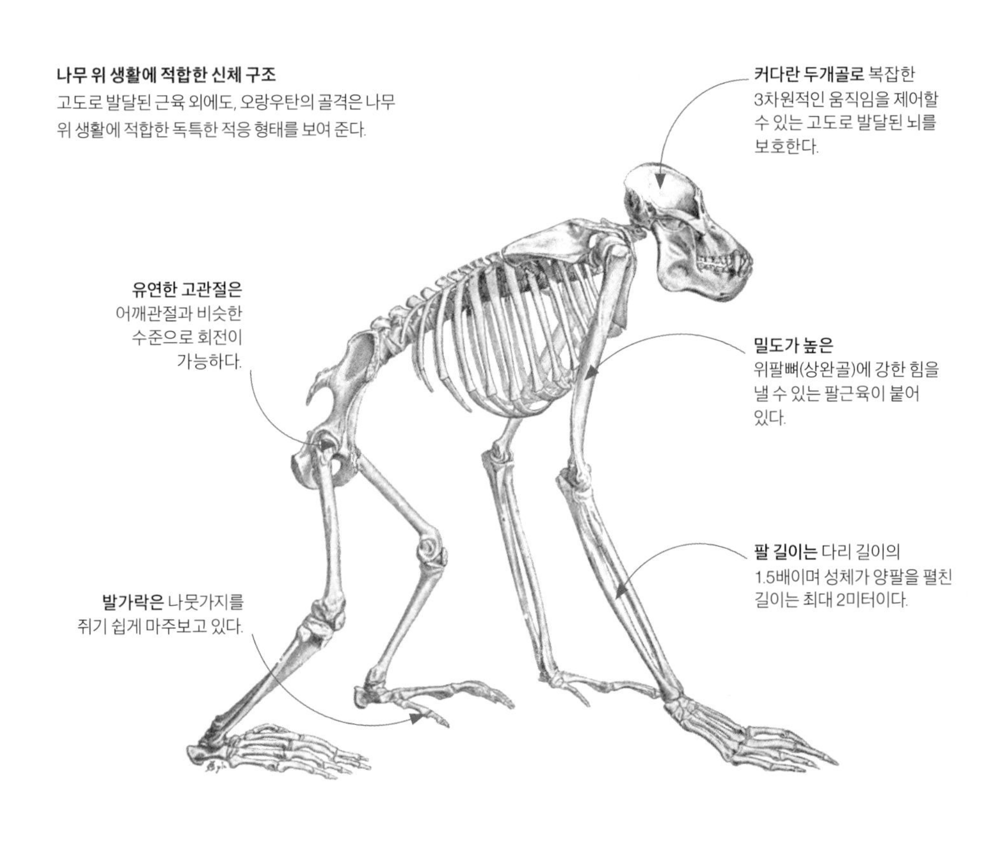

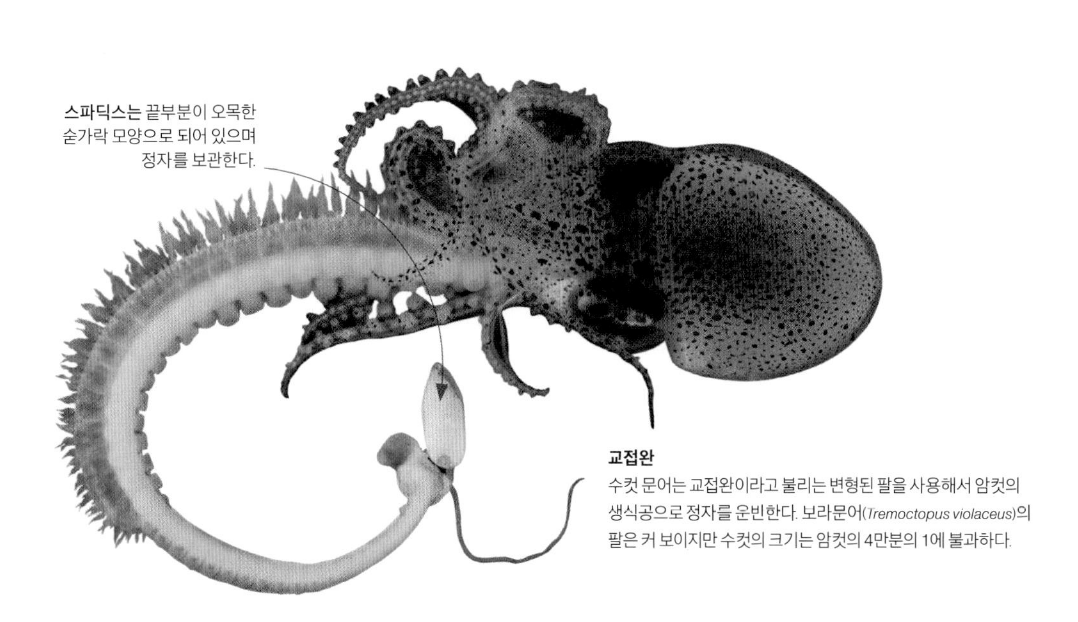


**교접완**
수컷 문어는 교접완이라고 불리는 변형된 팔을 사용해서 암컷의 생식공으로 정자를 운반한다. 보라문어(*Tremoctopus violaceus*)의 팔은 커 보이지만 수컷의 크기는 암컷의 4만분의 1에 불과하다.

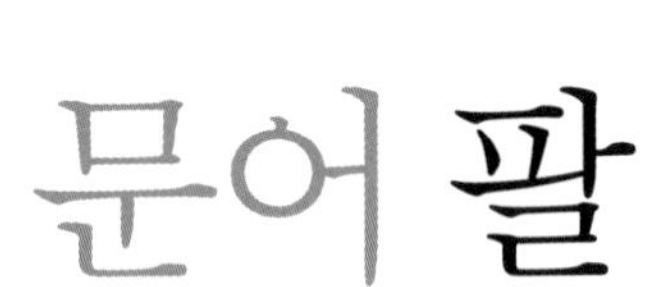

# 문어 팔

문어와 오징어를 포함하는 일부 연체동물은 민달팽이나 달팽이처럼 느리게 기어다니지 않고 민첩한 사냥꾼이 되었다. 이들은 큰 머리에 큰 눈을 가지고 있으며 입 주변을 근육질의 팔이 둘러싸고 있다. 문어는 빨판이 달린 8개의 팔 사이에 물갈퀴가 있어서 효율적으로 먹이를 포획할 수 있다.

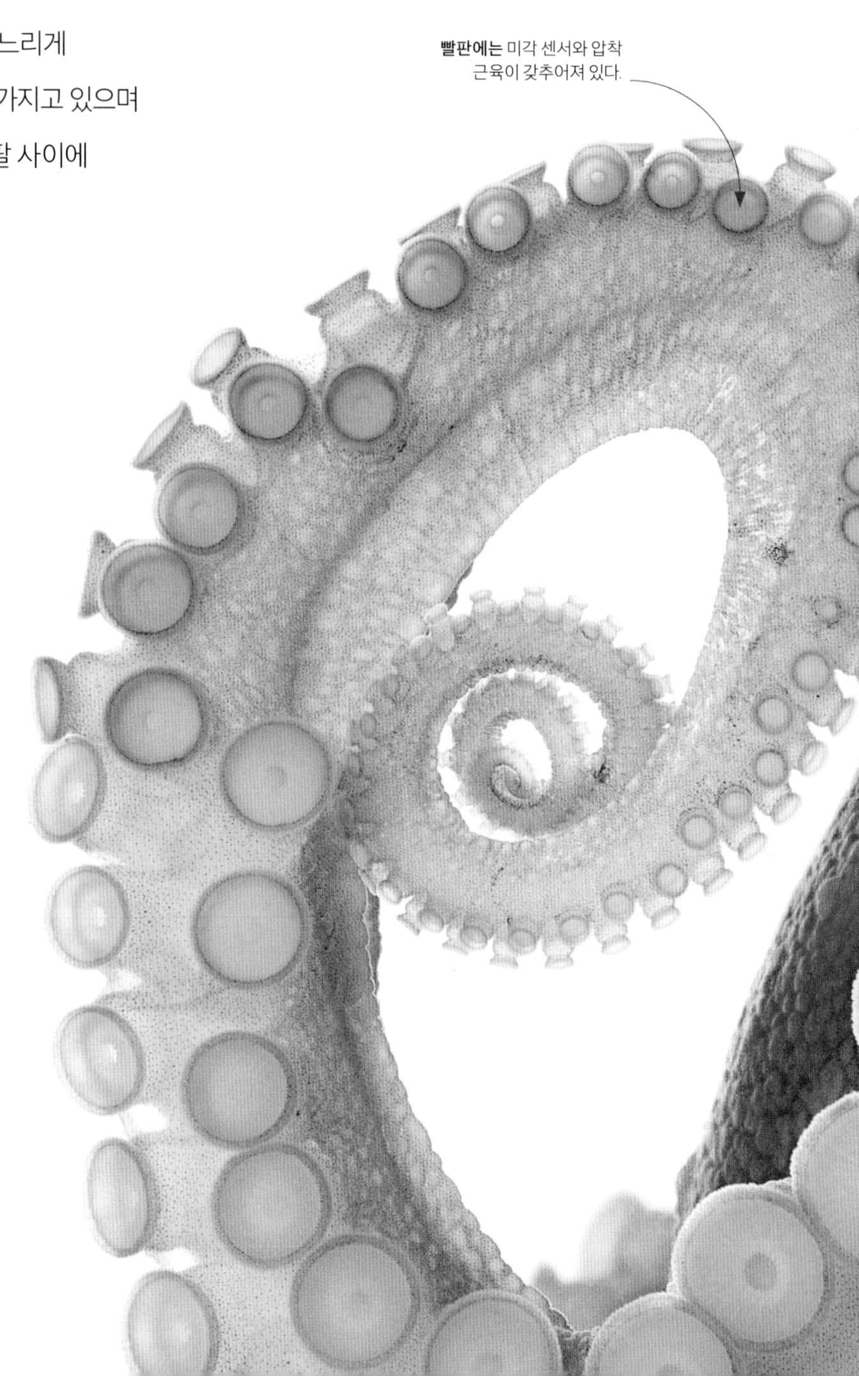

**빨판에는** 미각 센서와 압착 근육이 갖추어져 있다.

### 근육질의 팔

문어의 팔은 거의 대부분이 근육으로 구성되어 외골격 없이 근육의 힘만으로, 즉 근육압으로 움직인다. 뼈가 없는 다른 기관들, 예를 들어 혀나 코끼리의 코와 마찬가지로 길이 방향, 수평 방향, 수직 방향의 근육이 서로 다른 방향으로 수축해 팔을 움직인다.

표피
진피
수평 방향 근육
빨판 근육
정맥
수직 방향 근육
길이 방향 근육
동맥
신경색
빨판

문어의 팔과 빨판의 단면도

**나선형의 팔**

옅은 색의 남부용골문어(*Octopus berrima*)는 돌돌 말린 팔을 높이 들고 떠다니는 해초를 흉내내며 오스트레일리아 해안의 크림색 모래 위에서 위장하고 있다. 8개의 팔을 제어하기 위해 문어의 신경세포의 3분의 2가 팔을 움직이는 데 투입된다.

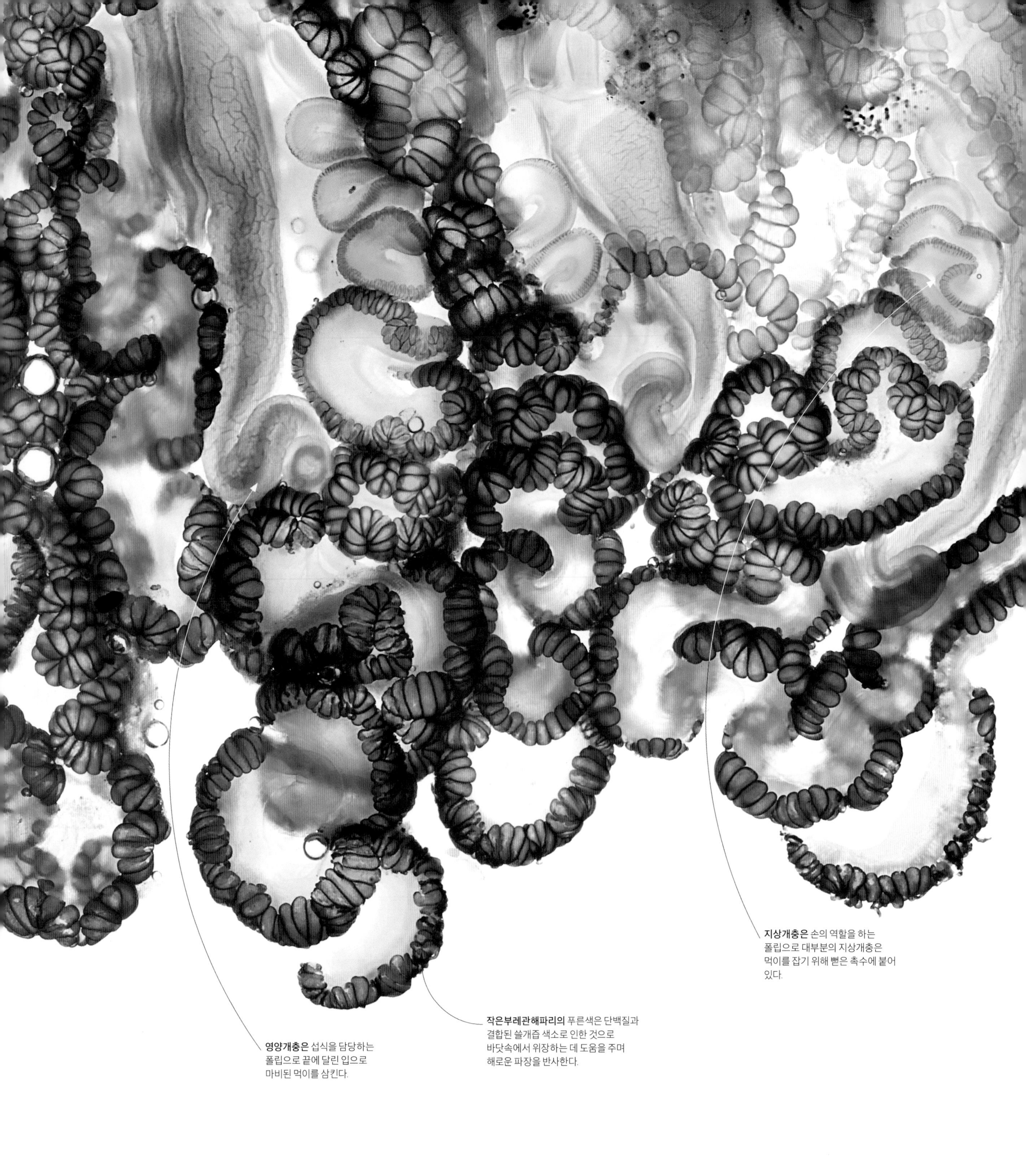

**지상개충은** 손의 역할을 하는 폴립으로 대부분의 지상개충은 먹이를 잡기 위해 뻗은 촉수에 붙어 있다.

**작은부레관해파리의** 푸른색은 단백질과 결합된 쓸개즙 색소로 인한 것으로 바닷속에서 위장하는 데 도움을 주며 해로운 파장을 반사한다.

**영양개충은** 섭식을 담당하는 폴립으로 끝에 달린 입으로 마비된 먹이를 삼킨다.

**죽음의 팔**
작은부레관해파리(*Physalia physalis*)는 관해파리에 속한다. 관해파리는 단일한 동물이 아니라 폴립이라고 불리는 개체들이 상호 연결되어 부유하는 군체이다(32~33쪽 참조). 작은부레관해파리의 폴립은 섭식이나 생식 등 다양한 기능을 수행하도록 분화되어 있으며 어떤 개체는 30미터 이상의 쏘는 촉수를 가지고 있어서 접촉하는 모든 작은 동물을 잡을 수 있다.

**나선형의 촉수** 속에 작은 물고기나 다른 바다 동물을 마비시키는 자포가 집중되어 있다.



# 쏘는 촉수

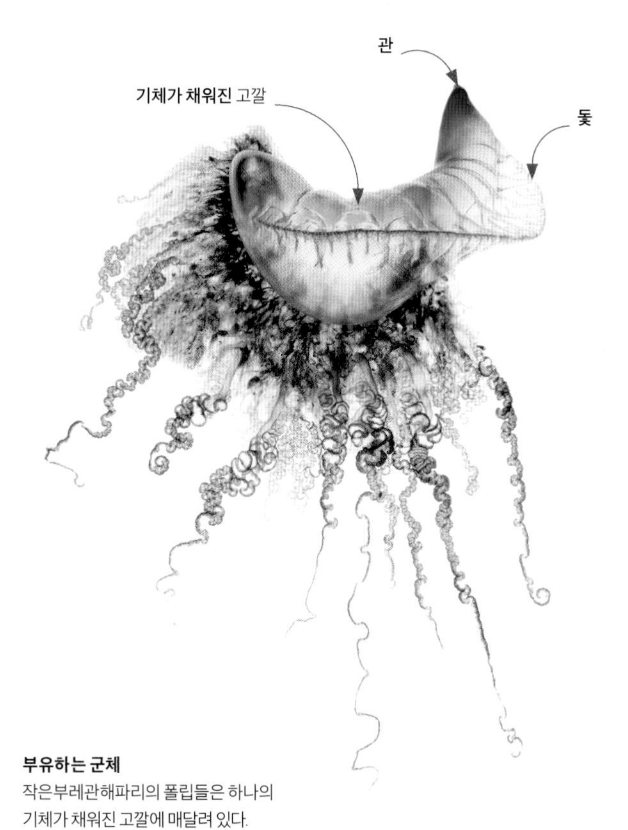


**부유하는 군체**
작은부레관해파리의 폴립들은 하나의 기체가 채워진 고깔에 매달려 있다. 고깔에는 바람을 가두는 돛과 위험에 처했을 때 부력을 조절할 수 있는 관이 달려 있다.

작은부레관해파리를 포함하는 해파리와 그의 친척들은 포식성이지만 먹이를 속도나 근력으로 압도하지는 못한다. 대신 해파리들은 마비독으로 먹이를 제압한다. 촉수의 표면에는 먹이의 살 속에 독이 담긴 작살을 발사하는 정교한 장치를 가진 특수한 세포인 자포가 분포하고 있다.

**독 발사**

자포 속에는 뒤집힌 장갑의 손가락처럼 반전된 튜브가 독에 적셔져 있다. 먹이와 접촉해 격발되면 자포의 뚜껑이 열리면서 튜브가 튀어나간다. 가시로 먹이의 피부를 뚫고 상처 속으로 독을 흘려보낸다.

방아쇠 역할을 하는 강모
닫힌 뚜껑
끝이 가늘고 말려 있는 뒤집힌 튜브
평상시의 자포

튜브가 상처 속으로 독을 흘려보낸다.
접촉에 의해 틀어진 강모
가시
미늘
열린 뚜껑
세포핵
발사된 자포

# 감아쥐는 꼬리

'포착 가능한' 신체 부위는 물건을 잡는 데 사용된다. 대개 턱, 손, 발을 의미하지만 많은 동물들이 꼬리를 사용해 물건을 잡을 수 있다. 완전히 포착 가능한 꼬리는 체중 전체를 지탱할 수 있는 힘과 유연성을 갖추고 있다. 거미원숭이는 꼬리를 다섯 번째 다리처럼 활용해서 나뭇가지에 매달리는 반면, 해마는 해류에 떠내려가지 않도록 꼬리로 수초에 매달린다(262~263쪽 참조). 이보다 기능이 약한 꼬리를 가진 동물도 많지만, 여전히 높은 곳에 기어오르거나 체중을 지탱하는 데 도움이 될 수 있다.

**예민한 꼬리**
거미원숭이(*Ateles fusciceps*)의 꼬리 끝에는 영장류의 손 끝에 있는 것과 같이 피부가 노출된 감각판이 있다(238쪽 참조). 거미원숭이는 꼬리를 활용해 나뭇가지를 잡고 그네를 타거나 먹이를 먹거나 물을 마신다.

**꼬리로 기어오르기**
도마뱀과는 도마뱀류에서 가장 큰 과를 구성하며 전체 파충류의 10분의 1 이상을 차지한다. 대부분 땅 위에 살지만 가장 큰 종인 솔로몬섬도마뱀(*Corucia zebrata*)은 매우 유연하게 진화한 꼬리로 안전하게 나무를 기어오른다.

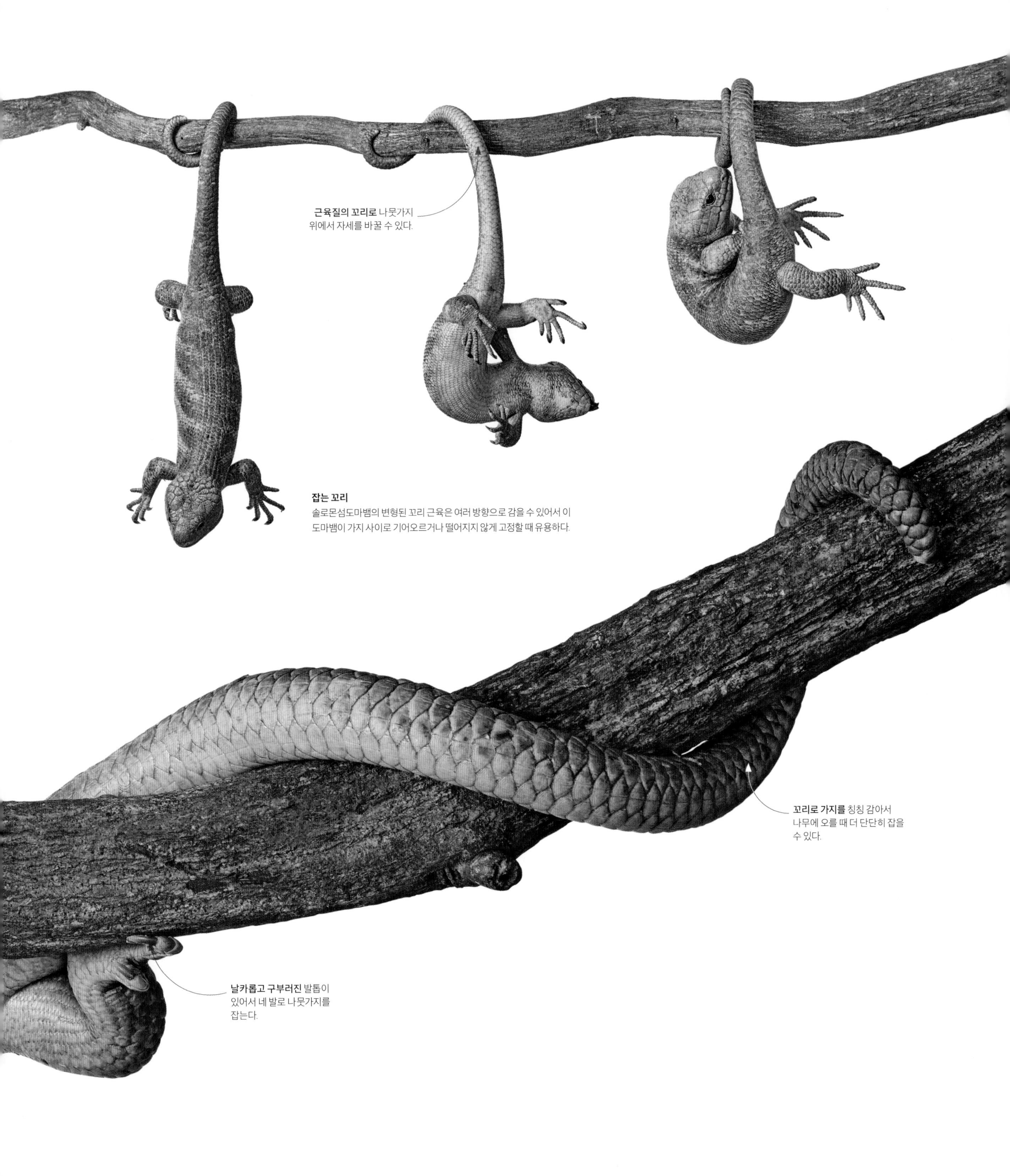


**잡는 꼬리**
솔로몬섬도마뱀의 변형된 꼬리 근육은 여러 방향으로 감을 수 있어서 이 도마뱀이 가지 사이로 기어오르거나 떨어지지 않게 고정할 때 유용하다.

*Vidua macroura*

# 천인조

핀치를 닮은 외모의 천인조(*Vidua macroura*)는 생태학적으로 흥미로운 존재이다. 수컷의 시끄러운 노래와 화려한 과시 비행, 명연기, 리본 같은 꼬리 장식은 모두 칙칙한 색에 눈에 띄지 않는 외모를 가진 암컷의 비판적인 눈에 들기 위해 발달한 것이다.

천인조는 사하라 사막 이남의 아프리카에 널리 분포하며 포르투갈, 푸에르토리코, 캘리포니아, 싱가포르에도 발견된다. 암수 모두 크기가 작으며 몸길이는 약 12~13센티미터이다. 암컷은 눈에 띄지 않는 생김새를 가지고 있지만 수컷의 외형에 중요한 영향력을 끼친다. 진화 과정에서 암컷 천인조가 눈에 띄는 검은색과 흰색의 깃털, 새빨간 부리, 기다란 꼬리깃에 대한 선호도를 발현하게 된 것이다. 몸길이의 2배나 되는 약 20센티미터 길이의 긴 꼬리는 아마도 폭주하는 성 선택이라고 불리는 과정에 의해 만들어졌을 것이다.

대담한 색상과 눈에 띄는 꼬리는 활력과 좋은 영양 상태, 적은 기생충을 나타내는 신뢰할만한 지표로서 좀 더 바람직한 것으로 여겨졌을 것이다. 오랜 시간에 걸쳐 섹시함은 가장 중요한 기준이 되었고 여러 세대에 걸친 암컷의 선택에 의해 수컷의 꼬리 길이는 생존을 저해할 정도로 길어졌다. 꼬리깃을 성장시키고 유지하는 데는 에너지가 소모되며 비행에 방해가 되므로 포식자에게 잡힐 위험이 증가할 수밖에 없다. 그러나 생물학적 관점에서 긴 꼬리는 번식 기회에 있어서 절대적인 이점을 제공한다. 이론상 짧은 꼬리를 가진 수컷은 더 오래 살지는 모르지만 평균적으로 적은 수의 새끼를 갖게 된다. 그러나 꼬리가 무한히 자랄 수는 없으며 긴 꼬리를 가진 수컷이 아무리 매력적이라 하더라도 자연 선택에 의해 배제된다.

**구애 행동**

이 다중 노출 사진은 한 마리의 수컷이 긴 꼬리깃을 강조하기 위해 리드미컬하게 날개를 퍼덕이는 모습을 촬영한 것으로, 암컷 앞의 일정한 장소에 머무르기 위해서 몸을 위아래로 빠르게 움직이고 있다.

**단풍새 성체는** 천인조와 같은 크기이며 새끼도 마찬가지이다.

**양부모**

암컷 천인조는 주로 단풍새(*Estrilda astrild*) 둥지에 알을 낳아 탁란을 하는데, 단풍새는 자기 새끼와 천인조의 새끼를 함께 키운다.

# 지느러미, 지느러미발, 패들

**지느러미.** 추진, 방향 조정, 균형 유지에 사용되는 얇은 막으로 된 부속지.

**지느러미발.** 물개, 고래, 펭귄 등에서 발견되는 넓고 납작하게 변형된 팔이나 다리.

**패들.** 수생 동물의 지느러미 또는 지느러미발.

**유영동물**
카리브암초오징어(*Sepioteuthis sepioidea*)처럼 해류를 거슬러 헤엄칠 수 있는 크기와 힘이 있는 동물들이 바다의 넥톤 개체군을 구성한다.

**몸 양쪽의** 펄럭이는 지느러미와 사이폰 제트 방식으로 물속에서 추진력을 얻는다.

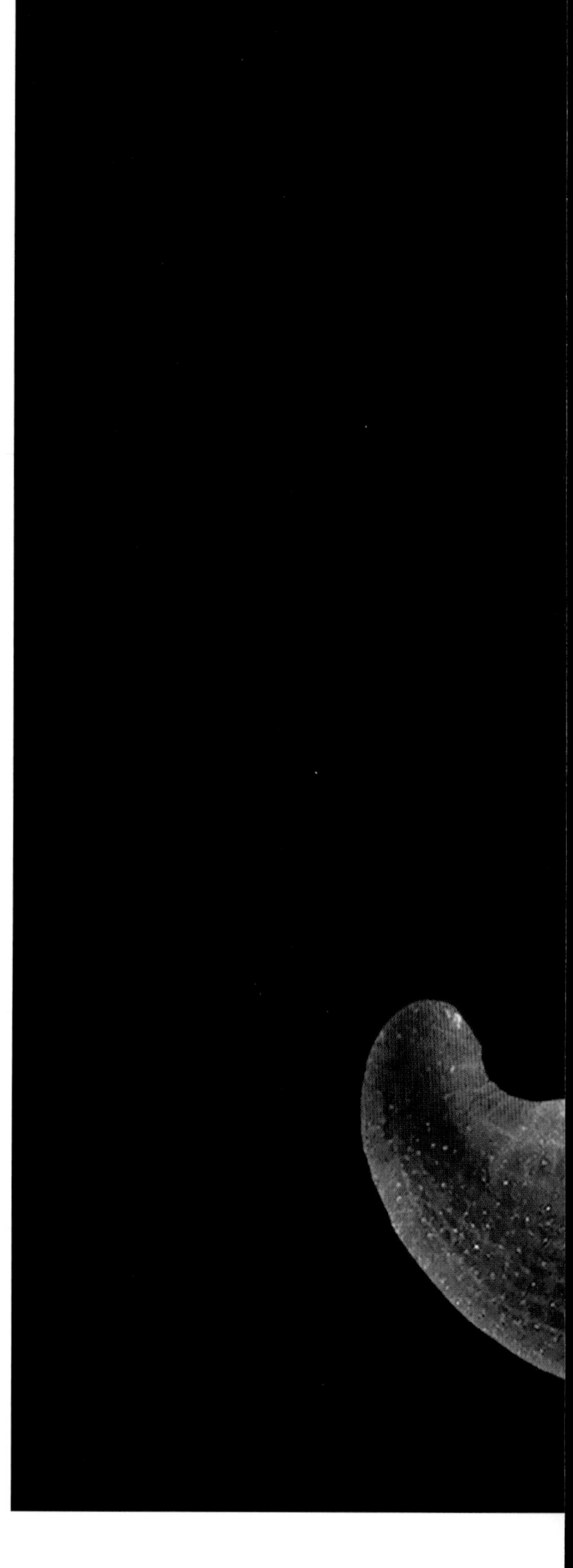

**플랑크톤성 후새류**
대양의 무각익족류, 유각익족류, 기타 후새류는 날개처럼 생긴 살덩어리인 옆다리로 추진력을 얻는다. 가장 큰 무각익족류인 무각거북고둥(*Clione limacina*)의 크기는 3센티미터 이하이다. 옆다리를 펄럭여 움직임에도 불구하고 해류를 거스르지 못하기 때문에 플랑크톤으로 분류된다.

# 넥톤과 플랑크톤

넥톤이라고 불리는 많은 수생동물들은 유영동물로서 해류를 거슬러 헤엄칠 수 있다. 그러나 플랑크톤이라고 불리는 다른 동물들은 해류를 따라 흘러다닌다. 점성이 높은 물 때문에 인간이 시럽 속에서 헤엄치는 것 같은 효과가 나타나므로, 근력이 없는 작은 동물들은 대개 이리저리 떠다니는 플랑크톤이 된다. 플랑크톤 중에는 어류와 게의 유생들도 있지만 평생 떠다니며 사는 동물들도 있다.

**플랑크톤의 생활**
대부분 몸길이가 1밀리미터 미만인 갑각류인 요각류(오른쪽)는 해수와 담수 서식지에서 발견되는 동물성 플랑크톤이다. 많은 요각류가 가늘고 긴 더듬이처럼 생긴 부속지를 뒤로 휘둘러 물속에서 점프한다. 이러한 기민한 움직임으로 기력을 소모하지 않고 물의 점성을 극복할 수 있으며 비슷한 크기의 동물 중에서 가장 빠르고 강력한 동물이 되었다.

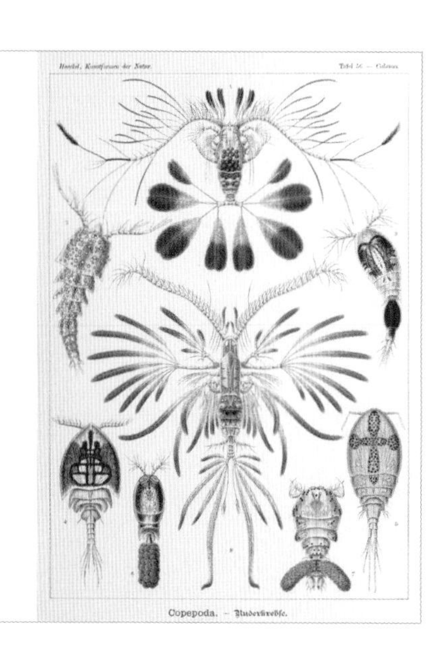

**떠다니는 포식자**
파란갯민숭달팽이는 표면 장력을 이용해서 등으로 떠다니며 자기보다 큰 푸른우산관해파리류에 붙어 잡아먹는다. 돌기 끝의 진한 푸른색은 아마 먹이의 푸른 색소에서 왔을 것이다.

*Glaucus atlanticus*

# 파란갯민숭달팽이

약한 힘으로 헤엄치는 파란갯민숭달팽이(*Glaucus atlanticus*)는 대부분의 시간을 대양에서 거꾸로 떠다니며 보낸다. 주로 독성이 강한 작은부레관해파리를 잡아먹는다. 3센티미터 길이밖에 안 되는 이 작은 포식자는 덩치가 더 큰 먹이인 작은부레관해파리보다 독성이 더 심하다.

블루엔젤이나 바다제비라는 별명으로도 불리는 파란갯민숭달팽이는 나새류의 일종이다. 다른 후새류와 마찬가지로 패각이 없는 바다달팽이 종류로서 부드러운 몸을 가지고 있으며 이빨과 유사한 치설로 먹이를 찢어서 먹는다. 그러나 해저에 사는 친척들과 달리 파란갯민숭달팽이는 표영성으로, 전 세계의 온대와 열대 대양의 수면 근처에서 발견된다.

몸의 측면에 돋아 있는 부채 모양의 돌기 즉 '날개' 때문에 블루드래곤이라고도 불린다. 대개 나새류의 돌기는 등에서 자라지만 파란갯민숭달팽이의 돌기는 짤막한 팔다리를 닮은 부분에 자란다. 부속지들과 돌기를 팔다리와 손가락처럼 움직여서 먹이를 향해 약하게 나마 헤엄칠 수 있다. 그러나 주된 이동은 위장 속의 공기 주머리를 이용해 부유하는 방식을 취한다. 이 공기 주머니와 돌기들의 넓은 표면적 덕분에 쉽게 물에 뜰 수 있으며 바람과 파도가 이끄는 대로 움직인다. 카운터쉐이딩으로 몸을 보호하는데, 뒤집혀서 물에 떠 있을 때는 어두운 은청색 배를 물과 구별하기 어려워 하늘 위의 포식자의 눈을 피할 수 있다. 색이 연한 등은 물속의 포식자가 하늘과 구별하기 어려워 좋은 위장 수단이 된다.

**촉수가 달린 드래곤**
작은부레관해파리의 촉수는 파란갯민숭달팽이가 가장 좋아하는 먹이이다. 파란갯민숭달팽이는 작은부레관해파리의 자포를 온전한 상태로 삼킨 다음 돌기 끝부분의 특수한 주머니에 모아서 방어용 무기로 활용한다.

# 물고기의 헤엄

어류는 몸통을 흔들거나 부속지를 진동시켜 앞을 향해 헤엄친다(50, 259쪽 참조). 그러나 물속의 넓은 3차원 공간에서 이동을 하기 위해서는 추진력 이상의 것이 필요하며, 똑바른 자세를 유지하면서 수평과 수직 방향의 움직임을 제어해야 한다. 물고기의 몸이 가라앉지 않도록 부력도 반드시 필요하다. 상어는 지방 조직에서 부력을 얻지만 대부분의 경골어류는 공기가 채워진 부레를 이용한다.

### 바닥 생활

16세기에 그려진 이 그림 속의 모케(*Lota lota*)처럼 장어를 닮은 물고기들은 바닥에 생활함으로써 헤엄에 관련된 문제들을 피할 수 있었다. 몸길이가 짧은 물고기들에 비해서 긴 몸을 물결치듯 움직이므로 마찰력을 크게 받게 되지만 느린 속도로 헤엄치는 것이 굴속이나 틈새 생활에 더 유리하다.

**비늘이 있는** 유선형의 몸은 물고기가 물속에서 전진할 때 마찰을 감소시킨다.

**둘씩 짝을** 이루고 있는 지느러미들이 좁은 곳을 지날 때 방향을 바꾸고 자세를 유지하거나 중층수에서 위치를 고정하는 것을 보조한다.

**등지느러미는** 물고기가 옆으로 쓰러지는 것을 방지해 물속에서 똑바른 자세를 유지하도록 돕는다.

**가슴지느러미는** 짧은 도약이나 해저에서 몸을 정지시키는 기능을 한다.

### 헤엄칠 때 지느러미의 역할

물고기의 등지느러미와 뒷지느러미는 물고기가 옆으로 쓰러지지 않도록(롤, roll) 중심을 잡아준다. 짝을 이루고 있는 가슴지느러미와 배지느러미는 몸이 앞으로 쏠리거나(피치, pitch) 좌우로 기울지 않게(요, yaw) 유지한다. 지느러미의 위치를 바꿈으로써 물고기가 방향 전환을 할 수 있다.

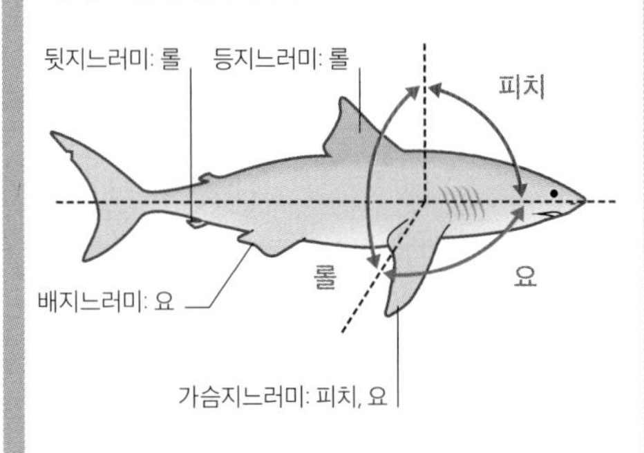


상어지느러미가 움직임을 제어하는 방식

**헤엄치기와 잠수하기**

상어, 다랑어 기타 대양에서 헤엄치는 물고기들은 근육질의 몸통을 물결처럼 움직여 추진력을 얻지만, 스팟만다린(*Synchiropus picturatus*)은 가슴지느러미를 휘저어서 움직인다. 이러한 방식은 짧은 도약 방식이 이동에 유리한 산호초 아래의 생활에 적응된 것이다. 스팟만다린에서는 부레가 작거나 아예 없기 때문에 부력을 받지 못하고 앞으로 움직이지 않으면 가라앉지만 가슴지느러미를 움직여서 위로 이동할 수 있다.

**꼬리지느러미는** 몸통과 마찬가지로 중층수에 사는 물고기보다 헤엄칠 때 적은 역할을 한다.

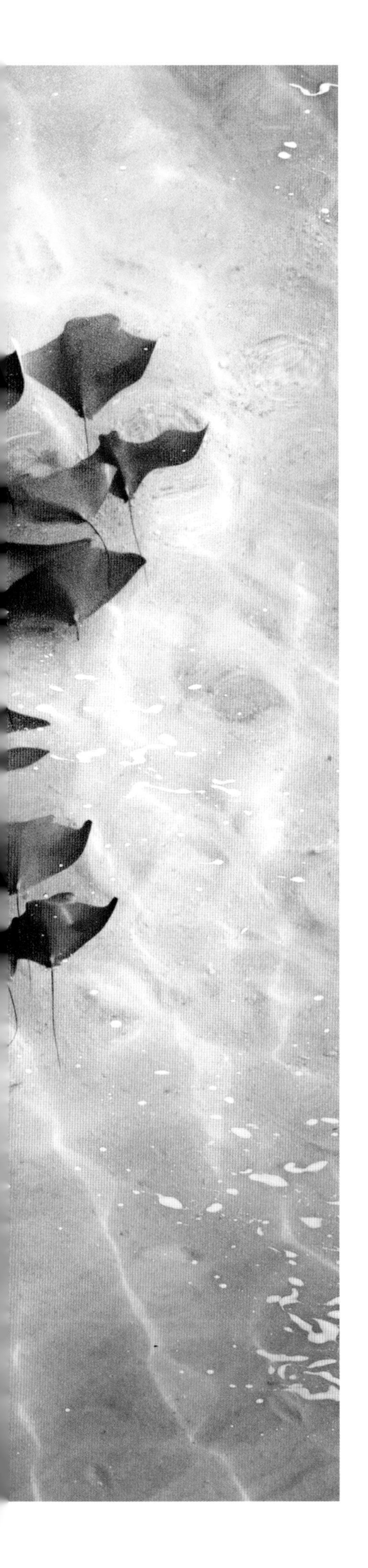

### 거대 가오리

소코가오리는 마름모꼴의 몸에 둥글납작하게 툭 튀어나온 머리를 가지고 있으며 가장 큰 가오리 종류에 속한다. 대륙붕 위의 따뜻한 바다나 강어귀, 해안 주변에서 느리게 헤엄친다. 오만소코가오리(*Rhinoptera jayakari*)는 좌우 너비가 90센티미터에 이르며 비교적 짧은 채찍 모양의 꼬리가 달렸다. 사진에서 보이는 것처럼 많은 수가 모여 다니는 일이 잦다.

**쥐가오리의 도약**
쥐가오리처럼 대형 지느러미를 가진 몇몇 종(*Mobular* sp.)은 화려하게 물 위로 도약하기도 한다. 이 행동이 기생충을 떨어뜨리기 위함인지 사회적 신호인지 여부는 분명하지 않다.

# 물속의 날개

모든 어류는 추진력을 필요로 한다. 가오리의 추진력은 납작한 몸통의 머리에서 끝부분까지 이어져 있는 돌출된 커다란 가슴지느러미에서 나온다. 작은 가오리들은 가슴지느러미 가장자리에 잔잔한 파문을 일으키는 섬세한 움직임에 의해 헤엄치지만(이들은 중층수에서 정지할 수도 있다.) 대형 가오리들은 가슴지느러미를 날개처럼 펄럭여서 대양 속을 날아다닌다.

### 전방 추진

일부 어류들은 몸통의 일부를 흔들어서 추진력을 얻는다(주황색으로 표시). 전갱이와 갈전갱이는 몸통 자체를 흔들어서 지느러미를 펄럭이는 가오리보다 빠르게 헤엄친다. 몸의 일부를 앞뒤로 진동시켜 움직이는 어류도 있다. 복어는 단단하게 무장된 몸을 가지고 있어서 꼬리지느러미를 휘둘러 추진력을 얻는 반면 놀래기는 가슴지느러미로 물을 저어서 움직인다.

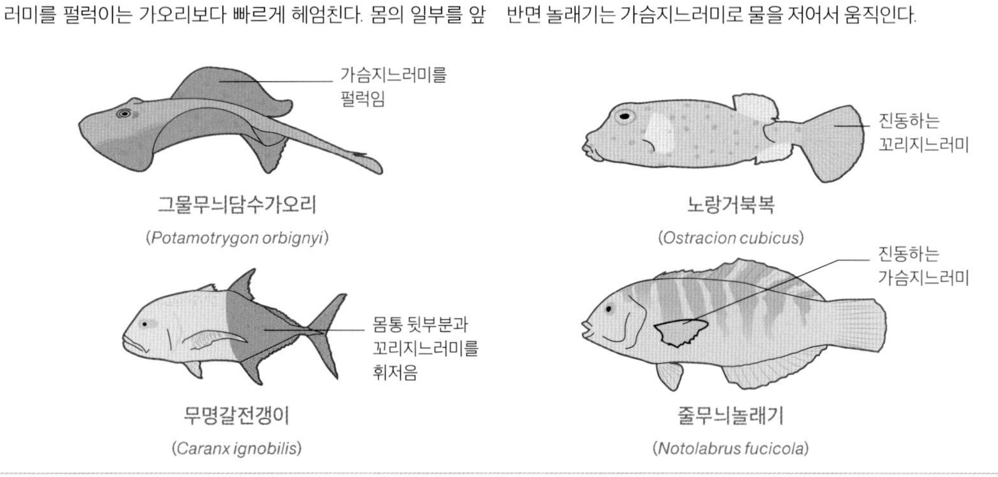

# 물고기의 지느러미

지느러미는 물고기가 헤엄칠 때 방향을 제어하는 기능을 하며(259쪽 참조), 꼬리지느러미는 몸통을 파도처럼 움직일 때 받는 힘을 증가시켜 더 많은 추진력을 받을 수 있게 한다. 해마(262~263쪽 참조)와 같은 많은 물고기들은 헤엄칠 때 전적으로 지느러미에 의존한다. 가장 눈에 띄게 돌출된 지느러미는 꼬리지느러미와 등지느러미, 그리고 쌍을 이루는 가슴지느러미와 배지느러미이다.

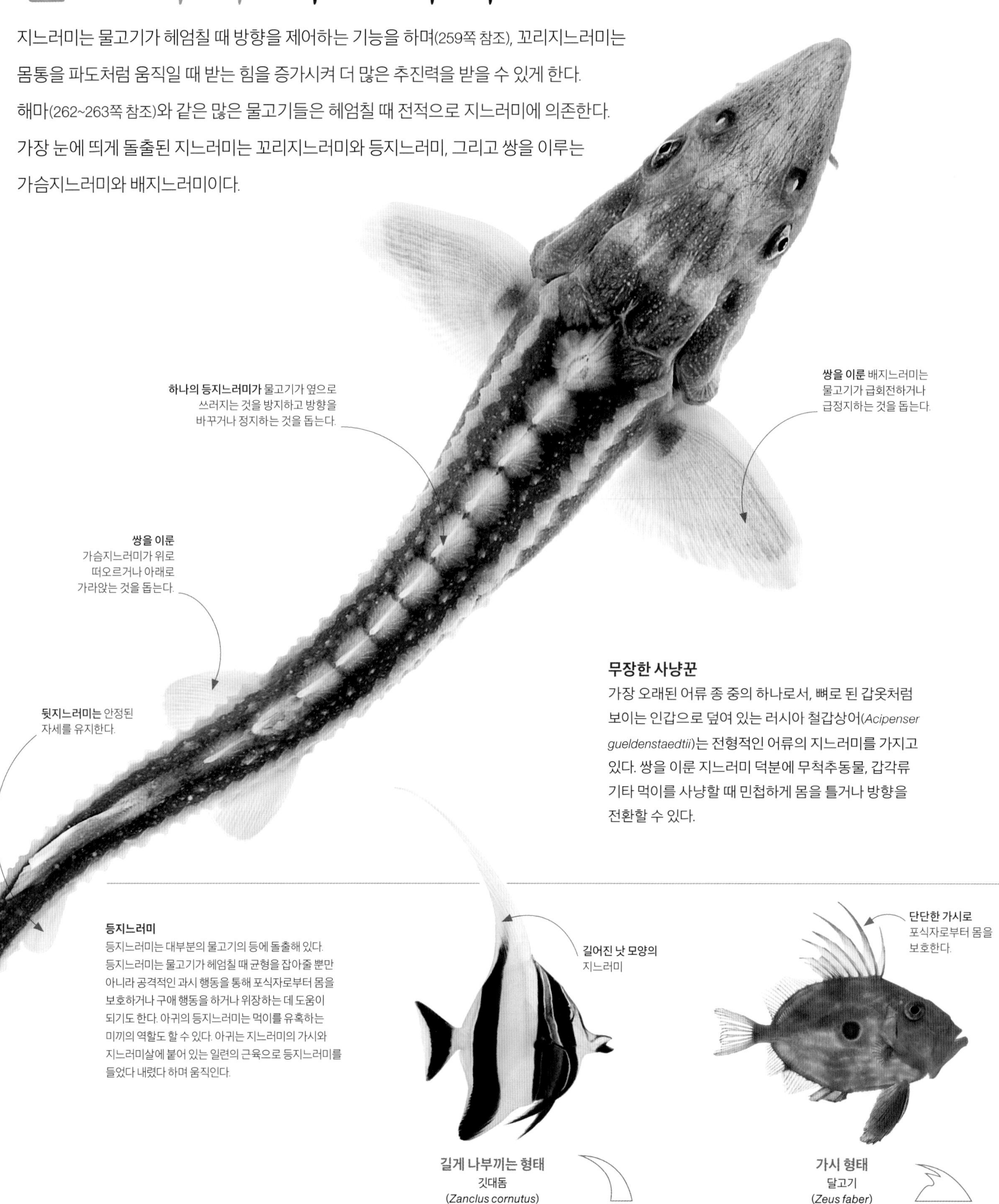


### 무장한 사냥꾼

가장 오래된 어류 종 중의 하나로서, 뼈로 된 갑옷처럼 보이는 인갑으로 덮여 있는 러시아 철갑상어(*Acipenser gueldenstaedtii*)는 전형적인 어류의 지느러미를 가지고 있다. 쌍을 이룬 지느러미 덕분에 무척추동물, 갑각류 기타 먹이를 사냥할 때 민첩하게 몸을 틀거나 방향을 전환할 수 있다.

**등지느러미**

등지느러미는 대부분의 물고기의 등에 돌출해 있다. 등지느러미는 물고기가 헤엄칠 때 균형을 잡아줄 뿐만 아니라 공격적인 과시 행동을 통해 포식자로부터 몸을 보호하거나 구애 행동을 하거나 위장하는 데 도움이 되기도 한다. 아귀의 등지느러미는 먹이를 유혹하는 미끼의 역할도 할 수 있다. 아귀는 지느러미의 가시와 지느러미살에 붙어 있는 일련의 근육으로 등지느러미를 들었다 내렸다 하며 움직인다.

**길게 나부끼는 형태**
깃대돔
(*Zanclus cornutus*)

**가시 형태**
달고기
(*Zeus faber*)

**꼬리지느러미**

대부분의 물고기는 몸통과 꼬리지느러미를 움직여서 추진력을 얻는다. 물고기의 꼬리 모양을 보면 그 물고기가 어디에서 어떻게 생활하는지 짐작할 수 있다. 갈라지지 않은 둥글거나 곧은 꼬리는 주로 얕은 곳에서 느리게 헤엄치는 물고기에서 나타나는 반면 초승달 모양이나 갈라진 모양의 꼬리는 대양이나 깊은 물에서 빠르게 또는 멀리 헤엄치는 종에서 나타난다.

**둥근 형태**
마룬 클라운피시
(*Premnas biaculeatus*)

**초승달 형태**
대서양참다랑어
(*Thunnus thynnus*)

**갈라진 형태**
붉은개복치
(*Lampris guttatus*)

**오목한 형태**
큰입우럭
(*Micropterus salmoides*)

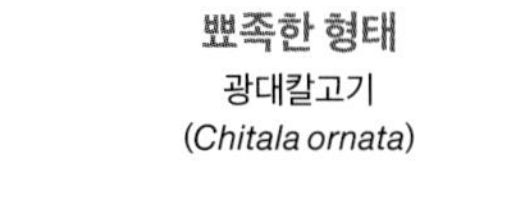

**뾰족한 형태**
광대칼고기
(*Chitala ornata*)

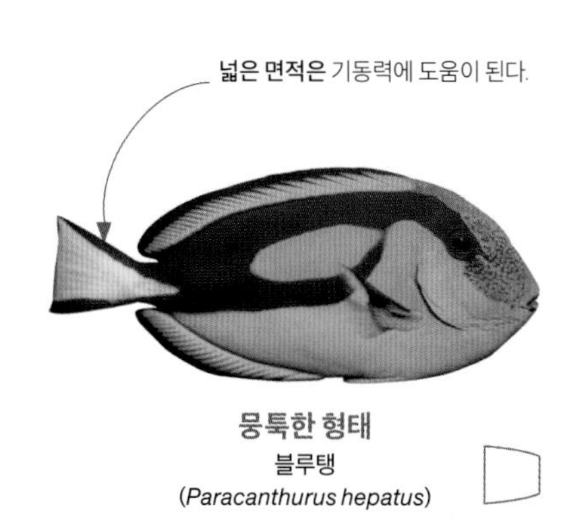


**뭉툭한 형태**
블루탱
(*Paracanthurus hepatus*)

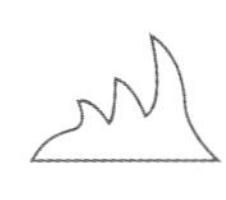

**고정용 등지느러미**
여왕파랑쥐치
(*Balistes vetula*)

**길게 이어진 형태**
파우더 블루탱
(*Acanthurus leucosternon*)

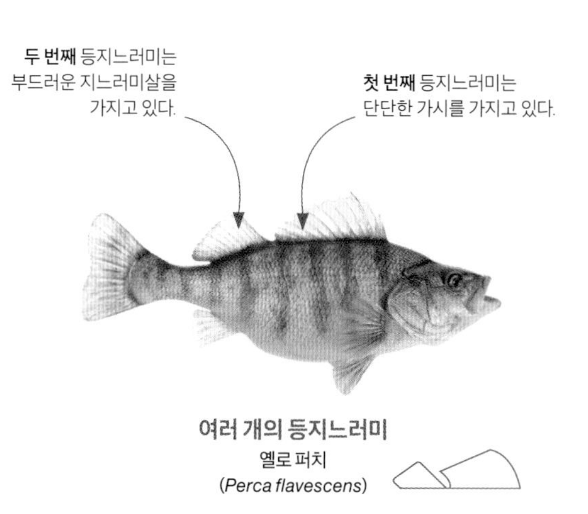


**여러 개의 등지느러미**
옐로 퍼치
(*Perca flavescens*)

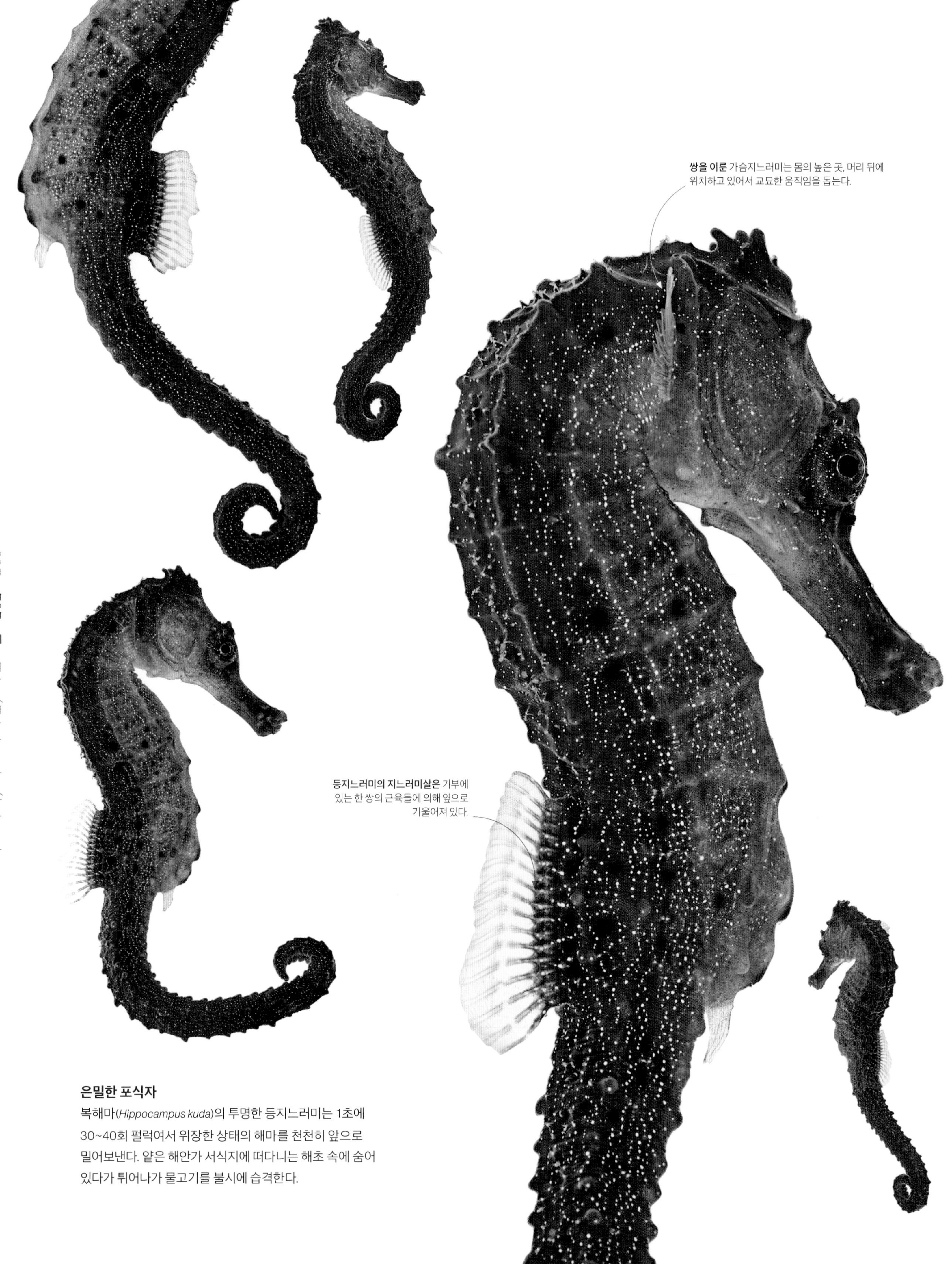


**은밀한 포식자**

복해마(*Hippocampus kuda*)의 투명한 등지느러미는 1초에 30~40회 펄럭여서 위장한 상태의 해마를 천천히 앞으로 밀어보낸다. 얕은 해안가 서식지에 떠다니는 해초 속에 숨어 있다가 튀어나가 물고기를 불시에 습격한다.

# 등지느러미로 헤엄치기

다른 물고기들이 앞으로 달릴 때 해마는 보이지 않는 힘에 의해 해안의 수초와 산호 사이를 미끄러지듯이 떠다닌다. 해마의 수직으로 선 몸통과 앞을 향한 머리는 뼈로 된 고리들로 무장하고 있다. 지느러미가 없는 독특한 꼬리만이 매우 유연하게 움직일 수 있어서 헤엄치는 것을 돕는 대신 식물의 줄기를 말아쥐고 매달리는 데 사용된다. 추진력을 제공하는 것은 펄럭이는 등지느러미이고, 가슴지느러미는 방향 조종에 사용된다.

*Hirundichthys affinis*

# 네날개날치

바다의 포식자로부터 탈출할 때 네날개날치(*Hirundichthys affinis*)는 뚜렷한 이점을 가지고 있다. 네날개날치는 물 밖에서 최대 시속 72킬로미터의 속도를 낼 수 있고 한 번에 최대 400미터를 활강할 수 있으며 활강 중에 방향과 고도를 변경할 수도 있다.

열대와 온대의 대양에 서식하는 약 65종의 날치들은 '날개'의 개수에 따라 두 부류로 나뉜다. 모든 날치는 물 위를 활강할 수 있도록 2개의 거대하게 확장된 가슴지느러미, 유선형의 몸, 그리고 한쪽이 더 크게 비대칭형으로 갈라진 꼬리를 가지고 있다. 네날개날치처럼 4개의 날개를 가진 종들은 대서양의 동부와 북서부, 멕시코 만, 카리브 해에 서식하며 배지느러미까지 확장되어 있다. 이 두 번째 날개들은 2장의 날개를 가진 친척들보다 우월한 기체 역학적 특성을 제공한다.

새나 박쥐와 달리, 날치들은 적극적으로 날개를 퍼덕이지 않고 확장된 가슴지느러미 표면에 의지해 몸을 띄운 상태로 활강한다. 네날개날치와 4개의 날개를 가진 다른 종의 배지느러미는 비행기의 수평 꼬리 날개와 같이 균형을 잡고 피치를 제어하는 기능을 갖는 용도로 진화한 것 같다. 배의 날개는 날치의 몸길이 때문일 수도 있는데, 날치의 몸길이는 약 15~50센티미터이며 네날개날치처럼 4개의 날개를 가진 종들이 2개의 날개를 가진 종들보다 대체로 길다. 4개의 날개를 가진 종들만이 공중에서 방향을 바꿀 수 있다.

비행을 위해서 네날개날치는 수면을 향해 최대 시속 36킬로미터로 헤엄친다. 초당 50회를 움직이는 꼬리가 물고기의 몸을 물 위로 밀어 올리면, 가슴지느러미가 펼쳐지면서 활강을 시작한다. 날치는 수온이 섭씨 20~23도 이상인 곳에서 발견되는데, 전문가들은 날치의 근육이 더 차가운 온도에서는 이륙할 수 있을 정도로 빠르게 수축하지 못하기 때문이라고 믿고 있다.

**비행의 연장**

날치들은 꼬리부터 다시 물에 들어가게 되는데, 꼬리지느러미의 큰 쪽이 물에 닿을 때마다 꼬리를 빠르게 털어서(활주 행동이라고 부른다.) 여러 번 비행 시간을 연장한다. 공기 중에서는 안정성을 위해서 꼬리를 높이 들고 있다.

**날치의 프레스코화**
고대로부터 인간은 날치에 매료되어 영감을 받아 왔다. 지중해 밀로스 섬의 필라코피 유적지에 발견된 미노아의 프레스코화는 기원전 2500년 전후의 것이다.

**이 프레스코화에는**
2개의 날개를 가진 날치가 그려져 있다.

**독침을 가진 물고기**
비상쏠베감펭(*Pterois volitans*)은 모든 방향을 향해 뻗쳐 있는 18개의 독 가시로 무장하고 있다. 이 독은 불타는 듯한 통증을 야기하며 신경독이기 때문에 신경과 근육의 기능을 방해해 심장 박동을 늦추고 근육 마비를 초래한다.

**뒷지느러미의 앞쪽** 가장자리에 3개의 독 가시가 있다.

# 독 가시

현존하는 거의 모든 물고기들은 피부 표면의 안쪽에서부터 자라기 시작해 성체가 되면 깊은 곳에 기부를 두고 몸 밖으로 부채살처럼 뻗어 있는, 뻣뻣하면서도 유연한 지느러미살에 의해서 구조적으로 지지되는 지느러미를 가지고 있다. 그러나 일부 종에서는 지느러미의 앞부분이 더 단단한 골질의 가시의 형태로 강화되어 있다. 이 가시들은 단독으로 포식자로부터 물리적으로 몸을 보호하기도 하지만, 양볼락과의 몇몇 종에서는 좀 더 나아가서 독을 주입하는 무기로 가시를 사용하기도 한다. 이들이 생산하는 독은 동물계에서 가장 치명적인 독 혼합물에 속한다.

**독 운반하기**

쏠베감펭의 독 가시의 단면을 보면 긴 골질의 가시의 양쪽에 깊은 홈이 파여 있고 그 안에 한 쌍의 긴 독샘이 있으며 해면질의 껍질로 싸여 있다. 가시가 먹이의 살을 뚫으면 부드러운 피부가 뒤로 말리면서 충격에 의해 분비된 독이 상처 속으로 흘러 들어간다.

독샘
골질의 중심부
피부가 독을 감싸고 있다.
먹이를 관통하기 전의 가시

표피가 벗겨져 나간다.
독이 분비된다.
먹이를 관통한 후의 가시

숨어 있는 위험
산호초쏨뱅이(Synanceia verrucosa)는 인간에게 치명적일 수 있는 독을 가지고 있다. 이 물고기는 산호초 아래에 완벽하게 위장하고 있으며 대부분의 사고는 다이버가 쏨뱅이의 독이 있는 등지느러미를 우연히 밟아서 발생한다.
울퉁불퉁한 피부와 화사한 색상으로 산호초에서 위장하고 있다.
등지느러미의 뒷부분은 독이 없다.
13개의 줄무늬가 있는 가시로 구성된 등지느러미는 쏠베감펭의 대부분의 독을 담고 있다.
가슴지느러미는 줄무늬의 경계색을 드러내기 위해 확장되어 있지만 독 가시는 없다.
2개의 배지느러미의 앞부분에 독 가시가 있다.

**코끼리 모자이크**
로마 인들은 코끼리를 가축으로서, 전투용으로서, 이국적인 동물로서 귀하게 여겼다. 말, 곰과 함께 그려진 모자이크화의 일부인 이 코끼리는 튀니지 오드나에 있는 '라베리의 집'의 2세기 또는 3세기에 만들어진 바닥 모자이크 속의 것이다.

명화 속 동물들

# 풍요의 제국

옛 로마 제국의 구석구석에 남아 있는 생생한 프레스코화와 모자이크화들은 자연의 풍요로움이 쉽게 받아들여졌음을 보여 준다. 탁자에 그려진 물고기와 동물들, 이국적인 애완동물들, 성스러운 존재들, 사냥과 서커스 장면을 그린 그림들은 자연계의 풍요로움을 찬양하는 것이다. 그러나 현실의 로마 인들은 동물의 복지를 완전히 무시했다.

로마 시대의 인테리어 디자이너들은 집주인인 귀족의 부와 지위를 과시하는 프레스코화와 모자이크화로 벽과 바닥을 장식하기 위해 고용된 이름 없는 공예가와 화가들이었다. 공중 목욕탕과 민가의 장식으로는 대형 바다동물이 선호되었으며, 신선한 굴과 생선이 담긴 연못이 제공되어 즉석에서 음식을 준비할 수 있었다. 장인들의 가장 뛰어난 작품들에서는 돔발상어와 가오리에서 도미와 배스에 이르기까지 종을 알아볼 수 있도록 그려졌다. 몇몇 빌라에는 나폴리 만에서 집 안의 연못까지 바닷물을 실어오는 도랑이 있었다.

**공작새의 프레스코화**
로마 인들은 인도에서 공작새를 수입해 주노 여신의 성스러운 동물로서, 부를 과시하기 위한 이국적인 애완동물로서, 심지어는 연회에서 내는 진귀한 음식으로 사용하기 위해 사육했다. 울타리 위의 화사한 공작새는 이탈리아 폼페이 것으로 추정되는 프레스코 벽화 파편(기원전 63~기원후 79년)에 그려진 것을 복원한 것이다.

로마의 예술 작품에 나타난 코끼리의 대부분은 현재 멸종한 북아프리카 코끼리의 크기가 작은 아종으로 생각된다. 좀 더 크기가 큰 인도 코끼리는 전쟁에서 병사를 실어 날랐던 것으로 보인다. 시칠리아의 모자이크화를 보면 인도와 아프리카에서 표범, 사자, 호랑이, 코뿔소, 곰, 다른 동물들과 함께 수백 마리의 코끼리가 포획되어 왔음을 알 수 있다. 이들은 배로 운송되어 공중에 전시되거나 원형 극장 내에서의 사냥, 즉 베나티오에 동원되었다.

**바다 생물**
이탈리아 폼페이 유적에서 복원된 1세기경의 모자이크화는 나폴리 주변의 풍요로운 바다를 미식가의 관점에서 묘사한 것이다. 통통한 물고기와 조개류, 장어, 그리고 중앙의 가재와 문어의 생사를 건 싸움을 그린 광경은 이 그림이 발견된 '파우누스 저택'의 메뉴판처럼 보인다.

> “문명화된 인간이 사냥창을 들고 고결한 짐승이 달리는 것을 볼 때에 찾을 수 있는 즐거움이란.”
>
> **키케로, 『친구들에게 쓴 편지』, 기원전 62~43년**

# 해저를 걸어다니기

몇몇 바닷물고기들은 대양에서 헤엄치는 것을 포기하고 해저 생활에 정착했다. 많은 경우에 이들의 지느러미는 해저 생활에 맞게 진화해, 중층수에서 몸을 제어하기보다는 해저를 걸어다니는 데 사용된다. 쌍을 이룬 가슴지느러미와 배지느러미는 좀 더 단단해져 물고기의 체중을 지탱한다. 이들은 끝부분이 더 넓어서 지느러미보다는 발처럼 기능한다. 씬벵이와 그의 친척인 심해 아귀들의 가슴지느러미는 팔꿈치처럼 각이 져 있어서 더 유연하다.

**손 모양의 지느러미**
씬벵이의 가슴지느러미에 있는 손가락 모양의 골질의 지느러미살은 지느러미 밖으로 돌출해 있어서 해저에서 견인력을 증가시키는 데 도움이 된다.

**바위 속의 광대**
석산호의 기부에 있는 해면동물들 사이에 완벽하게 위장하고 있는 무당씬벵이(*Antennarius maculatus*)는 대양에서 헤엄치는 물고기들과 달리 느리고 둔중하지만 해저를 기어다니는 능력이 있다. 무당씬벵이는 깃발처럼 생긴 미끼를 이용해 작은 물고기를 입속으로 유인한다.

**느리게 움직이는** 씬벵이의 우둘투둘하고 화려한 색의 피부는 산호, 해면, 해초 사이에 몸을 감추는 데 도움이 된다.

**가슴지느러미의** 유연한 '팔꿈치'는 발 모양의 지느러미가 좀 더 잘 걷기 위해 구부러질 수 있음을 의미한다.

## 다리 역할을 하는 지느러미

몇몇 어류의 지느러미는 걷는 데 도움이 되는 여러 가지 방식을 진화시켜 왔다. 배지느러미는 물고기의 자세를 안정화시키기 위해 몸 앞쪽에 더 가깝게 위치하고, 가슴지느러미는 다리처럼 길어졌다. 물 밖에서 많은 시간을 보내는 말뚝망둥어는 주로 가슴지느러미로 걸으며 빨판처럼 생긴 배지느러미로 균형을 잡는다. 씬벵이는 2쌍의 지느러미가 모두 다리처럼 생겼으며 걸을 때 최대의 추진력을 얻기 위해 전부를 사용해서 사지동물처럼 걷는다.

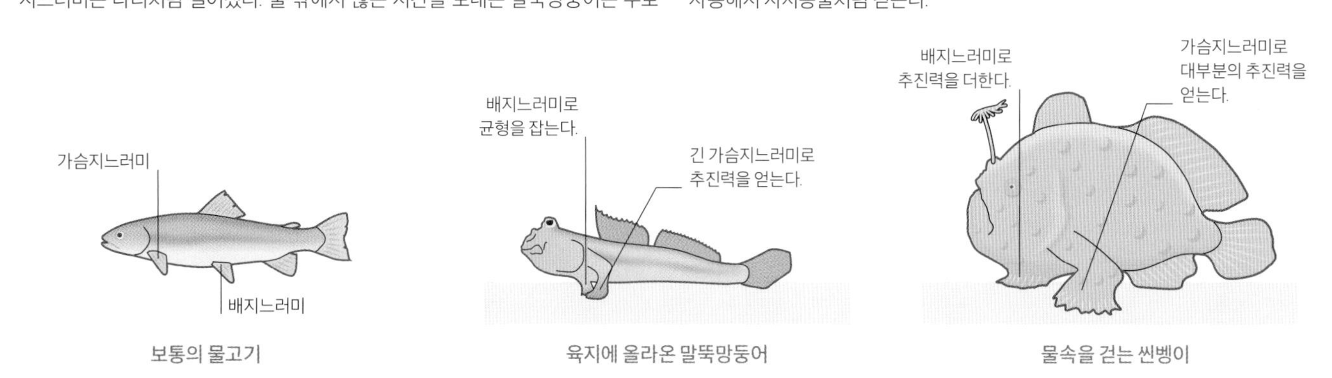

# 물속으로 돌아가다

단단하고 물에 젖지 않는 피부를 가진 파충류는 대부분 육상에서 진화했지만, 많은 파충류들이 조상들이 살던 물속 서식지로 돌아갔다. 바다거북의 적응은 사실상 완료되었으며, 1종의 담수거북과 함께 완벽하게 변형된 지느러미발을 가진 유일한 파충류가 되었다. 이들은 산란할 때만 육지에 올라온다.

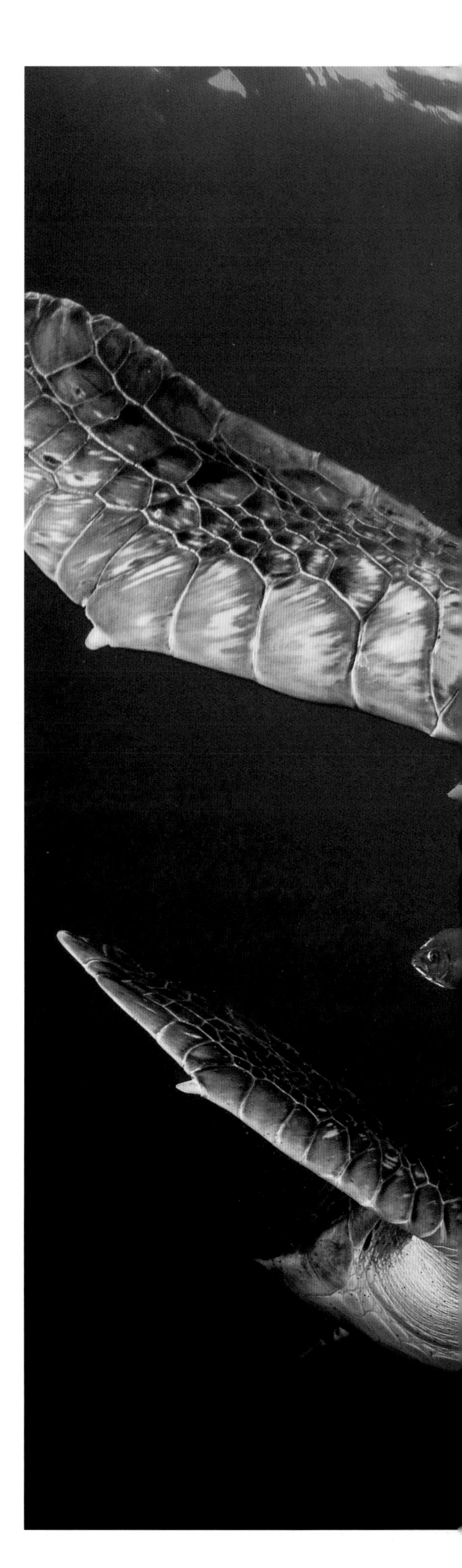

**바다를 유영하다**

다른 바다거북과 마찬가지로 푸른바다거북(*Chelonia mydas*)은 지느러미발로 물을 저어서 몸을 앞으로 밀어내는 방식으로 헤엄친다. 위로 젓기와 아래로 젓기 모두 추진력을 발생시키며 물갈퀴가 있는 뒷발은 방향타의 역할을 한다.





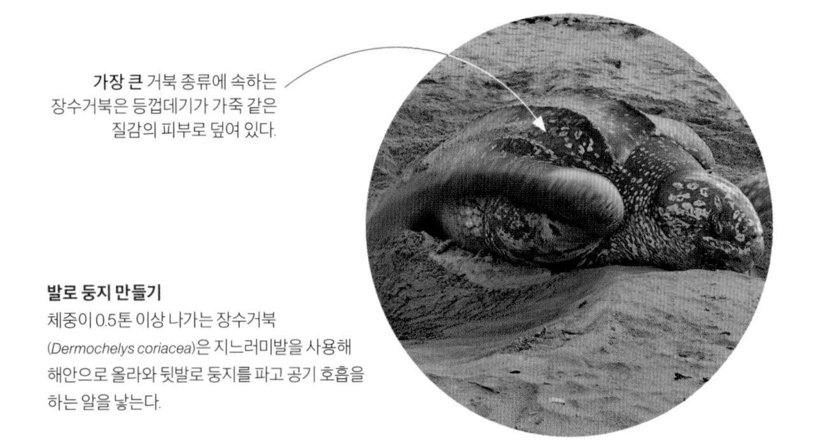

**가장 큰** 거북 종류에 속하는 장수거북은 등껍데기가 가죽 같은 질감의 피부로 덮여 있다.

**발로 둥지 만들기**

체중이 0.5톤 이상 나가는 장수거북(*Dermochelys coriacea*)은 지느러미발을 사용해 해안으로 올라와 뒷발로 둥지를 파고 공기 호흡을 하는 알을 낳는다.

**수렴 진화**

유전적으로 가깝지는 않지만, 헤엄쳐 다니는 서로 다른 척추동물들은 상어나 다른 어류의 지느러미와 같은 유체 역학적 형상을 갖는 지느러미발을 진화시켰다. 거북과 돌고래는 걸어다니는 조상들로부터 진화했지만, 펭귄의 지느러미팔은 날개가 변형된 것이다.

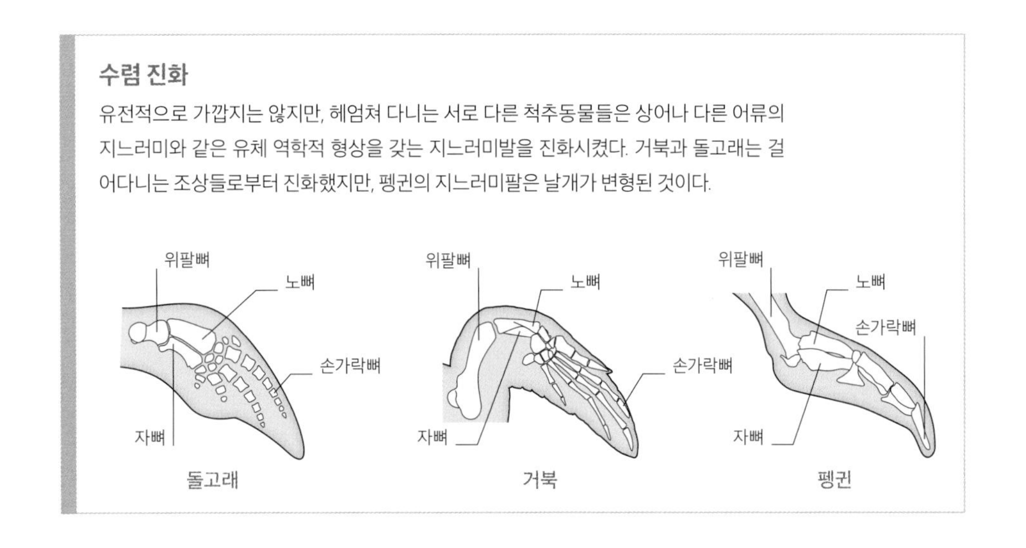

**특출한 힘**
고래의 꼬리에는 뼈가 없으며 척주가 꼬리의 기부에서 끝난다. 뼈가 없는 거대한 노를 위아래로 힘차게 저어서 물을 박차고 고래의 거대한 몸을 앞으로 밀어보낸다.

# 고래의 꼬리

고래목에 속하는 돌고래와 고래는 수중 생활에 가장 잘 적응한 포유류이다. 어리를 닮은 이들의 몸은 마찰력을 최소화하는 유선형이고, 앞다리는 지느러미팔로 변형되어 몸의 균형을 잡아준다. 그러나 이들이 앞으로 나아가도록 추진력을 제공하는 것은 거대한 꼬리이다. 꼬리의 날 부분은 단단한 결합 조직 덩어리로 구성되어 있으며 병렬 연결된 질긴 콜라겐 단백질 다발로 강화되어 있다.





**수평 꼬리**
바다소목에 속하는 매너티와 듀공은 고래목과 유사한 적응을 가진 수생 포유류이다. 이들은 꼬리를 좌우로 움직이는 어류와 달리 고래처럼 수평 꼬리를 위아래로 움직여서 전진한다. 듀공은 고래처럼 오목한 꼬리를 가지고 있지만, 매너티는 주걱 모양의 꼬리를 진화시켰다.

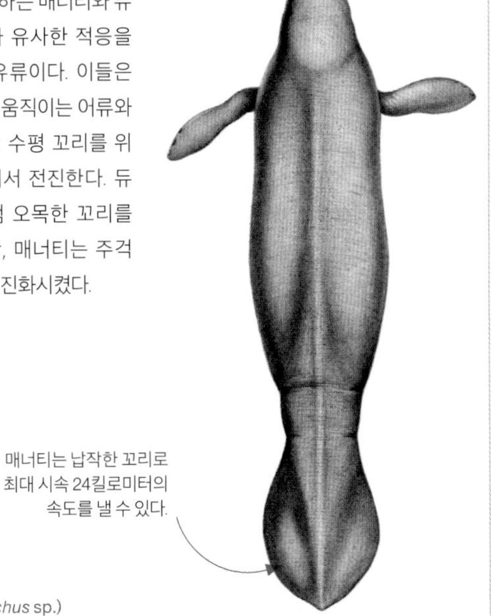


매너티(*Trichechus* sp.)

# 날개와 익막

**날개.** 새와 박쥐의 2개의 변형된 팔, 곤충의 가슴 큐티클이 연장된 부위. 또는 날원숭이나 날다람쥐의 피부막을 포함해 에어포일처럼 작용해 몸을 뜨게 하는 모든 구조물.

**익막.** 손발가락과 사지 사이의 막과 피부 주름을 포함하며 동물이 천천히 하강할 수 있도록 공기 저항을 최대화하는 모든 구조물.

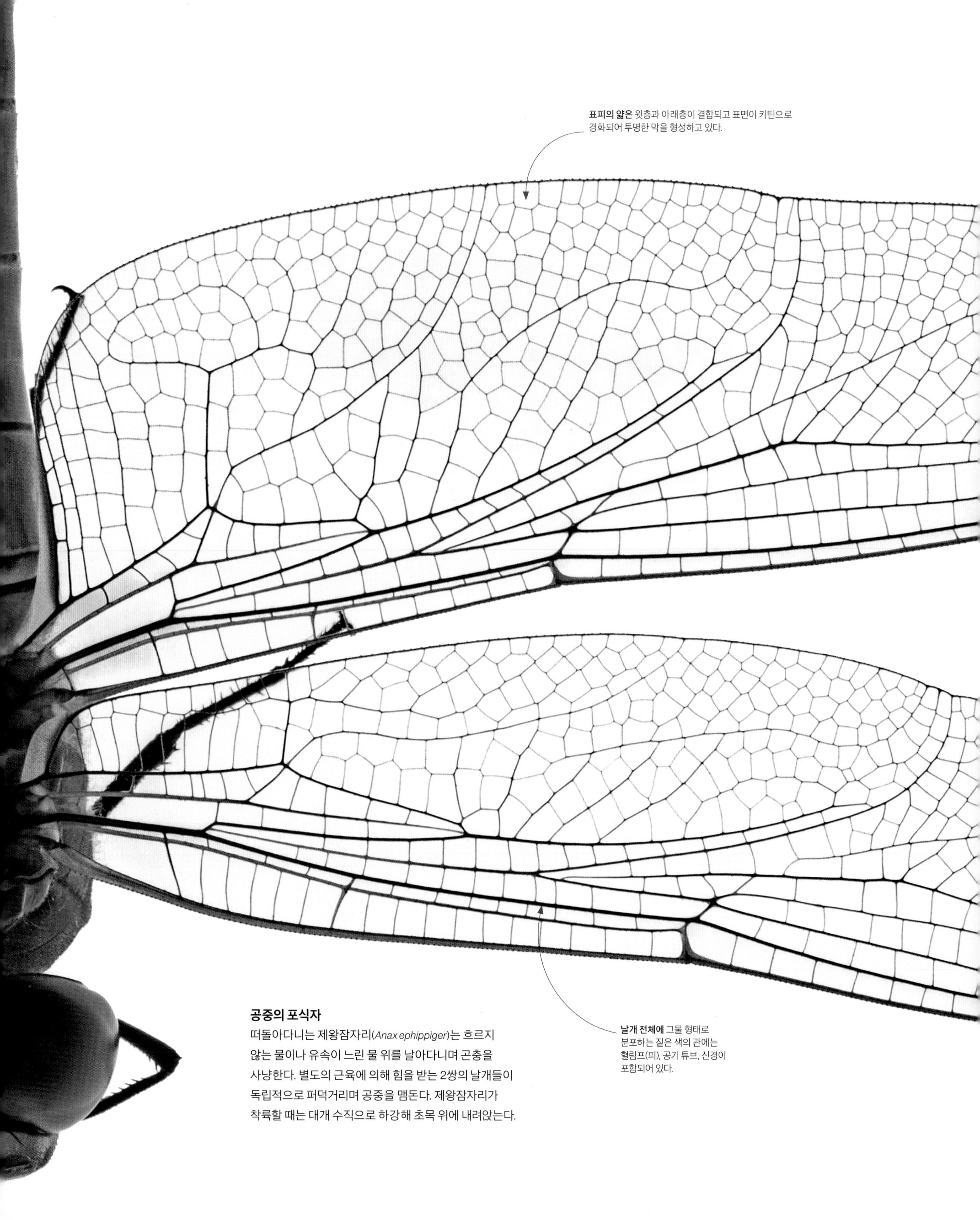


**공중의 포식자**

떠돌아다니는 제왕잠자리(*Anax ephippiger*)는 흐르지 않는 물이나 유속이 느린 물 위를 날아다니며 곤충을 사냥한다. 별도의 근육에 의해 힘을 받는 2쌍의 날개들이 독립적으로 퍼덕거리며 공중을 맴돈다. 제왕잠자리가 착륙할 때는 대개 수직으로 하강해 초목 위에 내려앉는다.

**작은 동물의 유체 역학**
곤충의 날개가 퍼덕일 때는 아주 작은 크기의 소용돌이 또는 회오리가 발생한다. 이들은 솜브레 골든링 잠자리(*Cordulegaster bidentata*)에서 보이는 것처럼 동물의 체중에 작용하는 중력과 반대로 작용하는 양력을 제공한다.

**잠자리는 비행** 중에는 몸 아래에 다리를 단단히 고정시킨다.

# 곤충의 비행

4억 년 전, 곤충들은 최초로 하늘을 나는 동물이 되었다. 이들은 날개를 퍼덕거려서 하늘을 날았으며, 오늘날에도 유일하게 비행을 하는 무척추동물이다. 단단한 외골격 덮개로부터 진화한 날개의 출현으로 말미암아 공중으로 몸을 띄우고 조종할 수 있게 되었다. 곤충의 날개는 강하면서도 가벼우며 강력한 근육의 조합에 의해 작동한다.

**날개 앞** 가장자리의 횡맥이 앵글 브래킷 역할을 해 강성을 향상시킨다.

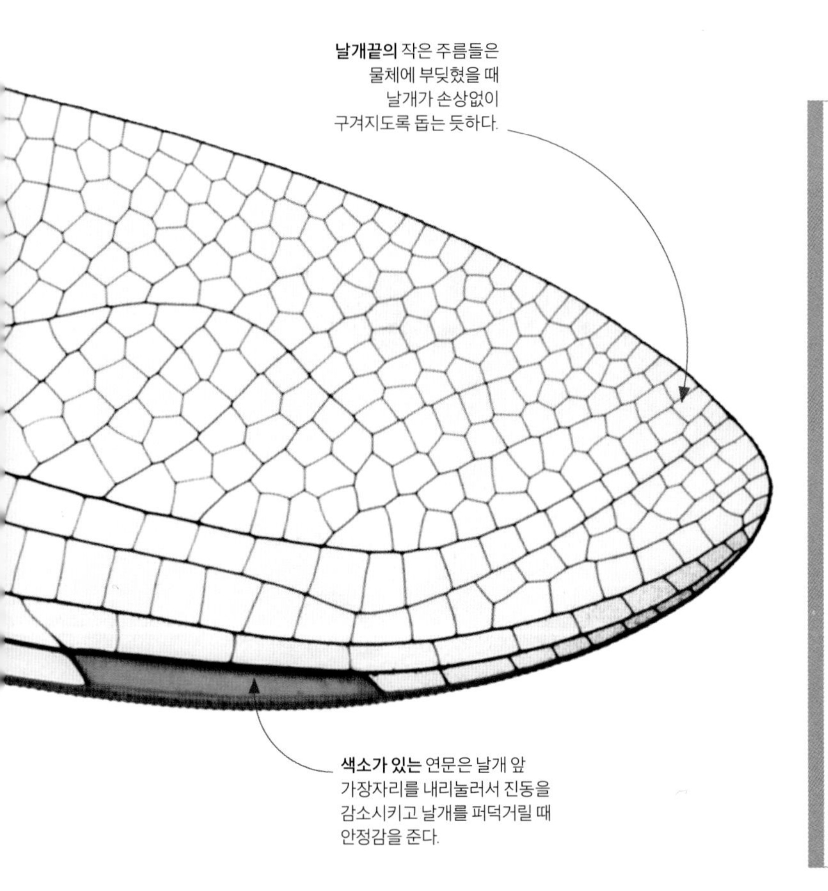

**날개끝의** 작은 주름들은 물체에 부딪혔을 때 날개가 손상없이 구겨지도록 돕는 듯하다.

**색소가 있는** 연문은 날개 앞 가장자리를 내리눌러서 진동을 감소시키고 날개를 퍼덕거릴 때 안정감을 준다.

## 가슴의 근육

최초의 곤충은 날개에 직접 붙어 있어서 날개를 아래로 당기는 일군의 근육들과 가슴 뚜껑을 당겨서 간접적으로 날개를 회전시켜 원위치로 되돌리는 일군의 근육들에 의해 날개를 움직였다. 잠자리와 하루살이는 여전히 이러한 방식을 취한다. 이후의 곤충들은 대부분 가슴을 변형시켜 날개를 위 아래로 움직이는 간접적인 방식에 의존하며, 파리와 벌들은 이러한 방식으로 초당 수백 배 빠르게 날갯짓을 할 수 있다.

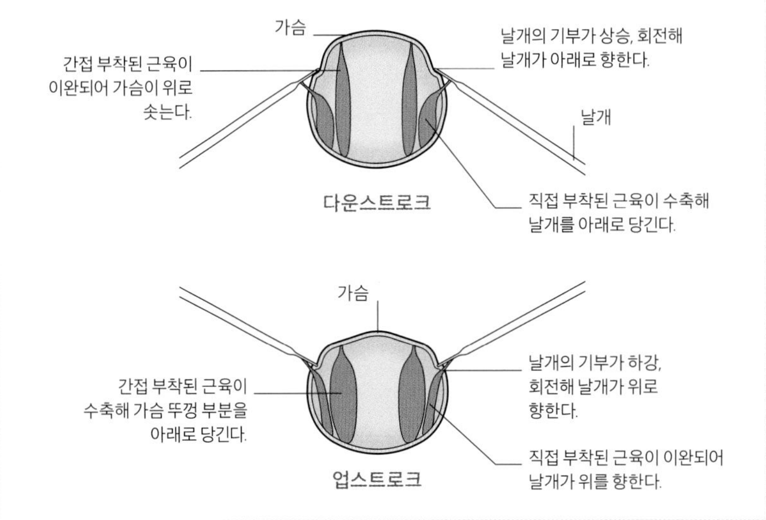

**빛의 마술**

블루 모르포(*Morpho peleides*) 나비의 화려한 푸른 광택은 색소가 아니라 구조에 의한 것이다. 각각의 비늘에 있는 0.001밀리미터 간격의 미세한 융기선에 의해 반사된 빛이 푸른색을 제외한 모든 빛을 간섭해 푸른색만이 강조된다.

# 비늘로 덮인 날개

나비목에 속하는 곤충들인 나비와 나방은 날개와 몸이 살짝만 문질러도 가루처럼 날리는 미세한 비늘로 덮여 있어서 알아보기가 쉽다. 서로 중첩된 비늘들을 현미경으로 관찰하면 지붕 타일의 축소판처럼 보인다. 이들은 공기를 잡아 가두어 몸을 띄우기도 하고 거미줄로부터 탈출하도록 돕기도 한다. 동시에, 기능이 무엇이든지 간에 매혹적인 색상을 나타내기도 한다.

**여러 가지 목적의 색상**

콘술 파비우스(*Consul fabius*, 맨 위), 미스켈리아 오르시스(*Myscelia orsis*, 가운데 왼쪽)과 같은 나비, 케레테스 타이스(*Ceretes thais*, 가운데 오른쪽)와 같이 낮에 날아다니는 일부 나방들은 나비목에서 가장 화려한 종들로서 화려한 패턴을 구애할 때 과시하거나 포식자를 쫓는 데 사용할 수 있다. 그러나 색상을 이용해서 위장하는 경우도 있는데, 콘술 파비우스의 날개 아랫면(맨 아래)은 낙엽을 흉내내어 나비가 날개를 접었을 때 거의 보이지 않게 위장한다.

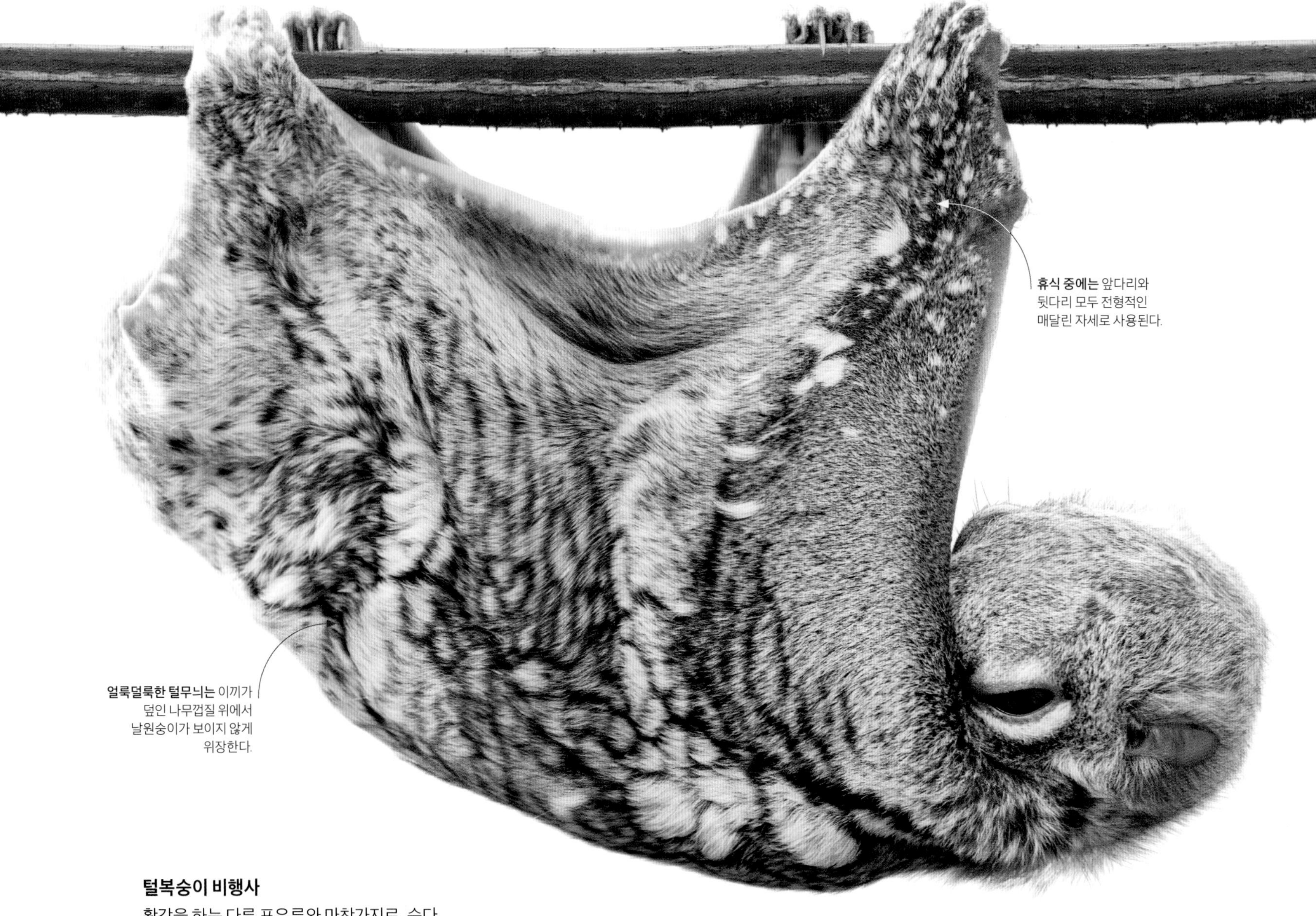


**털복숭이 비행사**
활강을 하는 다른 포유류와 마찬가지로, 순다 날원숭이(*Galeopterus variegatus*)는 익막이라고 불리는 앞다리와 뒷다리를 연결하는 긴 피부막을 가지고 있다. 사지를 뻗으면 익막이 펼쳐져서 약 10미터 높이를 떨어져 내리는 동안 100미터 거리를 활강할 수 있다.

# 활강과 낙하

어류에서 포유류에 이르기까지 주요 척추동물 분류군에는 공기 중에서 활강하는 종들이 있다. 동물이 활강하는 동안에 필요한 것은 일정 거리를 이동하는 데 필요한 양력을 제공할 수 있는(근육에 의한 추진력이 아닌) 공기 역학적 형태뿐이기 때문에, 활강은 매우 효율적인 이동 수단이라고 할 수 있다. 활강은 나는 동안 마찰력을 최소화하는 반면 낙하는 마찰력을 최대화한다. 날개를 익막으로 변형시킴으로써 동물들은 충돌 속도를 감소시키고 안전하게 착륙할 수 있다.

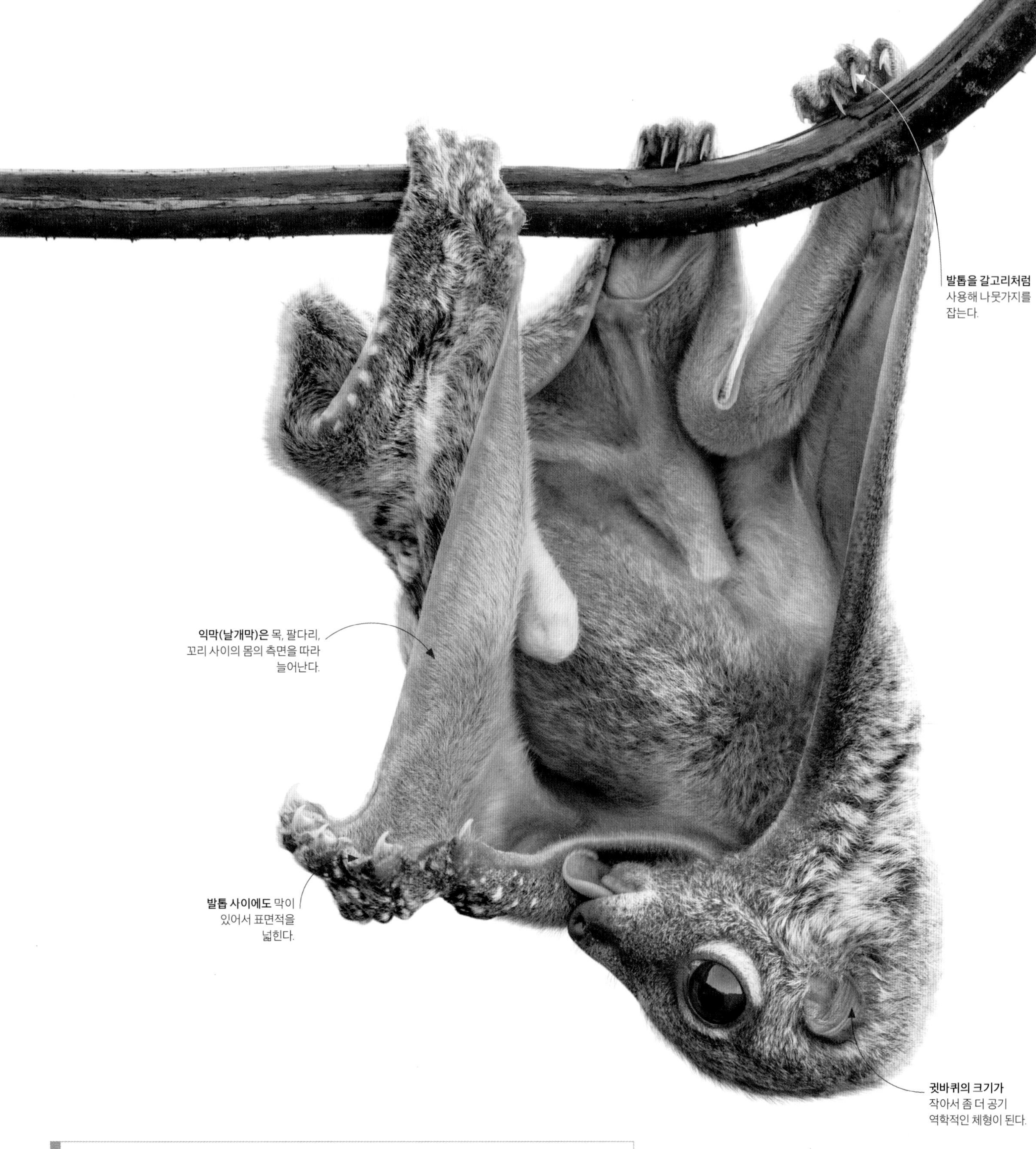


## '비행' 설치류

유대류, 주머니쥐, 다람쥐를 포함하는 여러 포유류 분류군에서는 익막에 의한 활강이 독립적으로 진화했다. 날다람쥐의 익막은 손목에서 발목까지 닿아 있다. 필요하면 활강 중에도 방향을 바꿀 수 있다.

날다람쥐

# 새의 비행

동물이 날기 위해서는 중력을 극복하고 몸을 공중으로 띄우는 동시에 전진하기 위해 추진력을 받아야 한다. 조류에는 척추동물 중에서 가장 많은 비행 동물이 포함되어 있다. 직립 보행을 하며 깃털이 달린 공룡으로부터 새가 진화했을 때, 근육질의 팔은 날개로 변형되어 하늘을 정복하는 데 필요한 양력과 추진력을 모두 제공하게 되었다. 손가락이 줄어든 팔뼈가 날개의 틀을 제공하는 한편 뼈에 단단히 뿌리를 내린 단단한 날을 가진 깃털들이 공기 역학적인 표면을 형성했다.

**공중의 포식자**

황조롱이(*Falco tinnunculus*)는 평소에 시속 약 32킬로미터로 비행 속도를 유지한다. 다른 매들과 마찬가지로, 황조롱이도 고속 비행과 간헐적인 급상승, 그리고 작은 포유류 먹이를 찾는 동안 바람을 거스르며 한 자리를 맴돌 수 있도록 길고 끝이 뾰족한 날개를 가지고 있다.

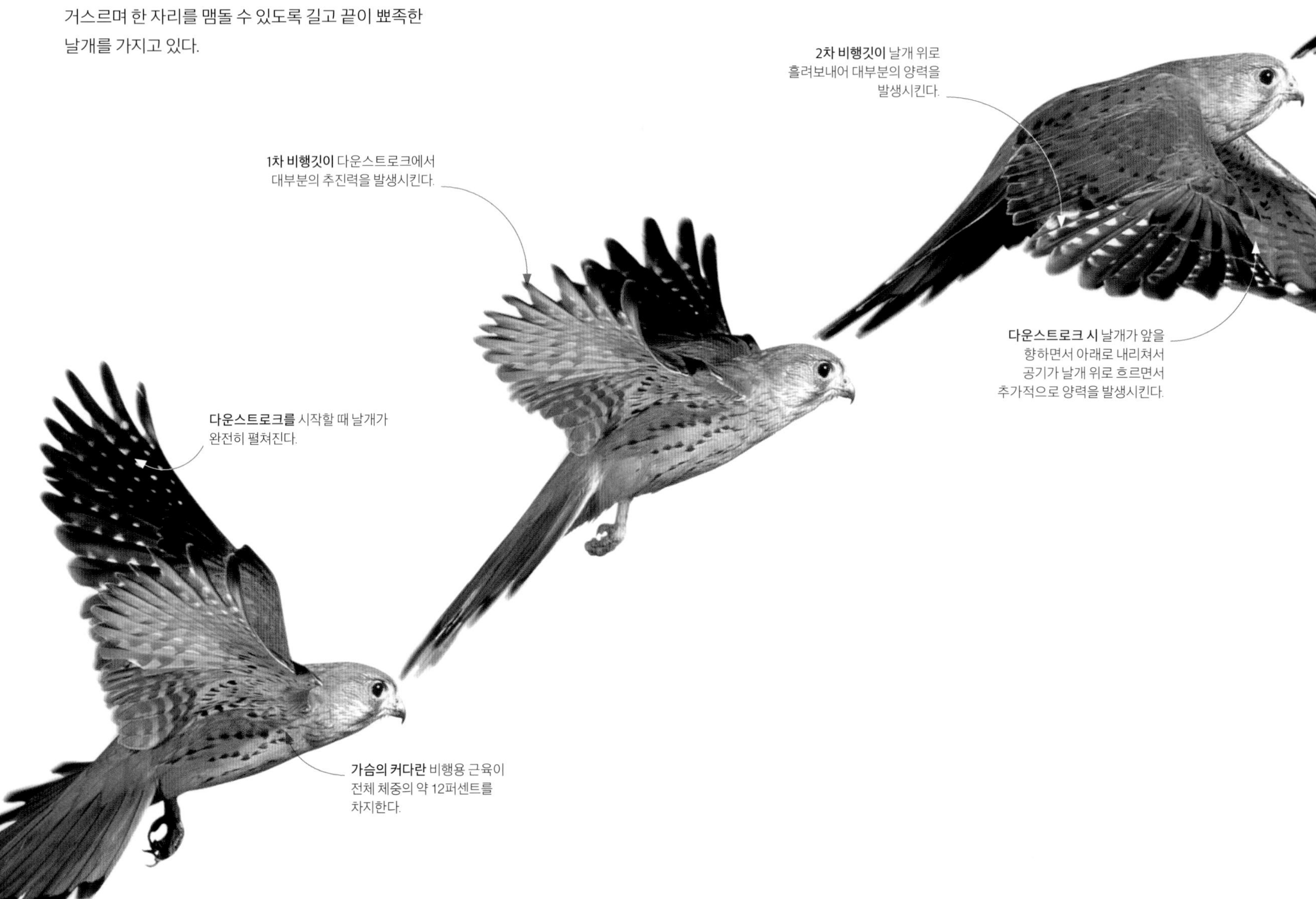

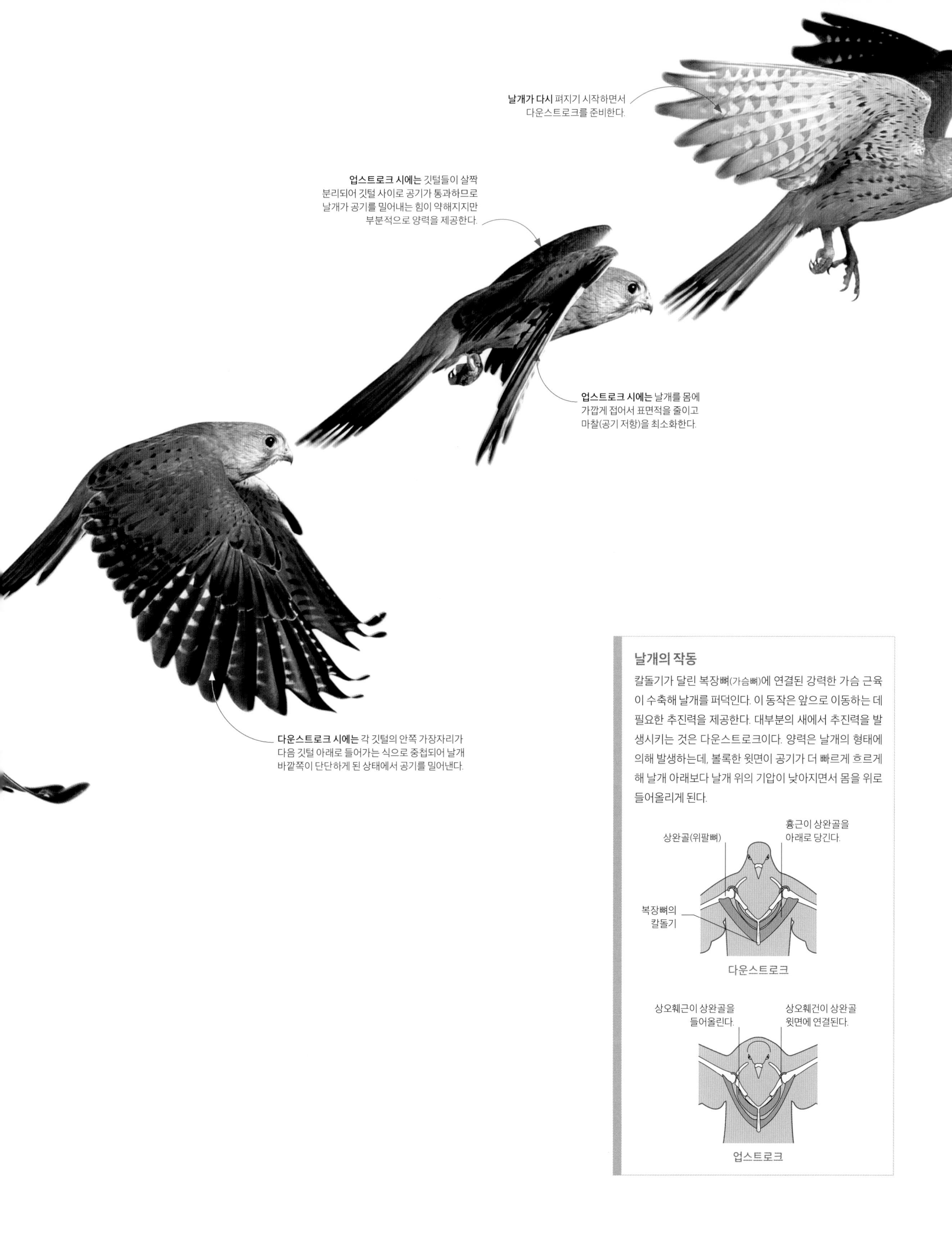


## 날개의 작동

칼돌기가 달린 복장뼈(가슴뼈)에 연결된 강력한 가슴 근육이 수축해 날개를 퍼덕인다. 이 동작은 앞으로 이동하는 데 필요한 추진력을 제공한다. 대부분의 새에서 추진력을 발생시키는 것은 다운스트로크이다. 양력은 날개의 형태에 의해 발생하는데, 볼록한 윗면이 공기가 더 빠르게 흐르게 해 날개 아래보다 날개 위의 기압이 낮아지면서 몸을 위로 들어올리게 된다.

*Gypaetus barbatus*

# 수염수리

5년생이 되면 집고양이의 키와 체중의 2배가 되는 수염수리(*Gypaetus barbatus*)는 땅 위에서 올려다 보았을 때 대단히 인상적이다. 수염수리가 공중을 활강하는 모습은 더욱더 올라운데, 이들은 먹이가 되는 뼈를 찾기 위해 바위투성이의 고지대를 여러 시간 동안 날아오르기도 한다.

유럽, 아시아, 아프리카의 산악 지대에 사는 수염수리는 대개 1000미터 이상의 절벽 위에 보금자리를 만들며 네팔에서는 이보다 높은 5000미터 이상도 가능한 것 같다.

수염수리는 뼈를 주식으로 삼는(최대 85퍼센트) 유일한 척추동물이다. 이러한 특이한 식습관 때문에 경쟁자는 거의 없지만, 충분한 뼈를 찾기 위해서는 생활 범위가 넓어야 한다. 어떤 개체들은 하루에 최대 700킬로미터를 이동하는 것으로 알려져 있다. 따라서 수염수리는 드문드문 분포하는 경향이 있으며 때로는 수백 제곱마일에 달하는 영역을 순찰하기도 한다.

### 공중 생활

다 자란 수염수리는 낮 시간의 80퍼센트를 날아다니며 먹이를 찾는 데 소비한다. 일단 공중에 몸을 띄우고 나면 시속 20~77킬로미터의 산 바람을 타고 활강한다.

수염수리의 거대한 날개는 날개폭이 최대 3미터에 달하며(암컷이 약간 더 크다.) 상승 기류를 타면 한 번의 날갯짓만으로도 급상승이 가능하다. 이들은 높은 곳에서 영역을 살피거나 땅 위를 훑으면서 절벽 위나 머나먼 협곡 안의 산양이나 야생 양의 시체의 위치를 찾아낼 수 있다.

다른 수리들이 한 번에 배불리 먹거나 굶는 전략을 취하는 것과 달리 수염수리는 꾸준히 먹이를 섭취하며 하루에 자기 체중의 약 8퍼센트에 해당하는 465그램가량의 뼈를 먹는다. 작은 뼈는 통째로 삼키고, 큰 뼈는 하늘 높이 가지고 올라가서 50~80미터 높이에서 바위 위에 떨어뜨려서 먹기 편한 크기로 부순다. 산성의 위액이 24시간 내에 뼛가루를 용해시킨다.



**붉은 목의 맹금**
수염수리는 산화철이 풍부한 흙이나 물에서 목욕하는 습관이 있어서 털이 불그스름하게 물들어 있다. 비슷한 나이대의 개체들 중에서는 더 진한 색이 우세한 개체를 나타내는 것일 수 있다.

**슬롯이 있고 양력을 많이 받는 날개**

넓은 날개에 1차 비행깃 사이에 깊은 틈이 있는 형태는 양력을 많이 받기 때문에 적은 힘으로 높이 날 수 있는 동시에 좁고 사방이 막힌 곳에서도 착륙할 수 있다. 매와 독수리 등의 맹금류, 수리와 같이 급상승하는 종에서 흔하며 백조나 대형 섭금류에서도 나타난다.

검독수리

(*Aquila chrysaetos*)

붉은매

(*Buteo regalis*)

대홍학

(*Phoenicopterus roseus*)

**날개끝의 깃털이**
손가락처럼 연장되어
있다.

자바대머리황새

(*Leptoptilos javanicus*)

**고속 날개**

끝으로 갈수록 폭이 좁아지는 얇은 날개는 고속 비행과 고도의 곡예 비행에 적합하며, 공중에서 먹이를 잡는 제비, 칼새, 흰털발제비와 소리없이 사냥하는 매 종류에서 나타난다. 오리와 섭금류에서도 이런 형태가 나타나는데, 공기 역학적으로 활용하는지는 알 수 없지만 수평 비행 시에 고속으로 이동하기 위해 빠르게 날개를 퍼덕인다.

푸른날개쇠오리

(*Spatula discors*)

**뾰족한 날개끝은**
황조롱이의 고속 낙하
또는 다이빙을 가능하게
한다.

아메리카황조롱이

(*Falco sparverius*)

엘리건트 턴

(*Thalasseus elegans*)

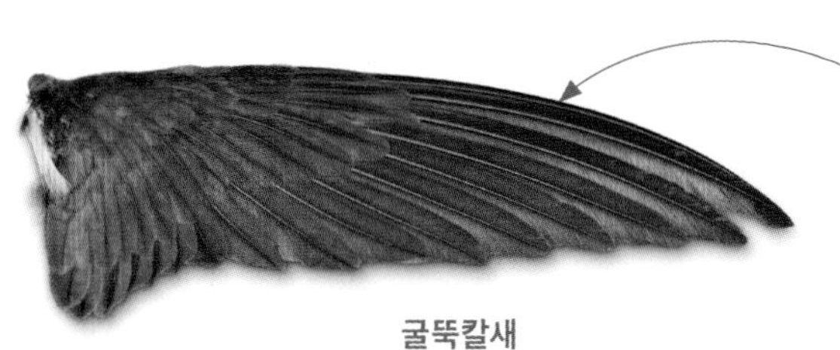


굴뚝칼새

(*Chaetura pelagica*)

**타원형 날개**

빠르게 이륙하거나 급가속하기 좋은 참새목(참새와 지빠귀 등의 나무 위에 앉는 새 종류)과 엽조류의 타원형 날개는 빽빽하게 덤불진 서식지에서 날렵하게 움직이기 좋지만 에너지 소모가 크다. 참새목의 많은 종들이 장거리 이주를 하지만 엽조류는 장거리 비행을 하지 못한다.

타운젠드솔리테어 (*Myadestes townsendi*)

초록어치 (*Cyanocorax luxuosus*)

산쑥들꿩 (*Centrocercus urophasianus*)

어치 (*Garrulus glandarius*)

**종횡비가 높은 날개**

줄타기를 하는 곡예사가 드는 막대처럼 길고 좁은 날개는 안정적인 비행이 가능하다. 이런 날개 형태는 마찰이 적어서 적은 에너지로 더 멀리 날 수 있음을 의미한다. 종횡비가 높은 날개는 알바트로스, 갈매기, 부비, 슴새처럼 높게 멀리 나는 바닷새들에서 나타난다.

보나파르트갈매기 (*Chroicocephalus philadelphia*)

신천옹 (*Phoebastria albatrus*)

# 새의 날개

포식성이든 피식성이든 상관없이 새의 날개 모양을 보면 비행 형태를 알 수 있다. 깃털을 빠르게 움직여 공중에 정지할 수 있는 벌새의 특수한 날개(292~293쪽 참조)와 달리, 대부분의 새의 날개는 4가지 기본 형태로 분류되며 각각 비행 속도, 유형, 비행 거리와 관련이 있다.

*Aptenodytes forsteri*

# 황제펭귄

체중이 최대 46킬로그램이고 키는 최대 1.35미터나 되는 남극의 황제펭귄(*Aptenodytes forsteri*)은 세계에서 가장 큰 펭귄이다. 다른 펭귄들과 마찬가지로 날지는 못하지만, 유선형의 몸과 지느러미팔로 변형된 날개는 다른 새들과 비교할 수 없는 다이빙 능력을 부여한다.

비행을 포기하면서 황제펭귄은 부력 역시 잃어버렸다. 이들의 뼈는 비행을 하는 새보다 밀도가 높아서 몸이 물보다 약간 무겁다. 원래 비행에 사용되던 단단한 날개는 이제 밀도가 더 높은 물속을 헤치고 나아갈 힘을 제공하게 되었다. 유일하게 유연성이 있는 날개 관절은 상완골(위팔뼈)을 어깨와 연결한다. 그러나 펭귄의 날개 근육은 비행하는 새와 비슷한 수준을 유지하고 있어서 힘차게 퍼덕이며 먹이를 찾아 물속으로 다이빙할 수 있다. 방향타 역할을 하는 발은 뒤에 위치하고 있으므로 육상에서는 수직으로 서 있어야 한다.

체중이 더 무거워서 적은 에너지로 물속에 머무를 수 있으며 더 오래 깊게 잠수할 수 있다. 그 결과, 한 번 사냥을 나갈 때 더 많은 순 에너지를 얻을 수 있다. 황제펭귄은 유빙 아래에서 새우와 비슷한 크릴을 잡기도 하지만, 주식은 수심 200미터 이하에서 잡히는 물고기와 오징어들이다. 황제펭귄이 한 번 다이빙하는 시간은 3~6분 정도이지만, 최고 기록은 20~30분이며 최대 수심 565미터까지 잠수할 수 있다.

여름철에 축적한 체지방으로 남극의 혹독한 겨울을 견디며 번식을 한다. 암컷은 하나의 알을 낳고 얼음을 가로질러 바다로 나가 먹이를 찾는다. 수컷은 섭씨 -62도의 추위 속에서 발 위에 알을 올려놓고 따뜻한 배 피부 주름으로 덮어서 포란을 하며 수컷은 포란 기간 동안 먹이를 전혀 먹지 않는다. 알이 부화되면 식도에서 토해낸 영양이 풍부한 '젖'을 새끼에게 먹인다. 암컷이 돌아오면 역할을 교대해 암컷이 새끼를 돌보고 수컷은 바다로 나가는 데 4개월 만에 첫 끼니를 먹는 것이 된다.

**지느러미팔로 날기**
다이빙하는 황제펭귄의 방수깃털로부터 공기방울이 흘러나온다. 물속에 들어가면 업스트로크시에 양 날개의 끝이 닿을 정도로 크게 날개를 퍼덕거린다.

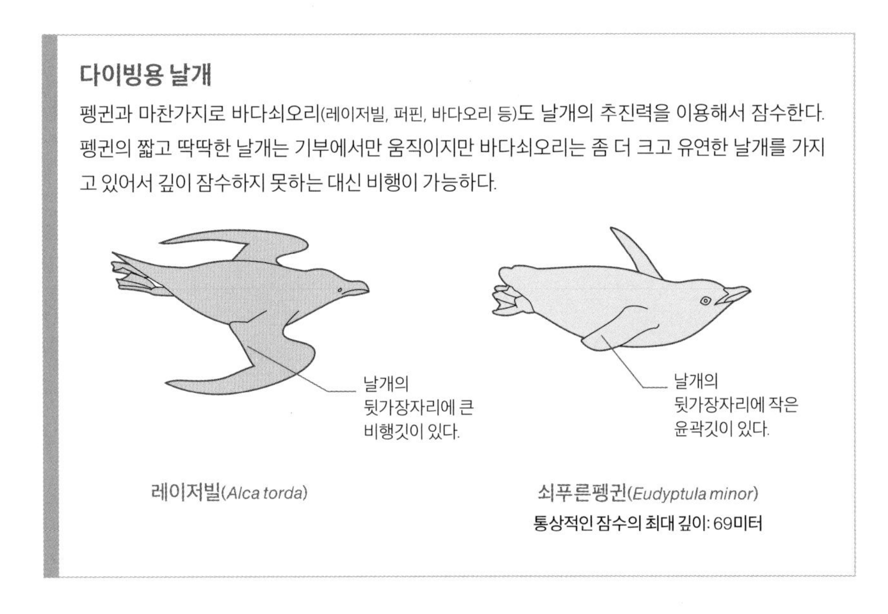

**다이빙용 날개**

펭귄과 마찬가지로 바다쇠오리(레이저빌, 퍼핀, 바다오리 등)도 날개의 추진력을 이용해서 잠수한다. 펭귄의 짧고 딱딱한 날개는 기부에서만 움직이지만 바다쇠오리는 좀 더 크고 유연한 날개를 가지고 있어서 깊이 잠수하지 못하는 대신 비행이 가능하다.

**꿀 수집가**
다른 벌새들과 마찬가지로 이 수컷 푸른관요정벌새(*Thalurania colombica*)는 주로 꿀을 먹으며, 부수적으로 곤충과 꽃가루도 먹는다. 에너지가 풍부한 주식을 먹기 위해서는 꿀이 가득찬 꽃 앞에서 정지 비행을 해야 하기 때문에, 벌새의 날개는 초당 90회까지 퍼덕이게 된다.

# 정지 비행

비행하는 동물들은 이들이 전진할 때 날개 위의 공기의 흐름이 양력을 제공하기 때문에(284~285쪽 참조) 공중에 뜬 상태를 유지하는 것이다. 그러나 동물이 한 장소에서 정지 비행을 하게 되면 전진하는 동작이 없기 때문에 바람에 맞서거나 공기의 흐름을 유지할 수 있는 방식으로 날개를 움직여야 한다. 많은 곤충들은 탄력 있는 날개를 앞뒤로 움직여서 양쪽으로 양력을 발생시킨다. 벌새를 제외한 대부분의 새의 날개는 그런 동작을 할 수 있을 정도로 유연하지 않다.

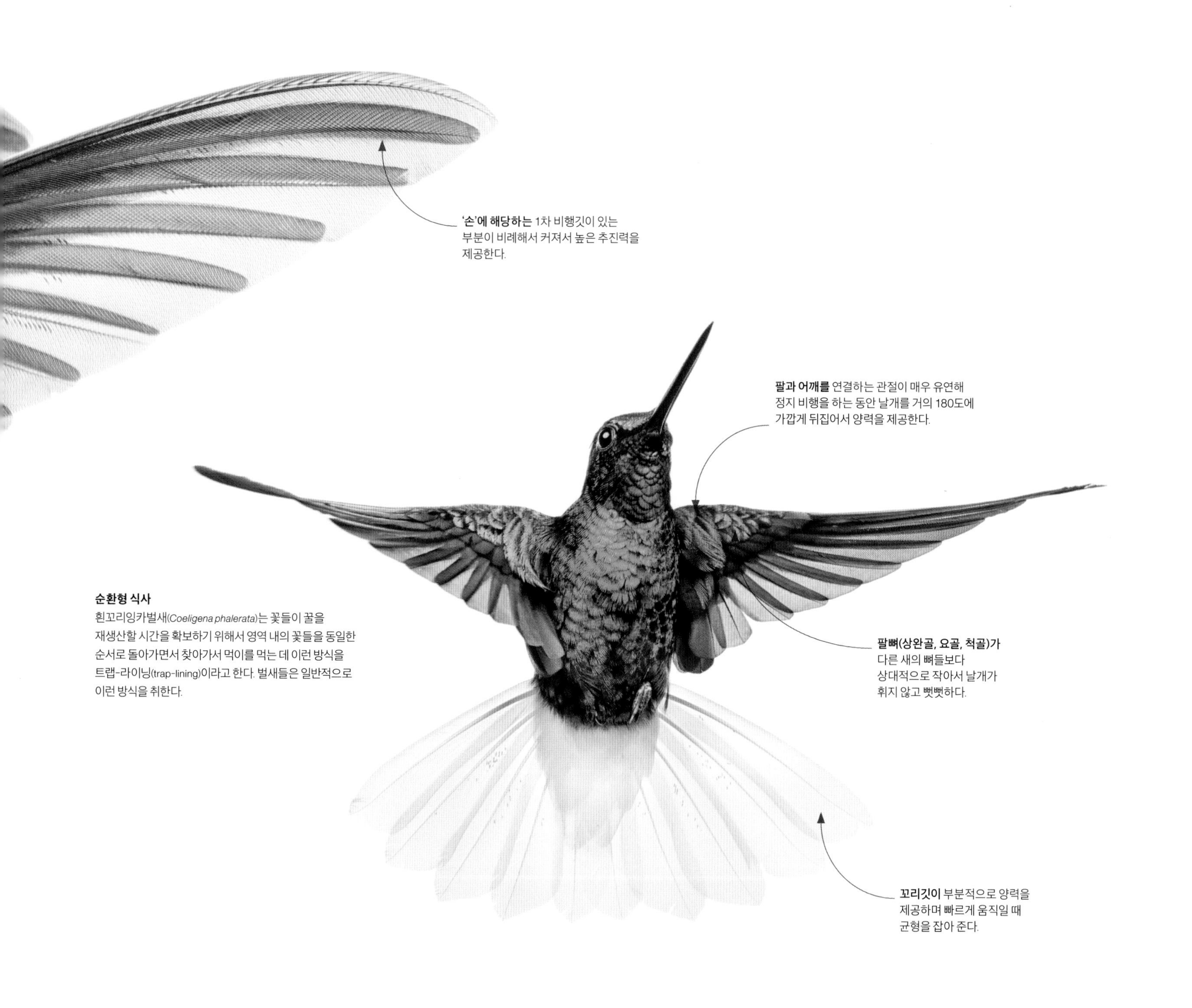


**순환형 식사**
흰꼬리잉카벌새(*Coeligena phalerata*)는 꽃들이 꿀을 재생산할 시간을 확보하기 위해서 영역 내의 꽃들을 동일한 순서로 돌아가면서 찾아가서 먹이를 먹는 데 이런 방식을 트랩-라이닝(trap-lining)이라고 한다. 벌새들은 일반적으로 이런 방식을 취한다.

## 정지 비행의 원리

벌새의 날개는 다른 새들처럼 업스트로크 시에 접히지 않고 펼쳐진 채로 뒤집힌다. 그 결과, 날개 윗표면으로 흐르는 공기가 앞을 향한 '다운스트로크'와 뒤를 향한 '업스트로크' 시에 둘다 양력을 제공하게 된다. 추진력이 수평 방향이 아니라 수직 방향으로 작용하기 때문에 벌새가 중력에 저항해 위치를 유지할 수 있게 된다. 날개의 8자 모양의 움직임이 다운스트로크의 모멘텀을 극복하고 재빠르게 날개의 방향을 역전시킨다.

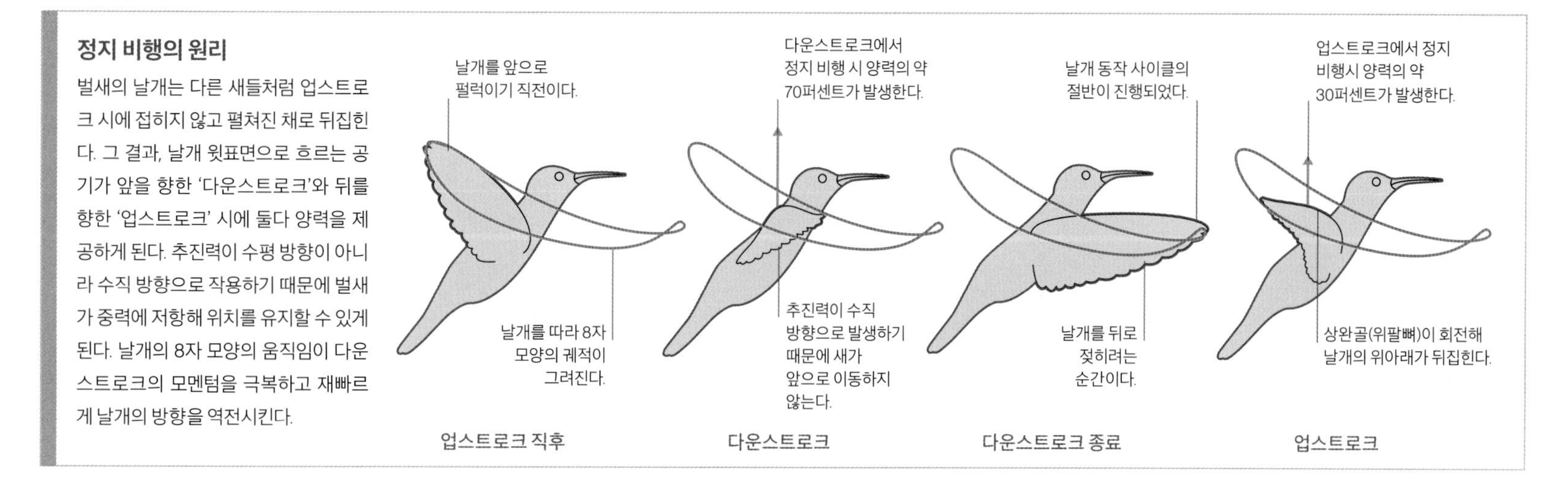

**메이둠의 기러기(제4왕조)**
석고에 채색된 고왕국의 걸작은 쇠기러기, 큰기러기, 붉은가슴기러기의 3종의 기러기를 묘사하고 있다. 이 그림은 메이둠의 파라오 스네페루(Sneferu)의 피라미드 옆에 있는 네페르마트 왕자(Nefermaat)의 아내 아텟(Atet)의 무덤 신전에서 발견되었다.

명화 속 동물들

# 이집트의 새

고대 이집트 시대의 나일 강둑에는 새가 바글거렸다. 물가에 집을 짓고 주민들은 충실한 관찰자가 되어 종교적 상징물과 상형 문자에 새의 모습을 베껴 넣고 그들의 신에게 새의 권능과 특징을 부여했다. 식량과 종교적 영감의 원천으로서의 새의 가치는 사후세계에까지 이어져서 죽은 자들은 다양한 새의 형태 중 하나를 선택할 수 있었다.

이집트의 예술 형태는 자연계를 반영한 것이 많으며 특히 새들은 숭배의 대상이 되었다. 하늘을 나는 매, 제비, 솔개, 올빼미와 물가에 사는 왜가리, 두루미, 따오기의 다양한 형태가 이집트 문자에 반영되어서 상형 문자 중에는 최대 70가지 서로 다른 종이 포함되어 있다.

신들은 권능을 증가시키는 새의 특징들을 나누어 갖고 있었다. 하늘의 지배자 호루스는 그가 날아오르는 아찔한 높이 때문에 매의 머리를 가진 것으로 묘사되었다. 태양을 나타내는 한 눈과 달의 나타내는 다른 눈을 가지고 하늘을 가로지르는 그의 여정은 새벽에서 황혼까지의 해의 경로를 모방한 것이다. 마법, 지혜, 그리고 달의 신인 토트는 따오기의 머리에 달처럼 구부러진 부리를 가지고 있다.

무덤의 벽화들은 사후 세계를 풍요의 나라로 표현하고 있다. 장례 주문에 의해 죽은 자는 선택한 새의 형태로 변신하거나 밤마다 무덤 위를 날아다니는 사람의 머리를 한 새인 '바'의 형태를 취할 수 있었다. 제18왕조 시대의 필경사 네바문(Nebamun, 기원전 1350년경)의 무덤 벽화에는 그가 인간의 형상을 되찾아 비옥한 습지에서 사냥을 하고 그의 영생을 위해 제공된 가금류를 살펴보는 모습이 나타나 있다.

**동물 신들(제19왕조, 기원전 1306~1304년)**
무덤 벽화에서 이시스의 아들이자 하늘의 신이며 매의 머리를 한 호루스가 자칼의 머리를 한 장례와 죽음의 신 아누비스의 도움을 받아 파라오 람세스 1세를 사후 세계에 맞이하고 있다.

**네바문의 고양이(제18왕조, 기원전 1350년경)**
이집트 필경사의 무덤에서 발견된 프레스코화 「늪지에서 사냥하는 네바문」에는 신나게 새를 사냥하는 황갈색 고양이의 모습이 디테일하게 포착되어 있다. 고양이는 종종 출산과 임신의 여신인 바스테트의 상징으로 여겨졌다. 네바문의 고양이의 황금빛 눈은 종교적 의미를 암시한다.

> “한 마리의 매로서, 나는 빛 속에 산다.
> 나의 왕관과 광휘가 나에게 권능을 내렸도다.”
>
> **『사자의 서』, 제78장**

## 거대한 박쥐

날여우박쥐로도 알려진 인도과일박쥐(*Pteropus giganteus*)는 약 1.6킬로그램의 체중을 운반하기 위해 날개폭이 최대 1.5미터에 달하는 불균형적으로 긴 날개를 필요로 한다. 이 박쥐는 느리고 힘차게 날개를 퍼덕이며 150킬로미터 이상을 날아서 먹이가 있는 과일나무를 찾는다.

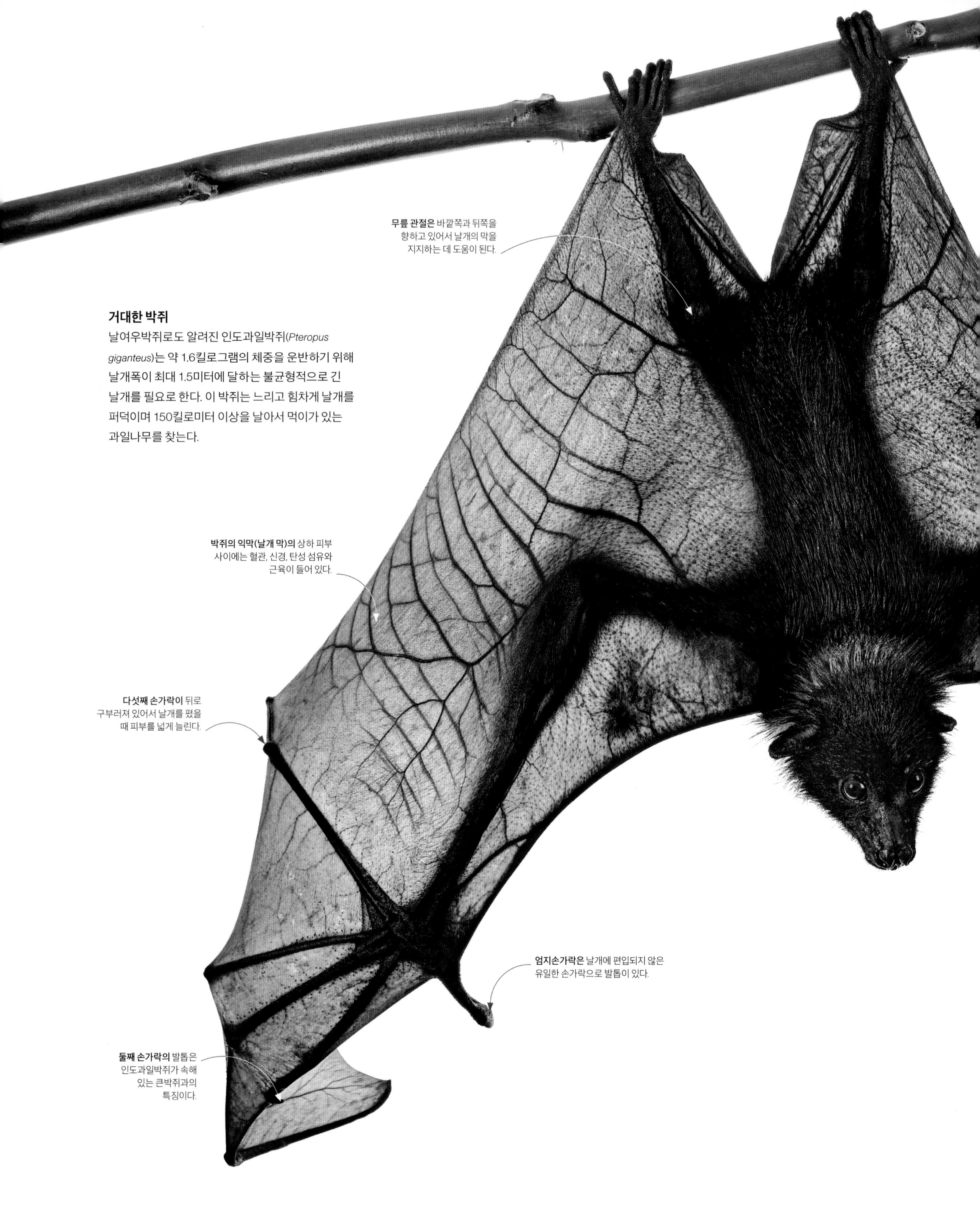

**꼬리로 보조**
앙골라자유꼬리박쥐(*Mops condylurus*)와 같은 작은박쥐류는 긴 꼬리를 갖는 경우가 많다. 꼬리로 다리 사이의 막을 지지한다. 이 꼬리막은 박쥐가 날 때 양력을 증가시켜 준다.

**다리 사이에** 여분의 공기 역학적 표면이 있어서 날아다니는 곤충 먹이를 잡을 때 사용할 수 있다.

**대개 셋째** 손가락이 가장 길고 날개끝까지 닿는다.

# 피부로 된 날개

박쥐도 새와 마찬가지로 동력 비행을 한다. 이들은 날개를 퍼덕거려서 공기 중으로 이동할 수 있는 추진력을 얻는다. 그러나 공기 역학적 표면을 제공하는 뻣뻣한 비행깃(124~125쪽 참조) 대신에, 박쥐들은 길어진 손가락뼈에서 발까지 뻗은 피부막을 가지고 있다. 살아 있는 피부로 만들어진 날개는 조절이 가능하고 주변의 공기를 민감하게 감지할 수 있으며, 박쥐들이 날아다니는 곤충을 사냥하거나 과일과 꿀을 찾을 때 정확한 동작을 할 수 있게 한다.

### 날개의 형태

날개의 형태는 종횡비, 즉 너비에 대한 길이의 비율로 설명된다. 짧고 넓은 날개(종횡비가 낮음)는 빽빽한 숲 속에서처럼 조종 능력과 정확성을 필요로 하는 박쥐에서 나타나고, 길고 좁은 날개(종횡비가 높음)는 높은 곳에서 빠르게 날 수 있게 한다.

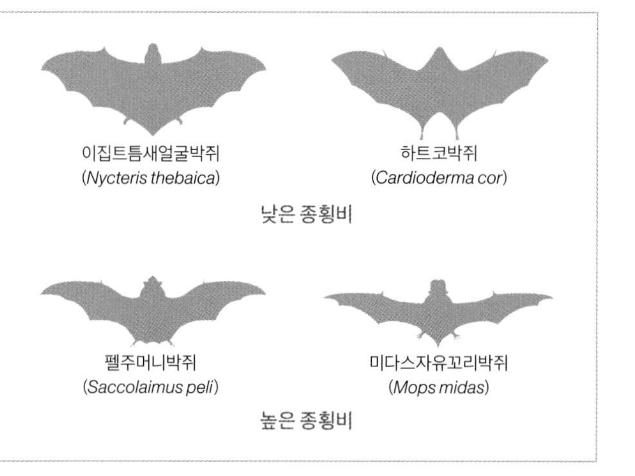

# 난자, 알, 새끼

**난자.** 수정되어 배아가 되기 전의 암컷의 성세포.

**알.** 암컷이 낳는, 배아와 함께 배아의 발달을 지원하는 양분과 환경을 포함하는 보호된 포장물.

**새끼.** 어린 동물.

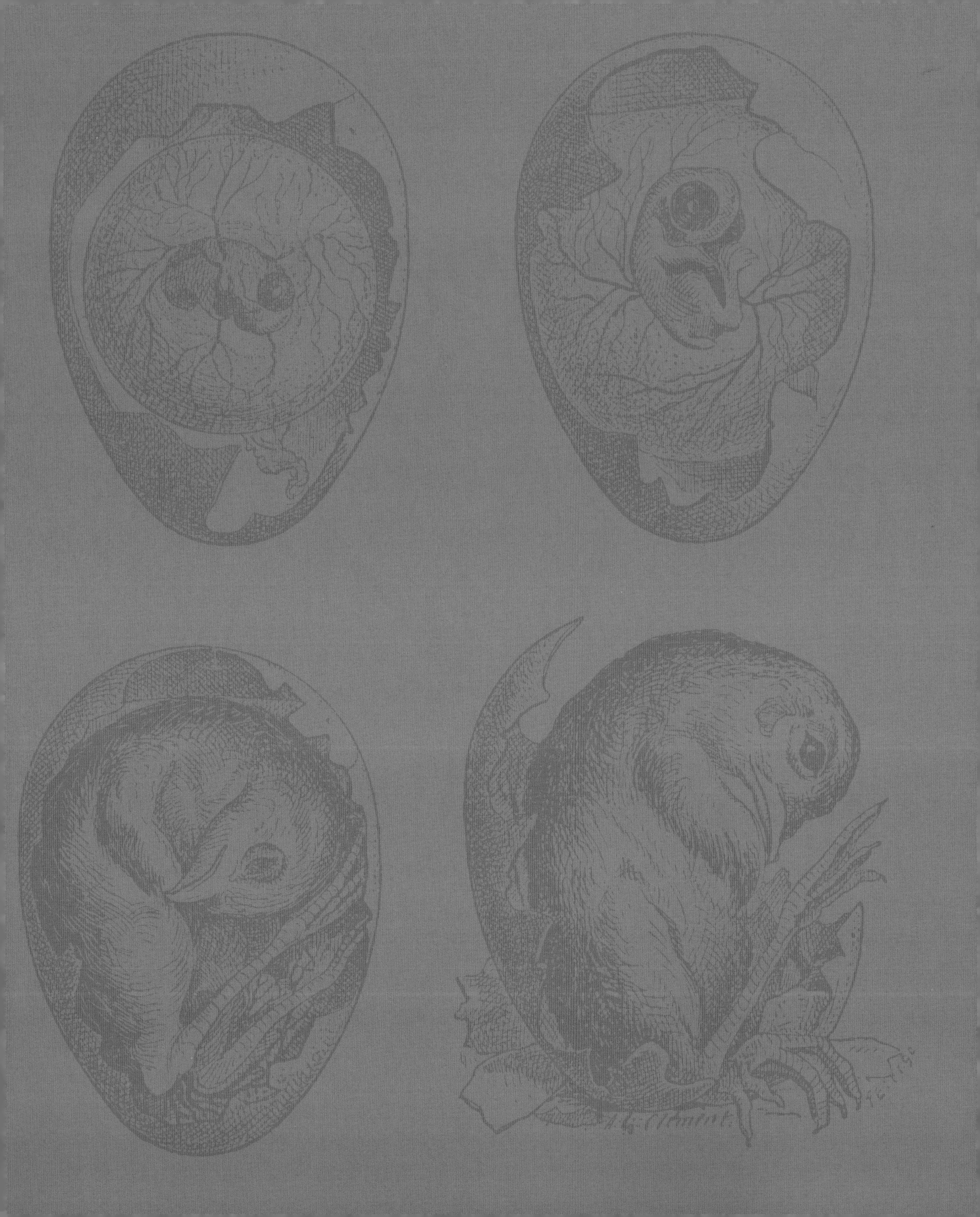

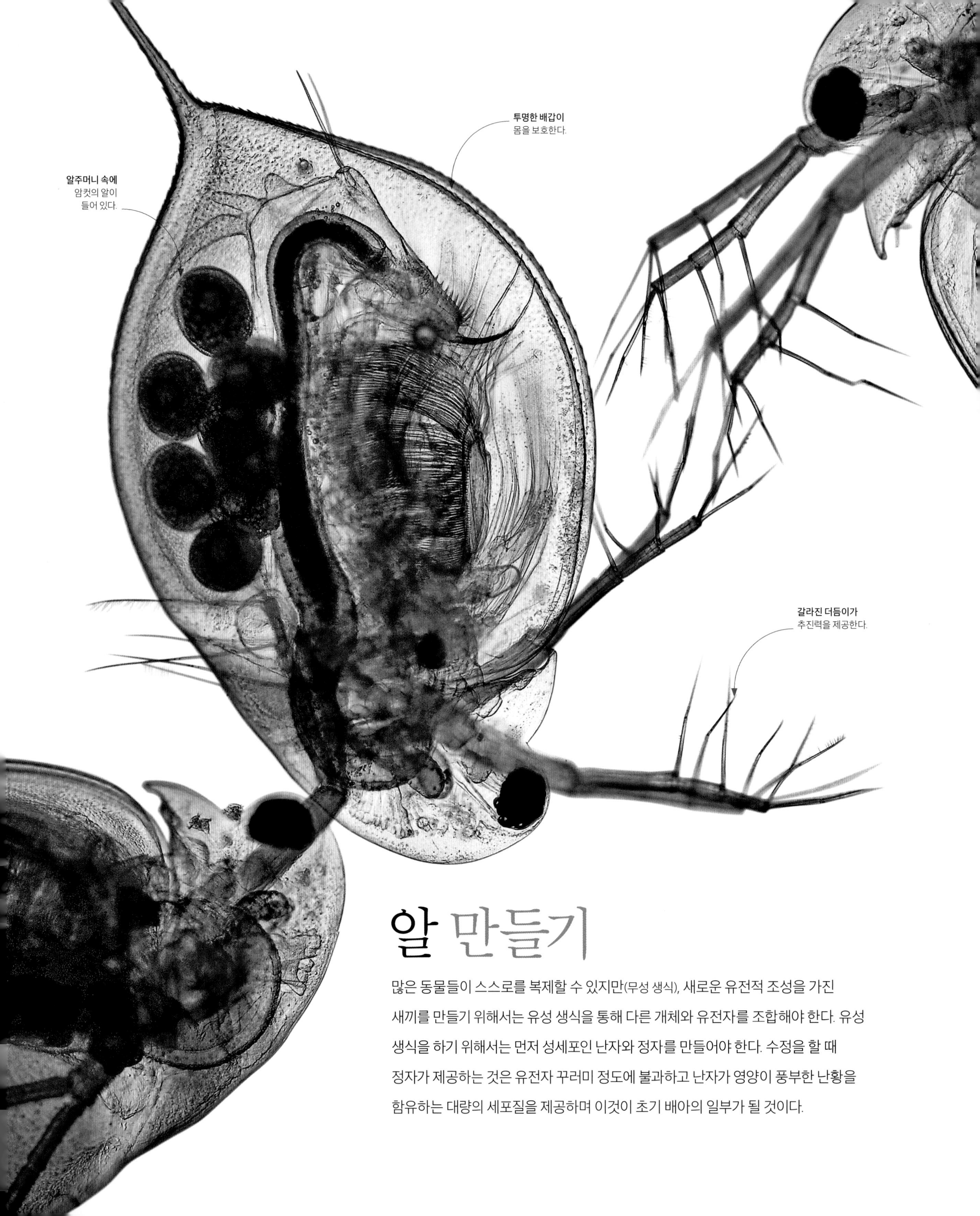


# 알 만들기

많은 동물들이 스스로를 복제할 수 있지만(무성 생식), 새로운 유전적 조성을 가진 새끼를 만들기 위해서는 유성 생식을 통해 다른 개체와 유전자를 조합해야 한다. 유성 생식을 하기 위해서는 먼저 성세포인 난자와 정자를 만들어야 한다. 수정을 할 때 정자가 제공하는 것은 유전자 꾸러미 정도에 불과하고 난자가 영양이 풍부한 난황을 함유하는 대량의 세포질을 제공하며 이것이 초기 배아의 일부가 될 것이다.

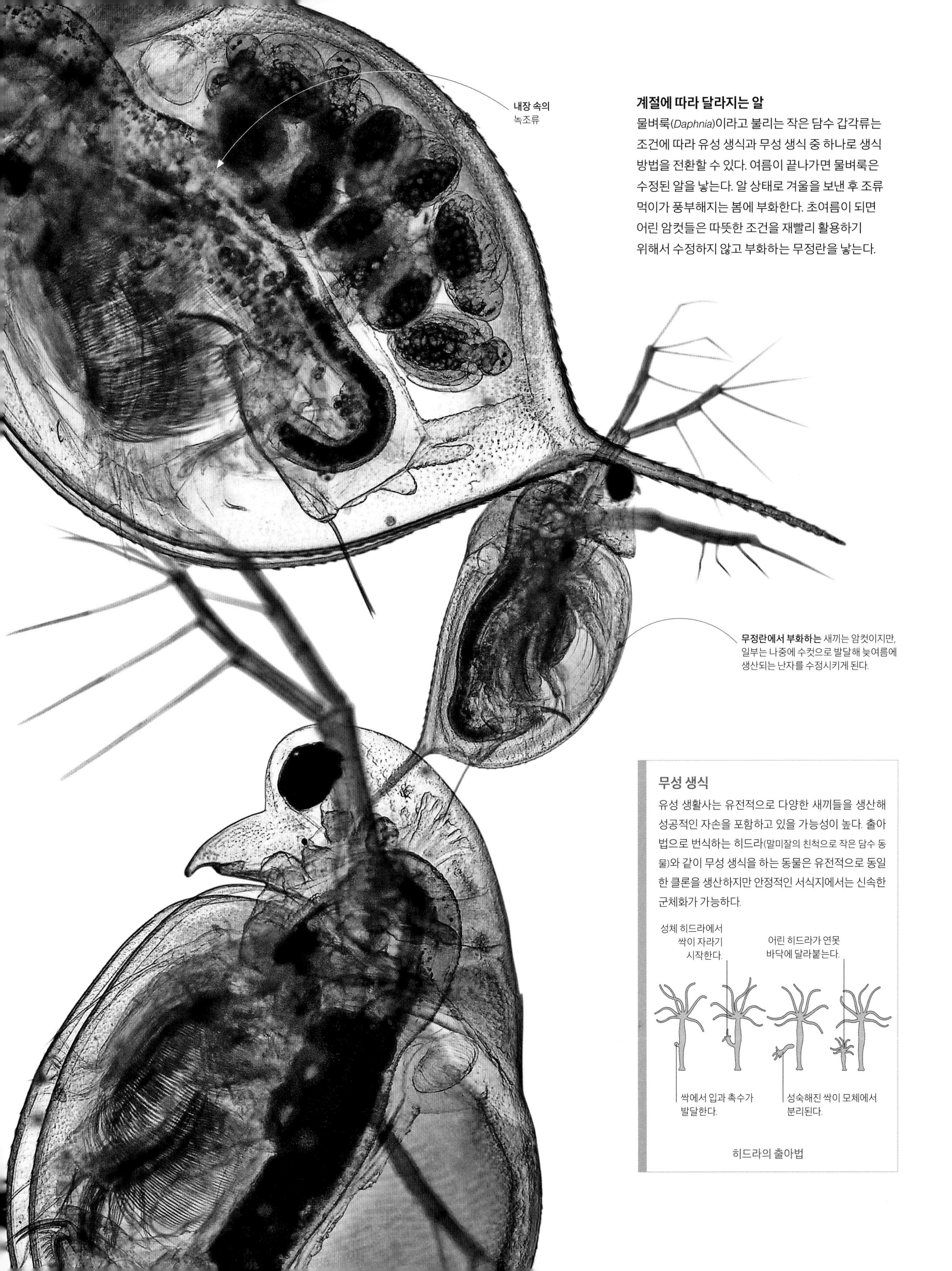


**무정란에서 부화하는** 새끼는 암컷이지만, 일부는 나중에 수컷으로 발달해 늦여름에 생산되는 난자를 수정시키게 된다.

### 계절에 따라 달라지는 알

물벼룩(*Daphnia*)이라고 불리는 작은 담수 갑각류는 조건에 따라 유성 생식과 무성 생식 중 하나로 생식 방법을 전환할 수 있다. 여름이 끝나가면 물벼룩은 수정된 알을 낳는다. 알 상태로 겨울을 보낸 후 조류 먹이가 풍부해지는 봄에 부화한다. 초여름이 되면 어린 암컷들은 따뜻한 조건을 재빨리 활용하기 위해서 수정하지 않고 부화하는 무정란을 낳는다.

### 무성 생식

유성 생활사는 유전적으로 다양한 새끼들을 생산해 성공적인 자손을 포함하고 있을 가능성이 높다. 출아법으로 번식하는 히드라(말미잘의 친척으로 작은 담수 동물)와 같이 무성 생식을 하는 동물은 유전적으로 동일한 클론을 생산하지만 안정적인 서식지에서는 신속한 군체화가 가능하다.



히드라의 출아법

**개구리의 산란**
대부분의 양서류가 체외 수정을 하지만, 대다수의 개구리들은 포접이라는 행위를 통해 수정 확률을 최대화한다. 수컷이 암컷을 뒤에서 끌어 안고 생식공을 가까이 가져다 대면 동시에 정자와 알이 방출된다.

# 수정

유성 생식에서는 정자가 알(난자)을 수정시킬 때 서로 다른 개체로부터 온 DNA가 혼합되어서 유전적 다양성이 생기게 된다. 동물들은 효율적인 수정을 위해서 다양한 방식을 사용한다. 물속에서 체외 수정(난자와 정자를 방출)을 하는 동물들은 정자와 난자가 만날 기회를 증가시키기 위해 가능한 한 많은 성세포를 생산한다. 다른 동물들은 암컷이 적은 수의 알을 만들어 체내에 보유하고 교미 행위를 통해서 체내 수정을 한다.

**수컷이 암컷의** 위에 올라탐으로써 수정 확률을 높이고 다른 수컷들을 배제하기 쉬워진다.

**흉부 포접은** 수컷이 암컷의 가슴 주변을 잡은 상태로 이루어진다.



## 체내 수정

수컷의 삽입(외부 성기) 기관은 정자를 암컷의 생식기로 들여보낸다. 대부분의 육상 척추동물에서는 발기한 음경의 형태이지만, 다른 동물에서는 이와 다른 구조가 사용되기도 한다. 수컷 거미는 다리수염이라고 불리는 몸 앞의 부속지를 사용해 간접적으로 정자를 운반하는 반면, 수컷 상어는 지느러미다리라고 불리는 변형된 배지느러미를 사용한다.

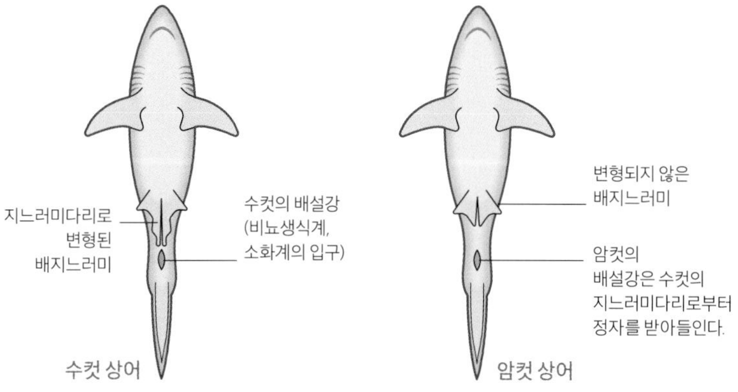

지느러미다리로 변형된 배지느러미

수컷의 배설강 (비뇨생식계, 소화계의 입구)

수컷 상어

변형되지 않은 배지느러미

암컷의 배설강은 수컷의 지느러미다리로부터 정자를 받아들인다.

암컷 상어

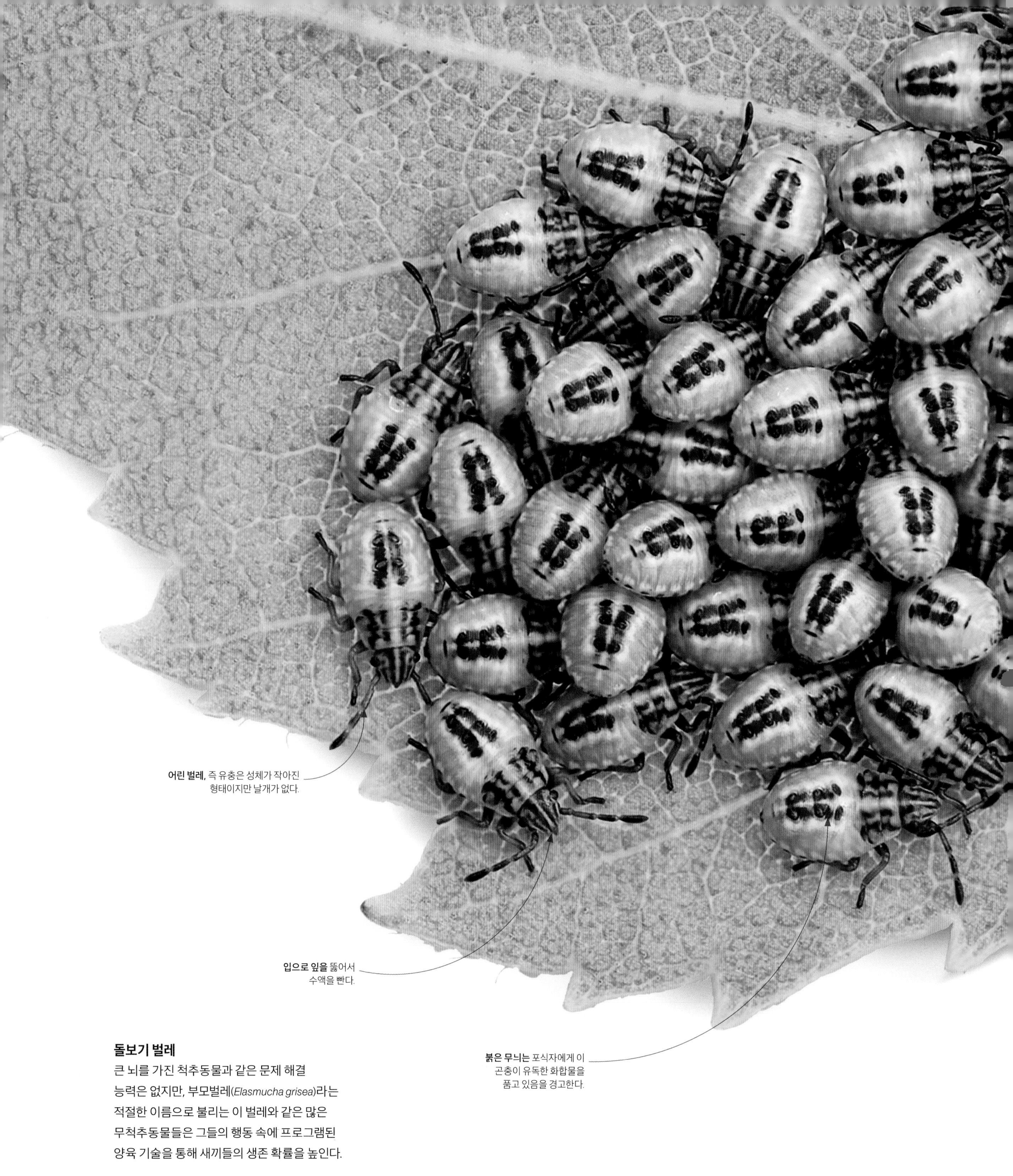


**돌보기 벌레**
큰 뇌를 가진 척추동물과 같은 문제 해결 능력은 없지만, 부모벌레(*Elasmucha grisea*)라는 적절한 이름으로 불리는 이 벌레와 같은 많은 무척추동물들은 그들의 행동 속에 프로그램된 양육 기술을 통해 새끼들의 생존 확률을 높인다.

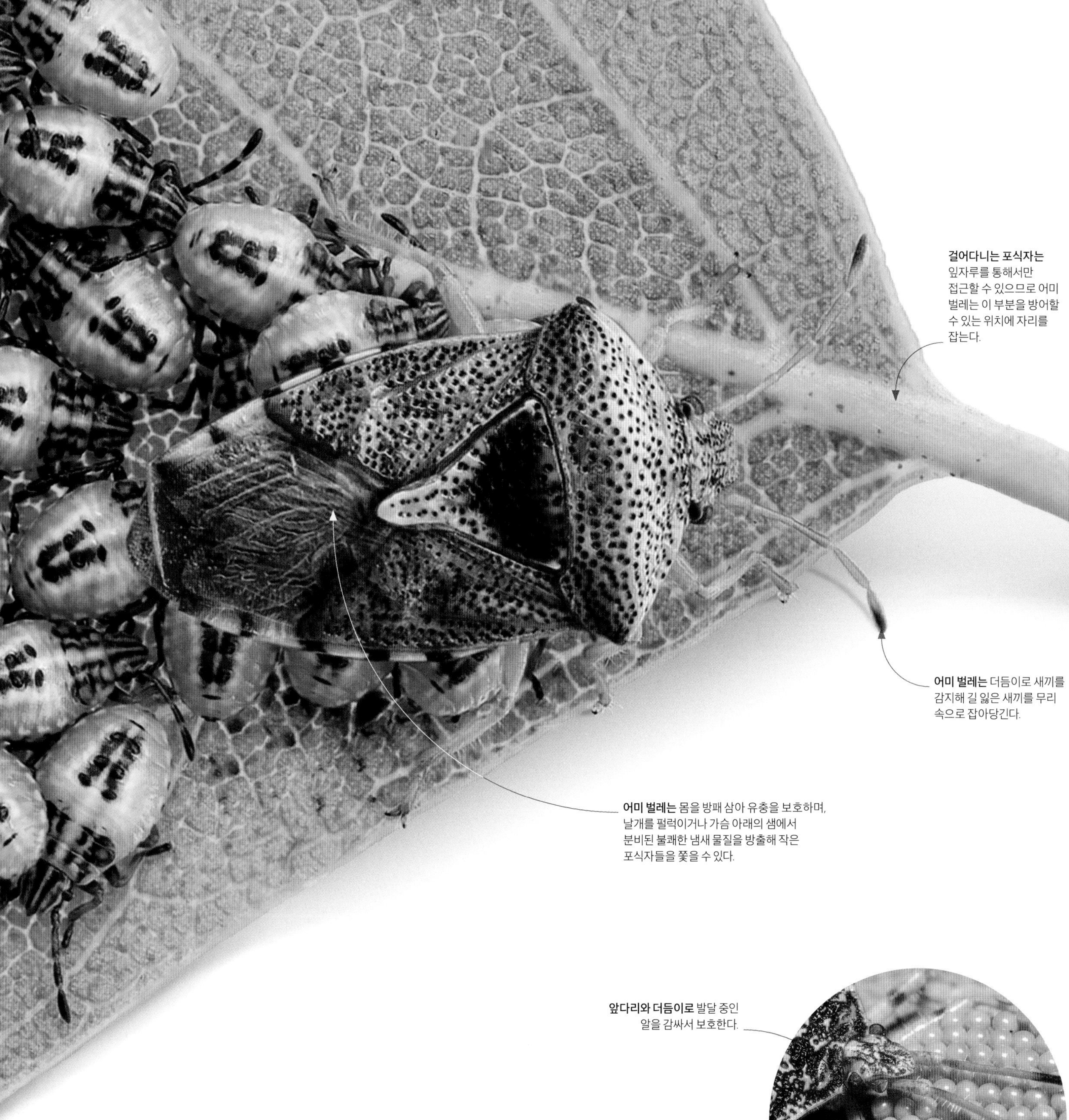

**부화를 기다림**
브라질 노린재(*Antiteuchis* sp.)의 어미 벌레는 다른 노린재 어미들과 마찬가지로 기생성 말벌에게 알이 먹히지 않도록 보호한다.

# 부모의 헌신

모든 부모는 번식에 시간과 에너지를 투자한다. 어떤 동물들은 난자와 정자를 생산할 뿐이지만, 다른 동물들은 한 걸음 더 나아가 새끼를 양육한다. 새끼를 양육하는 데 소비하는 시간 때문에 먹이가 부족하거나 위험에 노출되기도 하지만, 그 대신 새끼가 살아남아 성체가 될 가능성이 높아진다.

**쌍둥이 새끼 곰**
3개월 된 새끼 곰들이 어미가 파 놓은 굴속에 숨어 있다. 먹이가 충분하면 어미는 두 마리 모두 성공적으로 키워낼 수 있을지도 모르지만, 이들이 독립하려면 1년 이상 걸린다.

*Ursus maritimus*

# 북극곰

북극곰(*Ursus maritimus*)은 기온이 섭씨 -50도 아래까지 내려갈 정도로 춥디추운 북극의 최상위 포식자이지만, 현재 지구 온난화로 인해 멸종 위기에 처해 있다. 새끼 곰이 무사히 겨울을 나기 위해서는 헌신적인 어미 곰과 어미 곰의 굴, 그리고 칼로리가 충분한 모유에 의존해야 한다.

북극곰은 곰 중에서 가장 큰 종이다. 유전적 증거에 의하면 갈색이었던 곰의 조상으로부터 몸집이 더 크고, 희고, 좀 더 육식성이고 북극의 기후에 잘 적응하도록 진화하는 데는 20만 년밖에 걸리지 않았다. 북극곰은 여름 내내 지방이 풍부한 바다표범을 포식해 지방층을 축적해 두면 더 많은 체열을 발생시킬 수 있다. 색소를 잃고 비어 있어서 투명한 털로 덮인 이들의 두꺼운 모피는 피부 주변의 따뜻한 공기를 잡아 준다. 이로 인한 추가적인 단열로 인해 대부분의 북극곰이 가장 추운 계절에도 활동할 수 있게 되며, 동면을 하는 것은 임신한 암컷뿐이다.

여름에 교미를 하면 배란이 촉진되지만, 다른 곰과 마찬가지로, 북극곰이 새끼를 키우게 될 눈 속의 굴이나 지하의 토탄층에 정착할 때까지는 수정된 난자가 자궁에 착상되지 않는다. 기니피그 정도 크기의 작은 새끼 곰(대개 두 마리)이 11월과 1월 사이에 태어나며 혹한이 지나갈 때까지는 굴 밖으로 나오지 않는다.

어미는 여름에 먹은 바다표범 지방이 풍부하게 포함된 젖으로 수유를 하지만, 어미는 수유 기간 동안 굶는다. 북극곰 가족이 봄에 굴 밖으로 나올 때가 되면 어미는 8개월 동안 굶은 상태이기 때문에 바다표범을 사냥해 몸을 회복해야 한다. 여름의 태양 아래 빙하가 줄어들기 시작하면 북극곰은 해안 가까운 곳에서 사냥하거나 북쪽으로 이동한다. 그러나 해마다 기온이 올라가서 이들의 삶의 터전이 줄어들고 있으므로 북극곰의 미래는 불투명하다.

**얼음 위에서 살아남기**
조각난 유빙들의 아래에는 바다표범 고기와 같은 좋은 먹이들이 풍부하기 때문에 북극곰과 새끼들에게 최상의 사냥터가 된다. 어미 북극곰은 바다표범이 숨을 쉬기 위해 얼음 틈새로 나올 때 이들을 습격한다.

# 알껍데기

3.5억여 년 전에 최초의 척추동물이 육상에서 진화했지만, 많은 동물들이 공기 중에서 말라 버리는 부드러운 알을 낳고 대개 부화하면 물속을 헤엄치는 유생 형태를 갖고 있었기 때문에 습한 서식지를 벗어나지 못하고 있었다. 파충류와 조류는 단단한 껍데기가 있는 알을 만들어서 이러한 제약을 벗어났다. 배아는 공기 호흡을 하는 성체의 축소판이 되어 부화할 때까지 알 속의 액체 속에 잠긴 채로 자라난다.

**악어가 난막을** 밀어내면 알껍데기가 갈라져 열린다.

### 부화

썩어 가는 식물로 만든 둥지에서 발생하는 열에 의해 2개월 동안 포란된 미국 악어(*Alligator mississippiensis*)가 부화할 준비가 되었다. 알 속에서 꺅꺅 소리를 내어 부화를 기다리는 어미에게 신호를 보내면 어미는 갓 태어난 새끼를 입속에 담아서 물가로 데려갈 준비를 할 것이다.

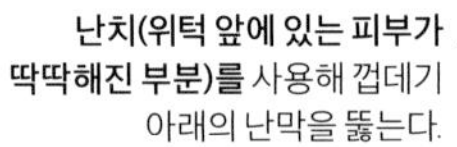

**난치(위턱 앞에 있는 피부가 딱딱해진 부분)를** 사용해 껍데기 아래의 난막을 뚫는다.

### 알 속의 생명

일련의 막으로 이루어진 주머니들이 배아의 생명 유지 시스템이 된다. 양막은 배아의 몸을 감싸고, 노른자주머니가 양분을 공급하고, 요막은 알에 스며든 산소를 흡수하고 배설물을 저장한다.

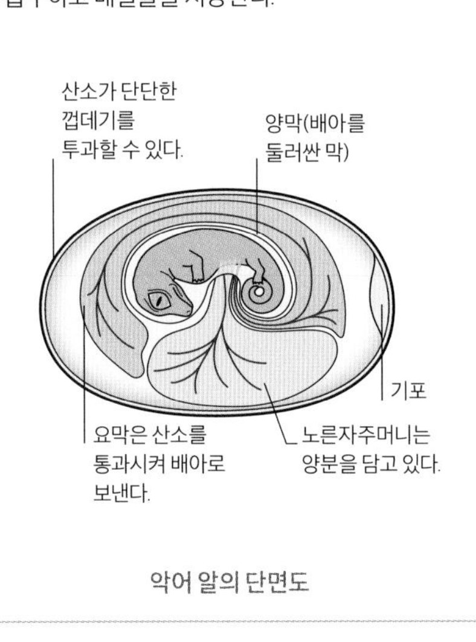


악어 알의 단면도

**갓 태어난 악어는** 최대 20센티미터 길이이다.

어린 악어는 자유롭게 꿈틀거리도록 어미가
격려하는 의미의 진동이 있기까지 여러 시간
동안 알껍데기 속에 머무르기도 한다.
단단하고 깨지기 쉬운 알껍데기는
가죽 같은 표면을 가진 대부분의
파충류의 알보다 미네랄 함량이 높다.
피부는 알 속의 액체에 젖어서
촉촉하지만 곧 건조된다.

# 새의 알

크기와 모양은 다양하지만, 새의 알은 탄산칼슘 패각에 의해 보호되고 막으로 싸인 배아로 구성된다. 알을 포식자로부터 숨겨주기도 하는 알껍데기의 다양한 색상은 프로토포르피린(적갈색)과 빌베딘(청록색)이라는 단 두 가지 색소로 인한 것이다.

**흰색 알**
나무 구멍이나 굴과 같은 구멍 속이나 볼 모양의 둥지처럼 밖에서 보이지 않는 둥지에 알을 낳는 새들은 흔히 흰색이나 옅은 색의 알을 낳는다.

**루포스벌새**
(*Selasphorus rufus*)

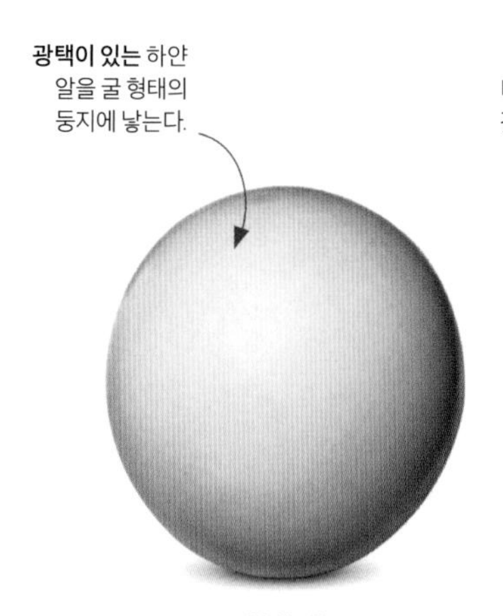


**물총새**
(*Alcedo atthis*)

**까막딱따구리**
(*Dryocopus martius*)

**푸른색과 초록색의 알**
나무 또는 관목에 둥지를 짓는 새들은 푸른색이나 초록색의 알을 낳는 경향이 있다. 이러한 색상은 볕을 차단하는 역할일 수 있고, 알의 무늬는 종종 둥지의 재료의 색을 반영해 위장하는 기능을 한다.

**바위종다리**
(*Prunella modularis*)

**초록나무후투티**
(*Phoeniculus purpureus*)

**귀라뻐꾸기**
(*Guira guira*)

**흙색의 알**
땅 위에 알을 낳는 새들은 알을 보호하기 위해 위장에 의존한다. 무늬 없는 갈색 또는 반점이 있는 알들은 모래, 덤불 또는 바위가 많은 서식지에서 잘 보이지 않는다.

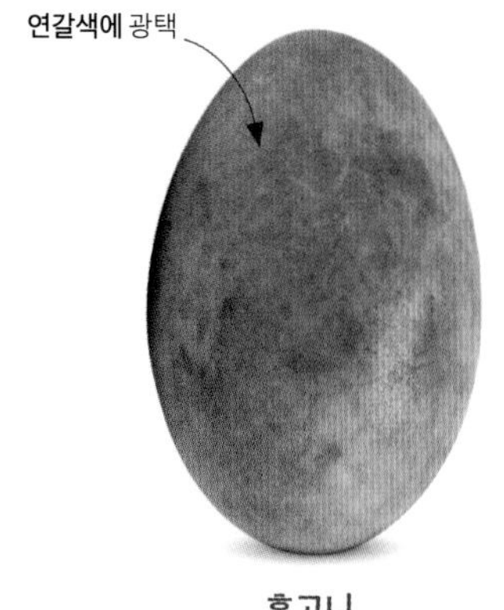


**흑고니**
(*Cygnus atratus*)

**송골매**
(*Falco peregrinus*)

**숲솔새**
(*Phylloscopus sibilatrix*)

**광택이 없는** 흰색에 타원형

**원숭이 올빼미**
(*Tyto alba*)

**드문드문 얼룩이** 있고 둥글다.

**아시아지느러미발**
(*Heliopais personatus*)

**적갈색의 작은** 반점은 둥지 주위의 색을 흉내 낸 것일 수도 있다.

**박새**
(*Parus major*)

**원뿔 모양은** 절벽 가장자리의 둥지에서 알이 굴러 떨어지는 것을 방지하는 데 도움이 될 수도 있다.

**흰죽지바다비둘기**
(*Cepphus grylle*)

**산란 중에** 축적된 빌베딘에 의해 푸른색이 된다.

**미국지빠귀**
(*Turdus migratorius*)

**얼룩 무늬**

**민무늬날개부채새**
(*Prinia inornata*)

**광택과** 작은 반점이 있으며 타원형

**큰부리까마귀**
(*Corvus macrorhynchos*)

**둥지 재료들과** 구별하기 어려운 무늬와 색

**붉은목참새**
(*Zonotrichia capensis*)

**암붕 위의** 둥지 주변을 닮은 갈색

**이집트대머리수리**
(*Neophron percnopterus*)

**해안의 자갈과** 구별이 어려운 색깔과 형태

**흰죽지꼬마물떼새**
(*Charadrius hiaticula*)

**해안 서식지**에서 자갈 모양의 알을 감춘다.

**검은머리물떼새**
(*Haematopus ostralegus*)

**검은 색에** 가깝지만 갓 낳은 알은 초록색이다.

**에뮤**
(*Dromaius novaehollandiae*)

## 자궁 내 성장

태반은 모체의 자궁 내벽에서 발달해 모체의 혈관 속의 양분과 산소를 배아에 전달해 배아를 성장시키는 기관이다. 원숭이처럼 태반이 있는 포유류의 새끼가 유대류보다 훨씬 크고 더 많이 발달한 이유가 된다.

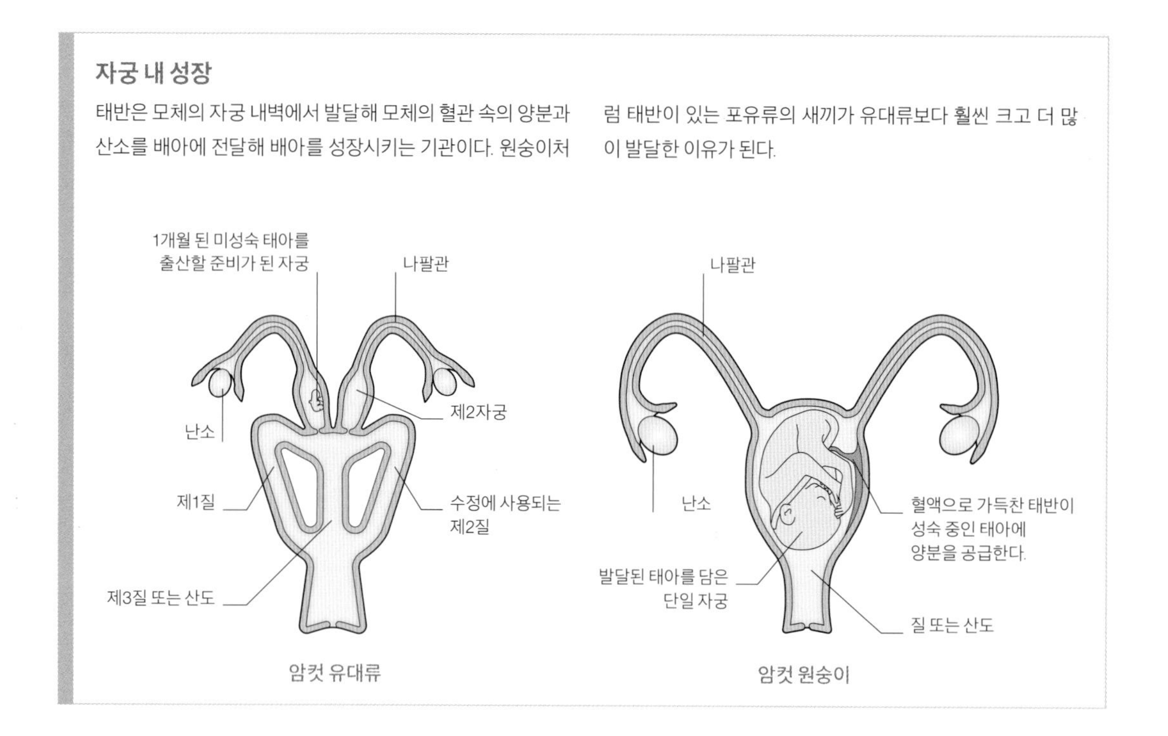






# 유대류의 육아낭

대부분의 포유류에서 출생 전의 태아는 긴 임신 기간 동안 모체의 자궁 안에서 태반이라고 불리는 혈액으로 가득 찬 기관으로부터 양분을 공급받는다. 그러나 유대류에서는, 다른 번식 전략이 채택되었다. 임신 기간이 짧고 새끼는 대부분의 발달 과정을 모체 밖에서 완성하게 된다. 어미의 육아낭은 포근한 안식처가 되며, 다른 포유류와 마찬가지로 모유를 먹고 자란다.

**주머니 밖으로**
8개월이 되면 육아낭 속에 있기에는 너무 커진 어린 늪월러비는 식생 속에 숨어서 몸을 보호한다. 아직은 어미에게 돌아가 모유를 먹어야 하는 시기이며 앞으로도 6개월 동안은 모유를 먹을 것이다.

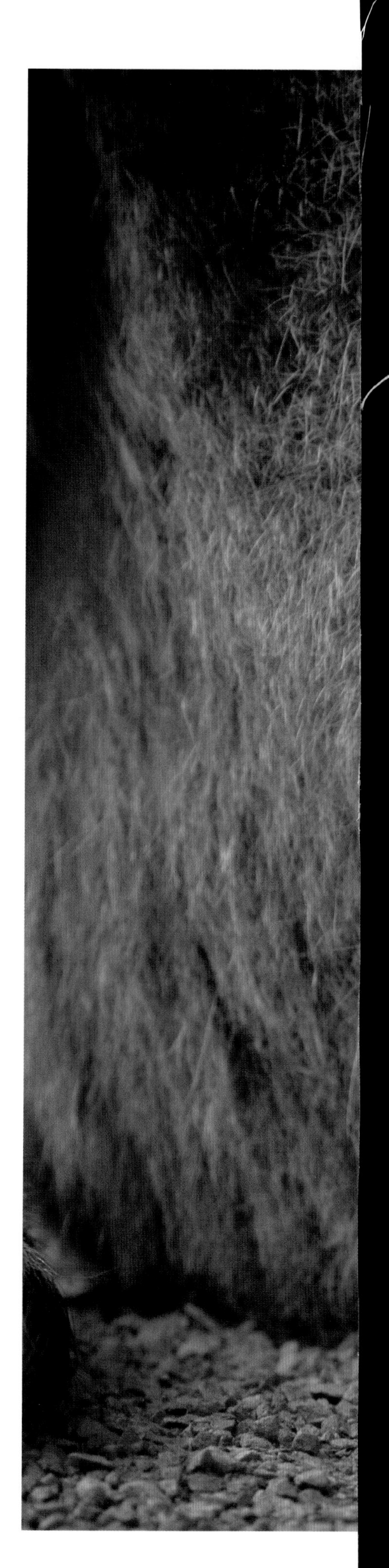

**안전한 주머니**
이 어린 늪월러비(*Wallabia bicolor*)는 어미의 육아낭에서 약 8개월을 보낸다. 이 시기 동안에 이미 새로운 태아가 육아낭을 차지하려고 차례를 기다리며 발달 중일 수도 있다.

## 화려한 변신

애벌레들은 고치의 껍질 속에 숨어 나비로 발달하는 동안 포식자에게 노출될 위험이 있다. 아시아 열대 지역에 사는 황토색희미날개나비(*Acraea terpsicore*)는 애벌레의 먹이 식물로부터 얻은 독으로 자신을 보호한다. 모든 단계에서 화려한 경고색으로 독의 존재를 알린다.

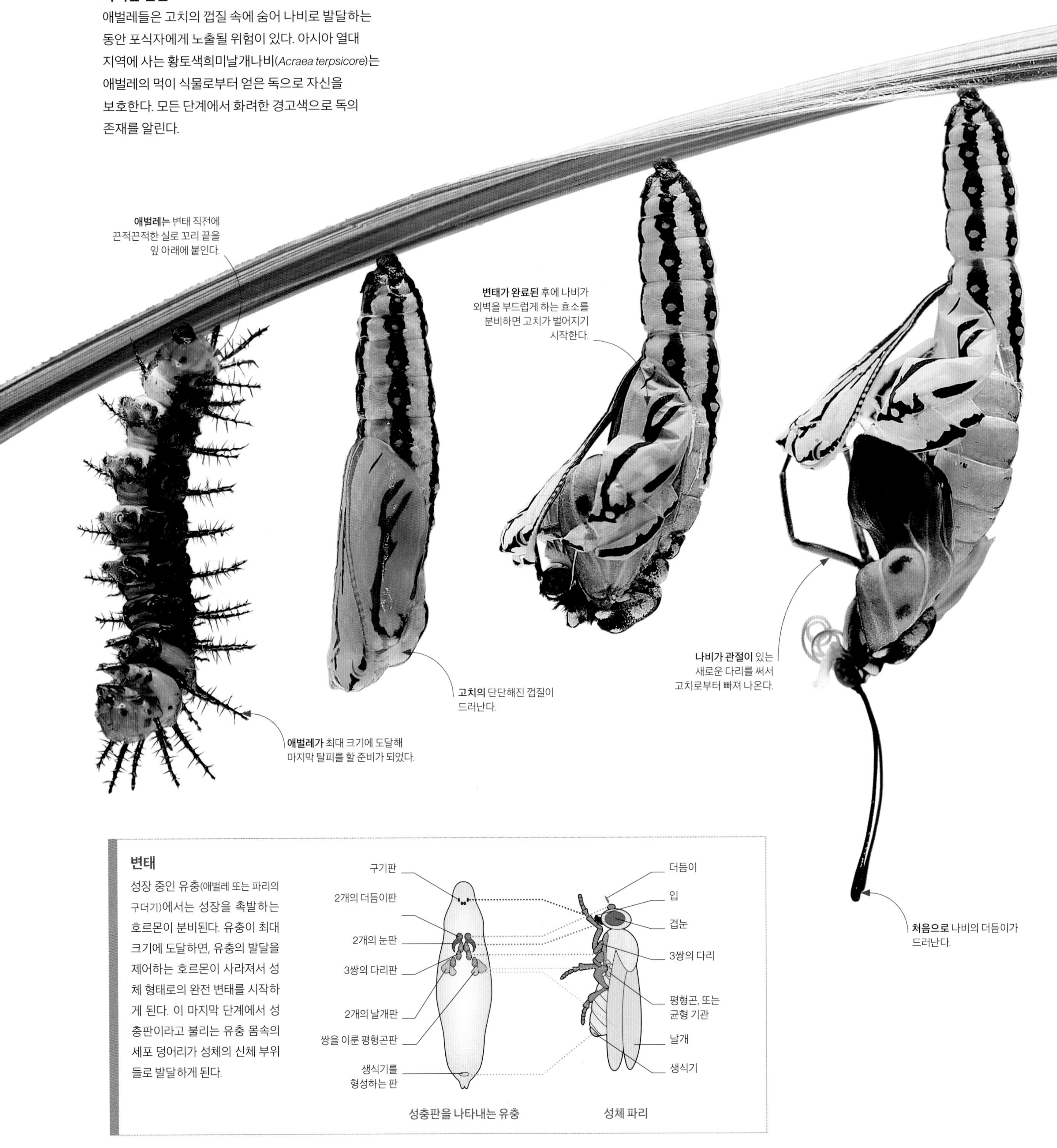


### 변태

성장 중인 유충(애벌레 또는 파리의 구더기)에서는 성장을 촉발하는 호르몬이 분비된다. 유충이 최대 크기에 도달하면, 유충의 발달을 제어하는 호르몬이 사라져서 성체 형태로의 완전 변태를 시작하게 된다. 이 마지막 단계에서 성충판이라고 불리는 유충 몸속의 세포 덩어리가 성체의 신체 부위들로 발달하게 된다.

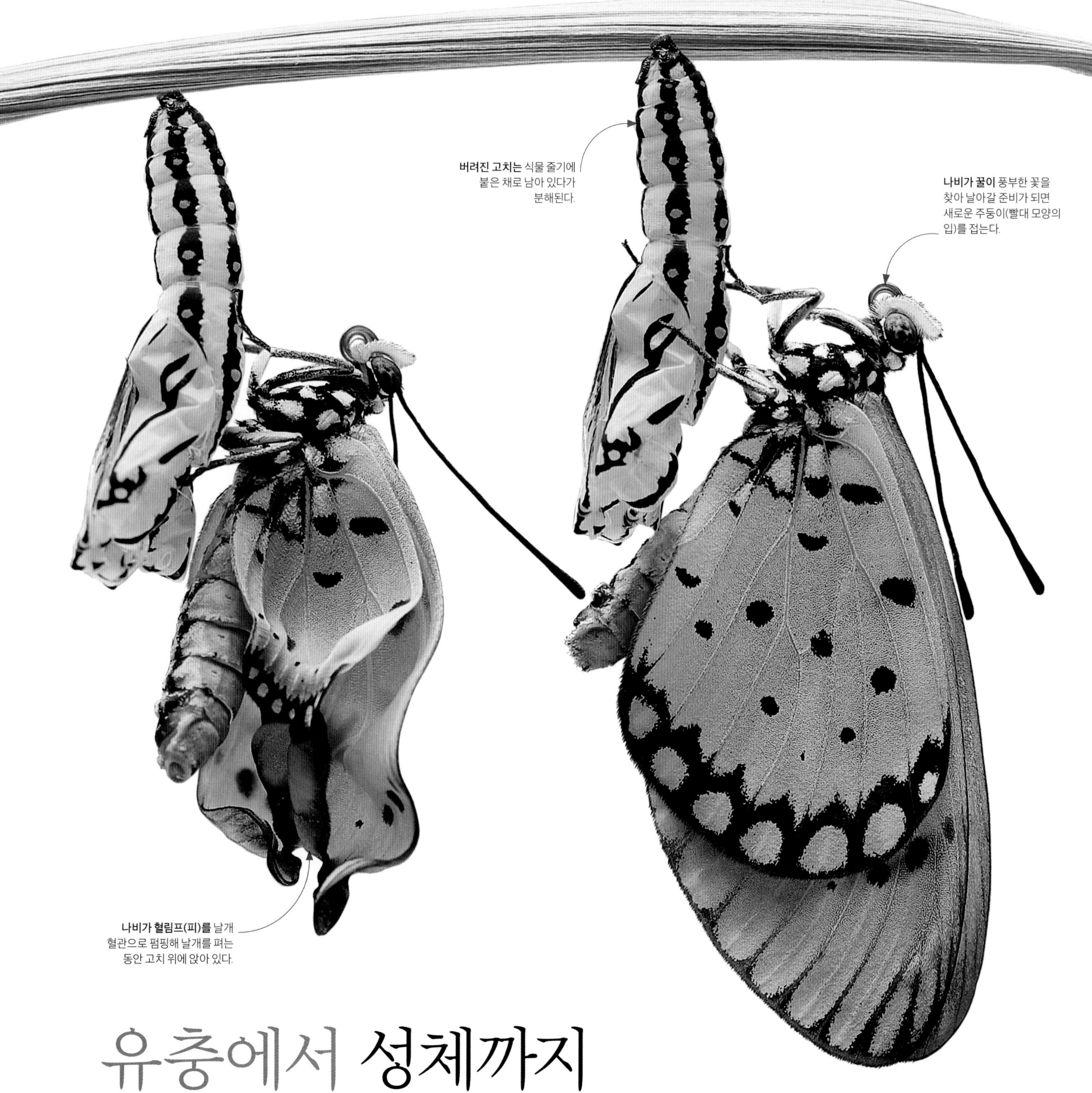




# 유충에서 성체까지

모든 동물이 어린 동물에서 성적으로 성숙한 성체로 발달하는 동안 변화를 겪지만, 곤충에서는 특히나 그 변화가 극적이다. 예를 들어 바퀴와 메뚜기 등의 일부 종에서는 어린 개체가 성체의 작고 날지 못하는 버전이지만 나비와 같은 다른 종에서는 애벌레가 변태를 통해서 완전 분해 후 재조립에 준하는 신체 구조의 변화를 겪게 된다.

# 양서류의 변태

동물이 변태를 통해서 발달하는 경우 어린 개체와 성체는 서로 다른 서식지에 살며 반대되는 방식으로 자원을 이용하게 될 수 있다. 개구리의 경우 물속을 헤엄치던 올챙이가 건조한 땅 위를 걷는 성체로 변하는 것을 의미한다. 이때 변태 과정은 지느러미를 다리로, 아가미를 공기 중에서 호흡하는 폐로 교체하는 것을 포함한다. 신체 형태의 변형과 함께 어떻게 이동하고 무엇을 먹을 수 있는지 등의 모든 행동도 변화한다.

**물속에서만 사는 올챙이**

북방산개구리(*Rana temporaria*)의 유생, 즉 올챙이는 물속 생활에 적응되어 있다. 몸길이의 절반 이상이 근육질의 꼬리이고 부풀어 오른 방 속에서 보호되는 아가미는 물에서 산소를 추출한다. 뾸테를 두른 턱으로 조류를 갉아먹다가 나이가 들면 동물성 먹이를 공격한다.

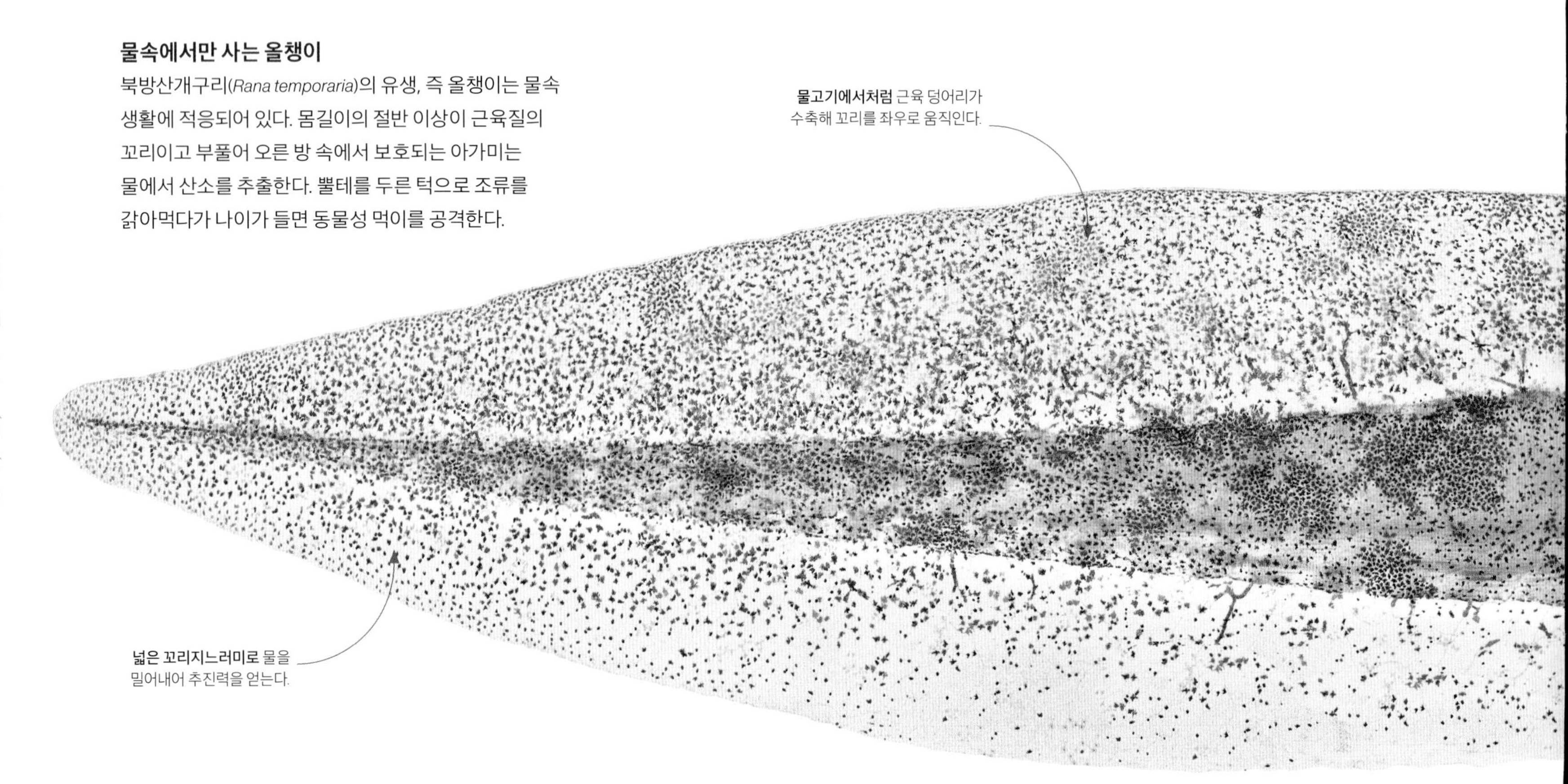


**점진적인 형태 변화**

변태는 인간에서 대사를 촉진하고 성장을 조절하는 호르몬인 티록신에 의해 진행된다. 개구리에서는 이 호르몬이 다리가 자라고 꼬리가 없어지게 하는 리모델링 유전자를 발현시킨다. 변형 과정이 진행되는 속도는 온도, 먹이, 산소 조건에 따라 달라지지만 봄에 부화한 올챙이들은 여름이 되면 대부분 새끼 개구리가 된다.

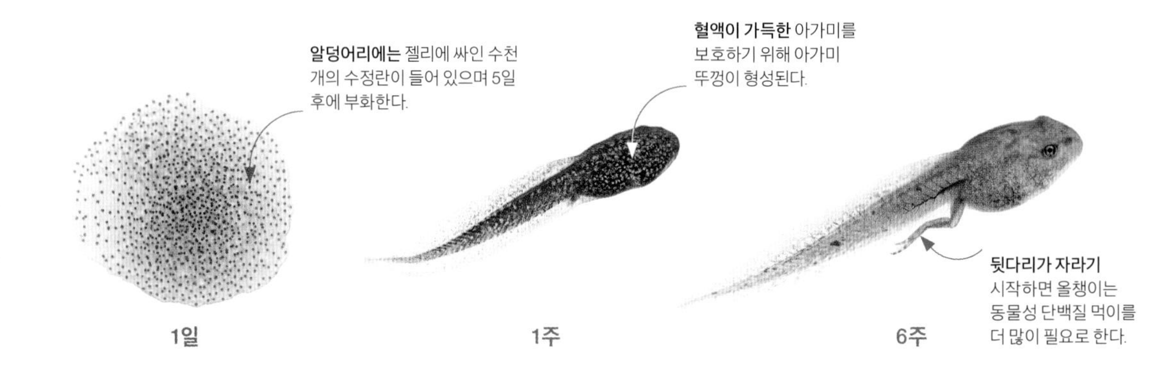

## 양육

대부분의 양서류는 알과 새끼의 운명을 운에 맡기고 떠나지만, 일부 종은 새끼를 정성들여 키우기도 한다. 어떤 종은 울음주머니에 새끼를 넣어 보호하기도 하고, 또 어떤 종은 등에 짊어지고 다니기도 한다. 수리남 두꺼비(*Pipa* sp.)는 교미하는 동안 갓 수정된 알을 어미의 등 위로 굴리면 알이 피부 속에 고정되어 작은 주머니를 형성한다. 종에 따라서는 부화해 헤엄치는 올챙이가 되기도 하고 작은 두꺼비 형태가 되기도 한다. 부화하고 나면 새끼들을 보호하고 있던 어미 몸의 얇은 피부막이 서서히 떨어져 나간다.

암컷의 등 위에서 부화하는 수리남 두꺼비 새끼

**수컷 십자개구리(*Oreophryne*)는** 알에서 작은 개구리들이 부화할 때까지 들고 다닌다.

**알 속에서의 변태**

많은 양서류들이 알 속에서 발달 과정을 완료한다. 이렇게 하면 열대 우림의 땅 위와 같은 물 밖의 장소에 알을 낳을 수 있게 된다.

# 성숙한 몸이 되다

동물이 스스로 번식할 수 있는 단계까지 발달하는 데는 시간이 걸린다. 동물이 형태나 행동을 통해 알(난자) 또는 정자를 생산하고 교미할 준비가 되었음을 알리기 전에 성기관이 성숙해 있어야 한다. 개체의 성별은 포유류나 조류 등에서는 유전적으로 미리 결정되어 있고 일부 종에서는 온도와 같은 환경적 요인에 의해 결정된다. 그러나 엠퍼러 엔젤피시(*Pomacanthus imperator*)와 같은 소수의 동물들은 성숙한 후에도 성전환이 일어난다.

**진청색 바탕에** 흰 고리무늬는 어린 엠퍼러 엔젤피시가 영역을 방어 중인 성체에게 공격받지 않도록 보호한다.

어린 엠퍼러 엔젤피시

**성장 패턴**

엠퍼러 엔젤피시는 나이에 따라 현저한 변화를 나타낸다. 작고 흰 고리무늬가 있는 어린 개체는 대형의 노란 줄무늬가 있는 성체와 다른 종으로 오인될 수도 있다.

**물고기가 성체가** 됐을 때의 최대 크기의 4분의 1정도로 자랐을 때 무늬와 색이 변하기 시작한다.

**흰 고리무늬가** 노란 줄무늬로 변하기 시작한다.

준성체 엠퍼러 엔젤피시

**노란 줄무늬는** 엠퍼러 엔젤피시가 성적으로 성숙했음을 의미한다.

**어두운 색의** 마스크 같은 띠가 눈이 보이지 않게 해 포식자를 혼란시킬 수 있다.

**고리무늬에서 줄무늬로**

산호초에 사는 많은 물고기들이 성숙하는 과정에서 색상과 무늬의 변화를 겪는다. 그 이유는 물고기로 붐비는 산호초 상에서 어린 고기들이 성체에게 경쟁자로 인식되지 않게 하기 위함일지도 모른다. 성체 엠퍼러 엔젤피시는 암컷에서 수컷으로 성을 전환할 수도 있다. 가장 우세한 수컷이 죽어서 다른 개체가 그 자리를 대체하려고 할 때 성전환이 일어날 수 있다.

성체 엠퍼러 엔젤피시

# 용어 해설

## 가

**가슴**(thorax) 절지동물의 몸에서 가운데 부분. 가슴에는 강력한 근육이 있으며 다리와 날개가 있는 동물의 경우 가슴에 다리와 날개가 달려 있다. 사지 척추동물에서는 흉부를 의미한다. 머리가슴, 전체구 참조.

**가슴지느러미**(pectoral fins) 물고기에서, 대개 머리 바로 뒤에 앞을 향해서 나 있는 한 쌍의 지느러미. 가슴지느러미는 대개 자유롭게 움직일 수 있으며 방향 조절에 이용되지만 때때로 추진력을 얻는 데 사용되기도 한다.

**가지뿔**(antler) 사슴의 머리에 자라는 뿔. 다른 동물의 뿔과 달리 가지가 있는 경우가 많고, 대부분 번식기의 주기에 맞추어 해마다 새로 자라나고 떨어진다.

**갑**(scute) 일부 동물에서 몸을 덮는 골질의 판 또는 비늘.

**강**(class) 분류의 단계. 분류 단계의 순서상 문의 일부를 구성하며 하나 이상의 목으로 나뉜다.

**개충**(zooid) 무척추동물의 군체에서 각각의 동물 개체. 개충이 서로 연결되어 단일한 개체처럼 기능하는 경우가 많다.

**겉깃털**(covert) 새의 비행깃의 기부를 덮는 깃털.

**겉날개**(elytron) 딱정벌레, 집게벌레 및 몇몇 곤충의 강화된 앞날개. 두 장의 겉날개가 뚜껑처럼 맞물려 아래쪽의 연약한 뒷날개를 보호한다.

**겹눈**(compound eye) 하나의 눈이 각각의 렌즈를 가진 별개의 부분으로 구성되는 것. 겹눈은 절지동물의 공통된 특징이다. 겹눈을 구성하는 단위의 개수는 수십 개에서 수천 개까지 다양하다.

**경고색**(aposematic) 경계색 참조.

**경계색**(warning coloration) 위험한 동물임을 경고하는 기능을 하는 대조되는 색의 조합. 독침이 있는 곤충에서 검은색과 노란색의 줄무늬는 전형적인 경계색이다. 경고색이라고도 한다.

**경골/경절**(tibia) 사지 척추동물의 정강이뼈. 곤충에서는 부절 또는 발의 바로 윗부분인 경절을 의미한다. 비골 참조.

**계**(kingdom) 분류학에서 자연계를 크게 6개의 분류군으로 나눈 것.

**고래꼬리**(fluke) 고래와 그 친척들이 가지고 있는 고무질의 꼬리지느러미. 어류의 꼬리지느러미와 달리 수평 형태이며, 좌우가 아니라 상하로 움직인다.

**고막**(tympanum) 개구리와 곤충에서 외부에 노출된 고막.

**고치**(chrysalis) 곤충의 번데기를 보호하는 단단하고 때로는 광택이 있는 껍질. 종종 식물에 붙어 있거나 지표면 근처에 묻혀 있다.

**골편**(spicule) 해면의 내부 골격의 일부를 구성하는, 실리카 또는 탄산칼슘으로 이루어진 바늘. 형태가 매우 다양하다.

**과**(family) 분류의 단계. 분류 단계의 순서상 목의 일부를 이루며 하나 이상의 속으로 나뉜다.

**관절**(articulation) 인접한 뼈가 맞닿아 움직일 수 있도록 결합된 구조.

**관해파리**(siphonophore) 폴립 개체들이 연결되어 부유성 군체를 형성해 생활하는 자포동물로서 때로는 매우 긴 실 형태를 이루기도 한다. 작은부레관해파리 등이 포함된다. 폴립 참조.

**광수용기**(photoreceptor) 동물의 눈 뒤의 망막을 형성하는, 빛을 감지하는 세포. 많은 동물에서 광수용기 세포들이 서로 다른 색소를 포함하고 있어서 색채를 구별할 수 있다. 낱눈, 망막 참조.

**광채세포**(iridophore) 빛을 반사하는 구아닌 결정을 함유하고 있는 특수한 피부 세포. 일부 갑각류, 두족류, 어류, 양서류 및 카멜레온 등의 파충류에서 발견된다.

**광합성**(photosynthesis) 식물이 햇빛으로부터 에너지를 얻어서 화학적 형태로 변환하는 일련의 화학적 과정.

**교미기**(claspers) 일부 무척추동물 수컷에서 교미 중에 암컷을 잡는 데 사용하는 구조물, 또는 상어 등 일부 어류 수컷에서 암컷의 수란관에 정액을 직접 주입하는 데 사용되는 한 쌍의 변형된 배지느러미. 배지느러미 참조.

**구기**(palps) 절지동물의 입 주변에 달려 있는 한 쌍의 긴 감각 부속기. 더듬이와 유사하게 촉각 센서가 있으며 촉각과 미각을 포함한 다양한 목적으로 사용되고 일부는 포식에 사용된다. 다리수염 참조.

**구치**(molar tooth) 포유류에서 턱의 뒤쪽에 난 이빨. 구치는 식물을 씹기 위해 표면이 평평하거나 골이 파인 경우도 있다. 육식동물의 뾰족한 구치는 가죽과 뼈를 끊을 수 있다.

**군집**(colony) 같은 종에 속하는 동물들이 함께 생활하며 때로는 생존을 위해 분업을 하는 동물들의 모임. 군집성 종 중 일부, 특히 수생 무척추동물에서는 군집의 구성원들이 영구적으로 서로 고정되어 있다. 개미, 벌 및 말벌과 같은 다른 종들에서는 구성원들이 독립적으로 먹이 활동을 하지만 같은 둥지에서 생활한다.

**귀밑샘**(paratoid gland) 양서류에서, 눈 뒤에 있으며 피부 표면에 독을 분비하는 샘.

**그레이징**(grazing) 초본을 먹는 것. 브라우징 참조.

**극피동물**(echinoderms) 불가사리, 거미불가사리, 성게, 바다나리 및 해삼을 포함하는 해양성 무척추동물의 대 분류군. 극피동물의 몸은 방사대칭이다. 피부 밑에 백악질의 보호판이 있으며 유압식 관족이 있어서 이동하거나 먹이를 잡는다.

**기관**(organ) 특정한 작업을 수행하는 다양한 조직들로 구성된 신체의 구조물.

**기관**(trachea) 호흡계의 일부로서 공기가 드나드는 관. 사람에서는 기도라고도 한다.

**기름지느러미**(adipose fin) 일부 어류에서 등지느러미와 꼬리지느러미 사이에 있는 작은 지느러미.

**기생충**(parasite) 다른 동물(숙주)의 표면 또는 내부에서 숙주의 살 또는 숙주가 섭취한 먹이를 먹는 동물. 대부분의 기생충은 숙주보다 크기가 훨씬 작으며 대량의 알을 산란하는 것을 포함하는 복잡한 생활사를 가지고 있다. 기생충들은 대개 숙주를 약화시키지만 죽이지는 않는다. 내부기생충 참조.

**꼬리의**(caudal) 동물의 꼬리에 관련된.

## 나

**난황**(yolk) 알에서 발달 중인 배아에 양분을 공급하는 부분.

**낱눈**(ommatidia) 많은 절지동물에서 흔히 발견되는, 겹눈의 렌즈를 구성하는 수광세포가 면을 이룬 것. 겹눈, 광수용체 참조.

**내골격**(endoskeleton) 몸속에 있는 골격으로 대개는 뼈이다. 외골격과 달리 내골격은 신체의 다른 부분과 함께 단계적으로 성장할 수 있다.

**내부기생충**(endoparasite) 다른 동물(숙주)의 몸속에서 숙주의 조직을 직접 먹거나 양분을 훔치는 방식으로 기생하는 동물. 내부기생충은 대개 생활사가 복잡하며 하나 이상의 숙주를 갖는다.

## 다

**다리수염**(pedipalps) 거미류에서 몸 앞쪽의 두 번째 부속지 쌍. 종에 따라서 걷는 데 사용되거나, 정자 전달 또는 먹이를 공격하는 데 사용된다. 교미기, 구기 참조.

**단안 시각**(monocular vision) 카멜레온에서처럼 각각의 눈이 독립적으로 사용되는 시각의 형태. 시야가 넓어지지만 원근감이 제한된다. 양안 시각, 입체 시각 참조.

**대사**(metabolism) 동물의 몸속에서 발생하는 화학 과정들을 완전히 배열한 것. 일부 과정은 음식을 분해해 에너지를 발생시키고, 다른 과정은 에너지를 이용해 근육을 수축시킨다.

**대퇴골/넓적다리마디**(femur) 사지동물에서 넓적다리 뼈. 곤충의 다리에서는 종아리마디 바로 위의 세 번째 마디를 말한다.

**더듬이**(antenna) 절지동물의 머리에 있는 감각 기관. 더듬이는 항상 쌍을 이루고, 촉각, 청각, 열감각, 미각을 느낄 수 있다. 더듬이의 크기와 모양은 사용 방식에 따라 다양하다.

**도약기**(furcula) 톡토기의 배에 달린 갈라진 용수철 모양의 기관.

**독 발톱**(forcipule) 순각류에서 독을 주입할 때 쓰이는 집게 모양으로 변형된 첫 번째 다리 쌍. 집게 참조.

**동공**(pupil) 눈의 가운데에 있는 빛이 들어오는 구멍.

**동면**(hibernation) 겨울의 휴면 기간. 동면 중에는 동물의 생리 활동이 낮은 수준으로 감소한다.

**동물성 플랑크톤**(zooplankton) 플랑크톤 참조.

**등**(dorsal) 동물의 등 위 또는 주변.

## 라

**렉**(lek) 수컷 동물, 특히 새들이 구애 기간 동안 모여서 과시 행동을 하는 장소. 여러 해에 걸쳐 동일한 장소에 모이기도 한다.

**로스트럼**(rostrum) 딱정벌레 및 몇몇 곤충에서 부리와 비슷하게 생긴 빠는 입.

## 마

**망막**(retina) 눈의 뒷면에 있는 광수용기 세포층으로 광학적 이미지를 신경충동으로 변환해 광학 신경을 통해 뇌에 전달한다. 광수용기 참조.

**머리가슴**(cephalothorax) 일부 절지동물에서 머리와 가슴이 결합된 신체 부분. 머리가슴을 갖는 동물에는 갑각류와 거미류가 있다.

**먹이 사슬**(food chain) 둘 이상의 서로 다른 종을 먹고 먹히는 관계에 따라 순서대로 연결한 것. 육상 먹이 사슬의 경우 첫 번째 사슬은 대개 식물이다. 수생 먹이 사슬에서는 대개 조류 또는 다른 단세포 생물이다.

**먹이**(prey) 포식자에게 먹히는 동물. 포식자 참조.

**멜론**(melon) 다수의 이빨고래와 돌고래의 머릿속에 있는 둥그스름한 기름 주머니. 음파 탐지 시 소리를 모으는 역할을 하는 것으로 생각된다.

**목**(order) 분류의 한 단계. 분류 단계의 순서상 목은 강의 일부를 구성하며, 하나 이상의 과로 나뉜다.

**무성생식**(asexual reproduction) 하나의 개체만이 관여하는 번식 형태. 무성생식은 무척추동물에서 가장 흔하며 유리한 조건에서 신속하게 개체를 증식하기 위해 사용된다. 처녀생식, 유성생식 참조.

**문**(phylum) 분류의 한 단계. 분류 단계의 순서상 계의 일부를 구성하며 하나 이상의 강으로 나뉜다.

**미절**(telson) 절지동물에서 배의 마지막 부분 또는 투구게에서와 같이 맨 뒤에 달린 부속지.

## 바

**반추동물**(ruminant) 여러 개의 위로 구성된 특수한 소화계를 가진 발굽동물. 제1위에는 막대한 수의 미생물이 살고 있어서 식물 세포벽의 셀룰로스를 분해한다. 이 과정을 촉진하기 위해 음식물을 역류시켜 다시 씹는 것을 되새김질이라고 한다.

**발굽걷기**(unguligrade) 발굽만 땅에 닿는 걸음걸이. 발톱걷기, 발바닥걷기 참조.

**발굽이 갈라진**(cloven-hoofed) 둘로 갈라진 것처럼 보이는 발굽을 가진 것. 사슴과 영양 등의 발굽이 갈라진 동물 대부분은 실제로는 발의 중심선을 기준으로 양쪽에 각각 발굽이 있으므로 실제로는 발굽이 2개다.

**발바닥걷기**(plantigrade) 발의 밑바닥이 땅에 닿게 걷는 걸음걸이. 발톱걷기, 발굽걷기 참조.

**발정기**(rutting season) 번식철에 사슴 수컷들이 교미를 위해 싸우는 기간.

**발톱걷기**(digitigrade) 손가락 또는 발가락만 땅에 닿는 걸음걸이. 발바닥걷기, 발굽걷기 참조.

**방사대칭**(radial symmetry) 신체의 배열이 바퀴와 같은 대칭 형태로서 중앙에 입이 있는 경우가 많다.

**배**(abdomen) 몸의 뒷부분으로 포유류에서는 갈비뼈 아래, 절지동물에서는 가슴 뒤에 있는 부분.

**배갑**(carapace) 동물의 등에 있는 단단한 방어구.

**배설강**(cloaca) 다양한 신체 체계에서 공통된 몸 뒤쪽의 구멍. 일부 척추동물(경골어류와 양서류)에서는 소화관, 신장, 생식계 모두가 단일한 구멍으로 연결된다.

**배아**(embryo) 발달의 초기 단계에 있는 어린 동물 또는 식물.

**배지느러미**(pelvic fins) 물고기의 몸 뒤쪽에 있는 한 쌍의 지느러미로서 보통은 몸 아래쪽에 붙어 있고 머리 근처에 있는 경우도 있으나 꼬리에 가까운 경우가 더 많다. 상어 등 일부 종에서는 정자 전달에 사용되기도 한다. 교미기 참조.

**번식 군락**(breeding colony) 많은 수의 새들이 모여서 둥지를 틀고 번식하는 것.

**변태**(metamorphosis) 많은 동물, 특히 무척추동물에서 어린 개체가 성체로 자라나면서 발생하는 체형의 변화. 곤충에서는 완전 변태와 불완전 변태가 있다. 완전 변태의 과정에는 휴면 상태에서 이루어지는 신체의 전반적인 재구성, 즉 번데기 단계가 포함된다. 불완전 변태에서는 덜 극적인 일련의 변화가 일어나며 매번 어린 동물이 탈피를 한다. 고치, 코쿤, 유생/유충, 유충 참조.

**보호털**(guard hair) 포유류의 거죽에 있는 긴 털로서 아래의 잔털을 보호하고 동물이 잘 젖지 않게 하는 기능이 있다.

**복갑**(plastron) 물거북과 거북에서 껍데기 아랫 부분.

**복족류**(gastropods) 달팽이와 민달팽이를 포함하는 연체동물의 한 분류군. 연체동물 참조.

**복측의**(ventral) 몸의 아랫면 또는 그 주변의.

**부레**(swim bladder) 대부분의 경골어류에서 부력을 조절하는 공기주머니. 부레 속의 기체 압력을 조절해 물고기가 물 속에서 떠오르지도 가라앉지도 않는 상태를 유지할 수 있다.

**부리**(beak) 대개 이빨이 없는 좁고 돌출한 한 쌍의 턱. 조류를 포함해 물거북과 거북 그리고 일부 고래 종 등 다수의 척추동물 분류군에서 독자적으로 진화했다.

**부리**(bill) 새의 부리를 다르게 일컫는 말. 부리 참조.

**부리센털**(rictal bristles) 쏙독새와 키위 등 몇몇 조류의 부리 기부에 난 변형된 깃털. 깃축이 빳빳하고 깃가지가 없다. 수염처럼 사냥할 때 먹이를 추적하는 기능을 한다.

**부절/발목**(tarsus) 다리의 일부. 곤충에서는 발에 해당하는 부분을 부절이라고 하고 척추동물에서는 다리의 아랫부분 또는 발목을 가리킨다.

**분수공**(blowhole) 고래와 그 친척들의 콧구멍으로 머리 꼭대기에 있다. 하나인 경우도 있고 쌍을 이루는 경우도 있다.

**분수공/기문**(spiracle) 가오리 및 일부 어류의 눈 뒤에 있는, 아가미로 물을 흘려보내는 구멍을 분수공이라고 한다. 곤충의 가슴이나 배에서 기관으로 공기를 들여보내는 구멍은 기문이라고 한다.

**브라우징**(browsing) 초본이 아닌 교목이나 관목의 잎을 먹는 것. 그레이징 참조.

**브래키에이션**(brachiation) 긴팔원숭이 등의 영장류들이 나무 사이를 이동하기 위해 가지에서 가지로 그네 타듯 이동하는 것.

**비골**(fibula) 다리 아래 부분 또는 뒷다리 뼈의 바깥 부분. 경골 참조.

**비늘**(scales) 어류와 양서류의 피부를 덮고 보호하는 얇은 각질 또는 골질의 판. 대개 중첩해 배열된다.

**비엽**(nose leaf) 몇몇 박쥐 종의 얼굴에서 발견되는, 콧구멍을 통해 발산된 음파를 모으는 구조물.

**비행깃**(flight feathers) 비행에 사용하는 새의 날개깃과 꼬리깃.

**뿔**(horn) 포유류의 머리 위에 자란 뾰족한 부분. 진정한 뿔은 뼈로 된 중심부를 속이 빈 케라틴 피복이 덮고 있다.

## 사

**사지동물**(tetrapod) 4개의 다리를 가진 척추동물 분류군의 구성원 또는 뱀과 같이 사지동물로부터 진화한 동물.

**산란**(spawn) 갑각류, 연체동물, 어류 및 양서류가 알을 낳는 것.

**상피**(epithelium) 동물에서 많은 기관과 조직의 주변 또는 내부의 막과 층을 형성하는 내벽 또는 외벽 조직.

**생태적 지위**(niche) 서식지 내에서 어떤 동물의 위치와 역할. 두 종이 동일한 서식지를 공유할 수는 있지만 동일한 생태적 지위를 가질 수는 없다.

**석회질의**(calcareous) 칼슘을 포함하는. 많은 동물이 신체의 지지 또는 보호를 위해 패각, 외골격, 뼈와 같은 석회질의 구조물을 형성한다.

**설치류**(rodent) 대부분 크기가 작은 사지 포유동물로서 꼬리가 길고, 발톱이 있고 긴 수염과 큰 앞니를 가진 적응성이 뛰어난 대규모 분류군이다. 턱은 물체를 갉기 좋게 적응하였다. 남극을 제외한 전 세계에서 발견되며 포유류 종의 40퍼센트를 차지한다.

**성세포**(sex cells) 모든 동물의 생식 세포, 즉 수컷의 정자와 암컷의 난자를 말하며 배우자라고도 한다. 유성생식 참조.

**성적 이형**(sexual dimorphism) 수컷과 암컷이 물리적 차이를 보이는 것. 성별이 있는 동물에서는 수컷과 암컷이 언제나 차이가 있지만 코끼리바다물범과 같이 성적 이형이 심한 종의 경우 생김새와 몸의 크기가 다르다.

**셀룰로스**(cellulose) 식물에서 발견되는 복잡한 탄수화물. 셀룰로스는 식물의 조직을 구성하며 동물이 소화하기 어려운 탄력적인 화학 구조를 이루고 있다. 반추동물과 같은 초식동물들은 미생물의 도움을 받아서 이것을 소화시킨다.

**소골편**(ossicle) 작은 뼈. 포유류의 이소골은 몸에서 가장 작은 뼈로서 고막으로부터 내이로 소리를 전달한다.

**소구치**(premolar tooth) 포유류에서 턱의 중간에, 송곳니와 어금니 사이에 있는 이빨. 송곳니, 구치 참조.

**소익**(alula) 새의 날개에서 '엄지'에 해당하는 부분을 형성하는 작은 뼈 돌출물.

**속**(genus) 분류의 한 단계. 분류 단계의 순서상 속은 과의 일부를 구성하고 하나 이상의 종으로 나뉜다.

**송곳니**(canine tooth) 포유류에서 물체를 뚫거나 집을 수 있도록 하나의 뾰족한 끝을 갖는 이빨. 송곳니는 턱의 앞쪽을 향하고 있으며 육식동물에서 잘 발달되어 있다.

**수목성의**(arboreal) 생활의 전체 또는 일부가 나무 위에서 이루어지는.

**수염**(whisker) 많은 포유류에서 얼굴, 특히 입 주변에 자라는 길고 단단한 털. 물 또는 공기 중의 진동을 감지할 수 있어서 촉각 기관으로 기능한다. 코털이라고도 한다. 부리센털 참조.

**수정**(fertilization) 난세포와 정자가 결합해 새로운 동물로 발달할 수 있는 세포가 되는 것. 체외 수정에서는 몸 밖(대개 물 속)에서 수정이 일어나는 반면 체내 수정에서는 암컷의 생식계 내에서 수정이 일어난다.

**숙주**(host) 기생 생물에게 영양을 공급하는 생물.

**시육**(carrion) 죽은 동물의 유해.

**신경소구**(neuromast) 어류의 옆줄의 일부를 구성하는 감각 세포. 물의 움직임에 의해 자극되어 물고기가 움직임을 감지할 수 있게 한다. 옆줄 참조.

**실크**(silk) 거미와 일부 곤충에서 생산되는 단백질성 섬유. 방적돌기에서 짜낼 때는 액체이지만 공기 중에 노출되어 잡아늘여지면 탄성 섬유로 변한다. 용도가 매우 다양하다. 실크를 사용해 몸 또는 알을 보호하거나, 먹이를 잡거나, 기류를 타고 활강하거나 공기 중에서 낙하하는 용도로 사용된다.

## 아

**아가미**(gill) 물로부터 산소를 추출하는 기관. 아가미는 대개 머리 위 또는 머리 주변에 위치하거나, 수생 곤충의 경우에는 배 끝에 있다.

**앞니**(incisor tooth) 포유류에서 턱 앞에 있으며 먹이를 물고, 자르거나 갉는 데 사용하는 이빨.

**야콥슨기관**(jacobson's organ) 공기 중의 냄새를 감지하는 입천장에 있는 기관. 뱀은 이 기관을 이용해 먹이를 탐지하며, 수컷 포유류는 이 기관을 통해 교미가 가능한 암컷을 찾는다.

**야행성**(nocturnal) 밤에 활동하고 낮에 자는 것으로, 낮에 활동하는 주행성의 반대 개념.

**양안 시각**(binocular vision) 두 눈이 앞을 향해 중첩된 시야를 제공하는 시각. 동물이 깊이를 인지할 수 있도록 해 준다.

**어금니**(cheek tooth) 열육치, 구치, 소구치 참조.

**엄니**(tusk) 포유류에서 종종 입 밖으로 튀어나온 변형된 이빨. 엄니의 용도는 다양하며 방어용으로 쓰이거나 먹이를 파내는 데 사용되기도 한다. 수컷만 엄니가 있는 종에서는 성적인 과시 행동 또는 경쟁을 위한 용도로 쓰인다.

**여과 섭식자**(filter feeder) 물속의 작은 먹이 입자를 여과해 먹는 동물. 이매패류 연체동물과 멍게 등의 많은 무척추동물은 여과 섭식자로서 정주 생활을 하면서 물을 몸속으로 통과시켜 먹이를 수집한다. 수염고래와 같은 척추동물 여과 섭식자들은 이동하면서 먹이를 여과해 수집한다.

**연골**(cartilage) 척추동물의 골격의 일부를 구성하는 고무질의 물질. 대부분의 척추동물에서는 연골이 관절을 구성하지만 상어 등 연골어류에서는 전체 골격을 형성한다.

**연문**(pterostigma) 잠자리 등 일부 곤충의 날개 앞쪽 가장자리 주변에 있는, 색과 질량이 있는 판.

**연체동물**(mollusks) 복족류(민달팽이와 달팽이), 이매패류(대합과 친척들), 두족류(오징어, 문어, 갑오징어 및 앵무조개)를 포함하는 무척추동물의 대분류군. 연체동물은 몸이 부드럽고 대개 단단한 패각을 가지고 있지만, 일부 하위 분류군은 진화 과정에서 패각을 잃었다.

**열육치**(carnassial tooth) 육식동물인 포유류에서 고기를 찢는 데 적합한 칼날 모양의 어금니.

**영역**(territory) 한 마리의 동물 또는 동물 무리가 같은 종의 구성원에 대적해 방어하는 구역. 영역에는 수컷이 짝을 유혹하는 데 도움이 되는 자원이 있는 경우가 많다.

**옆다리**(parapodium) 환형동물 등에서 발견되는 다리 또는 노 모양의 팽창물. 이동하거나 물을 퍼내는 데 사용된다.

**옆줄**(lateral line system) 어류가 이동, 진동 및 수압을 감지하는 신체 메커니즘. 피부 아래의 관으로 물이 흐르면서 감각세포를 앞뒤로 움직여서 뇌에 신경 충동을 보낸다.

**5지형**(pentadactyl) 다수의 사지 척추동물에서 공통되는, 5개의 손가락 또는 발가락을 갖는 것 또는 이로부터 진화한 특징. 지, 사지동물 참조.

**오퍼큘럼**(operculum) 덮개 또는 뚜껑. 몇몇 복족류 연체동물에서는 동물이 패각 속으로 숨었을 때 입구를 막는 데 사용된다. 경골어류에서는 아가미가 들어 있는 공간을 보호하는 아감딱지의 기능을 한다.

**외골격**(exoskeleton) 동물의 몸을 지지 및 보호하는 체외 골격. 가장 복잡한 외골격은 절지동물의 것으로, 단단한 판과 유연한 관절로 구성된다. 이러한 종류의 골격은 성장이 불가능하며 주기적으로 탈피를 해야 한다. 내골격 참조.

**외투막**(mantle) 연체동물에서 외투강을 둘러싸고 있는 피부.

**요대**(pelvic girdle) 사지 척추동물에서 뒷다리를 척추에 고정하기 위해 배열된 뼈. 요대를 구성하는 뼈들이 융합되어 체중을 떠받치는 골반을 형성하는 경우가 많다.

**우지선**(uropygial gland) 미선 또는 기름샘이라고도 하며 대부분의 새의 꼬리 기부에 위치하고 있다. 우지선에서 분비된 기름을 부리를 이용해 깃털에 발라서 방수 기능을 유지한다. 피지샘 참조.

**위장**(camouflage) 동물을 주변 환경과 구별하기 어렵게 하는 색상 또는 무늬. 동물계, 특히 무척추동물에서 흔하며 포식자를 피하거나 먹이에 몰래 다가가는 데 이용된다. 의태, 은폐색 참조.

**유두**(papilla) 동물의 몸에 작은 살덩어리가 돌출한 것. 먹이의 위치를 알려주는 화합물을 탐지하는 등의 감각 기능을 가진 경우가 많다.

**유생/유충**(larva) 성체와 전혀 다르게 생긴, 미성숙한 독립 개체. 유생/유충은 변태를 통해 성체의 형태로 발달하며 곤충에서는 번데기라고 불리는 휴면 상태를 거쳐 성체가 된다. 코쿤, 변태, 유충 참조.

**유성생식**(sexual reproduction) 암컷의 난자가 수컷의 정자에 의해 수정되는 과정을 포함하는 번식 형태. 동물에서 가장 흔한 번식 형태이다. 대개는 암컷과 수컷의 두 부모가 관여하지만 일부 종에서는 각 개체가 자웅동체이다. 무성생식 참조.

**유충**(nymph) 성체와 유사한 형태이지만 기능적인 날개 또는 생식 기관을 갖추지 못한 어린 곤충. 탈피를 할 때마다 조금씩 변화하면서 변태해 성체로 발달한다.

**육생의**(terestrial) 주로 또는 전적으로 육상에서 생활하는 것.

**육식동물**(carnivore) 고기를 먹는 동물. 좁은 의미로는 식육목에 속하는 포유류를 가리키기도 한다.

**은폐색**(cryptic coloration) 동물을 주위 배경과 구별하기 어렵게 해 주는 색상과 무늬.

**음파 탐지**(echolocation) 초음파를 발산해 가까운 사물을 감지하는 방법. 장애물과 다른 동물로부터 반사된 음향을 통해 주위 환경의 '사진'을 구성할 수 있다. 음파 탐지를 사용하는 동물에는 포유류와 동굴에 서식하는 소수의 조류 종들이 있다.

**의태**(mimicry) 동물이 다른 동물, 또는 나뭇가지나 나뭇잎과 같이 움직이지 않는 물체를 흉내 내는 위장의 한 형태. 의태는 곤충에서 매우 흔하며, 독이 없는 종이 독니 또는 독침을 가진 종을 흉내 내는 경우가 많다.

**이개**(pinna) 포유류의 귓바퀴.

**이매패류**(bivalves) 대합, 홍합, 굴 등 경첩으로 연결된 2장의 껍데기가 있는 연체동물. 대부분의 이매패류는 느리게 움직이거나 전혀 움직이지 않으며 여과 섭식을 한다. 여과 섭식자, 연체동물 참조.

**이족보행**(bipedal) 두 발로 걷는 것.

**익막**(patagium) 박쥐에서 날개를 구성하는, 양면으로 된 피부 막. 이 용어는 박쥐원숭이 및 활강하는 다른 포유류에서 낙하산 역할을 하는 피부 막을 가리키는 데도 사용된다.

**인두**(pharynx) 목구멍.

**입 반대쪽의**(aboral) 동물의 신체에서 입의 반대쪽, 특히 상하 구분이 없는 극피동물에서 뚜렷하다.

**입체 시각**(stereoscopic vision) 인간 또는 포식자(호랑이 등)에서 눈이 앞을 향하고 있어서 각각의 눈이 비슷하지만 약간 다른 시각을 갖는 것. 깊이를 정확하게 인지할 수 있다. 양안 시각 참조.

## 자

**자궁**(uterus) 포유류의 암컷에서 태아를 보호하고 발달시키는 신체의 일부. 태반류에서는 태아와 자궁벽이 태반으로 연결되어 있다.

**자루마디**(scape) 곤충의 더듬이에서 머리에 가장 가까운 첫 번째 마디.

**자포**(nematocyst) 해파리 또는 다른 자포동물에서 독침을 발사하는 자세포 내에 있는 나선형의 구조물.

**잔털**(underfur) 포유류 모피의 가장 안쪽을 구성하는 빽빽한 털. 대개 부드럽고 단열 성능이 뛰어나다. 보호털 참조.

**잡식동물**(omnivore) 식물성 및 동물성 먹이를 모두 먹는 동물.

**장골**(matacarpal) 사지동물에서 앞다리 또는 팔 뼈 중 하나로, 끝에 손가락과 연결되는 관절을 형성한다. 대부분의 영장류는 장골이 손바닥을 형성한다.

**전절**(propodus) 집게에서 움직이지 않도록 고정된 부분. 넓은 근육질의 손바닥을 포함한다. 지절, 집게 참조.

**전체구**(prosoma) 절지동물 중 거미류와 투구게에서 배보다 앞에 있는 부분. 머리가슴, 후체구 참조.

**절지동물**(arthropod) 단단한 외골격과 관절로 구성된 무척추동물의 대형 분류군. 갑각류, 곤충류, 거미류가 포함된다.

**정자**(sperm) 수컷의 성세포. 성세포, 유성생식 참조.

**조직**(tissue) 동물의 몸에 있는 세포층. 여러 유형의 세포가 모여 정해진 기능을 수행한다. 기관 참조.

**종**(species) 야생에서 서로 교배해 자신과 닮은 형태의 생식 가능한 자손을 낳을 수 있는 비슷한 개체들의 분류군. 종은 생물학적 분류의 기본 단위이다. 어떤 종에서는 뚜렷이 구별되는 개체군이 존재하기도 한다. 개체군 사이에 유의미한 차이가 있고 생물학적으로 격리된 경우 별개의 아종으로 분류한다.

**좌우대칭**(bilateral symmetry) 중심선을 기준으로 동일한 형태를 가진 신체의 반쪽이 대칭을 이룬 형태. 대부분의 동물은 좌우대칭 형태이다.

**주둥이**(proboscis) 동물의 코, 또는 입 부분이 코의 형태를 이룬 것. 액체를 빠는 곤충은 주둥이가 가늘고 길며 대개 사용하지 않을 때는 집어넣을 수 있다.

**중체절**(diplosegment) 배각류 등 일부 절지동물에서 한 쌍의 몸마디가 융합된 것.

**지**(digit) 손가락 또는 발가락.

**지느러미발**(flipper) 수생포유류에서 노의 형태를 가진 팔다리. 고래꼬리 참조.

**지절**(dactylus) 곤충에서 첫 번째의 변형된 관절 다음에 이어지는 하나 이상의 발목 관절. 갑각류에서는 집게발에서 위아래로 움직여 집게를 열었다 닫았다 움직일 수 있는 집게의 날을 가리킨다. 집게 참조.

**진화**(evolution) 한 세대와 다음 세대 사이에서 생물 개체군의 평균적인 유전적 조성의 모든 변화. 진화론은 다양한 근거에 기반해 이와 같은 유전적 변화가 무작위적인 것이 아니라 상당 부분 자연 선택으로 인한 것이며 긴 시간에 걸친 선택 과정에 의해 지구상에서 발견되는 어마어마한 종 다양성을 설명할 수 있다는 이론이다.

**집게**(pincer) 절지동물에서는 먹이를 집거나 방어를 위해 사용하는, 뾰족하고 경첩이 있는 기관으로서 곤충의 큰턱이나 갑각류의 집게발을 말한다. 지절 참조.

**집게발**(cheliped) 갑각류에서 집게가 달린 발.

## 차

**처녀생식의**(parthenogenetic) 비수정란으로부터 번식하는. 진딧물 등 일부 무척추동물의 암컷은 먹이가 풍부한 여름철에만 처녀생식을 통해 새끼를 낳는다. 소수의 종은 처녀생식으로만 번식해 전원이 암컷인 개체군을 형성한다. 처녀생식을 하는 경우 대개 비수정란이 2벌의 염색체를 갖는다. 무성생식 참조.

**척색**(notochord) 몸의 길이 방향으로 뻗은 막대 모양의 지지기관. 척색동물의 특징이지만 몇몇 종에서는 초기 단계에서만 나타난다. 척추동물에서는 배아의 발달 과정에서 척추의 일부가 된다.

**척색동물**(chordate) 척색동물문에 속하는 동물을 가리키며 모든 척추동물을 포함한다. 척색동물의 특징은 몸 전체에 뻗어 있는 척색으로서 몸을 강화하는 한편 몸을 구부려서 이동할 수 있게 한다.

**척추동물**(vertebrate) 척추를 가진 동물. 어류, 양서류, 파충류, 조류 및 포유류가 포함된다.

**체내 수정**(internal fertilization) 번식에 있어서 암컷의 몸속에서 수정이 일어나는 형태. 체내 수정은 곤충과 척추동물을 포함해 많은 육상 동물의 특징이다. 유성 생식 참조.

**체절**(tagma) 절지동물 또는 여러 개의 연결된 부분으로 구성된 동물에서 뚜렷하게 구분되는 영역, 예를 들어 곤충의 머리, 가슴, 배를 말한다. 머리가슴 참조.

**초식동물**(herbivore) 식물 또는 식물성 플랑크톤을 먹는 동물.

**촉수**(tentacle) 오징어와 갑오징어에서 2개의 가장 길고 유연한 다리 또는 해파리에서 쏘는 부속지.

**추골**(vertebra) 척추동물에서 척주를 구성하는 단위가 되는 뼈.

**치개**(diastema) 이빨 사이의 넓은 틈. 초식성 포유류에서는 턱 앞쪽의 무는 이빨과 뒤쪽의 씹는 이빨을 구분한다. 많은 설치류에서는 뺨이 치개 속으로 접어서 물체를 갉는 동안 입의 뒤쪽을 닫을 수 있다.

**치설**(radula) 많은 연체동물의 입에서 먹이를 긁는 데 사용되는 부분. 띠 모양으로 현미경 크기의 작은 이빨이 많이 달려 있다.

**침**(saliva) 씹기, 맛보기 및 소화를 돕기 위해 입 안의 침샘에서 분비되는 액체.

**침샘**(salivary gland) 입 속에서 침을 생산하는 한 쌍의 분비샘. 침 참조.

## 카

**카운터셰이딩**(countershading) 대개 몸 위쪽의 색이 어둡고 아래쪽이 밝은 색인 위장 무늬의 일종. 그림자의 효과를 상쇄해 동물이 잘 보이지 않게 한다.

**칼돌기**(keel) 조류에서 비행에 사용되는 근육을 고정하는 가슴뼈가 확장된 것.

**케라틴**(keratin) 머리카락, 발톱 및 뿔에서 발견되는 단단한 구조 단백질.

**코쿤**(cocoon) 누에고치처럼 실로 짜인 열린 고치를 말한다. 많은 곤충들이 번데기가 되기 전에 실을 내어 코쿤을 만들며 많은 거미 종들은 코쿤을 짜서 알을 낳는다.

**코털**(vibrissa) 수염 참조.

**클론**(clone) 무성생식에 의해 생산된, 부모와 유전적 조성이 동일한 동물.

**키틴**(chitin) 게 껍데기와 같은 절지동물의 외골격을 형성하는 질긴 섬유질의 물질이며 일부 산호류의 골격을 형성하기도 한다. 외골격 참조.

## 타

**타인**(tine) 가지뿔에서 중심 줄기에서 가지가 분지되는 지점. 가지뿔 참조.

**탁란**(brood parasite) 주로 조류에서, 다른 종을 속여 새끼를 기르게 하는 것. 대개 탁란하는 종의 새끼가 숙주의 새끼를 모두 죽여서 숙주 부모가 제공하는 먹이를 독차지한다.

**탈피/털갈이**(molt) 모피, 깃털 또는 피부를 새것으로 교체하는 것. 포유류와 조류는 모피와 깃털을 좋은 상태로 유지하거나, 단열을 조절하거나 번식을 준비하기 위해 털갈이를 한다. 곤충 등의 절지동물은 성장을 위해 탈피를 한다.

**태반**(placenta) 배아 상태의 포유류가 출산 전까지 모체의 혈류로부터 양분과 산소를 흡수하기 위해 발달시키는 기관. 태반을 발달시키는 포유류를 태반류라고 부른다.

**태반류**(placental mammal) 태반 참조.

**턱**(mandible) 절지동물의 한 쌍의 턱, 또는 척추동물에서 아래턱의 전부 또는 일부를 구성하는 뼈.

**턱주름**(dewlap) 동물의 목덜미에 늘어진 주름잡힌 피부.

**투구**(casque) 카멜레온이나 코뿔새 등의 동물에서 머리에 뼈가 돌출한 부분.

## 파

**패각**(shell) 다수의 연체동물, 갑각류, 일부 파충류(거북과 붉거북)에서 몸을 보호하는 단단한 껍데기.

**팽대부성 기관**(ampullary organs) 일부 어류, 특히 상어, 가오리, 키메라에서 먹이를 추적하는 데 사용되는, 전기 수용기를 가진 점액질의 관으로 구성된 특수한 감각 기관.

**페디클**(pedicle) 두개골에서 가지뿔이 자라났다가 교미철이 끝나면 뿔이 떨어지는 부분. 가지뿔 참조.

**페로몬**(pheromone) 동물이 분비하는 화합물로서 같은 종의 다른 구성원에게 효과를 나타내는 것. 대개는 휘발성 물질로서 공기 중으로 전파되어 거리가 떨어져 있는 동물로부터 반응을 촉발시킨다.

**편모**(flagellum) 세포에서 뻗어나온 긴 머리카락 모양의 돌출물. 편모를 휘둘러 세포를 이동시킬 수 있다. 정자세포도 편모를 이용해 헤엄친다.

**포란**(incubation) 난생 동물에서 부모가 알을 품어서 발달시키는 기간. 포란 기간은 14일에서 수 개월까지이다.

**포식자**(predator) 먹이가 되는 다른 동물을 잡아서 죽이는 동물. 먹이가 다가오기를 기다려서 잡는 부류도 있지만 대부분은 적극적으로 다른 동물을 추적해 공격한다. 먹이 참조.

**포접**(amplexus) 개구리와 두꺼비에서, 수컷이 번식을 위해 앞다리로 암컷을 끌어 안는 자세. 수정은 대개 암컷의 체외에서 이루어진다.

**포착 가능한**(prehensile) 물건을 감싸서 잡을 수 있는.

**폴립**(polyp) 자포동물에서 속이 빈 원통형의 몸의 끝 부분 중앙에 촉수로 둘러싸인 입이 있는 형태. 폴립은 단단한 물체에 기부가 부착되어 있는 경우가 많다.

**플랑크톤**(plankton) 대양, 특히 해수면 근처에서 부유 생활을 하는 생물체로서 대개 현미경 크기인 것. 운동을 하는 플랑크톤도 있지만 대개는 크기가 너무 작아서 강한 해류를 거슬러 이동할 수 없다. 동물의 특징을 갖는 플랑크톤을 동물성 플랑크톤이라고 부른다.

**피각**(test) 극피동물에서 작은 석회질 판으로 구성된 골격.

**피지샘**(sebaceous gland) 대개 포유류의 모근 주변에 있는 피부샘. 피부와 털의 상태를 유지하기 위한 물질을 생산한다.

## 하

**협각**(chelicera) 거미류에서 몸 앞쪽에 있는 부속지의 첫 번째 쌍을 가리킨다. 협각의 끝부분은 집게 형태인 경우가 많으며 이것으로 독을 주입하기도 한다. 응애류에서는 끝이 뾰족하며 먹이를 뚫는 데 이용한다.

**호흡**(respiration) 숨을 쉬는 행위 자체, 그리고 세포 내에서 먹이 분자를 분해하고 산소와 결합해 개체에 에너지를 공급하는 과정인 세포 내 호흡 양쪽을 의미한다.

**후엽**(olfactory lobe) 후각 신경으로부터 냄새 정보를 전달받아 저리하는 뇌의 영역. 대부분의 척추동물에서는 뇌의 앞쪽에 위치한다.

**후체구**(opisthosoma) 거미, 투구게 등의 절지동물에서 전체구의 뒤에 있는, 배 또는 몸의 뒷부분.

**휴면**(torpor) 생체 활동이 정상 수준의 일부로 낮아져 잠자는 것과 비슷해진 상태. 대개 추위나 먹이 부족과 같은 악조건에서 살아남기 위해 휴면을 한다.

**흉골/복판**(sternum) 사지 척추동물의 가슴뼈 또는 절지동물의 체절의 아랫부분이 두꺼워진 것. 조류에서는 흉골에 칼돌기가 있다.

**흉대**(pectoral girdle) 사지 척추동물에서 앞다리를 척추에 고정하기 위해 배열된 뼈. 대부분의 포유류에서 2개의 빗장뼈(쇄골)과 어깨뼈(견갑골)로 구성된다.

**흡반**(sucker) 오징어와 문어의 촉수에 달린 둥글고 오목한 빨판. 각각의 흡반은 매우 유연하며 강하게 조일 수 있는 고리 모양의 근육이 있다. 또한 미각 수용체도 달려 있다. 촉수 참조.

**힘줄**(tendon) 근육과 뼈를 연결하는 질긴 콜라겐 섬유의 띠로서 근수축 시 당기는 힘을 전달해 골격을 움직인다.

# 찾아 보기

## 가

## 나



## 다



## 라

## 마



## 바

## 사

## 아

## 자



## 차

## 카



## 타



## 파

## 하

# 도판 저작권

**Dorling Kindersley** would like to thank the directors and staff at the Natural History Museum, London, including Trudy Brannan and Colin Ziegler, for reading and correcting earlier versions of this book and providing help and support with photoshoots, particularly Senior Curator in Charge of Mammals, Roberto Portelo Miguez.

DK would also like to thank others who provided help and support with photoshoots –Barry Allday, Ping Low, and the staff of The Goldfish Bowl, Oxford; and Mark Amey and the staff of Ameyzoo, Bovington, Hertfordshire.

**DK would also like to thank the following:**

**Senior Editor**
Hugo Wilkinson

**Senior Art Editor**
Duncan Turner

**Senior DTP Designer**
Harish Aggarwal

**DTP Designers**
Mohammad Rizwan, Anita Yadav

**Senior Jacket Designer**
Suhita Dharamjit

**Managing Jackets Editor**
Saloni Singh

**Jackets Editorial Coordinator**
Priyanka Sharma

**Image retoucher**
Steve Crozier

**Illustrator**
Phil Gamble

**Additional illustrations**
Shahid Mahmood

**Indexer**
Elizabeth Wise

The publisher would like to thank the following for their kind permission to reproduce their photographs:

**(Key: a-above; b-below/bottom; c-centre; f-far; l-left; r-right; t-top)**

**1 Getty Images:** Tim Flach / Stone / Getty Images Plus. **2-3 Getty Images:** Tim Flach / Stone / Getty Images Plus. **4-5 Getty Images:** Barcroft Media. **6-7 Brad Wilson Photography**. **8-9 Alamy Stock Photo:** Biosphoto / Alejandro Prieto. **10-11 Dreamstime.com:** Andrii Oliinyk. **12-13 Alexander Semenov**. **12 Alamy Stock Photo:** Blickwinkel. **14-15 Getty Images:** Eric Van Den Brulle / Oxford Scientific / Getty Images Plus. **16 Getty Images:** David Liittschwager / National Geographic Image Collection Magazines. **17 Alamy Stock Photo:** Roberto Nistri (tr). **Getty Images:** David Liittschwager / National Geographic Image Collection (cl); Nature / Universal Images Group / Getty Images Plus (tl). **naturepl.com:** Piotr Naskrecki (cr). **18 Dorling Kindersley:** Maxim Koval (Turbosquid) (bc); Jerry Young (tr). **naturepl.com:** MYN / Javier Aznar (tl); Kim Taylor (c). **19 Philippe Bourdon / www.coleoptera-atlas.com:** (r). **Dorling Kindersley:** Natural History Museum, London (tl); Jerry Young (bl). **20 Alamy Stock Photo:** RGB Ventures / SuperStock. **21 naturepl.com:** MYN / Piotr Naskrecki. **22 Brad Wilson Photography**. **23 Brad Wilson Photography**. **24 Brad Wilson Photography**. **25 Dreamstime.com:** Abeselom Zerit. **26 Alamy Stock Photo:** Heritage Image Partnership Ltd. **26-27 Bridgeman Images:** Rock painting of a bull and horses, c.17000 BC (cave painting), Prehistoric / Caves of Lascaux, Dordogne, France. **28-29 Alamy Stock Photo:** 19th era 2. **31 Alamy Stock Photo:** SeaTops (br). **Getty Images:** Auscape / Universal Images Group (bl). **NOAA:** NOAA Office of Ocean Exploration and Research, 2017 American Samoa. (bc). **33 Alamy Stock Photo:** Science History Images (br). **34 Alamy Stock Photo:** Science History Images (cra). **36 iStockphoto.com:** GlobalP / Getty Images Plus (bl, c, crb). **Kunstformen der Natur by Ernst Haeckel:** (cr). **36-37 iStockphoto.com:** GlobalP / Getty Images Plus. **37 iStockphoto.com:** GlobalP / Getty Images Plus (tc, tr, cra, bc). **38 Kunstformen der Natur by Ernst Haeckel**. **39 Alamy Stock Photo:** Chronicle (tr); The Natural History Museum (clb). **40-41 Alexander Semenov**. **41 Alexander Semenov**. **42-43 Alexander Semenov**. **42 naturepl.com:** Jurgen Freund (br). **44-45 Getty Images:** Gert Lavsen / 500Px Plus. **45 Carlsberg Foundation:** (crb). **Getty Images:** GP232 / E+ (cra). **46 Getty Images:** Heritage Images / Hulton Archive. **47 Alamy Stock Photo:** Heritage Image Partnership Ltd (tr). **Photo Scala, Florence:** (cl). **50-51 Dreamstime.com:** Dream69. **51 Science Photo Library:** Science Stock Photography. **52 Dorling Kindersley:** Jerry Young (cl). **Dreamstime.com:** Verastuchelova (tr). **iStockphoto.com:** Farinosa / Getty Images Plus (bl). **naturepl.com:** MYN / JP Lawrence (tl). **53 Getty Images:** Design Pics / Corey Hochachka (c). **naturepl.com:** MYN / Alfonso Lario (bl); Piotr Naskrecki (cl). **54 Alamy Stock Photo:** Biosphoto (cra, crb, clb, cla). **55 Alamy Stock Photo:** Biosphoto. **56 naturepl.com:** Daniel Heuclin (cla). **Science Photo Library:** Ted Kinsman (crb). **56-57 Brad Wilson Photography**. **58-59 Alamy Stock Photo:** Granger Historical Picture Archive. **59 Bridgeman Images:** British Library, London, UK / © British Library Board (tr). **60-61 Alamy Stock Photo:** Denis-Huot / Nature Picture Library. **61 Getty Images:** Mik Peach / 500Px Plus (crb). **62-63 Getty Images:** Nastasic / DigitalVision Vectors. **65 Dreamstime.com:** Erin Donalson (br). **66-67 Alexander Semenov**. **67 Alexander Semenov**. **69 Alamy Stock Photo:** The Natural History Museum (bc). **70-71 Igor Siwanowicz**. **72 Image courtesy of Derek Dunlop:** (bl). **74-75 Igor Siwanowicz**. **76 Getty Images:** Education Images / Universal Images Group (l). **77 Alamy Stock Photo:** Age Fotostock (t). **Getty Images:** Werner Forman / Universal Images Group (bl). **78-79 All images © Iori Tomita / http://www.shinsekai-th.com/**. **81 Alamy Stock Photo:** Blickwinkel (br); Florilegius (bc). **82-83 Science Photo Library:** Arie Van 'T Riet. **84-85 Thomas Vijayan**. **86 Image from the Biodiversity Heritage Library:** The great and small game of India, Burma, & Tibet (tl). **88-89 Getty Images:** Jim Cumming / Moment Open. **90-91 Dreamstime.com:** Channarong Pherngjanda. **92-93 Getty Images:** Matthieu Berroneau / 500Px Plus. **92 National Geographic Creative:** Joel Sartore, National Geographic Photo Ark (tl). **94-95 National Geographic Creative:** David Liittschwager. **94 Getty Images:** David Doubilet / National Geographic Image Collection (br). **naturepl.com:** MYN / Sheri Mandel (crb). **96 FLPA:** Piotr Naskrecki / Minden Pictures (tr). **Image from the Biodiversity Heritage Library:** Proceedings of the Zoological Society of London. (cla). **98-99 Greg Lecoeur Underwater and Wildlife Photography**. **98 Dreamstime.com:** Isselee (clb, cla). **Getty Images:** Life On White / Photodisc (cb). **99 Alamy Stock Photo:** WaterFrame (tr). **100-101 Getty Images:** David Liittschwager / National Geographic Image Collection. **100 Getty Images:** David Liittschwager / National Geographic Image Collection Magazines (bc, br). **102 Dorling Kindersley:** The Natural History Museum, London (fbr). **103 Science Photo Library:** Gilles Mermet (c). **104-105 Brad Wilson Photography**. **105 Alamy Stock Photo:** Martin Harvey (crb); www.pqpictures.co.uk (tc); Ron Steiner (tr). **Dreamstime.com:** Narint Asawaphisith (c). **Getty Images:** Norbert Probst (cr). **106 naturepl.com:** Chris Mattison (clb). **106-107 Brad Wilson Photography**. **107 Brad Wilson Photography:** (cra). **108**

**Alamy Stock Photo:** Imagebroker (cla, ca). **110 Alamy Stock Photo:** The History Collection (tl); The Picture Art Collection (crb). **111 Alamy Stock Photo:** Granger Historical Picture Archive. **113 akg-images:** Florilegius (cla). **114-115 Igor Siwanowicz. 115 FLPA:** Piotr Naskrecki / Minden Pictures (cra). **118-119 David Weiller / www.davidweiller.com. 119 FLPA:** Thomas Marent (cb). **National Geographic Creative:** Frans Lanting (crb). **120-121 Paul Hollingworth Photography. 122-123 iStockphoto.com. 122 iStockphoto.com:** GlobalP / Getty Images Plus (crb). **124-125 Dreamstime.com:** Isselee. **124 Bridgeman Images:** Natural History Museum, London, UK (tl). **125 Alamy Stock Photo:** Minden Pictures (br). **126 Getty Images:** Arterra / Universal Images Group (ca). **126-127 FLPA:** Sergey Gorshkov / Minden Pictures. **128 123RF.com:** Graphiquez (tc). **Alamy Stock Photo:** Nature Picture Library / Radomir Jakubowski (cr). **Dreamstime.com:** Lukas Blazek (bc); Volodymyr Byrdyak (c). **129 123RF.com:** Theeraphan Satrakom (tc); Dennis van de Water (tr). **Dreamstime.com:** Isselee (c); Scheriton (tl); Klaphat (cl). **National Geographic Creative:** Joel Sartore, National Geographic Photo Ark (br). **naturepl.com:** Suzi Eszterhas (cr). **130-131 Alamy Stock Photo:** Heritage Image Partnership Ltd. **131 Alamy Stock Photo:** Niday Picture Library (tr). **132-133 Alamy Stock Photo:** Mauritius images GmbH. **132 Mogens Trolle:** (bc). **134-135 Brad Wilson Photography. 135 Getty Images:** Parameswaran Pillai Karunakaran / Corbis NX / Getty Images Plus (tr). **136-137 National Geographic Creative. 137 Image from the Biodiversity Heritage Library:** Compléments de Buffon, 1838 / Lesson, R. P. (René Primevère), 1794-1849 (tc). **138-139 123RF.com:** Patrick Guenette (c). **Dreamstime.com:** Jeneses Imre. **140-141 Leonardo Capradossi / 500px.com/leonardohortu96. 141 Dreamstime.com:** Photolandbest (br). **142-143 Sebastián Jimenez Lopez. 142 naturepl.com:** MYN / Gil Wizen (tl). **144 Alamy Stock Photo:** ART Collection (crb); Pictorial Press Ltd (tr). **145 Image from the Biodiversity Heritage Library:** Uniform: Metamorphosis insectorum Surinamensium.. **146 naturepl.com:** Tui De Roy (bc). **146-147 Dreamstime.com:** Anolis01. **148 Duncan Leitch, David Julius Lab, University of California - San Francisco. 149 Getty Images:** SeaTops (tr). **152-153 © Ty Foster Photography. 153 Dreamstime.com:** Isselee (b). **154-155 National Geographic Creative:** Joel Sartore, National Geographic Photo Ark. **155 Bridgeman Images:** © Purix Verlag Volker Christen (crb). **156 Getty Images:** David Liittschwager / National Geographic Image Collection (tl). **156-157 Javier Rupérez Bermejo. 158 Dreamstime.com:** Martin Eager / Runique (c); Gaschwald (tc); Joanna Zaleska (bc). **Getty Images:** David Liittschwager / National Geographic Image Collection (cr, br); Diana Robinson / 500px Prime (tl). **naturepl.com:** Roland Seitre (tr). **159 Dorling Kindersley:** Thomas Marent (cl). **Getty Images:** Fabrice Cahez / Nature Picture Library (bl); Daniel Parent / 500Px Plus (c); Anton Eine / EyeEm (cr); Joel Sartore / National Geographic Image Collection (bc); Jeff Rotman / Oxford Scientific / Getty Images Plus (br). **160-161 John Joslin. 161 John Hallmen. 164 iStockphoto.com:** Arnowssr / Getty Images Plus (ca). **165 Getty Images:** Joel Sartore, National Geographic Photo Ark / National Geographic Image Collection. **166-167 FLPA:** Paul Sawer. **168 naturepl.com:** John Abbott (tl). **168-169 naturepl.com:** John Abbott. **170 National Geographic Creative:** Joel Sartore, National Geographic Photo Ark. **171 Getty Images:** DEA / A. De Gregorio / De Agostini (cra). **National Geographic Creative:** Joel Sartore, National Geographic Photo Ark (cla). **172 Alamy Stock Photo:** The Picture Art Collection. **173 Alamy Stock Photo:** Artokoloro Quint Lox Limited (r). **174-175 Alamy Stock Photo:** Biosphoto. **174 Getty Images:** Visuals Unlimited, Inc. / Ken Catania. **178 Dorling Kindersley:** Jerry Young (ca). **178-179 Brad Wilson Photography. 180 FLPA:** Piotr Naskrecki / Minden Pictures (bl). **Science Photo Library:** Merlin D. Tuttle (bc); Merlin Tuttle (br). **181 Kunstformen der Natur by Ernst Haeckel. 182-183 Getty Images:** Alexander Safonov / Moment Select / Getty Images Plus. **182 Image from the Biodiversity Heritage Library:** Transactions of the Zoological Society of London.. **184-185 123RF.com:** Andreyoleynik. **186-187 naturepl.com:** ZSSD. **187 Alamy Stock Photo:** WaterFrame (crb). **188-189 Dreamstime.com:** WetLizardPhotography. **190 Science Photo Library:** Scubazoo. **191 Casper Douma:** (ca). **192-193 Arno van Zon. 193 Getty Images:** Tim Flach / Stone / Getty Images Plus (bl). **194 Alamy Stock Photo:** Nature Photographers Ltd (tl). **196-197 Robert Rendaric. 197 Getty Images:** Erik Bevaart / EyeEm. **198 123RF.com:** Eric Isselee / isselee (bc). **Dreamstime.com:** Assoonas (cb); Nikolai Sorokin (cr); Ozflash (clb); Gualberto Becerra (crb); Birdiegal717 (bl). **199 123RF.com:** Gidtiya Buasai (cr); Miroslav Liska / mirco1 (c); Jacoba Susanna Maria Swanepoel (br). **Dreamstime.com:** Sergio Boccardo (bl); Isselee (clb, cb, bc); Jixin Yu (crb). **200 National Audubon Society:** John J. Audubon's Birds of America. **201 Image from the Biodiversity Heritage Library:** The Birds of Australia, John Gould. (cr); The Zoology of the Voyage of H.M.S. Beagle (tl). **202-203 Brad Wilson Photography. 204-205 National Geographic Creative:** Ami Vitale. **205 Image from the Biodiversity Heritage Library:** Recherches Sur Les Mammifères / Henri Milne-Edwards, 1800-1885. **207 Alamy Stock Photo:** Danielle Davies (br). **208-209 Brad Wilson Photography. 210-211 123RF.com:** Channarong Pherngjanda. **213 Alamy Stock Photo:** WaterFrame (br). **216 Science Photo Library:** (cb); D. Roberts (tc). **217 FLPA:** Photo Researchers. **218 National Geographic Creative:** Joel Sartore, National Geographic Photo Ark (ca). **218-219 National Geographic Creative:** Joel Sartore, National Geographic Photo Ark. **219 National Geographic Creative:** Christian Ziegler (tr). **220-221 Solent Picture Desk / Solent News & Photo Agency, Southampton:** Shivang Mehta. **223 Science Photo Library:** Power And Syred (tr). **225 © caronsteelephotography.com:** (tr). **Mary Evans Picture Library:** Natural History Museum (br). **227 FLPA:** Steve Gettle / Minden Pictures (l). **Tony Beck & Nina Stavlund / Always An Adventure Inc.:** (r). **228 Getty Images:** Joel Sartore, National Geographic Photo Ark / National Geographic Image Collection (ca). **228-229 Thomas Vijayan. 230-231 Alamy Stock Photo:** Andrea Battisti. **232 Dorling Kindersley:** Jerry Young (tl). **232-233 Getty Images:** Joel Sartore, National Geographic Photo Ark / National Geographic Image Collection. **234-235 Alamy Stock Photo:** Artokoloro Quint Lox Limited. **235 Rijksmuseum, Amsterdam:** Katsushika Hokusai (tc). **236-237 National Geographic Creative:** Joel Sartore, National Geographic Photo Ark. **237 National Geographic Creative:** Joel Sartore, National Geographic Photo Ark (cr). **238 Dreamstime.com:** Isselee. **238-239 Science Photo Library:** Tony Camacho. **240-241 National Geographic Creative:** Tim Laman. **240 Image from the Biodiversity Heritage Library:** The Cambridge Natural History / S. F. Harmer (bc). **242-243 National Geographic Creative:** © David Liittschwager 2015. **242 Hideki Abe Photo Office / Hideki Abe:** (tl). **244-245 Aaron Ansarov. 245 Aaron Ansarov. 246 Alamy Stock Photo:** Arco Images GmbH (tr). **248-249 David Yeo. 248 Alamy Stock Photo:** Saverio Gatto. **250-251 Dreamstime.com:** Channarong Pherngjanda. **252 Getty Images:** George Grall / National Geographic Image Collection Magazines (tc). **Kunstformen der Natur by Ernst Haeckel:** (bc). **252-253 Alexander Semenov**. **254 National Geographic Creative:** David Liittschwager. **254-255 naturepl.com:** Tony Wu. **257 UvA, Bijzondere Collecties, Artis Bibliotheek**. **258-259 Erik Almqvist Photography**. **259 Alamy Stock Photo:** Sergey Uryadnikov (tr). **260 Dreamstime.com:** Isselee (c); Johannesk (bc). **261 Dorling Kindersley:** Professor Michael M. Mincarone (cr); Jerry Young (bl). **Dreamstime.com:** Deepcameo (clb); Isselee (cl, bc); Zweizug (c); Martinlisner (crb); Sneekerp (br). **264 Getty Images:** Leemage / Corbis Historical (bc). **264-265 SeaPics.com:** Blue Planet Archive. **266 Dreamstime.com:** Isselee (tc). **267 Alamy Stock Photo:** Hemis (tr). **268 Alamy Stock Photo:** Science History Images. **269 Digital image courtesy of the Getty's Open Content Program.:** Creative Commons Attribution 4.0 International License (cl). **Photo Scala, Florence:** (tr). **272 naturepl.com:** Pascal Kobeh (cb). **272-273 Greg Lecoeur Underwater and Wildlife Photography**. **274-275 Jorge Hauser**. **274 Alamy Stock Photo:** The History Collection (bc). **276 Dreamstime.com:** Evgeny Turaev (bl, t). **276-277 Dreamstime.com:** Evgeny Turaev. **278-279 naturepl.com:** MYN / Dimitris Poursanidis. **279 Dreamstime.com:** Isselee. **280-281 Alamy Stock Photo:** Razvan Cornel Constantin. **281 Bridgeman Images:** © Florilegius (br). **Getty Images:** Ricardo Jimenez / 500px Prime (tr). **282 Solent Picture Desk / Solent News & Photo Agency, Southampton:** © Hendy MP. **283 Getty Images:** Florilegius / SSPL (bc). **Solent Picture Desk / Solent News & Photo Agency, Southampton:** © Hendy MP (t). **284-285 Alamy Stock Photo:** Avalon / Photoshot License. **286-287 naturepl.com:** Markus Varesvuo. **287 Dreamstime.com:** Mikelane45 (br). **288 Shutterstock:** Sanit Fuangnakhon (cl); Independent birds (cr). **Slater Museum of Natural History / University of Puget Sound:** (tl, tr, clb, crb, bl, br). **289 123RF.com:** Pakhnyushchyy (cr). **Slater Museum of Natural History / University of Puget Sound:** (tl, tr, cl, clb, crb). **290-291 Getty Images:** Paul Nicklen / National Geographic Image Collection. **292-293 National Geographic Creative:** Anand Varma. **293 National Geographic Creative:** Anand Varma. **294 Bridgeman Images:** British Museum, London, UK. **295 akg-images:** François Guénet (cr). **Getty Images:** Heritage Images / Hulton Archive (t). **297 naturepl.com:** Piotr Naskrecki (tc). **298-299 123RF.com:** Patrick Guenette. **300-301 Alamy Stock Photo:** Blickwinkel. **302-303 Alamy Stock Photo:** Life on white. **303 Alamy Stock Photo:** Life on white. **304-305 John Hallmen**. **305 Alamy Stock Photo:** Age Fotostock (br). **306-307 Sergey Dolya. Travelling photographer**. **307 Getty Images:** Jenny E. Ross / Corbis Documentary / Getty Images Plus. **308-309 naturepl.com:** Paul Marcellini. **310 Dorling Kindersley:** Natural History Museum (tl); Natural History Museum, London (tc, tr, cl, c, cr, br); Time Parmenter (bc). **311 Alamy Stock Photo:** Nature Photographers Ltd / Paul R. Sterry (tr). **Dorling Kindersley:** Natural History Museum, London (ftl, tl, tc, fcl, fbl, cl, c, cr, bl, bc, br). **312-313 Michael Schwab**. **312 Alamy Stock Photo:** Gerry Pearce (bc). **314-315 Getty Images:** Rhonny Dayusasono / 500Px Plus. **316 naturepl.com:** MYN / Tim Hunt (bc, br). **317 Alamy Stock Photo:** The Natural History Museum (tc). **National Geographic Creative:** George Grall (tr). **naturepl.com:** MYN / Tim Hunt (fbl, bc, br, fbr). **319 Alamy Stock Photo:** Images & Stories.

**Endpaper images:** *Front and Back*: **Aaron Ansarov**

All other images © Dorling Kindersley
For further information see: www.dkimages.com

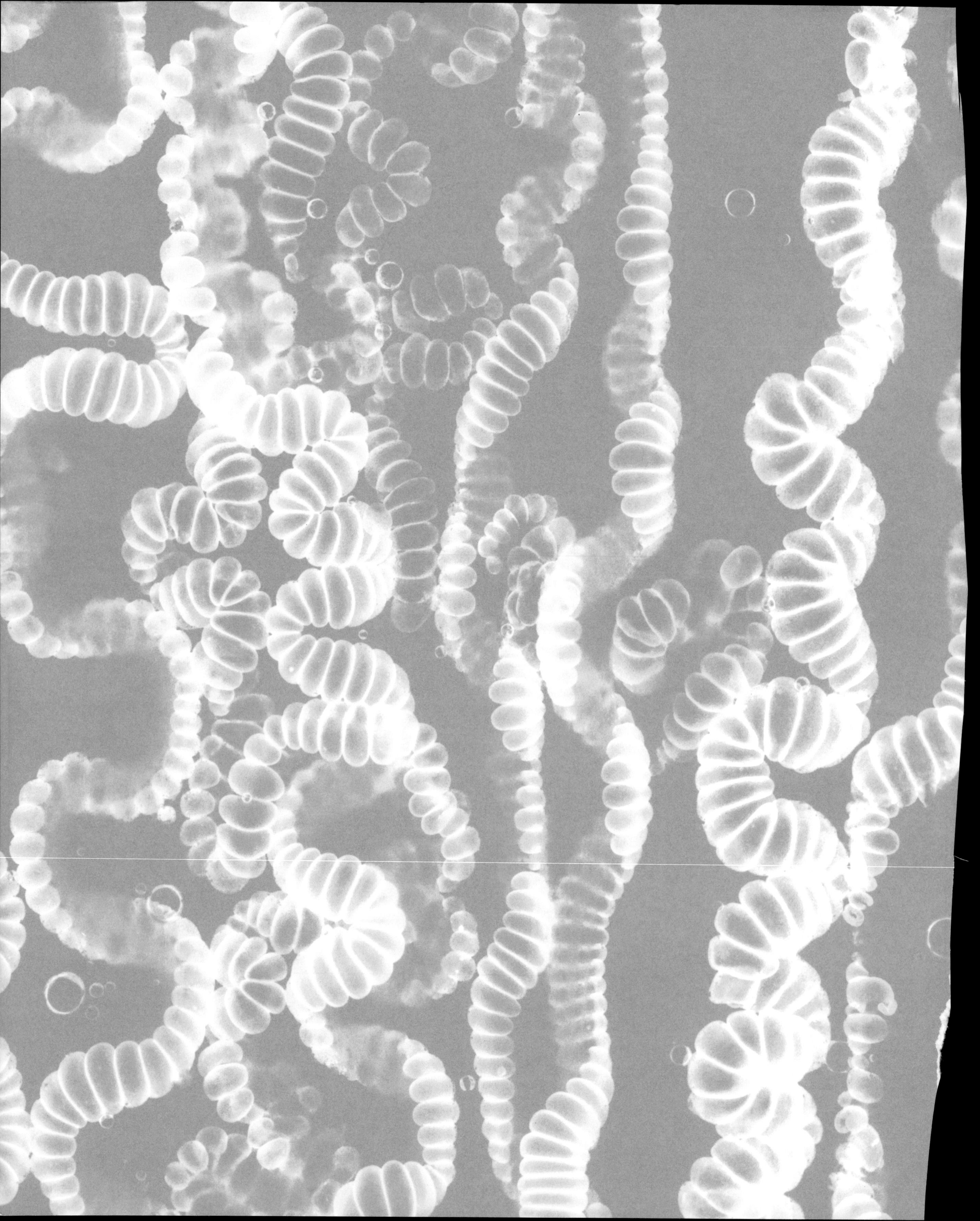

# 동물도감

# 차례

# 동물 도감

세밀화로 보는 동물의 분류

# 동물의 분류

현대의 동물 분류법은 18세기의 과학, 특히 스웨덴의 박물학자 칼 린네(Carl Linnaeus, 1707~1778년)의 대표적인 저서『자연의 체계』의 1758년 판본에 뿌리를 두고 있다. 그는 과학계에 알려진 모든 동물을 분류한 조직 체계를 고안했을 뿐 아니라 라틴 어 이명법을 발명했다. 린네의 분류 체계와 이명법은 오늘날에도 동물학자들에 의해 사용되고 있으며 현대화된 방식에 따라 각 분류군들이 진화적 혈연 관계를 반영하게 되었다.

**도마뱀붙이의 분류**

다른 동물과 마찬가지로, 먼저 볏도마뱀붙이를 동정하고(이 경우에는 코렐로푸스 킬리아투스), 다른 가까운 친척들과 함께 하나의 속으로 묶는다. 속은 과로, 과는 목으로, 이런 식으로 계속해서 묶어 나간다. 일련의 상위 분류군들이 분류 레벨의 계층 구조를 형성하게 된다.

**문**

동물은 30개 이상의 문으로 분류된다. 이 중에서 척색동물문은 몸을 지지하는 지지대(대부분의 경우 척추)를 가지고 있는 동물을 묶은 것이다.

**강**

현재 파충강에는 도마뱀, 뱀, 거북, 악어가 포함되며 멸종된 동물 중에서는 공룡이 포함된다.

**목**

유린목은 현대의 척추동물 중에서 가장 종이 풍부한 분류군들 중 하나이다. 유린목에는 도마뱀과 다리가 없는 뱀 등이 포함된다.

**과**

도마뱀붙이는 여러 도마뱀 과 중에서 일반적으로 눈꺼풀이 없는 부류에 속한다. 볏도마뱀붙이는 태평양 연안에 서식하는 돌도마뱀붙이과에 속한다.

**속**

속은 이명법에 따른 동물의 학명에서 앞부분에 해당된다. 볏도마뱀붙이가 속하는 코렐로푸스(*Correlophus*)는 태평양의 뉴칼레도니아 섬에 서식하는 서로 가까운 3종의 도마뱀붙이들 중에 속한다.

**종**

종(예를 들어 코렐로푸스 킬리아투스)은 통상적으로 상호 교배해 독자 생존이 가능한 자손을 낳을 수 있는 개체들의 분류군을 말한다.

**종을 명명하다**

린네 이후로, 모든 동물 종은 공개된 기술에 따라 명명된다. 이 볏도마뱀붙이의 표본은 1866년에 프랑스의 동물학자 알퐁스 기슈노(Alphonse Guichenot, 1809~1876년)에 의해 기술되고 코렐로푸스 킬리아투스(*Correlophus ciliatus*)로 명명된 종에 해당한다.

**등의 양쪽에** 돋아 있는 가시 모양의 비늘은 이 종을 다른 코렐로푸스로부터 구별할 수 있는 특징이다.

볏도마뱀붙이
(*Correlophus ciliatus*)

**고전적 분류**

영국의 박물학자 제임스 바붓(James Barbut, 1711?~1788년)은 1788년『린네의 베르미움 속』에서 린네가 '테스타케아(패각이 있는 동물)'로 분류한 동물의 삽화를 그렸다. 그러나 현대의 진화 동물학은 이들을 진화적 유연 관계에 따라 서로 다른 분류군으로 분류한다. 따개비(맨 위 오른쪽)는 절지동물로서 가리비, 대합, 기타 다른 연체동물(맨 아래)보다는 게, 새우와 더 가깝다.

Animals inhabiting Multivalve, and Bivalve Shells.
Tab.13
Fig.1.
2
3
4
5
6
7
8
9
10
11
12
13
14
15
16
17
18
19
20
21
22
23
24
25
26
27
28
29
30
Publish'd Aug.t 7.1788 by J. Barbut N.o 46 Great Titchfield Street, Cavendish Square.

# 해면동물

## 해면동물문(Porifera) 동물계(Animalia)

해면동물은 현존하는 가장 단순한 다세포 생물이다. 이들은 해수 또는 담수 환경의 일정한 곳에 정착해 산다. 다양한 유형의 세포들을 가지고 있지만 다른 동물들처럼 기관이나 분화된 조직을 가지고 있지 않다. 크고 화려한 많은 종들이 산호초에 산다. 가장 단순한 해면은 속이 빈 작은 꽃병 모양으로 측면의 작은 입수공으로 물을 받아들이고 맨 위의 출수공으로 물을 배출하면서 먹이 입자를 걸러낸다. 물의 흐름을 일으키는 것은 물결치는 미세한 털, 즉 편모가 달린 수천 개의 깃세포이다(『동물』 12, 30쪽 참조). 대부분의 해면동물은 위강과 관계 이외에 더 복잡한 구조를 가지고 있지만 원리는 같다.

해면동물의 몸은 다양한 방식으로 강화, 지지된다. 석회해면류는 골편이라고 불리는 탄산칼슘으로 구성된 작은 뼛조각을 몸 안에 가지고 있다. 유리해면은 골편이 이산화규소로 구성되어 있고, 보통해면은 목욕용 스펀지처럼 스펀진(spongin)이라고 불리는 섬유질의 단백질로 지지된다. 골편은 형태가 다양해서 해면을 동정하는 데 활용된다.



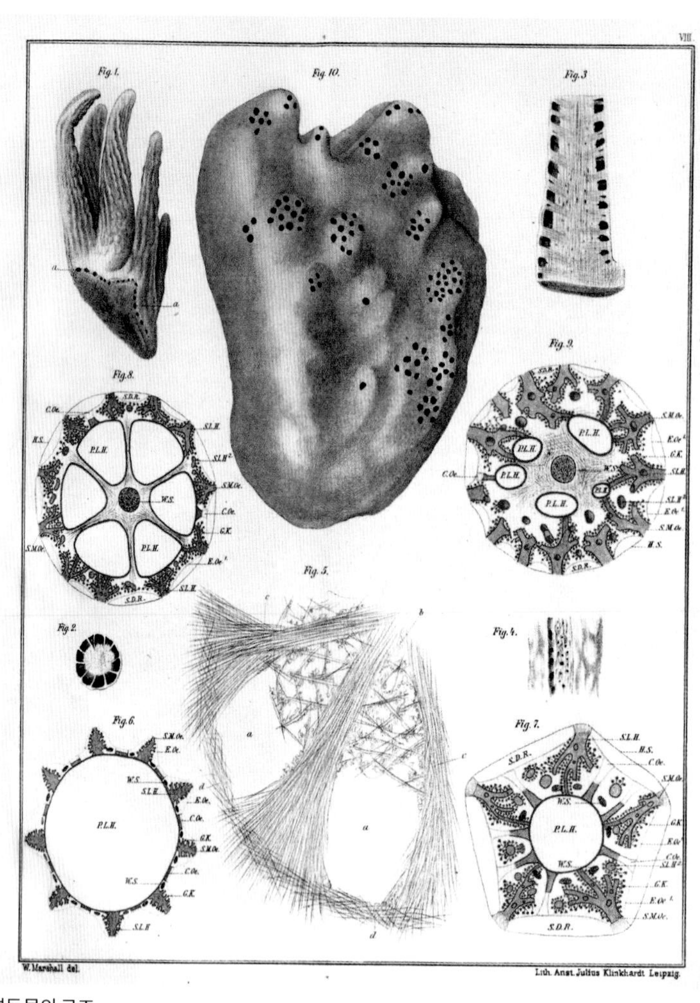


해면동물의 구조

1892년에 그려진 이 삽화들은 할리콘드리아 팔락스(*Halichondria fallax*, 도 1~5), 스페키오스폰기아 베스파리움(*Spheciospongia vesparium*, 도 10)의 해부학적 구조, 에우플렉텔라, 셈페렐라 및 히알로네마(*Euplectella, Semperella, Hyalonema*, 도 6~9)의 계통도이다.

푸른꽃병해면(*Callyspongia plicifera*)

바이칼호수해면(*Lubomirskia baicalensis*)

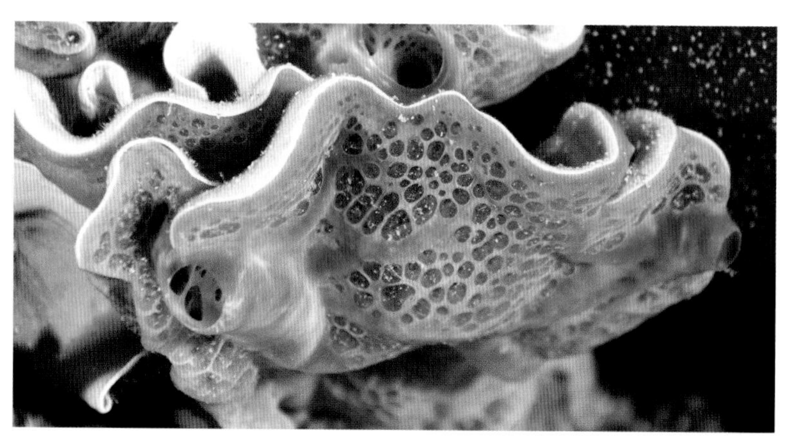

푸른껍질해면(*Phorbas tenacior*)

# 해파리, 산호, 말미잘

## 자포동물문(Cnidaria) 동물계(Animalia)

자포동물이라고 불리는 이 동물들은 기본적으로 하나의 입구가 있는 오목한 그릇 모양의 조직을 가지고 있으며 입구는 대개 쏘는 촉수로 둘러싸여 있다. 말미잘과 산호에서처럼 그릇이 똑바로 서 있는 형태일 수도 있고 해파리에서처럼 그릇이 뒤집힌 형태일 수도 있다. 이들의 몸은 별의 대칭 형태와 마찬가지로 방사대칭이다. 몸의 외표면과 내표면 사이에는 젤리와 유사한 물질이 있다. 해면동물과 달리 자포동물은 근육과 신경을 가지고 있지만 뇌 또는 머리는 없다. 대부분 포식성이며 자포라고 불리는, 전문화된 세포에 의해 발사되는 작은 작살로 먹이를 공격한다. 많은 자포동물이 폴립이라고 불리는 정착된 형태와 자유롭게 떠다니는 메두사 형태 중에서 생활사를 전환한다. 해파리의 경우에는 메두사 형태가 성체이다. 말미잘과 산호는 메두사 형태를 가지고 있지 않다. 산호의 폴립은 말미잘과 유사한 형태지만 다른 많은 자포동물과 마찬가지로 군체를 형성해 여러 개체가 연결된 대형 구조물을 형성한다. 산호는 골격을 생산하는 데 단단한 것, 탄산칼슘으로 된 것, 또는 그보다 유연한 것을 만들기도 한다. 이들은 체내에 고정된 조류로부터 먹이를 얻기도 한다. 이밖에 군체를 형성하는 자포동물로는 부채산호, 가시선인장, 그리고 해파리를 닮은 관해파리, 예를 들어 작은부레관해파리 등이 있다.

**헬멧해파리**
심해해파리인 헬멧해파리(*Periphylla*)의 아랫면을 그린 이 그림은 1873~1876년에 이루어진 선구적인 해양 탐사의 결과물인 『H.M.S. 챌린저 호의 해양 탐사 보고서』에 수록된 것이다.

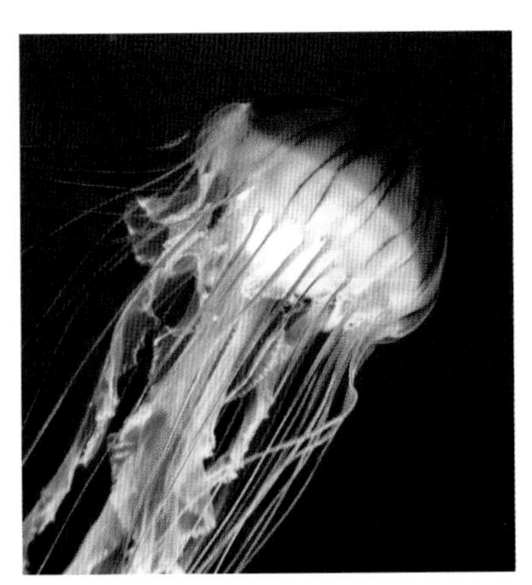

갈색해파리(*Chrysaora melanaster*)

연산호(*Sarcophyton* sp.)

뱀타래말미잘(*Anemonia viridis*)

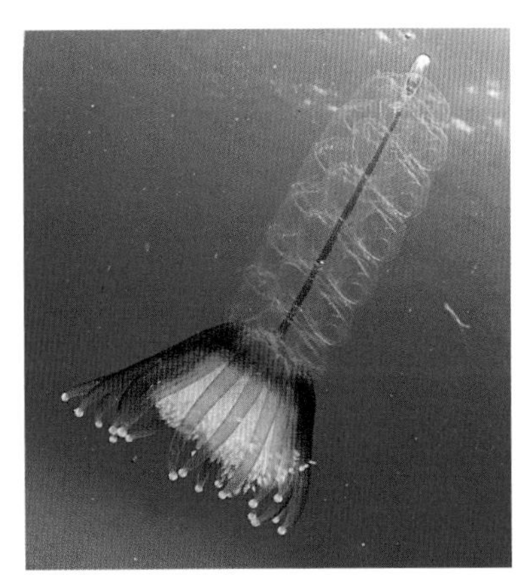

관해파리(*Physophora hydrostatica*)

# 빗해파리

**유즐동물문**(Ctenophora) 동물계(Animalia)

빗해파리는 주로 대양에 사는 투명한 해양동물이다. 해파리와 비슷하게 생겼지만, 가까운 관계는 아니다. 대개 둥글거나 타원형이지만 긴 끈 모양을 가진 종들도 있다. 몸 외부에 8개의 띠가 있으며 각각에 물을 젓는 섬모들이 빗살처럼 배열되어 있어서 '유즐동물' 즉 빗을 가진 동물이라고 명명되었다. 빗해파리는 포식성이며 주로 플랑크톤과 같은 작은 동물을 먹지만 입을 가진 큰 종들은 다른 빗해파리를 잡아먹는다. 대부분의 종이 크고 갈라져 있으며 몸 안에 집어넣을 수 있는 2개의 촉수를 가지고 있다. 촉수 속에 자포는 없지만 먹이에 달라붙어서 잡아당길 수 있다. 많은 종이 형광색을 띠는데, 이것은 스스로 빛을 낼 수 있음을 의미한다.

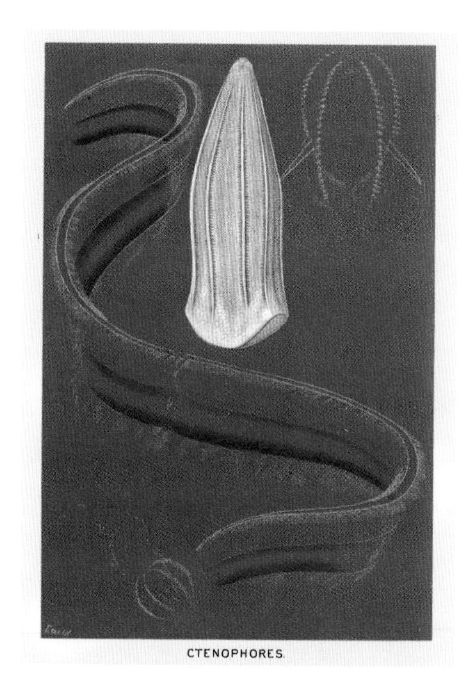


**시가빗해파리**
이 삽화는 시가빗해파리(*Beroe* sp., 가운데)를 그린 것이다. 일부 종은 먹이를 소화시키기 위해 몸길이의 거의 절반까지 위장을 확장할 수 있다.



# 편형동물

**편형동물문**(Platyhelminthes) 동물계(Animalia)

편형동물은 바다, 담수 또는 육지의 습한 곳에서 발견되거나 기생을 하기도 한다. 자포동물이나 유즐동물과 달리 좌우대칭(좌우가 있고 머리와 꼬리가 구별된다.)이며 뇌, 눈 기타 다른 기관들이 있다. 편형동물은 근육을 이용하거나 섬모를 저어서 표면을 기어다닌다. 납작한 몸은 아가미가 없이도 물에서 충분한 산소를 얻을 수 있음을 의미한다. 이동 생활을 하는 편형동물은 몸 아래에 관 모양의 입이 있으며 대부분 육식성이다. 산호초에 사는 종들은 화려한 색을 띤다. 어떤 종은 멍게나 산호를 먹는다. 흡충과 촌충은 심각한 질병을 일으킬 수 있는 기생충이다. 흡충은 살아 있는 조직에서 살고 다 자란 촌충은 척추동물의 장 내에서 산다.

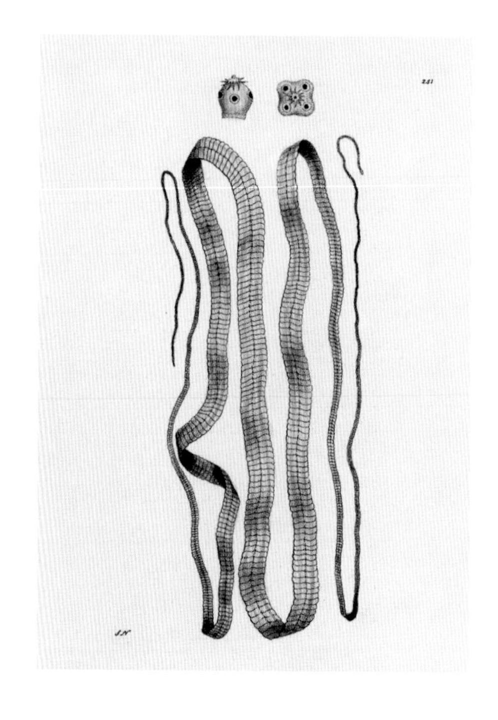

**광절열두조충**
이 판화는 디필로보트리움 라툼(*Diphyllobothrium latum*)을 그린 것이다. 이 촌충은 최대 9미터까지 자라며 인간에게 감염될 수 있는 촌충 중에서 가장 크다.

# 환형동물

## 환형동물문(Annelida) 동물계(Animalia)

환형동물에는 지렁이, 거머리, 갯지렁이와 꽃갯지렁이 등의 해양연충류가 포함된다. 이들의 몸은 체절로 이루어져 있으며 체표면에 고리 형태로 나타나곤 한다. 이들은 단단한 골격이 없지만 근육 활동과 체내의 압력의 조합에 의해 몸의 형태가 유지된다. 진화적으로 봤을 때 가장 오래된 것은 해양성 다모류로 다모류는 '많은 강모'를 의미한다. 다모류의 형태는 매우 다양하며 측면에 강모로 덮이고 다리처럼 기능하는 옆다리가 있다. 대부분 해저에 살지만, 헤엄치는 종도 있다. 벌레 형태가 아닌 것들도 있는데, 예를 들어 바다쥐는 둥근 모양이다. 다모류에는 튼튼한 턱으로 사냥을 하는 참갯지렁이, 진흙을 먹는 갯지렁이가 포함되며 많은 종이 굴을 파고 평생 그 안에서 산다. 마지막 부류는 촉수를 뻗거나 부채 모양으로 펼쳐서 바닷물이나 진흙으로부터 먹이 입자를 얻는다.

강모가 적다는 의미의 빈모류에는 지렁이와 작은 크기의 수생 환형동물이 포함된다. 여기에는 거머리도 포함되며, 양쪽 끝에 이동을 돕는 빨판이 달려 있다. 대부분 흡혈을 하지만 일부는 포식자이다.

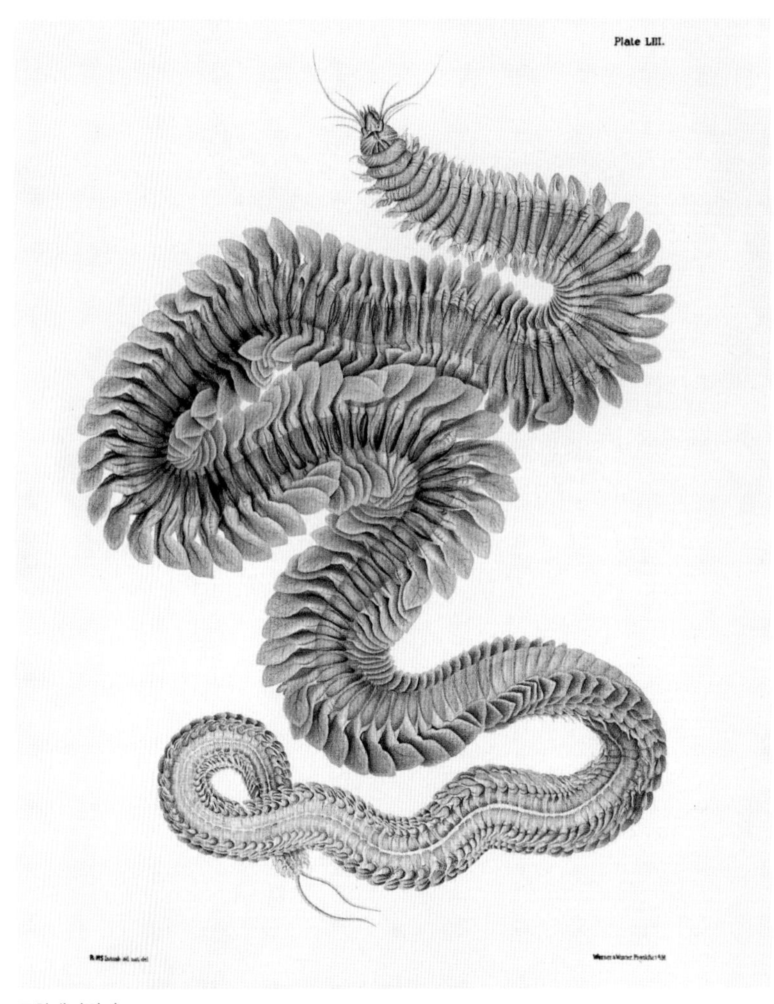


큰참갯지렁이
해양성 다모류인 큰참갯지렁이(*Alitta virens*)의 삽화는 1873년에 출간된 윌리엄 매킨토시(William Carmichael MacIntosh, 1838~1931년)의 『영국 해양 환형동물에 관한 논문』에 수록된 것이다.

황금바다쥐(*Chloeia flava*)

범거머리(*Haemadipsa* sp.)

붉은큰지렁이(*Lumbricus terrestris*)

꽃갯지렁이(*Sabellidae* sp.)

# 군부

다판강(Polyplacophora) 연체동물문(Mollusca)

군부는 납작한 몸에 껍데기가 있는 해양동물로서 암석 표면의 조류를 갉아먹고 살며 몸 아래쪽을 덮고 있는 끈끈한 근육질의 '발'로 기어다닌다. 이들은 달팽이, 조개, 문어, 오징어가 포함된 연체동물의 원시적인 구성원이다. 군부는 가상의 연체동물 조상의 특징을 많이 가지고 있는데, 물체에 달라붙는 발, 치설이라고 불리는 긁는 혀 모양의 구조물, 몸의 윗부분을 덮으며 몸 아래까지 중첩되는 외투막, 외투막에서 분비된 백악질의 껍데기가 그것이다. 초기의 연체동물은 한 장의 껍데기를 가졌을 것으로 추정되지만 군부는 앞에서 뒤로 한 줄로 배열된 껍데기 8개를 가지고 있다. 이 껍데기들은 중첩되어 있어서 군부가 몸을 구부리거나 위협을 받았을 때 몸을 공처럼 말 수 있다. 몸은 외투막으로 둘러싸여 있는데 군부에서는 육대라고 부르며 윗면에 색이 있거나 털이 난 것처럼 보인다. 군부는 주로 물이 얕은 곳에 산다. 가장 큰 종은 30센티미터까지 자라지만 대부분은 이보다 작다. 이들은 외투막 아래 양쪽에 여러 쌍의 아가미를 가지고 있다. 다른 연체동물과 마찬가지로 알이 부화하면 담륜자라고 불리는 작은 유생이 되고 이것이 성숙해 성체가 된다.

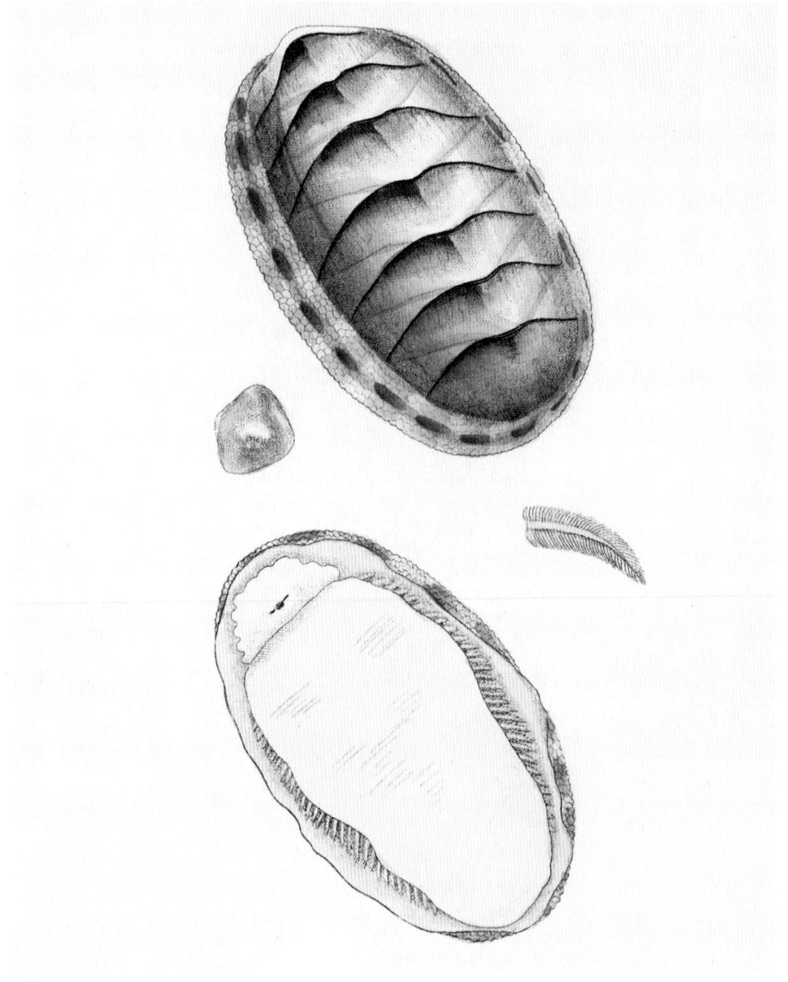

비늘군부
이 비늘군부(*Chiton squamosus*)의 동판화는 1796년에 발간된 조지 쇼(George Shaw, 1751~1813년)와 프레더릭 노더(Frederick Polydore Nodder, 1751?~1800년)의 『박물학자를 위한 모음집』에 수록된 것이다.

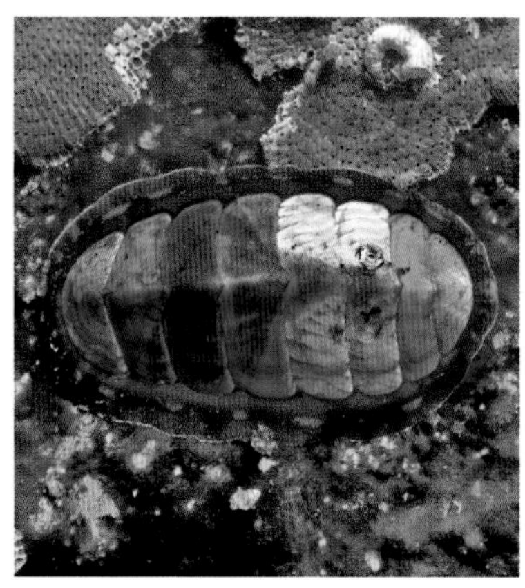

푸른줄군부(*Tonicella undocaerulea*)

힌드군부(*Mopalia hindsii*)

줄무늬군부(*Tonicella lineata*)

# 민달팽이와 달팽이

## 복족강(Gastropoda) 연체동물문(Mollusca)

복족강은 연체동물 중에서 가장 큰 강에 속하며 해양, 담수, 육상 동물을 포함한다. 이들은 대개 눈과 촉수가 달린 뚜렷한 머리를 가지고 있으며 대부분의 종이 군부처럼 기어다닌다. 몸 위쪽은 발달하면서 꼬인 형태가 되므로 내부 구조가 비대칭적이다. 대부분은 몸을 숨길 수 있는 나선형의 껍데기를 가지고 있다. 삿갓조개와 개오지 등의 일부 종은 이와 다른 형태의 껍데기를 가지고 있다. 많은 종이 껍데기 속에 몸을 숨겼을 때 입구를 막을 수 있는 딱딱한 뚜껑을 가지고 있다. 물레고둥, 청자고둥과 같이 진일보한 고둥류의 경우 주둥이 끝부분에 치설(혀 모양의 구조물)을 가지고 있으며 독이 발린 작살 모양을 한 것도 있다. 이들은 육식성이며 어떤 종은 홍합과 같은 다른 동물의 껍데기에 구멍을 뚫을 수 있다. 민달팽이는 껍데기를 잃은 복족류로 전부 유연 관계가 있는 것은 아니다. 민달팽이는 육상 달팽이와 마찬가지로 공기 호흡을 한다. 바다에 사는 나새류는 포식성이며 독이 있음을 알리기 위해서 화려한 색을 띠고 있다. 익족류라고 불리는 껍데기가 없는 다른 복족류는 지느러미처럼 생긴 외투막 돌출물을 사용해서 헤엄쳐 다닌다.

참하프고둥

J. 헤이즈(J. Hayes)가 그린 이 수채화는 1820년경에 출간된 『인도의 연체동물과 방사대칭동물』에 수록된 것이다. 그림 속의 참하프고둥(*Harpa harpa*)은 홍해, 인도양, 서태평양에 서식한다.

홍학혀개오지붙이(*Cyphoma gibbosum*)

정원달팽이(*Cepaea nemoralis*)

큰연못달팽이(*Lymnaea stagnalis*)

붉은민달팽이(*Arion ater rufus*)

# 이매패류

## 이매패강(Bivalvia) 연체동물문(Mollusca)

이매패류는 대합, 굴, 홍합, 가리비와 같이 물에 사는 연체동물로서 두 장의 패각이 경첩으로 연결되어 있다. 해부학적으로 각각의 패각은 몸의 좌우에 해당된다. 등쪽에 경첩이 있고 혓바닥처럼 생긴 발은 기어다니기 위한 것이 아니라 땅을 파는 데 사용한다. 포식자로부터 몸을 보호하거나 몸이 건조되는 것을 방지하기 위해 강한 근육으로 패각을 닫는다. 이매패류는 뚜렷한 머리가 없고 작은 뇌를 가지고 있다. 전체 종의 3분의 1 정도가 민물에 산다. 이매패류는 주로 단단한 표면에 부탁되거나 모래 또는 진흙 속에 묻혀서 정착 생활을 한다. 이들은 껍데기 아래에 크고 납작한 아가미를 가지고 있어서 먹이 입자를 거르고 분류한다. 땅을 파는 종들은 껍데기 속으로 숨길 수 있는 한 쌍의 수관부를 가지고 있어서 물속으로 내밀고 있다. 한 수관부로 물과 먹이 입자를 빨아들이고 다른 수관부로 물과 찌꺼기를 배출한다. 배좀벌레는 가라앉은 목재에 구멍을 뚫고 숨는 몸이 길쭉한 조개이며, 비슷한 다른 종은 바위를 뚫기도 한다. 가장 큰 이매패류인 거거는 산호초에 살며 조직 속에 사는 조류를 주로 먹는다.



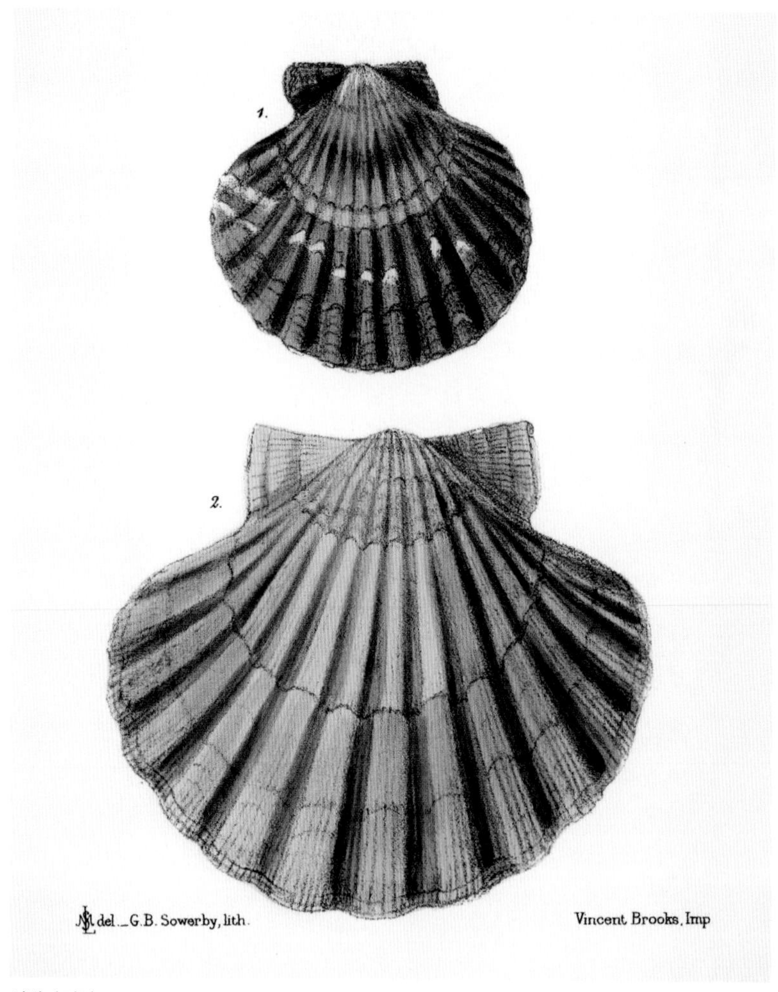


**여왕가리비**
이 삽화는 여왕가리비(*Aequipecten opercularis*)의 껍데기를 그린 것이다. 다른 가리비류와 마찬가지로 이 종도 플랑크톤을 여과 섭식한다. 북해에서 지중해까지 서식한다.

시드니바위굴(*Saccostrea glomerata*)

진주담치(*Mytilus edulis*)

거거(*Tridacna gigas*)

개가리비(*Lima vulgaris*)

# 오징어와 문어

## 두족강(Cephalopoda) 연체동물문(Mollusca)

오징어와 문어, 즉 두족류는 지능이 높은 포식성 해양 연체동물로서 연체동물의 발이 몸 앞쪽으로 진화해 물건을 쥘 수 있는 팔이 되었다. 두족류는 글자 그대로 머리에 발이 달려 있다는 뜻이다. 현존하는 가장 원시적인 형태인 앵무조개는 겉에 복족류와 비슷한 패각을 가지고 있으며 빨판이 없는 여러 개의 팔을 가지고 있다. 다른 두족류는 8개의 팔에 2개의 촉수를 갖고 모두 빨판이 있거나(오징어와 갑오징어), 8개의 팔만 있고 촉수가 없다(문어).

오징어는 대양을 빠르게 누비는 사냥꾼으로 지느러미와 함께 제트 추진 기관을 가지고 있는데, 사이펀이라고 불리는 관으로 해수를 빠르게 분출해 반대 방향으로 빠르게 돌진할 수 있다. 문어는 좀 더 느리게 움직이며 해저를 기어다니지만 이들도 제트 추진을 할 수 있다. 두족류는 단단한 부리로 먹이를 찢을 수 있고 커다란 눈으로 색을 또렷이 인식할 수 있다. 이들은 위장을 위해서 또는 사회적 신호를 보내기 위해 빠르게 피부색을 바꿀 수 있다. 오징어와 갑오징어는 몸속에 막대 모양의 패각을 가지고 있지만 문어는 패각이 없다. 두족류의 알이 부화하면 다른 연체동물처럼 유생이 나오는 것이 아니라 성체와 동일한 형태가 나온다.

무속토푸스 레비스(*Muusoctopus levis*)
이 삽화는 해양 생물학자 카를 쿤의 『두족류』에 수록된 것이다. 이 책은 그가 1898~1899년에 발디비아 호 심해 탐험에 참여한 후 1915년에 출간한 것이다.

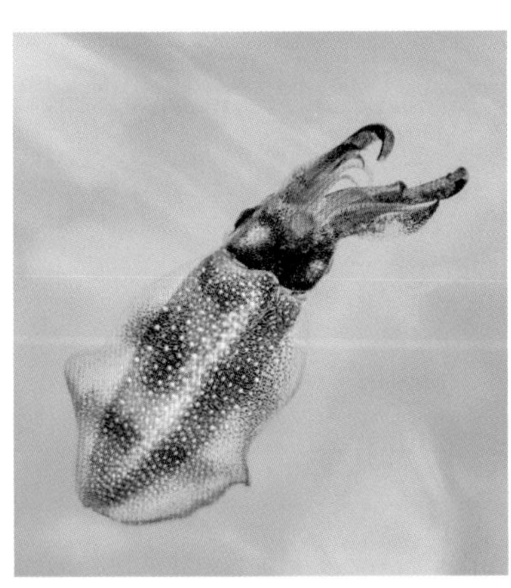

파라오갑오징어(*Sepia pharaonis*)

카리브산호초꼴뚜기(*Sepioteuthis sepioidea*)

코코넛문어(*Amphioctopus marginatus*)

황제앵무조개(*Nautilus pompilius*)

# 유조동물

## 유조동물문(Onychophora) 동물계(Animalia)

유조동물은 습한 숲속에 사는 애벌레 모양의 포식자이다. 이들은 절지동물의 친척이다(곤충, 거미, 갑각류를 포함하며 다리에 관절이 있는 동물). 절지동물과 마찬가지로 유조동물의 몸에도 마디가 있으며, 탈피를 하고, 내부 기관이 혈액으로 채워진 체강 속에 잠겨 있는 개방혈관계를 가지고 있다. 또한 이들은 머리에 한 쌍의 더듬이를 가지고 있다. 그러나 절지동물과 달리 관절이 없고 짤막한 많은 수의 다리를 가지고 있으며 부드러운 피부 겉에 단단한 외골격을 가지고 있지 않다. 유조동물은 야행성이며 몸이 쉽게 마르기 때문에 습한 곳에서만 생활할 수 있다. 이들은 다른 무척추동물을 먹으며 때로는 끈적한 점액질을 자신과 비슷한 크기의 먹이에 발사해 움직이지 못하게 한 뒤 잡아먹기도 한다.

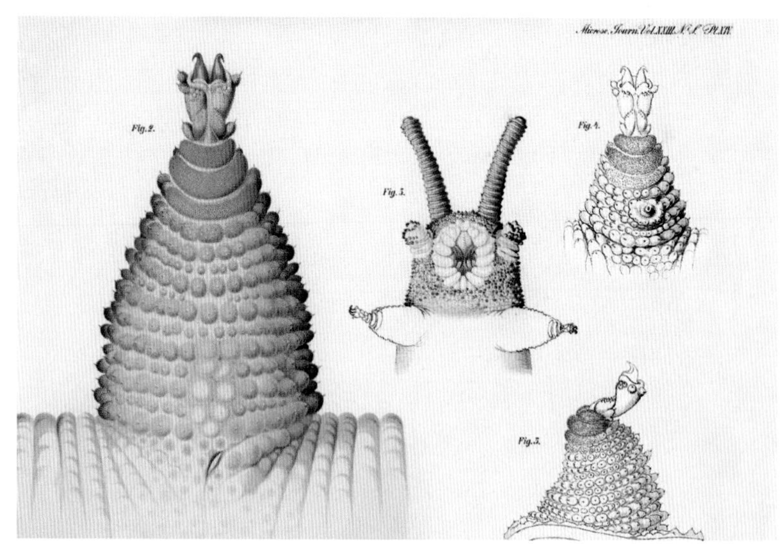

**페리파톱시스 카펜시스**
남아프리카 원산인 페리파톱시스 카펜시스(*Peripatopsis capensis*)는 페리파톱시다이(*Peripatopsidae*)과에 속하며, 남반구의 고위도 지역에 분포한다. 오스트레일리아와 칠레에 분포하는 종도 있다.



# 투구게

## 퇴구강(Merostomata) 협각아문(Chelicerata) 절지동물문(Arthropoda)

투구게는 게가 아니라 거미와 더 가까운 원시적인 해양동물이다. 몸의 앞쪽은 단단한 편자 모양의 배갑으로 보호되고, 뒤쪽에는 길고 움직일 수 있는 가시가 있어서 필요할 때는 똑바로 일어설 수도 있다. 이들은 또한 대부분의 절지동물과 공통되는 특징인 원시적인 겹눈, 즉 많은 수의 낱눈으로 구성된 눈을 가지고 있다. 5쌍의 다리로 걸어다닌다. 투구게는 해저에 살며 다양한 먹이를 먹는데, 살아 있는 먹이를 먹기도 하고 죽은 물고기를 먹기도 한다. 번식기에는 해안가에 대규모로 모여서 짝짓기를 한다. 그 후 암컷은 모래 속에 알을 묻어서 부화시킨다.

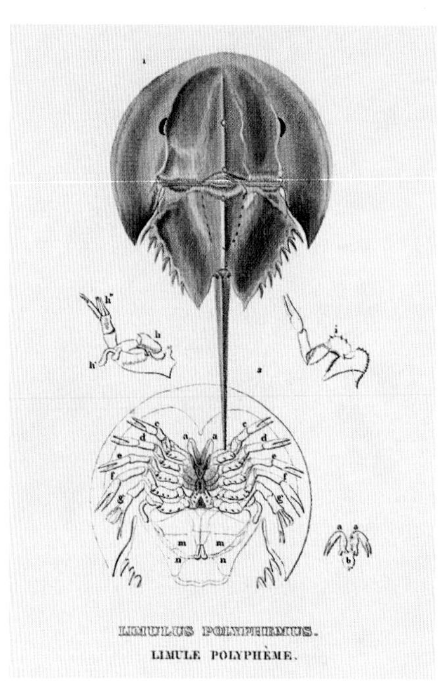


**대서양투구게**
아메리카 원산으로서 유일하게 현존하는 종인 대서양투구게(*Limulus polyphemus*)는 번식기에는 특히 강어귀, 석호, 맹그로브를 선호한다.

# 거미

**거미강**(Arachnida) 협각아문(Chelicerata) 절지동물문(Arthropoda)

거미강은 거미, 전갈, 응애, 진드기, 덜 알려진 채찍거미와 피일을 포함하고 공기 호흡을 하는 절지동물의 분류군이다. 대개 4쌍의 다리를 가지고 있고, 몸은 머리에 다리가 달린 부분이 융합된 머리가슴과 배의 두 부분으로 구성된다. 대부분의 절지동물과 달리 더듬이가 없다.

거미와 전갈은 포식성이고 전갈은 주로 야행성이다. 전갈은 꼬리의 침으로 먹이를 제압하는 반면 거미는 이빨로 독을 주입해 마비시킨다. 거미줄을 생산하는 능력은 거미줄을 치는 용도 외에도 거미굴의 가장자리에 두르거나 먹이를 묶거나 알을 보호하기 위한 고치를 만들거나, 특히 어린 거미들의 경우에 아주 가늘고 긴 거미줄을 만들어서 바람을 타고 먼 거리를 이동할 수 있는 등 용도가 다양하다. 모든 거미가 거미줄을 치는 것은 아니며 많은 종이 사냥을 하러 다니거나 매복을 한다.

응애와 진드기는 많은 수의 현미경 크기의 작은 동물들을 포함한다. 진드기를 포함한 많은 종이 더 큰 동물에 붙어서 피부를 먹거나 피를 빤다. 다른 종은 식물 또는 죽은 물체를 먹거나 다른 응애를 사냥한다.

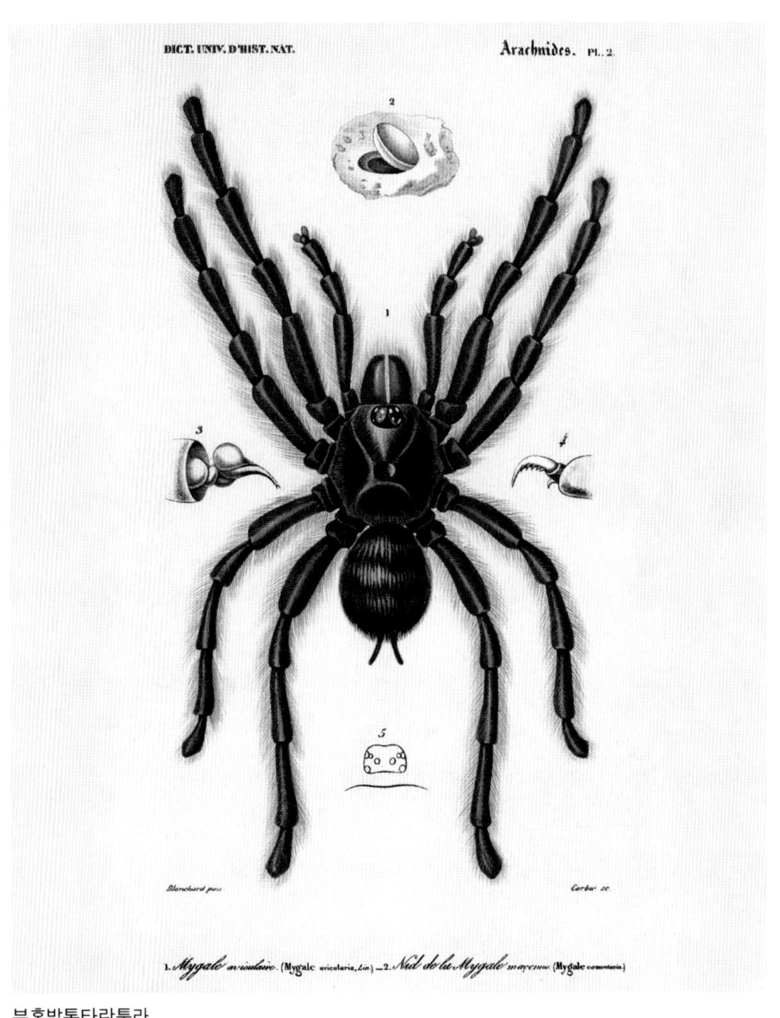


**분홍발톱타란툴라**
가이아나분홍발톱이라고도 불리는 아비쿨라리아 아비쿨라리아(*Avicularia avicularia*)는 최대 15센티미터까지 자란다. 어린 개체는 몸통의 색이 옅고 발의 색이 어둡지만 자라면서 색이 반전된다.

로버스트땅굴전갈(*Opistophthalmus carinatus*)

레드벨벳응애(*Trombidium* sp.)

채찍거미(*Damon variegatus*)

낙타거미. 피일류(*Galeodes granti*)

# 바다거미

**바다거미강**(Pycnogonida) 협각아문(Chelicerata) 절지동물문(Arthropoda)

바다거미는 모든 바다의 해저 서식지에서 발견된다. 이들의 몸통은 다리에 비해 작으며, 소화계와 같은 기관계들이 다리 속으로 연장되어 있다. 먹이를 먹을 때 사용하는 부속지인 집게다리는 거미와 거미강에 속하는 다른 동물들의 협각과 관련이 있을 것으로 추정되기 때문에 거미강과 함께 협각아문으로 분류되고 있다. 바다거미는 대개 몸집이 작지만 가장 큰 종에서는 다리 폭이 최대 75센티미터에 이르기도 한다. 대부분의 종은 4쌍의 걷는 다리를 가지고 있지만 5~6쌍을 갖는 종도 있다. 이들은 육식성으로, 해면과 산호 등의 움직이지 않는 동물을 먹는다. 입에는 발톱처럼 생긴 집게다리와 약간의 움직임이 가능하고 먹이를 빨아들이는 관 모양의 주둥이가 있다.

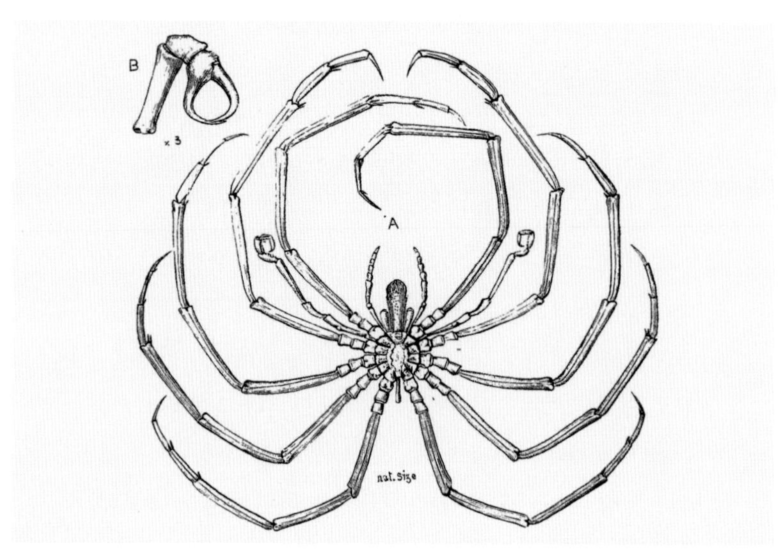


**바다거미**
바다거미(*Ammothea carolinensis*)는 몸통이 갈색에서 칙칙한 붉은색이고 등에 3개의 삼각형으로 된 결절 내지는 돌기가 있다.

# 순각류와 배각류

**다지상강**(Myriapoda) 대악아문(Mandibulata) 절지동물문(Arthropoda)

다지류는 몸에 체절이 있고 다리가 많이 달린 육상 절지동물이며 순각류, 배각류와 기타 작은 분류군들을 포함한다. 순각류는 포식성으로 머리 뒤에 있는 독이 있는 턱으로 먹이를 공격한다. 이들은 주로 야행성이며 대체로 납작한 모양이다. 순각류에 속하는 그리마과의 벌레들은 다리가 매우 길다. 가장 큰 종들은 작은 파충류, 포유류, 조류를 잡아먹을 수도 있다. 배각류는 대개 낙엽이나 죽은 나무 사이에 산다. 이들은 주로 죽었거나 살아 있는 식물을 먹지만 일부 종은 포식성이다. 배각류는 체절마다 2쌍의 다리가 있는 점이 한 쌍씩의 다리만 가지고 있는 순각류와 다르다. 배각류는 몸통이 둥근 것도 있고 납작한 것도 있는데, 몸길이가 짧은 과에 속하는 벌레들은 쥐며느리와 비슷하게 생겨서 위험할 때에 몸을 공처럼 말 수 있다.

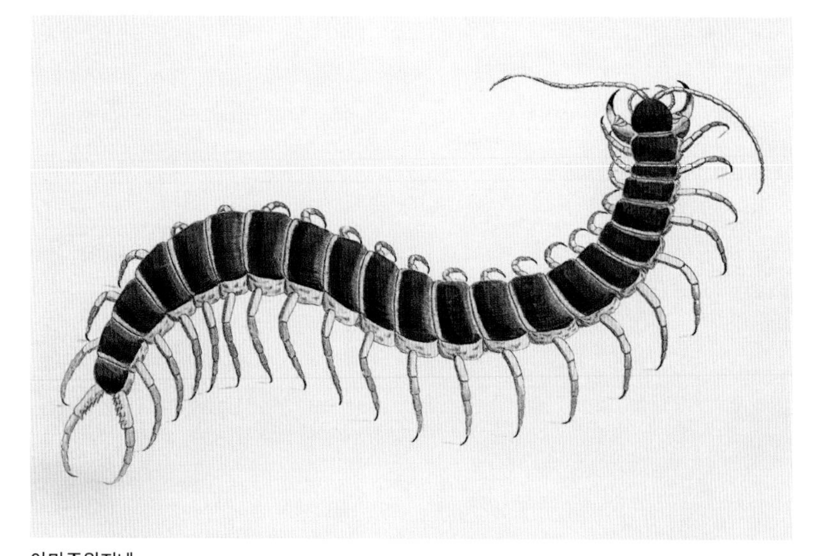

**아마존왕지네**
이 아마존왕지네(*Scolopendra gigantea*)의 삽화는 1789년에 출간된 조지 쇼와 프레더릭 노더의 『박물학자를 위한 모음집』에 수록된 것이다.

# 갑각류

## 갑각상강(Crustacea) 대악아문(Mandibulata) 절지동물문(Arthropoda)

갑각류는 게, 가재, 새우, 다수의 작은 동물들을 포함하는 다양한 무척추동물의 분류군이다. 이들은 바다에서 지배적인 위치를 갖는 절지동물이며, 다수의 담수 종과 몇몇 육상 종들도 포함된다. 이들은 다양한 먹이를 먹는데, 먹이에는 동물과 식물, 산 것과 죽은 것이 모두 포함된다. 모든 갑각류는 외골격을 갖는다. 일단 성체가 되면 탈피를 해서 외골격을 새것으로 교체해야만 성장이 가능하다. 갑각류는 대개 용도에 따라 분화된 여러 쌍의 부속지를 갖는데, 먹이를 잡거나, 헤엄치거나, 걷거나, 알을 붙잡거나 산소를 보관하는 등 용도가 다양하다. 헤엄치는 갑각류 중에는 요각류, 크릴, 새우(여러 개의 서로 다른 분류군에서 사용되는 단어), 저서성 종의 유생과 같은 작은 플랑크톤 형태인 것들도 포함된다. 이들 모두 해양 먹이사슬에서 중요한 요소이다. 저서성 갑각류에는 가재, 게, 소라게, 갯가재가 포함된다. 갑각류에서 가장 많이 분화된 종은 따개비이다. 일부는 백악질의 껍데기로 몸을 보호하며 바위에 붙어서 살지만 다른 종들은 기생을 하거나 껍데기 대신 외골격을 가지고 있다.

유럽바닷가재

단순하게 바닷가재라고도 불리는 유럽바닷가재(*Homarus gammarus*)는 최대 60센티미터까지 자랄 수 있다. 거대한 집게발은 크기가 다르며 먹이를 부수거나 자르는 데 사용된다.

갈라파고스붉은게(*Grapsus grapsus*)

자루따개비 유병목(Penduculata)

칼라누스 요각류(*Eudiaptomus gracilis*)

낙타새우(*Rhynchocinetes durbanensis*)

# 톡토기

**톡토기강**(Collembola) 육각상강(Hexapoda) 절지동물문(Arthropoda)

톡토기는 작고 날개가 없으며 다리가 6개인 절지동물로서 주로 축축한 흙 속이나 주변에서 흔하게 발견된다. 이들은 다리가 6개여서 한 때 곤충으로 여겨졌으나 현재는 폐쇄형 입과 체절이 적은 배 등의 해부학적인 차이점 때문에 별개의 강으로 분류된다. 몇몇 톡토기류는 길쭉한 몸을 가지고 있으나 다른 종들은 거의 구형에 가까운 몸을 가지고 있다. 이들의 가장 큰 특징은 도약기라고 불리는, 배 아래에 고정된 갈라진 구조물이다. 포식자의 위협을 받으면 고정쇠가 풀리면서 도약기가 빠른 속도로 땅을 내려치게 되고, 톡토기가 공중으로 튀어올랐다가 어느 정도 떨어진 곳에서 낙하하게 된다.

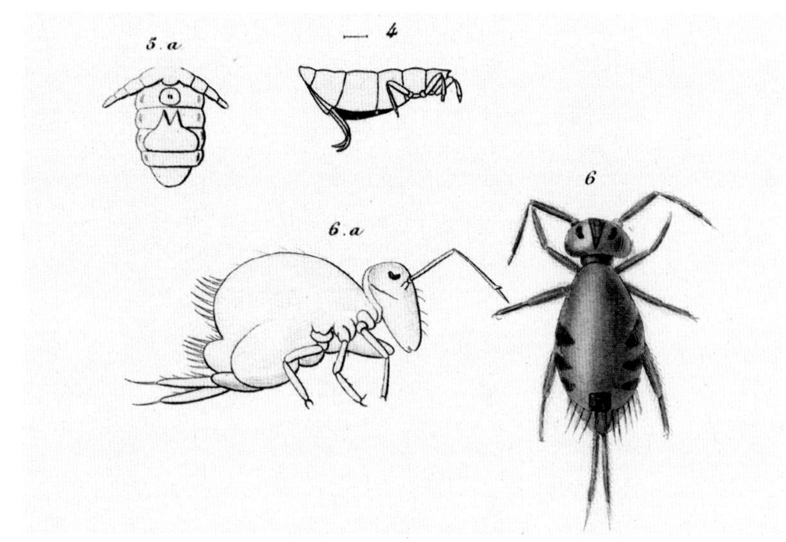


**둥근 톡토기**
둥근 톡토기와 도약기를 그린 이 삽화는 펠릭스에두아르 게랭메느빌의(Félix-Edouard Guérin-Méneville, 1799~1874년) 『자연사와 자연 현상에 관한 그림 사전』(1833~1839년)에 수록된 것이다.



# 좀

**좀목**(Zygentoma) 곤충강(Insecta) 육각상강(Hexapoda) 절지동물문(Arthropoda)

좀과 그의 친척들은 땅 위의 습한 서식지나 인간의 주거지에 사는 스캐빈저이다. 날개가 없지만 몸이 머리, 3쌍의 다리가 달린 가슴, 배로 나뉜 곤충이다. 다른 곤충들과 마찬가지로 겹눈을 가지고 있으며 기문이라고 불리는, 몸 양쪽 아래에 있는 구멍으로 호흡을 하는 데 기문은 몸 전체로 뻗어 있는 공기가 채워진 관, 즉 기관으로 연결된다. 이들은 다른 곤충과 달리 평생 동안 탈피를 계속한다. 좀은 납작한 유선형의 몸이 반짝이는 비늘로 덮여 있으며 3개의 긴 꼬리 섬유를 가지고 있다. 전 세계의 건물에 살며 당분이나 녹말을 먹고 때때로 벽지나 책의 결합 부분에 발린 풀을 먹어서 피해를 끼친다.

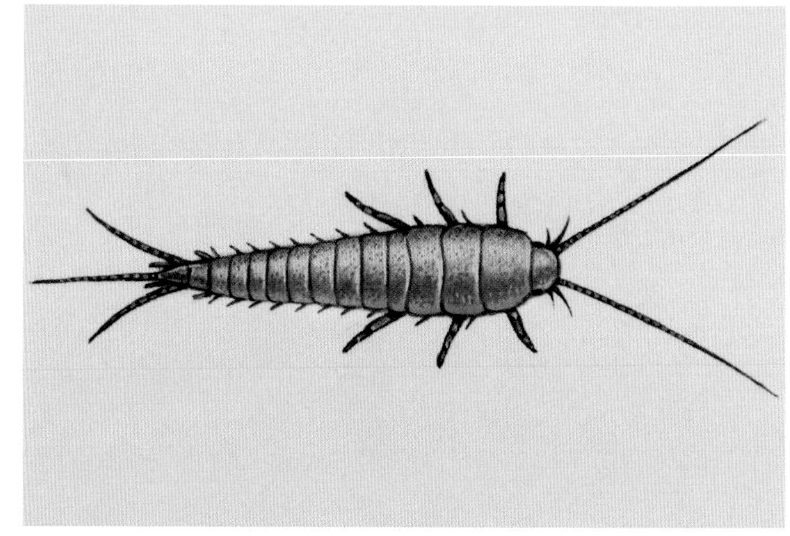

**레피스마 삭카리나**(*Lepisma saccharina*)
이 종은 몸길이가 최대 25밀리미터이다. 은회색을 띠고 물고기처럼 움직이기 때문에 영어로는 실버피시라고 부른다. 배의 꽁무니 부분에 달린 섬유는 미각이라고 불린다.

# 하루살이

**하루살이목**(Ephemeroptera) 곤충강(Insecta) 육각상강(Hexapoda) 절지동물문(Arthropoda)

하루살이는 날아다니는 곤충으로, 유충일 때는 민물에 살며 아가미로 호흡한다. 이들은 쉬고 있을 때 날개를 접지 못하고 몸 뒤에 수직으로 세우고 있기 때문에 원시적인 분류군으로 생각된다. 이들의 뒷날개는 앞날개보다 훨씬 작고, 일부 종에서는 아예 뒷날개가 없다. 하루살이들은 약하게 나는 종으로 성체들은 먹이를 먹지 않은 채 짝짓기를 하고 산란을 할 때까지만 사는데, 어떤 종에서는 이 기간이 수 시간에 불과하다. 성체와 유충은 대개 꽁무니에 미각이라고 불리는 3개의 긴 '꼬리'를 가지고 있다. 하루살이 유충은 물속에서 작은 먹이 입자를 모으거나 긁어 먹는다. 유충은 최대 40~50회 정도 탈피를 하는데, 이것은 다른 곤충에 비해 월등히 많은 숫자이다.

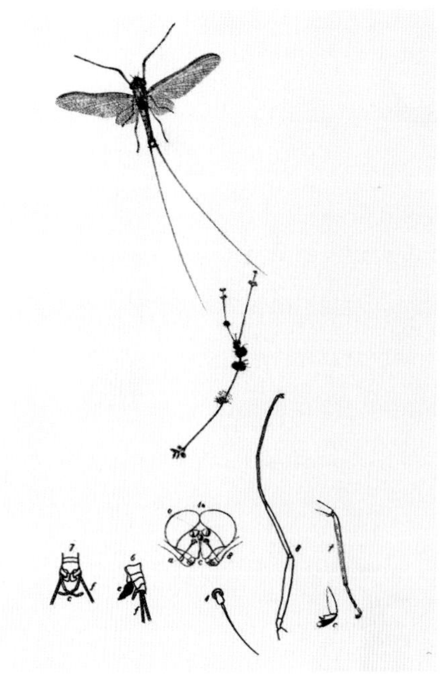

**가을갈색하루살이**
이 동판화는 곤충학자인 존 커티스(John Curtis, 1791~1862년)가 가을갈색하루살이(*Ecdyonurus dispar*)를 그린 것이다. 1834년에 출간된 그의 저서『영국 곤충학』에 수록되어 있다.

# 잠자리와 실잠자리

**잠자리목**(Odonata) 곤충강(Insecta) 육각상강(Hexapoda) 절지동물문(Arthropoda)

잠자리는 몸이 길고 단단한 포식성 곤충으로 유충은 물속에 산다. 성체는 거대한 눈과 뛰어난 비행 기술을 가지고 있어서 앞으로 뻗은 다리를 이용해 공중에 있는 곤충 먹이를 잡거나 비행 중에 먹이를 낚아챈다. 몇몇 종은 적극적으로 사냥하러 다니지만, 다른 종들은 식물 위에 앉아서 먹이가 근처를 날아가기를 기다린다. 수컷은 다른 수컷으로부터 영역을 방어하는 경우가 많다. 몇몇 종은 먼 거리를 이주한다. 민물에 사는 유충도 포식성이며, 머리 아래에 마스크라고 불리는, 관절이 있는 구조물이 있어서 작은 물고기 등의 먹이를 쏘아 잡는다. 이들의 친척인 실잠자리는 좀 더 섬세한 몸을 가지고 있고 좀 더 약하게 날지만 나머지 생활방식은 비슷하다. 이들은 휴식할 때 때때로 화려한 색의 날개를 하루살이처럼 등 뒤로 젖히고 있다.

**푸른호커**
소형 호커잠자리에 속하는 푸른호커(*Aeshna caerulea*)는 길이가 약 62밀리미터다. 그림 속의 수컷에 비해 암컷은 좀 더 칙칙한 푸른색이거나 갈색을 띤다.

# 집게벌레

**집게벌레목**(Dermaptera) 곤충강(Insecta) 육각상강(Hexapoda) 절지동물문(Arthropoda)

집게벌레는 갈색의 납작한 몸을 가진 야행성 곤충이다. 이들은 꼬리 끝에 방어용 또는 수컷의 교미용으로 사용되는 집게(수컷에서는 좀 더 휘어져 있다.)를 가지고 있다. 집게벌레는 죽은 물체, 식물(꽃잎 포함), 자신보다 작은 곤충과 같은 다양한 먹이를 먹는다. 낮에는 어두운 틈에 숨어 있다. 이 책 18~19쪽에 설명된 곤충들과 마찬가지로, 애벌레나 고치 단계가 없어서 어린 개체도 성체와 비슷한 형태이며 몸의 외부에 날개가 자란다. 앞날개는 짧고 단단해 아래에 접혀 있는 뒷날개를 덮지만 많은 집게벌레 종이 날개가 없거나 거의 날지 않는다. 어미가 알을 보호하고 부화한 새끼에게 먹이를 먹여 돌본다.

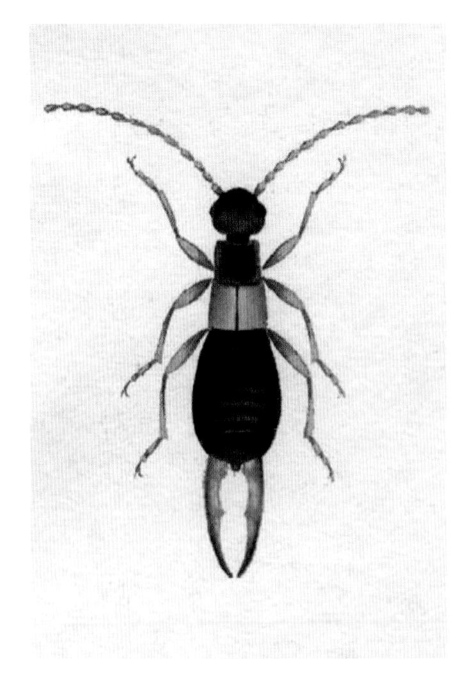

**홉가든집게벌레**
압테리기다 메디아(*Apterygida media*)는 날개가 짧은 집게벌레로서 갈색 몸에 노란 다리를 가지고 있다. 삼림 지대의 관목이나 잉글랜드 남동부의 생울타리에서 발견된다.



# 메뚜기, 귀뚜라미, 여치

**메뚜기목**(Orthoptera) 곤충강(Insecta) 육각상강(Hexapoda) 절지동물문(Arthropoda)

이 곤충들은 점프를 할 수 있게 해 주는 큼직한 뒷날개 때문에 알아보기 쉽다. 이들은 몸을 비벼서 '찌르륵' 하는 소리를 내는 것이 공통점인데, 그 소리는 종마다 다르다. 메뚜기류는 더듬이가 짧고 많은 종이 풀만 먹는다. 팥중이류를 제외한 대부분의 종은 멀리 날지 않으며 대개는 길게 점프하기 위해 날개를 사용한다. 포식자를 놀래키기 위해 화려한 색의 뒷날개를 갖는 경우도 있다. 여치는 덤불귀뚜라미라고 부르기도 하며, 더듬이가 길고 식물과 곤충을 둘다 먹을 수 있다. 귀뚜라미는 더듬이가 길고 메뚜기목의 다른 곤충보다 몸이 넓고 납작하다. 땅강아지는 삽 모양의 앞다리로 땅속을 파고 다닌다.

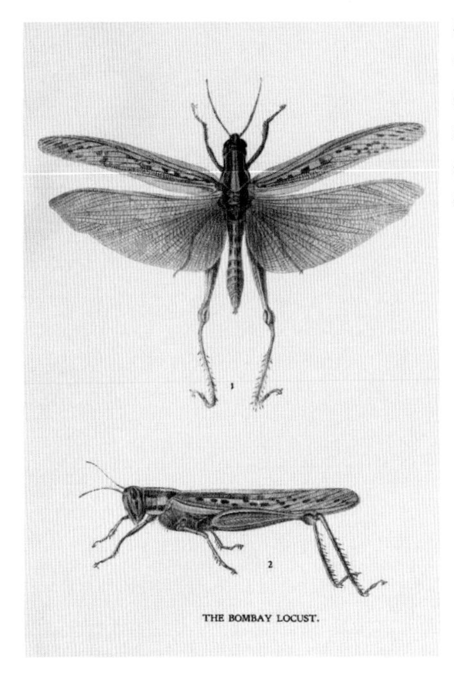


**봄베이메뚜기**
인도와 남아시아 원산인 파탄가 숙신크타(*Patanga succincta*)는 자라면서 색이 바뀐다. 어린 성체는 옅은 갈색에서 옅은 붉은색으로 바뀌었다가 마지막에는 어두운 갈색이 된다.

# 대벌레와 가랑잎벌레

**대벌레목**(Phasmatodea) 곤충강(Insecta) 육각상강(Hexapoda) 절지동물문(Arthropoda)

대벌레목에 속하는 대벌레와 가랑잎벌레는 주로 식물을 먹는 열대 곤충으로서 세계에서 가장 긴 곤충인 프리가니스트리아 키넨시스(*Phryganistria chinensis*)를 포함하는데, 이 곤충의 몸길이는 최대 64센티미터이다. 대벌레류는 주로 야행성이고 낮에는 뛰어난 위장술을 활용해서 식물 사이에 숨는다. 몇몇 가랑잎벌레는 정확히 낙엽과 똑같이 생겼는데, 약간 썩은 듯한 모양과 '갉아먹힌' 부분까지 완벽하다. 몇몇 종은 날개가 없지만, 다른 종은 화려한 색의 뒷날개를 펼쳐서 포식자를 놀래킬 수 있다. 어떤 종은 다리에 방어용 가시를 가지고 있다. 많은 종에서 수컷이 수정시키지 않아도 암컷이 무정란을 낳을 수 있다. 대벌레류의 알은 대개 땅에 떨어져서 여러 달 후에 부화한다.

**인도대벌레**
카라우시우스 모로수스(*Carausius morosus*), 즉 인도대벌레는 전 세계에서 애완용으로 키워지는 친숙한 종이다. 암컷이(수정 없이) 무성 생식을 하며 아직 수컷이 발견된 적이 없다.

# 사마귀

**사마귀목**(Mantodea) 곤충강(Insecta) 육각상강(Hexapoda) 절지동물문(Arthropoda)

사마귀는 길쭉한 몸을 가진 포식성 곤충으로, 고도로 변형된 가시투성이의 앞다리를 언제든지 먹이를 덮칠 수 있도록 접어 둔다. 이러한 특징적인 자세 때문에 영어로는 '기도하는 사마귀'라고 불린다. 대부분 먹이가 가까이 오기를 기다려서 습격하는 포식자이다. 삼각형의 머리에 양 눈을 멀리 떨어져 있고, 목을 자유롭게 움직여서 먹이의 위치와 거리를 정확히 판단한다. 이들은 다른 모든 종류의 곤충을 먹으며, 큰 종들은 작은 포유류를 먹기도 한다. 수컷은 가끔씩 조류 포식자의 위협이 없는 밤에 암컷을 찾아 날아다니기도 한다. 대부분의 종이 위장을 위해 초록색이나 갈색을 띠지만, 꽃사마귀들은 난초 등의 꽃을 모방해 밝은 분홍색을 띠기도 한다.

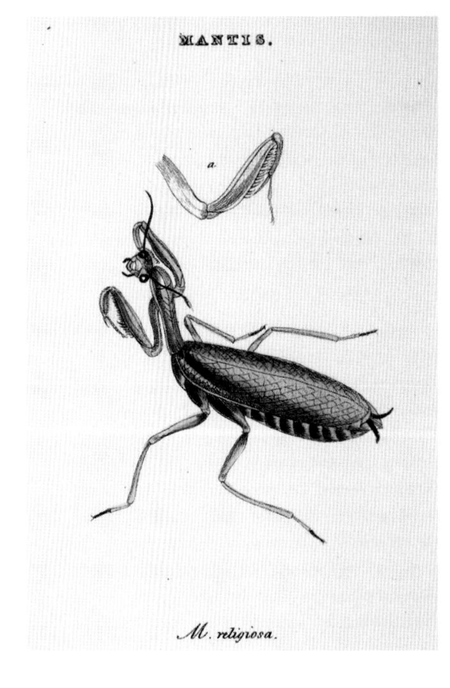


**기도하는 사마귀**
몸길이가 최대 9센티미터에 달하는 항라사마귀(*Mantis religiosa*)의 암컷은 수컷보다 크며 교미 후 또는 교미 중에 수컷을 먹어치운다.

# 바퀴

**바퀴목(Blattodea)** 곤충강(Insecta) 육각상강(Hexapoda) 절지동물문(Arthropoda)

바퀴는 긴 더듬이에 납작한 몸, 씹는 턱을 가진 곤충이다. 대개 몸집이 크고 야생성이며, 따뜻한 지역에서 비롯되었고 매우 다양한 먹이를 먹는다. 가장 잘 알려진 종은 전 세계에서 발견되는 갈색의 해충이다. 빠르게 달리는 이 동물은 건물의 따듯한 곳에 많은 수가 모여서 번성하며 음식을 오염시키고 때로는 공기 중에 불쾌한 냄새를 풍긴다. 낙엽이나 썩은 나무의 은밀한 서식지에서 사는 무해한 야생 종도 수천 가지나 된다. 거의 날지 않지만, 몇몇 종은 단단한 앞날개가 아래의 섬세한 뒷날개를 보호하는 완전한 형태의 날개를 가지고 있다. 다른 종에서는 수컷에만 날개가 있거나 암수 둘 다 날개가 없다.

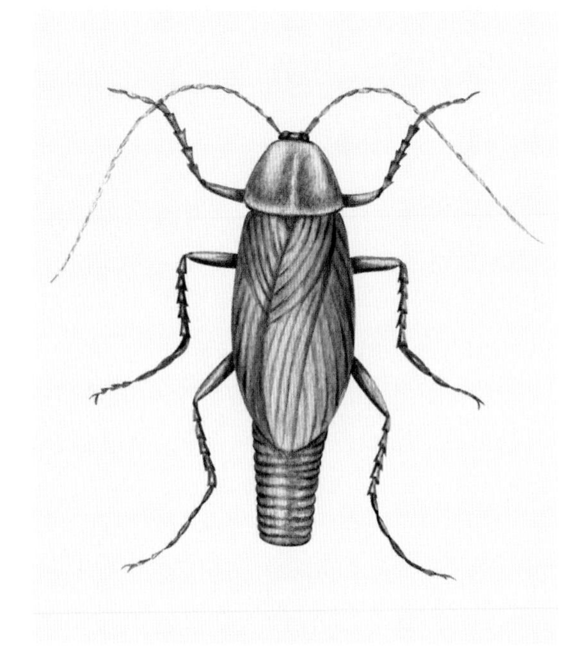

**독일 바퀴**
1.1~1.6센티미터 길이의 작은 해충인 독일 바퀴(*Blattella germanica*)는 거의 날지 못하지만 위험이 닥치면 활강을 할 수 있다.



# 흰개미

**바퀴목(Blattodea)** 곤충강(Insecta) 육각상강(Hexapoda) 절지동물문(Arthropoda)

개미(25쪽 참조)와 마찬가지로, 흰개미는 거대한 군체를 이루어 생활하지만 조직 구성에 있어서 중요한 차이점이 있다. 이들은 개미와 유연 관계가 없고 나무를 먹는 바퀴로부터 진화했으며, 일부 종은 목조 건물을 심각하게 손상시킨다. 흰개미의 적일 때가 많은 개미와 달리 흰개미는 포식자가 아니다. 이들은 장 속에 식물 섬유의 소화를 돕는 특수한 세균과 원생동물을 가지고 있다. 흰개미의 둥지는 나무 속, 지하, 또는 날개가 없는 흰색의 일개미가 짓고 큰 턱을 가진 병정개미가 지키고 있는 거대한 구조물 속에 있다. 생식을 하는 개체들만이 날개가 있으며 교미 후에는 찢어버린다. 거대한 여왕 흰개미는 여러 해 동안 군체를 위해 산란을 하며, 개미와 달리 알을 수정시키는 '왕'과 함께 산다.

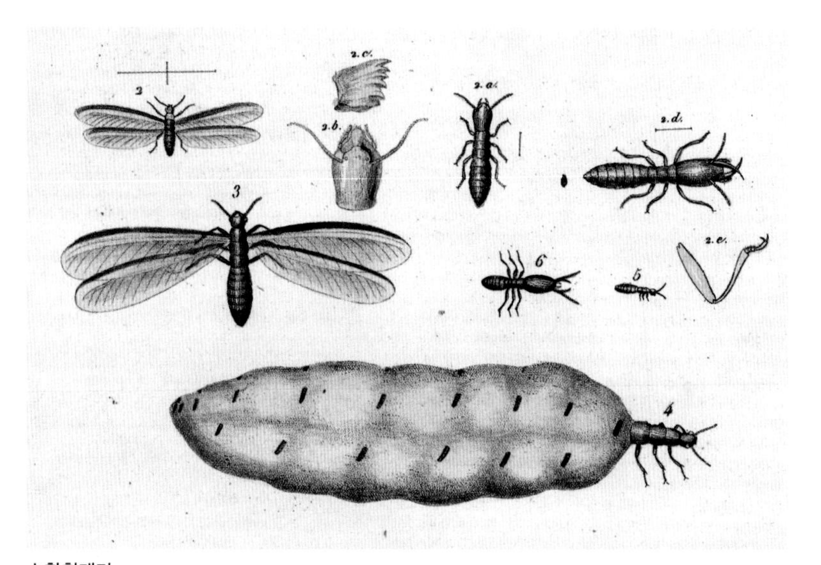

**수확흰개미**
수확흰개미(*Macrohodotermes* sp.)는 남아프리카의 사막에 산다. 대부분의 흰개미와 마찬가지로, 이들의 군체는 크기와 형태가 전혀 다른 개체들로 분화된 계급으로 이루어져 있다.

# 노린재

**반시목**(Hemiptera) 곤충강(Insecta) 육각상강(Hexapoda) 절지동물문(Arthropoda)

많은 곤충들이 '벌레'로 통칭되지만, 곤충학자에게 있어서는 금노린재, 매미충, 빈대, 매미, 진딧물, 물에 사는 소금쟁이와 송장헤엄치게 등 다양한 곤충을 포함하는 반시목에 속하는 곤충을 의미한다. 이 곤충들은 로스트럼이라고 불리는 긴 관 모양의 주둥이 끝에 뾰족한 '스틸렛'이 달려 있다. 이들은 주로 식물의 수액을 먹지만 침노린재류는 동물의 체액을 빤다. 로스트럼을 사용하지 않을 때는 몸 아래로 접어 둔다.

진딧물과 가루이, 깍지진디 등의 친척들은 농작물을 해치는 해충으로 악명이 높다. 암컷은 종종 수컷 없이 무성생식으로 번식하기 때문에 급격하게 수가 늘어날 수 있다.

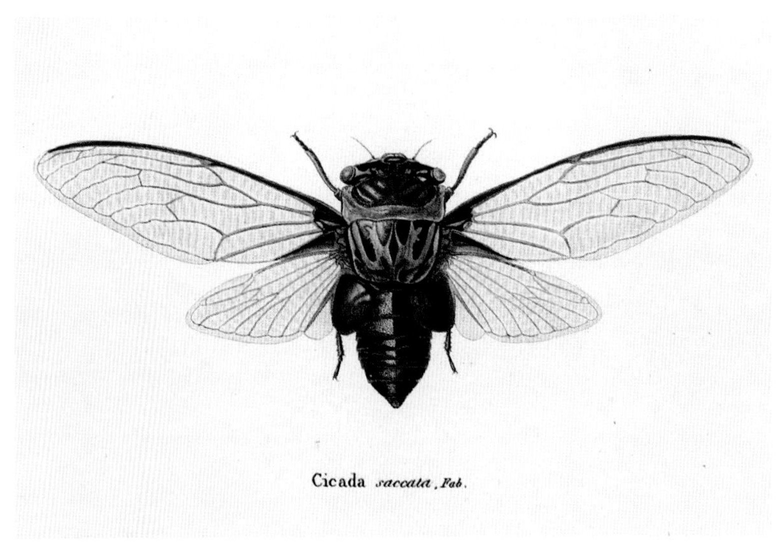


**더블 드러머**

오스트레일리아에서 가장 큰 매미 종에 속하는 토파 삭카타(*Thopha saccata*)는 세계에서 가장 시끄러운 곤충 중 하나이다. 수컷은 배의 울음주머니(드럼)으로 소리를 증폭시킨다.

# 풀잠자리류

**풀잠자리목**(Neuroptera) 곤충강(Insecta) 육각상강(Hexapoda) 절지동물문(Arthropoda)

풀잠자리목은 내시류(성장 중인 유충의 몸속에서 보이지 않게 날개가 발달하는 곤충, 『동물』 314~315쪽 참조) 중에서 가장 오래된 분류군 중 하나이다(24~25쪽의 4대 곤충목도 모두 내시류이다.). 내시류의 유충은 대개 성충과 전혀 다른 형태이고 고치 단계에 진입하면 그 속에서 성체의 형태가 완성된다. 풀잠자리는 섬세한 그물 같은 날개를 가지고 있으며 쉴 때는 날씬한 몸 위로 접는다. 포식성의 유충은 홈이 파인 무는 턱을 사용해서 주로 진딧물 먹이의 체액을 빨아 먹는다. 개미귀신의 유충은 구멍 속에 숨어서 턱만 내밀고, 그 안에 떨어지는 아무 곤충이나 잡아먹는다. 사마귀붙이과의 성충은 작은 사마귀 모양으로 사마귀처럼 먹이를 먹는다.

**풀잠자리**

곤충학자 찰스 워터하우스(Charles Waterhouse, 1843~1917년)가 19세기에 저술한 『곤충 동정 가이드』에 실린 이 삽화는 오스밀루스 물티구타투스(*Osmylus multiguttatus*)를 그린 것이다.

# 딱정벌레

**딱정벌레목**(Coleoptera) 곤충강(Insecta) 육각상강(Hexapoda) 절지동물문(Arthropoda)

딱정벌레목에는 가장 많은 수의 동물 종이 포함되는데, 수많은 작은 종에서 세계에서 가장 무거운 골리앗왕꽃무지까지 약 35만~40만 종이 기록되어 있다. 아직 발견되지 않은 종도 많은 것이 확실하다. 이들의 성공은 몸을 아늑하게 감싸서 기능적인 뒷날개를 보호하는 단단한 겉날개를 특징으로 하는 강하고 치밀한 신체 구조의 덕분이다.

딱정벌레와 그의 유충은 엄청나게 다양한 먹이를 먹는다. 물방개를 포함한 몇몇 종은 포식성이며 유충의 다리가 길고 활동적이다. 다른 딱정벌레들에서는 종종 다리가 없는 유충이 목재, 균류, 시체, 배설물, 식물의 잎과 뿌리를 먹는다.

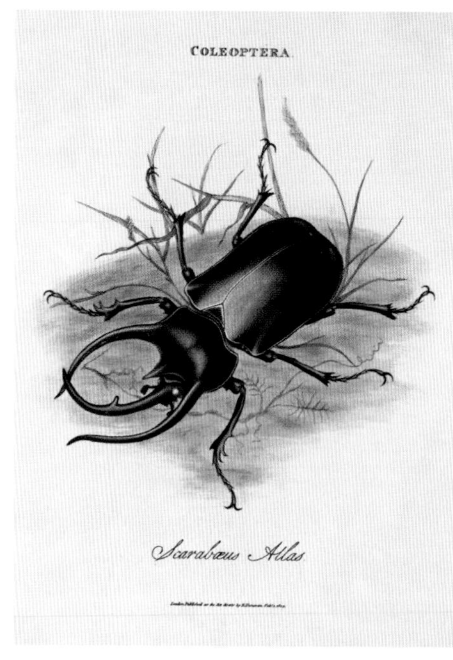


**아틀라스장수풍뎅이**
1800년의 삽화에서 스카라바이우스 아틀라스(*Scarabaeus atlas*)라고 불렸던 칼코소마 아틀라스(*Chalcosoma atlas*)는 남아시아의 거대한 장수풍뎅이이다. 몸길이가 최대 13센티미터까지 자란다.



# 파리

**파리목**(Diptera) 곤충강(Insecta) 육각상강(Hexapoda) 절지동물문(Arthropoda)

다양한 곤충이 포함된 파리목의 공통점은 한 쌍의 날개를 가지고 있고, 두 번째 쌍은 곤봉 모양의 평형곤이 되어 움직임과 균형을 감지한다. 각다귀와 같이 원시적인 종은 다른 파리류보다 몸과 더듬이가 더 길다.

성체 파리는 액상의 먹이를 먹지만, 이들의 구기는 살을 뚫는지(모기 등), 액체를 빨아먹는지(집파리)에 따라 다양한 형태를 갖는다. 꽃등에와 같은 몇몇 종은 벌과 말벌의 모습을 흉내 낸다.

파리의 유충은 다리가 없지만, 털이 많고 물에 사는 모기 유충에서 거의 특색이 없는 구더기까지 그 외의 특징은 다양하다. 유충은 죽은 동식물을 먹기도 하지만, 기생을 하는 종도 많다.

**동애등에**
현재 오돈토미아 아르겐타타(*Odontomyia argentata*)라고 불리는 이 종은 비교적 '진보적인' 파리류인 동애등에과에 속하며 몸이 납작하고 다리와 더듬이가 짧다.

# 나비와 나방

**나비목(Lepidoptera)** 곤충강(Insecta) 육각상강(Hexapoda) 절지동물문(Arthropoda)

나비목에 속하는 모든 종은 날개의 색을 나타내는 작은 비늘을 가지고 있다(『동물』 98, 281쪽 참조). 나비목의 계통수에서는 나방이 나무의 줄기 부분과 가지의 대부분을 차지하고, 나비는 하나의 큰 가지를 차지할 뿐이다. 나방은 대부분 야행성이다. 나비는 낮에 날아다니며, 대개 곤봉 모양의 더듬이를 가지고 있고 앞날개와 뒷날개가 갈고리 모양의 연접센털로 결합되어 있다. 이들은 쉴 때 대개 날개를 몸 위에 수직으로 세우고 있다. 나비목의 유충, 즉 애벌레는 3쌍의 관절이 있는 다리와 통상적으로 5쌍의 짤막한 앞다리를 가지고 있다. 애벌레들은 씹는 구기를 가지고 있어서 거의 모든 종이 식물을 먹으며 종마다 특정 식물 종만을 먹는 경우가 흔하다. 성체는 긴 관 모양의 주둥이로 꽃의 꿀이나 기타 액체를 마신다.

**병사나비**
19세기에 그려진 이 삽화는 병사나비(*Danaus eresimus*)의 생활사의 3 단계, 즉 애벌레, 고치, 성체의 윗면과 아랫면을 보여 준다.

# 벌, 말벌, 개미, 잎벌

**벌목(Hymenoptera)** 곤충강(Insecta) 육각상강(Hexapoda) 절지동물문(Arthropoda)

벌목에 속하는 곤충들은 매우 다양한 생활 방식을 가지고 있다. 대개 2쌍의 투명한 날개를 가지고 있으며 첫 번째 쌍이 두 번째 쌍보다 크다. 무는 구기를 가지고 있고 많은 벌들이 꿀을 빨기 위한 긴 혀를 가지고 있다. 진보된 벌목 곤충은 몸을 유연하게 해 주는 가느다란 '허리'를 가지고 있어서 기생하는 종들이 곤충 또는 거미 먹이에 피하주사기처럼 생긴 산란관을 꽂는 데 편리하다. 벌, 전형적인 말벌, 그리고 일부 개미 종에서는 산란관이 바늘로 변형되어 있다. 잎벌은 '말벌의 허리'가 없고 암컷의 톱 모양의 산란관이 유충의 먹이가 되는 식물을 자르고 들어간다.

개미, 많은 말벌 종, 벌은 사회적 군체를 이루어 여왕이 불임의 일개미들을 시켜서 다음 세대의 유충을 먹이고 양육한다.

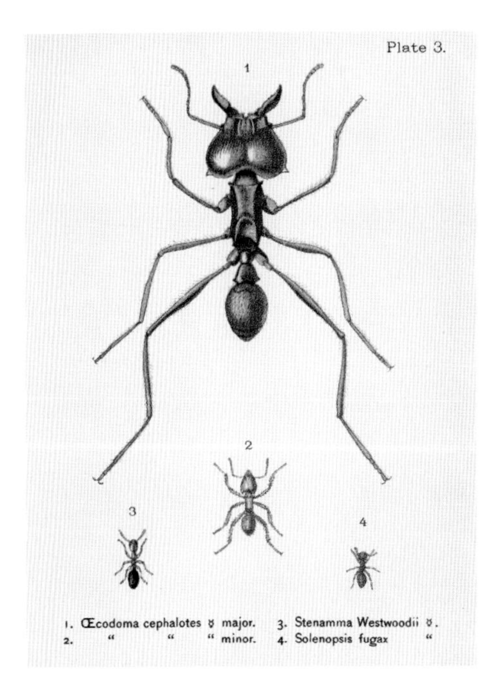


**잎꾼개미**
19세기 초반의 판화에 나타난 잎꾼개미(*Atta cephalotes*)는 자기 체중의 20배가 넘는 나뭇잎을 자르고, 다듬어서 운반할 수 있다. 이 개미들은 수백만 마리가 구조물 속에서 생활한다.

# 바다나리와 갯고사리

## 바다나리강(Crinoidea) 극피동물문(Echinodermata)

바다나리와 갯고사리는 크고 갈라진 팔을 뻗어서 먹이 입자를 잡는 해양 동물들이다. 이들은 불가사리와 성게 등의 다른 극피동물과 많은 공통점이 있는데, 몸이 5방 대칭 구조이고, 골격은 소골편이라고 불리는 피부 속의 백악질 조각으로 구성되고, 수관계(팔에 있는 수천 개의 작고 유연한 돌출물(발)을 움직이는, 물이 채워진 관으로 구성된 수압 시스템)을 가지고 있다. 헤엄쳐 다니는 작은 유생은 다른 대부분의 동물과 마찬가지로 좌우 대칭이지만, 정착해 방사 대칭형의 성체로 변한다.

바다나리는 해저에 몸을 부착하는 줄기를 가지고 있으며 살아 있는 극피동물 중에서 가장 원시적인 분류군이다. 불가사리와 다른 극피동물은 바다나리를 닮은 조상으로부터 진화해, 줄기를 끊고 몸의 위아래가 바뀌고 발(바다나리가 섭식에 사용하는)은 걷거나 물체를 잡는 관족으로 변한 것으로 생각된다.

갯고사리는 줄기에 붙어서 성체의 삶을 시작하지만 서서히 줄기로부터 분리된다. 이들은 산호초에 앉아서 바다나리와 같은 방식으로 섭식을 하는 산호초의 화려한 거주민 중 하나이다. 갯고사리는 팔을 저어서 느리게 헤엄칠 수도 있다.

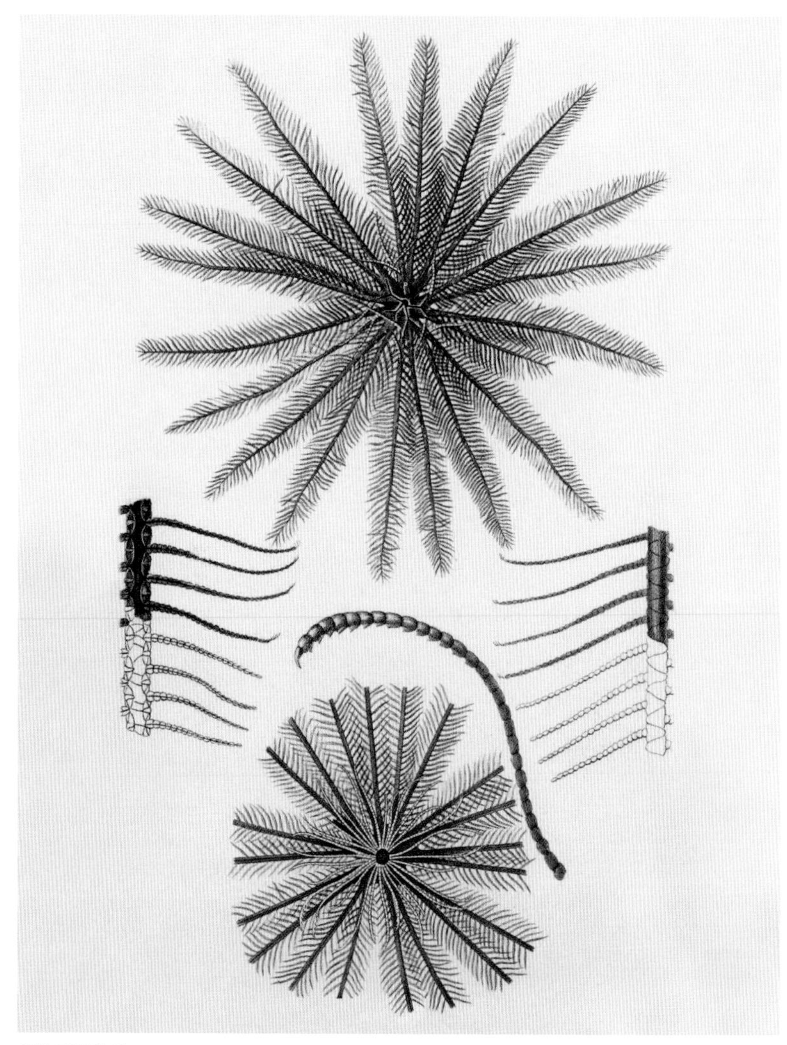

깃털 모양의 팔
대부분의 갯고사리에서는 팔이 여러 개의 가지로 분지되어 있다. 이 가지에는 작은 깃가지들이 배열되어 있어서 전체적으로 깃털 모양으로 보인다.

서인도큰바다나리(*Cenocrinus asterius*)

긴팔갯고사리(*Dichrometra flagellata*)

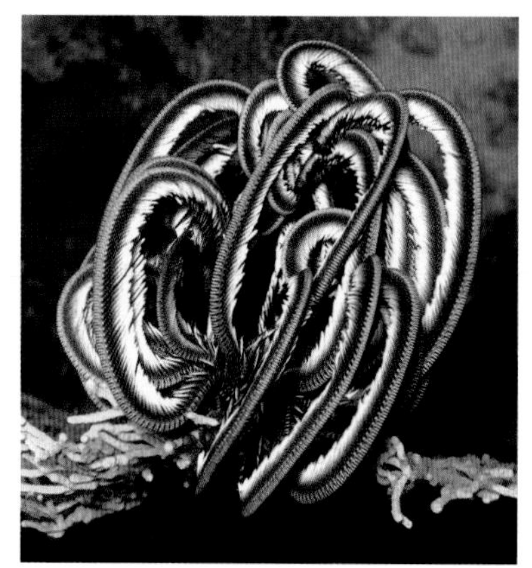

베넷덤불갯고사리(*Oxycomanthus bennetti*)

다형깃갯고사리(*Comaster schlegelii*)

# 불가사리

## 불가사리강(Asteroidea) 극피동물문(Echinodermata)

불가사리는 해저에 사는 포식자로서 대개 5개의 팔이 있지만 큰 종들은 최대 50개의 팔이 있으며 지름이 최대 1미터에 달한다. 유럽오각불가사리와 같은 일부 종들은 팔이 없는 경우도 있다. 몸 아래의 입은 먹이를 통째로 삼키기 위해 늘어날 수 있다. 불가사리는 주로 느리게 움직이거나 움직이지 않는 먹이, 예를 들어서 홍합이나 산호를 먹으며 위장을 입 밖으로 꺼내어 몸 밖에서 소화를 개시할 수 있다. 몸 아래에 있는 수천 개의 관족은 먹이를 쥐거나, 걷거나, 열린 먹이를 끌어당기는 데 사용한다. 몇몇 불가사리 종은 모래나 진흙 속에 묻힌 채로 살면서 작은 입자들을 먹는다. 다른 극피동물과 마찬가지로, 신경계는 있지만 머리나 뇌는 없고 모든 방향으로 움직일 수 있다. 몸이 부서졌을 때는 파편으로부터 재생하기도 한다.

**유럽오각불가사리**
유럽오각불가사리의 팔은 그림에서 보는 것처럼 짧고 뭉툭하거나 아예 없다. 입과 위장은 몸 중앙의 아랫면에 있다.

# 거미불가사리

## 거미불가사리강(Ophiuroidea) 극피동물문(Echinodermata)

거미불가사리는 5개의 팔을 가진 해양 동물로서 불가사리와 비슷하게 생겼지만 중요한 차이점들이 있다. 중앙의 몸통과 확연히 구별되는 이들의 팔은 가늘고 유연하며, 척추동물의 척추와 비슷하게 골편이 맞물려 있다. 거미불가사리는 해저에 살며, 때때로 많은 수가 모여 산다. 이들은 팔을 들어서 작은 먹이 입자나, 때로는 새우나 물고기를 잡아서 입으로 가져간다. 거미불가사리의 관족은 먹이를 잡는 데 사용할 뿐 걷는 데 사용하지는 않으며, 그 대신 팔을 휘저어서 움직인다. 대부분의 거미불가사리는 크기가 작지만 삼천발이라고 불리는 일부 종들은 최대 지름 1미터까지 자란다. 이들의 팔은 세세하게 갈래져 있어서 어떤 종은 양치식물처럼 보이고, 또다른 종들은 덩굴식물의 덩굴손처럼 보이기도 한다.

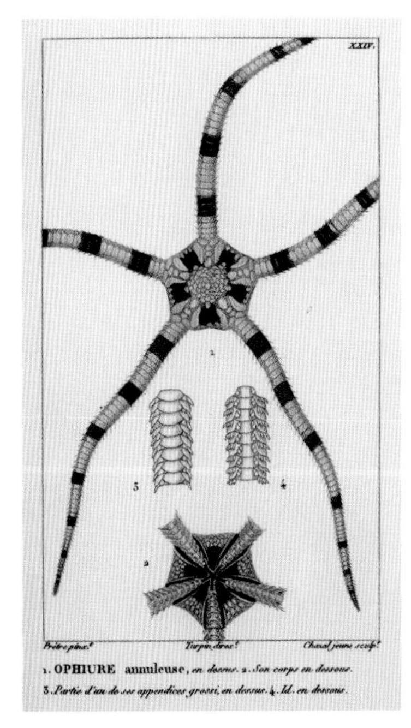


**관절로 연결된 팔**
이 판화에는 거미불가사리의 유연한 팔을 구성하는 개개의 관절로 연결된 골편이 나타나 있다. 거미불가사리강은 사미강이라고도 부르는데, 이 이름은 팔의 뱀꼬리 같은 움직임에서 따온 것이다.

# 성게

## 성게강(Echinoidea) 극피동물문(Echinodermata)

성게는 작은 골편들이 융합되어 형성된 단단한 골격 또는 피각을 갖는 공 모양의 극피동물이다. 이들은 아리스토텔레스의 랜턴이라고 불리는, 아래를 향한 입속의 5개의 이빨을 움직이는 복잡한 체내 구조물을 사용해 바다 표면의 조류를 갉아 먹는다. 이들의 피부는 움직일 수 있는 가시들과 끝에 빨판이 달린 관족으로 덮여 있다. 가시들은 방어용이지만 무언가를 파내거나, 들추거나, 먹이를 거르거나, 심지어 가시가 긴 종에서는 걷는 데 사용되기도 한다.

염통성게와 연잎성게는 좀 더 특이한 성게류이다. 염통성게는 부드러운 가시를 가지고 있으며 진흙을 파고 들어가서 흐르는 물속의 먹이 입자와 산소를 섭취한다. 납작하고 단단한 연잎성게는 모래 속에 완전히 또는 반쯤 묻힌 상태로 잔가시로 덮인 껍데기로 먹이를 거른다.

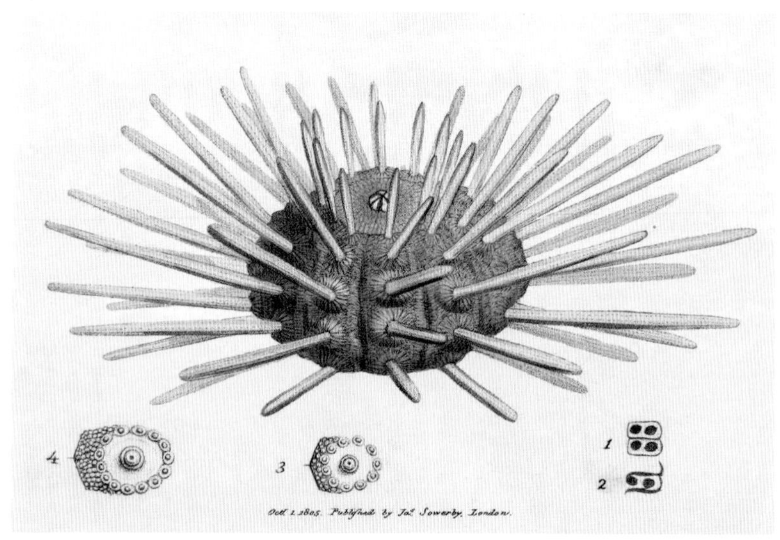

**긴가시슬레이트펜성게**

긴가시슬레이트펜성게(*Cidaris cidaris*)의 주된 가시는 피각에서 최대 16센티미터까지 연장될 수 있으며 피각은 짧은 잔가시로 빽빽하게 덮여 있다.



# 해삼

## 해삼강(Holothuroidea) 극피동물문(Echinodermata)

해삼은 주로 해저에 사는 부드러운 몸을 가진 동물이지만, 소수의 종은 헤엄을 친다. 해부학적으로 해삼은 부드러운 몸을 가진 성게를 수직으로 길게 늘려서 옆으로 놓은 듯한 구조이다. 내부 구조는 극피동물의 전형적인 형태로서 기관들이 5개씩 세트를 구성하고 있지만 다른 극피동물과 달리 '머리'와 '꼬리'가 있다. 몇몇 종은 깊은 해저에 많은 수가 모여 살고, 머리를 앞으로 하고 기어다니면서 진흙 속의 먹이 입자들을 먹는다. 다른 종들은 진흙 속에 몸을 파묻고 촉수를 내밀어서 떠다니는 작은 먹이를 잡는다. 이들은 자신을 방어하기 위해 꼬리에서 끈적끈적한 실을 방출하기도 한다. 몇몇 종은 오이와 비슷한 형태지만 다른 종들은 벌레 모양이거나 둥근 모양이다. 관족이 아래에만 있거나 아예 없는 경우가 많다.

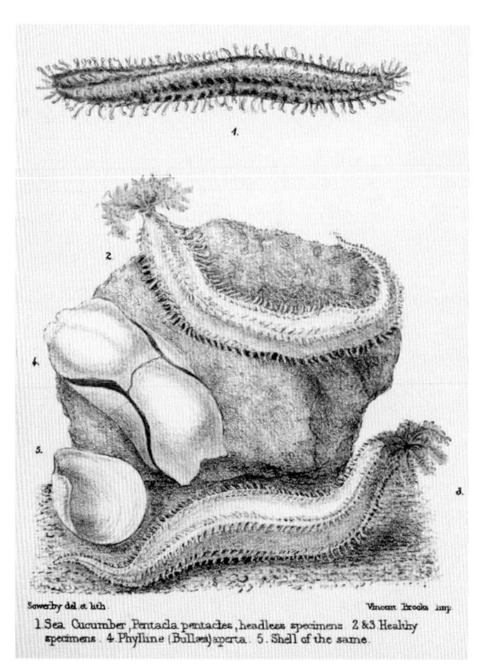


**나무 모양의 촉수**

해삼은 이 그림에 노란색으로 표시된 것과 같이 입 주변을 왕관 모양으로 둘러싼 갈라진 촉수들을 가지고 있어서 먹이 입자를 모으는 데 사용한다.

# 피낭동물과 창고기

## 미삭동물아문(Tunicata), 두삭동물아문(Cephalochordata) 척색동물문(Chordata)

피낭동물과 창고기는 척추동물과 같이 척색동물문에 속하는 별개의 분류군들이다. 멍게는 주로 해저에서 정착 생활을 하는 피낭동물로서 입수공과 출수공을 통해 몸을 통과하는 해수로부터 먹이를 여과한다. 멍게의 생활 방식은 해면동물과 비슷하지만, 멍게의 해부학적 구조가 더 복잡하다. 이들은 피낭이라고 불리는 질긴 껍데기를 가지고 있으며 몇몇 종은 여러 개체가 융합해 군체를 형성한다. 살프, 불우렁쉥이 등의 다른 피낭동물은 대양을 자유롭게 떠다니며 개체들이 연결되어 수 미터에 이르는 긴 사슬을 형성할 수도 있다. 다자란 피낭동물은 척추동물과 전혀 닮지 않았지만, 헤엄쳐 다니는 유생은 약간의 유사성이 있으며 창고기처럼 척삭을 가지고 있다.

창고기는 바닷속의 모래바닥에 몸을 반쯤 묻은 채로 사는 작은 물고기 형태의 무척추동물로서 물에서 먹이를 여과해 먹는다. 척색동물에 속하기 때문에 척추동물의 조상이 된 척색동물이 어떤 형태였을지 추정하는 데 도움이 될지도 모른다. 이들의 몸은 척추동물의 배아에서 보이는 것과 같은 딱딱한 막대기 모양의 척삭으로 강화되어 있다. 위협을 받으면 몸 양쪽의 근육 덩어리들을 수축시켜서 물고기처럼 헤엄쳐 도망친다.

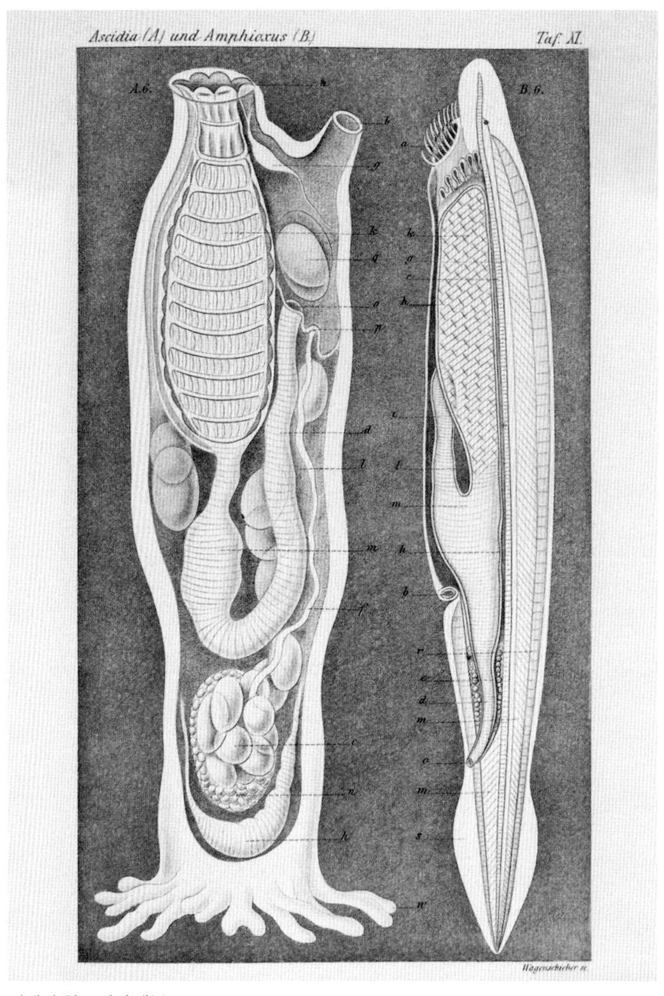


멍게와 창고기의 해부도
독일의 생물학자이자 화가인 에른스트 헤켈이 멍게(*Ascidia*,왼쪽)와 창고기(오른쪽, 당시에는 암피옥수스(*Amphioxus*)로 알려졌으나 현재는 브란키오스토마(*Branchiostoma*))의 해부도를 그렸다.

쌍돛살프(*Thetys vagina*)

초록색항아리멍게(*Didemnum molle*)

유럽창고기(*Branchiostoma lanceolatum*)

# 먹장어

**먹장어강**(Myxini) 척추동물아문(Vertebrata)

먹장어는 턱이 없는 물고기이다. 턱이 있는 척추동물이 진화하기 전에는 전 세계의 바다에 턱이없는 물고기들이 번성했으며, 먹장어는 아직 남아 있는 두 분류군 중 하나이다. 먹장어는 장어와 비슷한 모양이지만 지느러미가 없고 등 아래에 작게 접힌 조직이 있을 뿐이다. 이들은 해저에 살면서 다양한 무척추동물을 먹으며 고래와 같은 큰 동물의 시체를 뜯어 먹기도 한다. 먹장어는 자기 방어를 위해 다량의 점액질을 분비한다. 좁은 구멍 모양의 입 안에는 단단한 이빨이 나 있고 입 주변을 살로 이루어진 감각기인 수염이 둘러싸고 있다. 눈은 흔적만 남아 있다. 연골로 이루어진 두개골이 있지만, 진정한 척주를 가지고 있지는 않고 유연한 척삭으로 몸을 지지한다. 이런 이유로 먹장어가 진정한 척추동물인지 여부에 관해 논란이 있다.

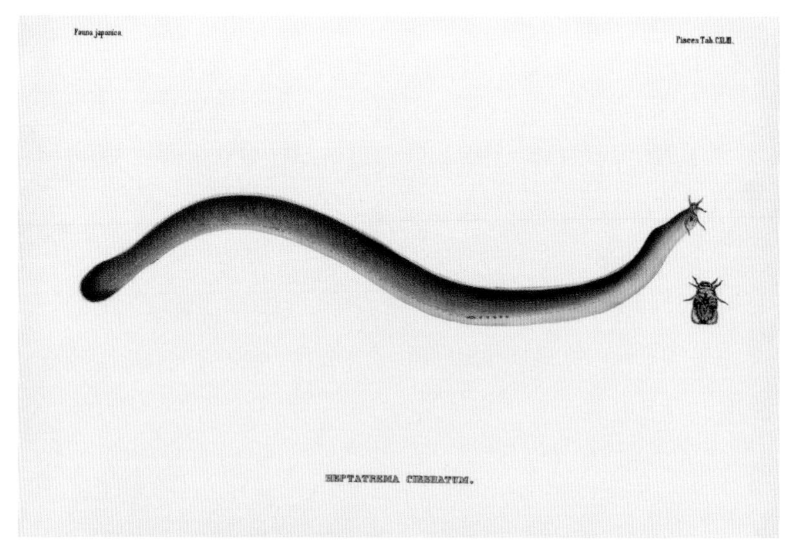


**넓은아가미먹장어**
엡타트레투스 키르라투스(*Eptatretus cirrhatus*)는 뉴질랜드의 수심 900미터 이내인 곳에 산다. 아가미구멍이 넓어서 이런 이름을 얻었으며 몸 아래에 점액질을 분비해는 구멍들이 여러 줄로 배열되어 있다.

# 칠성장어

**칠성장어강**(Petromyzontida) 척추동물아문(Vertebrata)

먹장어와 마찬가지로, 칠성장어도 장어와 비슷한 모양의 턱이 없는 물고기이지만 그 외에는 유사점이 없다. 먹장어와 달리 성체 칠성장어는 진정한 척주를 가지고 있고, 연골로 된 골격이 있으며 큰 눈과 등지느러미가 있다. 칠성장어는 민물에 살거나 민물과 바다를 오가며 생활하는 데 후자의 경우 성체는 강이나 호수에 돌아와서 번식을 한 후에 죽는다. 알이 부화하면 성체와 전혀 닮지 않은 암모코에테 유생이 되는데, 강 바닥에 반쯤 묻힌 채로 살면서 물에서 작은 먹이 입자를 여과해 먹는다. 성체는 먹이를 전혀 먹지 않거나 다른 물고기에 기생을 하는데, 둥근 빨판 모양의 입에는 단단한 이빨과 굵는 혀가 있어서 숙주의 살 속을 파고들 수 있다. 어떤 종은 최대 1미터 길이까지 자란다.

**바다칠성장어**
바다칠성장어는 성체가 된 후에만 바다에서 산다. 이 물고기의 학명인 페트로미존 마리누스(*Petromyzon marinus*)는 바다에서 바위를 빤다는 뜻이지만 실제로는 물고기의 피와 살을 빨아먹는다.

# 상어, 가오리, 은상어

**연골어강**(Chondrichthyes) 척추동물아문(Vertebrata)

연골어강에 속하는 물고기들은 골격이 연골로 구성되어 있다. 대부분의 경골어류와 달리 새끼를 낳거나 소수의 큰 알을 낳는다. 많은 상어들이 대형 포식자이며, 지속적으로 자라나는 이빨과 피부의 거친 표면을 유지해 주는 날카로운 '치상돌기' 형태의 비늘을 특징으로 한다. 상어꼬리의 윗부분에는 척추뼈가 들어 있고 아랫부분보다 길다. 대양에 사는 상어들은 유선형이지만, 몸이 납작한 저서성 종들도 있다. 돌묵상어와 고래상어는 큰 입을 통해 여과된 작은 먹이들을 먹는다.

가오리들은 거대한 크기로 확대된 앞(가슴)지느러미를 특징으로 하며 몸이 납작하다. 대부분해저 생활에 적합하도록 위장된 형태이고 몸 아래에 있는 입속에는 판상의 이빨들이 있어서 껍데기가 있는 먹이를 부순다. 매가오리류는 꼬리에 독가시가 있다. 만타가오리를 포함하는 몇몇 종은 대양에 살며 여과 섭식을 한다. 가래상어와 톱상어 등의 소수의 종은 납작해진 상어처럼 보인다.

좀 더 유연 관계가 먼 은상어는 머리와 눈이 크고 끌 모양의 이빨이 있어서 토끼고기라고 불리기도 하는데, 더 깊은 물에 살며 무척추동물을 먹는다.

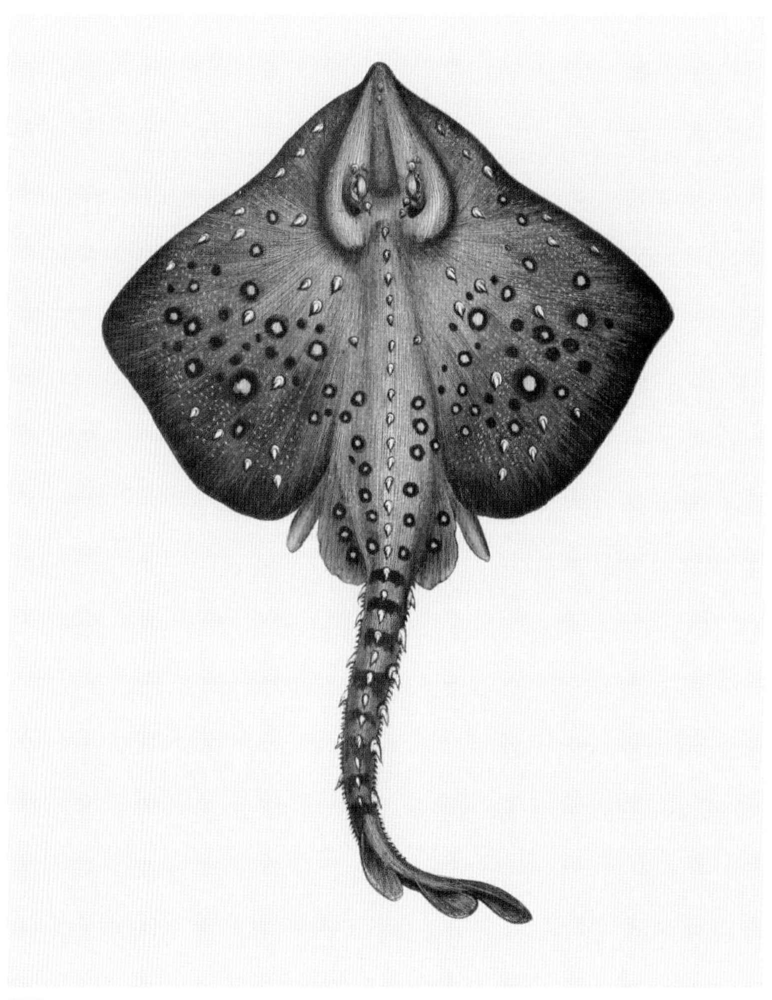

홍어
깨알홍어라고도 불리는 라야 클라바타(*Raja clavata*)는 등과 고리에 가시가 있다. 매가오리의 가시와 달리 독이 없다.

백상아리(*Carcharodon carcharias*)

얼룩상어(*Hemiscyllium freycineti*)

벌집가오리 또는 표범가오리(*Himantura uarnak*)

얼룩쥐고기, 은상어(*Hydrolagus colliei*)

# 육기어류

## 육기어강(Sarcopterygii) 척추동물아문(Vertebrata)

화석 기록에 따르면 최초의 네발 달린 육상 척추동물은 약 4억 년 전에 육기어강의 어류로부터 진화한 것으로 보인다. 보행을 위한 다리는 육질의 가슴지느러미, 배지느러미로 진화했는데, 근육질의 엽상 구조 속에 견고한 뼈가 있다(조기어류에 속하는 다른 모든 경골어류의 지느러미는 가느다란 뼈로 이루어진 지느러미살로 구성된다.). 진화사에 있어서의 중요성에도 불구하고 육기어류는 조기어류와의 경쟁에서 밀려나고 말았다. 남아 있는 8개의 종은 모두 특이한 외형과 생활 방식을 가지고 있다. 이중에는 계절에 따른 수위 변화 때문에 물속에 용해된 산소 농도가 낮아지는 담수 서식지에 사는 폐어도 포함된다. 이때 폐어는 아가미 호흡을 보완하기 위해 수면에서 공기를 들이마신다. 물이 완전히 마르면, 일부 폐어는 두꺼운 점액질의 고치를 만들어 수분을 봉인하고 흙 속에서 휴면에 들어간다.
나머지 육기어류 중에는 심해의 해저 동굴이나 계곡에 사는 실러캔스도 포함된다. 최초의 네 발 달린 육상동물의 가장 가까운 친척인 실러캔스는 1938년에 인도양에서 포획되기 전까지는 멸종되어 화석으로만 남아있는 것으로 생각되었다.

**서인도양실러캔스**
서인도양실러캔스(*Latimeria chalumnae*)와 같은 실러캔스는 힘센 가슴(앞)지느러미를 사용해서 해저의 바위 사이를 누비며 먹이를 찾는다.

표범폐어(*Protopterus aethiopicus*)

오스트레일리아폐어(*Neoceratodus forsteri*)

# 철갑상어와 주걱철갑상어

연질아강(Chondrostei) 조기어강(Actinopterygii) 척추동물아문(Vertebrata)

이 분류군에는 약 48개의 종이 속하며, 가피시, 비시어, 리드피시도 여기에 포함되는 데 골격의 일부는 상어처럼 연골로 되어 있고 일부는 경골로 되어 있는 특이한 골격을 가지고 있다. 이것은 연질아강이 현재 대부분의 수생 서식지를 차지하고 있는 경골어류의 원시적인 형태임을 나타낸다. 그러나 연질아강의 물고기들은 전 세계에서 발견되며 대부분 민물 또는 하구 지역에 사는 포식자 또는 여과 섭식자이다. 대부분의 철갑상어는 소하성으로, 강과 호수에서 번식을 하지만 생애의 대부분을 바다(해안에서 멀리 벗어나는 일은 드물지만)에서 보낸다. 주걱철갑상어는 주걱처럼 생긴 기다란 주둥이를 가지고 있으며 민물고기로서는 드물게 아가미를 통해서 물에서 플랑크톤을 걸러내는 소수의 종에 속한다.

**유럽철갑상어**

유럽철갑상어(*Acipenser sturio*)처럼 4미터가 넘는 철갑상어는 강에 서식하는 물고기 중에서 가장 큰 종에 속한다. 가장 큰 종은 알을 채취하기 위해 남획되어 희귀해졌는데, 알은 캐비어로 판매된다.

# 골설어

골설어상목(Osteoglossomorpha) 조기어강(Actinopterygii) 척추동물아문(Vertebrata)

이 목에 속하는 244종은 모두 남아메리카, 아프리카, 남아시아 열대 지역의 담수 서식지에 서식한다. 아마존에 사는 거대한 물고기로 최대 4.5미터까지 자라는 아라파이마에서부터 아프리카의 민물나비고기, 코끼리코고기까지 다양한 물고기가 포함된다. 민물나비고기는 이름대로 날개처럼 생긴 가슴지느러미를 가지고 있으나 에너지를 절약하기 위해 얕은 강바닥에 가시 모양의 배지느러미를 박고 서 있기도 한다. 코끼리코고기는 뺨에 달린 살덩어리로 탁한 물속에서 먹이의 전류를 감지한다. 골설어들은 모두 혀에 뼈 또는 이빨이 잔뜩 붙어 있는 것이 공통점이다. 골설을 입천장의 거친 뼈에 대고 갈아서 주식인 무척추동물을 잘게 분쇄한다. 대부분의 종이 부레를 사용해서 공기 호흡을 한다.

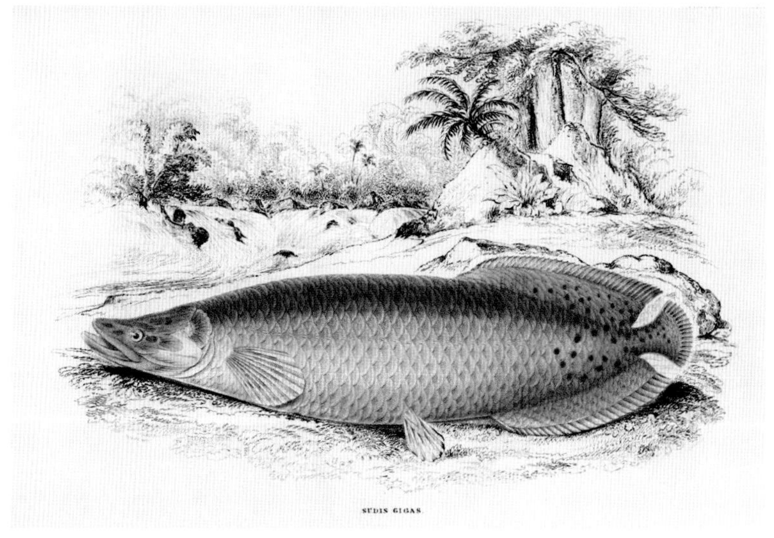


**아라파이마 또는 피라루쿠**

가장 큰 민물고기에 속하는 아라파이마(*Arapaima gigas*)는 아마존 유역에 산다. 아가미 호흡을 보완하기 위해 자주 수면으로 나와서 부레로 공기 호흡을 한다.

# 장어와 그 친척들

**당멸치상목**(Elopomorpha) 조기어강(Actinopterygii) 척추동물아문(Vertebrata)

장어는 긴 뱀처럼 생긴 물고기로서 몸을 물결치듯 움직이며 헤엄친다. 어떤 종은 유연한 골격 속에 100개가 넘는 추골을 가지고 있다. 4개의 목으로 뚜렷하게 구분되는데, 이 분류군의 1000여 종 중에서 소수는 성체일 때 전형적인 어류의 모습이지만 어릴 때는 장어처럼 긴 치어 형태를 갖는다. 이들의 친척에는 타폰, 당멸치, 여을멸이 포함된다.

장어는 전 세계적으로 발견된다. 대부분 저서성이거나 대양에 사는 해양성 포식자이다. 가장 탐식성이 강한 사냥꾼들은 곰치류인데, 산호초나 얕은 열대 바다에 산다. 펠리칸장어는 반심해지역에서 형광을 내는 꼬리를 사용해 크게 늘어나는 입속으로 먹이를 유인한다. 흔히 민물장어로 불리는 종은 바다에서 번식하지만 성체 시기의 대부분을 강에서 보낸다.

**유럽뱀장어**
몸이 건조되는 것을 막고 산소를 효율적으로 활용하도록 도와주는 두꺼운 피부 덕분에 유럽뱀장어(*Anguilla anguilla*)는 물 밖에서도 여러 시간 동안 살아남을 수 있다. 이들은 미끄러지듯 뱀처럼 움직여 건조한 땅을 건너간다.



# 청어와 그 친척들

**청어상목**(Clupeomorpha) 조기어강(Actinopterygii) 척추동물아문(Vertebrata)

작은 크기에서 중간 크기까지 400여 종의 물고기가 속하는 이 분류군에는 멸치, 정어리, 유럽정어리가 포함된다. 이들은 대부분 해양성이고 해안 가까운 곳에서 많이 발견되는데, 해류와 용승류가 이들의 주식인 플랑크톤을 공급해 주기 때문이다. 이들은 먹이 활동 중에 몸을 보호하기 위해서 거대한 어군을 형성한다. 매일 수주 속의 플랑크톤을 따라 이동하는 데 낮에는 수심 약 50미터까지 내려갔다가 밤에는 수면 근처로 올라온다. 청어와 다른 종들은 빠른 화살처럼 헤엄치는 데 적합한 유선형의 어뢰처럼 생긴 몸을 가지고 있다. 이들의 몸은 거울 역할을 하는 비늘로 덮여 있는데 물 밖에서는 은빛으로 빛나지만 물속으로 잠수하면 주변의 푸른색을 반사하기 때문에 배경과 구분하기 어렵다.

**유럽정어리**
한때는 청어와 같이 클루페아(*Clupea* sp.) 속으로 분류되었지만, 유럽정어리(*Sardina pilchardus*)는 대서양 북동부, 지중해, 흑해에 살고 어군을 형성하는 작은 물고기이다.

# 메기와 그 친척들

**골표상목(Ostariophysi)** 조기어강(Actinopterygii) 척추동물아문(Vertebrata)

1만 종이 넘게 소속되어 있어서 어류 중에서 두 번째로 큰 분류군이며 전 세계 담수종의 75퍼센트를 차지하고 있다. 대부분 베버 기관이라고 불리는 뼈로 된 청각 보조 기관을 가지고 있어서 청각이 발달했으며 많은 종들이 청각으로 의사소통을 하는데, 이것은 혼탁한 담수 서식지에서 유용하다. 이 분류군에는 가장 큰 민물고기 중 하나인 웰스메기, 관상용으로 인기 있는 아메리카 열대 지역의 테트라, 600볼트의 전기 충격을 줄 수 있는 전기뱀장어, 피라냐가 포함된다. 메기 외에도 뺨에 촉각을 느끼는 수염이 있는 종들이 있다. 피라미와 잉어류의 수는 메기류보다 2배나 많다.

가시메기

다른 골표류와 마찬가지로, 가시메기(*Acanthodoras cataphractus*)는 뛰어난 청각을 가지고 있다. 부레에 전달된 진동이 골격을 통해서 내이로 전달된다.

# 드래곤피시와 그 친척들

**바다빙어상목(Osmeromorpha)** 조기어강(Actinopterygii) 척추동물아문(Vertebrata)

바다빙어상목에는 과거에 다른 분류군에 속했던 수백종의 다양한 동물이 포함되어 있다. 주로 심해 서식지에 사는 장어처럼 길쭉한 종들이 많다. 비늘이 없는 매끈한 피부 때문에 민머리치라고 불리는 물고기, 볼록하게 튀어나온 눈을 가진 배럴아이, 투명한 피부를 가진 유령고기 등이 포함된다. 이들은 예전에 연어와 강꼬치고기와 함께 분류되었으나, 최근 유전학적 연구 결과에 따르면 드래곤피시와 더 가깝다.

드래곤피시는 길고 장어처럼 생긴 심해의 사냥꾼이다. 먹이가 부족한 깊고 어두운 심해의 텅 빈 곳에서, 드래곤피시는 몸 양쪽을 따라 배열된 발광기를 이용해 먹이를 유인한다. 먹이가 다가오면 거대한 이빨을 닫아서 먹이를 가둔다.

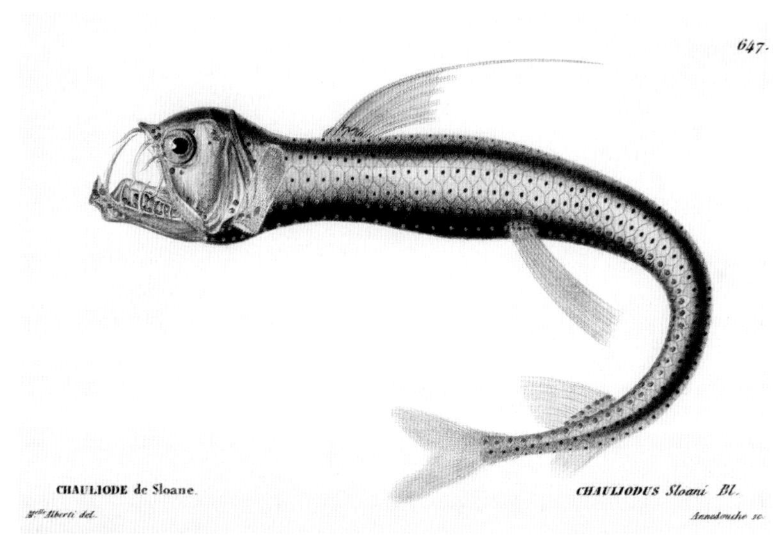


슬론독사고기

슬론독사고기(*Chauliodus sloani*)는 등지느러미의 긴 지느러미살을 머리 위로 구부려 먹이를 입속으로 유인한다. 미늘이 있는 송곳니는 투명해서 물속에서 거의 보이지 않는다.

# 샛비늘치와 그 친척들

**샛비늘치상목(Scopelomorpha)** 조기어강(Actinopterygii) 척추동물아문(Vertebrata)

520개의 해양 종으로만 구성되며 심해에 살거나 밤에 수면 근처에서 사냥하기 때문에 어둠에 잘 적응되어 있다. 샛비늘치는 날씬한 몸에 비해 크고 둥근 머리를 가지고 있다. 머리가 몸에 비해서 큰 이유는 양쪽을 보고 있는 거대한 눈 때문인데, 어두운 물속에서 아주 희미한 빛까지 감지할 수 있다. 낮에는 대개 수면에서 수백 미터 아래에 있는 반심해 지역에서 큰 어군 형태로 발견된다. 몸에는 발광기들이 장식 단추처럼 종마다 특유한 패턴으로 박혀 있어서 어둠 속에서 어군을 유지할 수 있다. 황혼 무렵이 되면 수면의 플랑크톤을 먹기 위해 어군이 위로 상승한다.

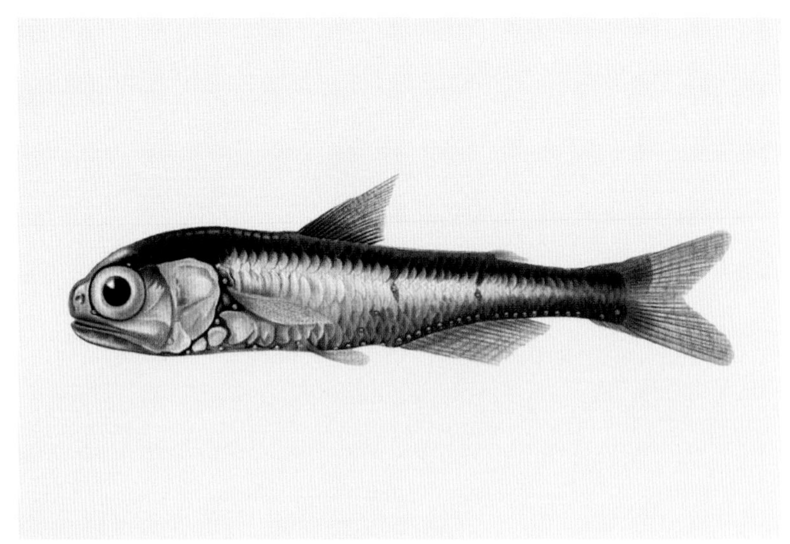

**얼룩샛비늘치**
얼룩샛비늘치(*Myctophum punctatum*)는 북대서양, 지중해에서 무리 생활을 하며 크릴과 다른 작은 갑각류를 먹는다.



# 대구, 아귀

**측극기상목(Paracanthopterygii)** 조기어강(Actinopterygii) 척추동물아문(Vertebrata)

약 1600종이 속하는 이 거대한 분류군에는 대구, 해덕, 헤이크, 폴록, 최대 6000미터의 깊은 물속에 사는 그르나디에가 포함된다. 이 분류군에 속하는 대구와 어군을 형성하는 다른 종들은 얕은 해안가에서 살며 어릴 때는 바다표범이나 다른 해양 포식자들의 중요한 먹이가 된다. 성체가 되면 일부 대구는 2미터 길이까지 자라는 이들은 오징어와 조개류를 잡아먹어서 이 종들의 개체군 크기를 일정하게 유지하게 된다. 대구는 길고 날씬한 몸을 가지고 있으며 지느러미에는 가시가 없다. 해저에서 먹이를 찾는 종들은 아래턱에 촉각을 느끼는 수염이 있어서 무척추동물 먹이를 찾는 데 도움이 된다. 대형 대구류는 다산을 하는데, 성숙한 대서양대구는 한 철에 최대 1000만 개의 알을 낳을 수 있다.

**대서양대구**
대서양대구(*Gadus morhua*)는 머리가 크고 한 쌍의 수염을 가진 강인한 체격의 물고기이다. 체색은 특히 어린 고기의 경우 붉은색을 띠기도 하고 얼룩덜룩한 갈색인 경우도 있다.

# 연어와 그 친척들

원극기상목(Protacanthopterygii) 조기어강(Actinopterygii) 척추동물아문(Vertebrata)

이 분류군에는 연어, 송어, 강꼬치고기가 포함된다. 몇몇 연어들은 소하성(352쪽 장어 참조)으로, 바다에서 대부분의 생을 보낸 후에 번식을 위해 민물로 이동하는 흥미로운 생활 방식을 가지고 있다. 이 여정은 수천 마일의 먼 거리가 될 수도 있고 상류로 가기 위해서 빠른 흐름을 거슬러 헤엄치고 물 밖으로 뛰어오르는 과정이 필요하다. 연어와 연어의 가까운 친척들은 날렵한 근육질의 몸을 가지고 있으며 비늘이 없거나 아주 작은 비늘만 있다. 꼬리가 크고 힘센 반면 나머지 지느러미는 작다. 대부분의 종이 꼬리 기부쪽을 향한 작은 육질의 기름지느러미를 가지고 있다. 강꼬치고기와 같은 일부 종은 매복 습격하는 포식자로서 커다란 입으로 자기 몸 크기의 절반 크기까지의 먹이를 삼킬 수 있다. 다른 종들은 짧게 급돌진해 먹이를 사냥한다.

**골든트라우트**
이 삽화가 그려질 당시에는 캘리포니아 원산인 골든트라우트(*Oncorhynchus aguabonita*)가 연어와 같은 살모(*Salmo* sp.) 속에 속하는 것으로 여겨졌다.

# 농어와 그 친척들

극기상목(Acanthopterygii) 조기어강(Actinopterygii) 척추동물아문(Vertebrata)

이 광대한 분류군에 속하는 종들은 모두 등지느러미와 뒷지느러미에 단단한 가시와 함께 부드럽고 유연한 지느러미살이 있다. 이들은 다른 상목보다 훨씬 다양한 종들을 포함한다. 농어와 시어 등 많은 종이 민물에 살지만, 대부분의 종이 바다에 산다. 고등어, 다랑어, 넙치(예를 들어 대서양가자미), 해마, 고래와 상어에 붙어서 사는 빨판상어가 대표적인 해양 종이다. 공기 중으로 기어올라갈 수 있는 망둥어와, 바다에서 가장 큰 경골어류인 개복치, 그리고 가장 빠른 돛새치도 여기에 포함된다. 또한 관상용 열대어인 엔젤피시, 위협이 닥치면 몸을 부풀리며 맹독을 가진 복어, 영하의 온도 이하의 남극해에서 사는 남극빙어도 있다.

**옐로퍼치**
농어과의 모든 종들과 마찬가지로, 옐로퍼치(*Perca flavescens*)는 2개의 등지느러미를 갖고 있다. 이 종은 북아메리카 원산으로 무척추동물, 작은 물고기, 갑각류를 먹는다.

# 영원과 도롱뇽

**도롱뇽목**(Caudata) 양서강(Amphibia) 척추동물아문(Vertebrata)

도롱뇽은 양서류에 속하며, 도롱뇽의 전형적인 생활사는 어릴 때 물속에 살며 아가미로 호흡하다가 성체가 되면 육상으로 올라온다. 많은 종들이 도마뱀처럼 생겼지만 도마뱀과 달리 촉촉하고 물이 통과하는 피부를 가지고 있으며 육상의 습한 장소에 살아야 한다. 독이 있는 몇몇 종은 화려한 경고색을 가지고 있다. 영원은 성체가 되어서도 부분적으로 민물에 사는 작은 도롱뇽이다. 물을 떠나지 않는 일부 도롱뇽 중에서, 중국왕도롱뇽은 1.8미터 길이까지 자라기도 한다. 물에 사는 다른 종들은 거의 다리가 없으며, 일부는 아가미를 유지하면서 평생 공기 호흡을 하지 않는다. 심지어 육상 도롱뇽 중에서도 폐가 없고 피부로 호흡하는 종들이 있다.

**불도롱뇽**
불도롱뇽(*Salamandra salamandra*)의 화려한 색은 포식자인 뱀이나 조류에게 이 동물의 피부샘에서 맹독이 분비되는 것을 경고하는 역할을 한다.



# 무족영원류

**무족영원목**(Caecilia) 양서강(Amphibia) 척추동물아문(Vertebrata)

무족영원류는 열대 지역에 살고 다리가 없는 양서류이다. 이들은 뱀 또는 지렁이를 닮았으며 몇몇 종은 몸에 지렁이 같은 고리가 있다. 눈은 흔적만 남았지만, 회수 가능한 촉수로 코에 냄새를 전달해 먹이를 탐지할 수 있다. 가장 큰 종은 1.5미터 길이까지 자란다. 대부분의 무족영원류는 삽처럼 생긴 머리로 흙을 파고 땅속에 숨어 있다가 밤에 나와서 바늘 같은 이빨로 벌레, 흰개미 기타 다른 작은 크기의 먹이를 잡아먹는다. 몇몇 종은 물속에 살며 꼬리에 있는 지느러미로 헤엄친다. 일부 무족영원류는 유생 형태로 부화해 물에서 살고 다른 종들은 성체와 같은 형태로 부화한다.

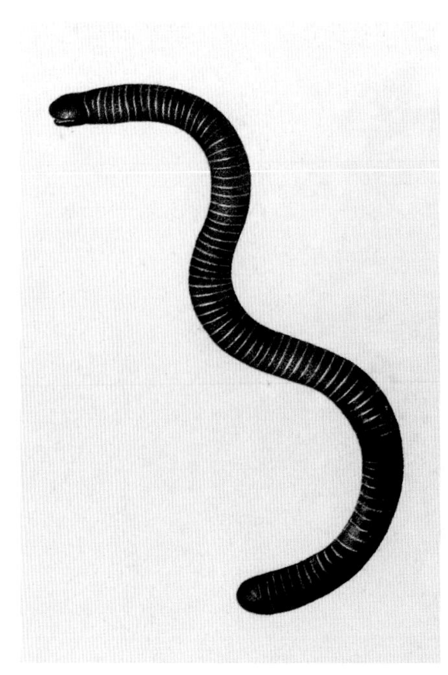

**고리무족영원**
특이한 흰색 고리를 가지고 있어서 고리무족영원이라고 불리는 시포놉스 아눌라투스(*Siphonops annulatus*)는 남아메리카의 숲이 원산지이다.

# 개구리와 두꺼비

**무미목(Anura)** 양서강(Amphibia) 척추동물아문(Vertebrata)

개구리와 두꺼비는 살아 있는 양서류 중에서 가장 큰 분류군이다. 무미류 중에서 피부가 거칠고 무거우며 다리가 짧은 것들을 두꺼비라고 부르는 경향이 있지만, 이러한 구별은 정확하지 않다. 다 자란 개구리와 두꺼비는 육식성이고, 대부분의 종이 점프하기 쉽도록 긴 뒷다리와 짧고 구부러지지 않는 몸통을 가지고 있다. 머리와 입이 크고 양안 시각이 뛰어나서 큰 먹이도 잡아서 삼킬 수 있다. 많은 무미류가 피부에서 포식자를 쫓는 독을 분비하며 화려한 색으로 독의 존재를 광고하는 데 특히 중남부 아메리카의 신열대구 원산의 독개구리과에서 현저하게 나타난다.

수컷 무미류는 대개 번식기에 집단을 이루어 암컷을 유인하는 울음소리를 내는데, 종마다 독특한 소리를 가지고 있다. 성공한 수컷은 대개 '포접'이라는 자세를 취해 암컷을 끌어안고 암컷이 며칠 동안 수컷을 등에 업고 다닌다. 대개 물속에 알을 낳으며 부화하면 올챙이가 되지만 종마다 번식 전략이 다양하다. 몇몇 개구리는 육상에 알을 낳고 작은 개구리 형태로 부화하지만, 다른 종들은 알이 부화할 때까지 입속에 알을 넣고 다니기도 한다.

**스미스스쿼트개구리**

스미스스쿼트개구리(*Glyphoglossus smithi*)는 말레이시아 보르네오 숲의 바닥에 굴을 파고 사는 희귀한 개구리이다. 발가락 끝이 확장되어 있지 않으므로 기어오르기에 서툴 것으로 보인다.

지도청개구리(*Boana geographica*)

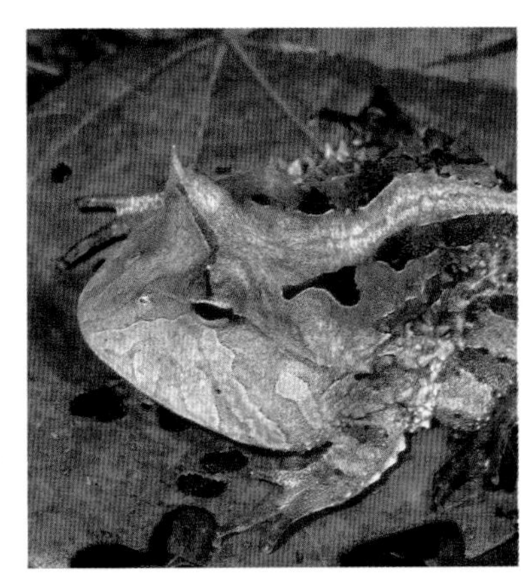

수리남뿔개구리(*Ceratophrys cornuta*)

할리퀸독개구리(*Oophaga histrionica*)

두꺼비(*Bufo bufo*)

# 도마뱀

**도마뱀아목**(Lacertilia) 유린아강(Squamata) 파충강(Reptilia) 척추동물아문(Vertebrata)

도마뱀은 살아 있는 파충류 중에서 가장 다양한 분류군이다. 양서류와 반대로, 도마뱀은(다른 파충류와 마찬가지로) 대개 비늘로 덮인 방수 피부를 가지고 있다. 평생 육상에서 살 수 있도록 대부분의 도마뱀은 방수되는 보호용 껍데기를 가진 알을 낳지만 몇몇 종은 새끼를 낳는다. 다른 현존 파충류와 마찬가지로 도마뱀도 변온동물이고, 일광욕 등의 행동을 통해 체온을 조절해야 한다. 변온동물인 도마뱀은 많은 먹이를 필요로 하지 않으므로 사막과 같은 서식지에서도 살아 남을 수 있다. 대부분의 도마뱀은 포식자이지만 몇몇 이구아나들은 식물성 먹이를 먹는다.

많은 도마뱀들이 가시, 목주름 또는 색이 있는 부분을 가지고 있어서 위협 행동이나 의사소통에 활용하는데, 과마다 변이가 크다. 야행성 도마뱀붙이는 발가락에 접착 패드가 있어서 거꾸로 걸을 수 있다. 카멜레온은 긴 혀를 쏘아내어 곤충 먹이를 잡는다. 뱀도마뱀과 스킹크는 다리가 없고 뱀을 닮았다. 가장 큰 도마뱀은 왕도마뱀과로 인도네시아의 코모도왕도마뱀이 포함된다.

그린이구아나
중남부 아메리카 우림이 원산인 그린이구아나(*Iguana iguana*, 종전에는 비리디스(*viridis*)로 알려짐)는 목주머니를 이용해 경쟁자 또는 잠재적인 짝과 소통한다.

표범도마뱀붙이(*Eublepharis macularius*)

팬서카멜레온(*Furcifer pardalis*)

코모도왕도마뱀(*Varanus komodoensis*)

줄무늬서플스킹크(*Lygosoma lineata*)

# 뱀

**뱀아목**(Serpentes) 유린아강(Squamata) 파충강(Reptilia) 척추동물아문(Vertebrata)

뱀은 도마뱀으로부터 진화한 것이 거의 확실하지만, 뱀이 훨씬 더 전문화되고 성공적일 뿐만 아니라 대개 다리가 없는 도마뱀보다 크기가 크다. 뱀은 일시적으로 턱을 분리할 수 있는 독특한 능력이 있어서, 큰 먹이를 통째로 삼킬 수 있다. 대부분의 뱀의 몸 아래에는 한 줄로 배열된 넓은 비늘이 있어서 나무를 오르거나 할 때 표면을 짚는 데 도움이 된다.

작고 굴을 파는 뱀들이 속한 여러 개의 과가 있지만, 좀 더 크고 잘 알려진 뱀들은 소수의 과에 속한다. 크기가 크고 상대적으로 원시적인 왕뱀과 비단뱀은 몸에 뒷다리의 흔적이 남아 있다. 이들은 많은 이빨을 가지고 있지만 독이 없으며 먹이를 조여서 죽인다. 가장 큰 과는 뱀과인데, 일부는 독이 있지만 송곳니가 대개 입 뒤쪽에 있어서 인간에게 위협이 되지는 않는다. 송곳니가 앞에 달린 뱀 중에는 코브라과와 살모사과가 포함된다. 모든 종이 독을 가지고 있는 코브라과는 뱀과로부터 진화한 것으로 추정되며 산호뱀과 바다뱀이 포함된다. 살모사과의 뱀들은 길고 접을 수 있는 송곳니와 독샘을 품고 있는 넓은 머리를 가지고 있다.

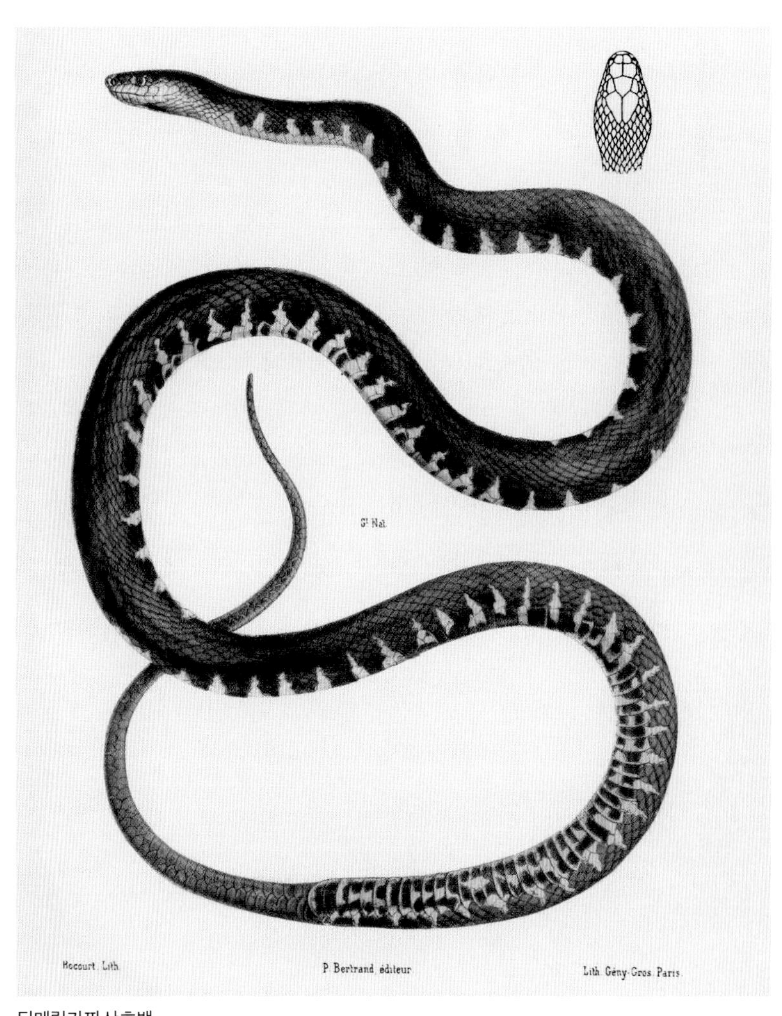


뒤메릴가짜산호뱀

뱀과에 속하는 뒤메릴가짜산호뱀(*Oxyrhopus clathratus*)은 브라질에서 발견되며 몸 아랫면을 따라 뚜렷한 옅은 색의 줄무늬가 있다.

왕실비단뱀(*Python regius*)

킹코브라(*Ophiophagus hannah*)

서아프리카그린맘바(*Dendroaspis viridis*)

사이드와인더(*Crotalus cerastes*)

# 투아타라

**옛도마뱀목**(Rhynchocephalia) 파충강(Reptilia) 척추동물아문(Vertebrata)

도마뱀을 닮은 투아타라는 옛도마뱀목에서 유일하게 살아남은 동물로서 나머지는 화석으로만 남아 있다. 투아타라는 다양한 원시적 특징을 나타내는데, 머리 꼭대기에 흔적으로 남은 제3의 눈, 즉 두정안이 여기에 포함된다. 1개의 종과 2개의 아종으로 구성된 현재의 투아타라는 뉴질랜드의 먼 섬에 살며 본섬에서는 멸종되었다. 이들은 야행성이며 서식지의 시원한 환경에 적응되어 있다. 투아타라는 느리게 성장해 약 60센티미터까지 자라며, 100년 넘게 살 수 있다. 야생의 개체군은 바닷새 군락과 연계되어 있어서, 바닷새와 새끼들이 주로 곤충을 먹는 투아타라의 먹이를 보충하게 된다. 이들은 직접 파거나 바닷새가 쓰던 굴에 산다.

**투아타라**
독일의 삽화가 하인리히 하더(Heinrich Harder, 1858~1935년)가 그린 이 투아타라(*Sphenodon punctatus*)의 삽화는 『원시 세계의 동물』에 수록된 것이다.



# 거북

**거북목**(Testudines) 파충강(Reptilia) 척추동물문(Vertebrata)

특이한 외형 때문에 즉시 알아볼 수 있는 거북과 뭍거북은 적어도 2억 년 전부터 지구상에서 번성했다. 대부분의 종이 민물에 살지만, 다수가 육지에 살고 있으며 7종의 바다거북도 있다. 대양의 몇몇 섬에서 거대한 크기로 진화한 뭍거북은 물에 사는 종보다 높은 아치를 가진 껍데기를 갖는 경향이 있다. '부드러운 껍데기'를 가진 자라를 제외하고 거북과 뭍거북의 위껍데기(배갑)와 아래껍데기(복갑)는 둘 다 서로 맞물린 납작한 뼈로 구성되고 인갑이라고 불리는 딱딱한 판으로 덮여 있다. 모든 거북은 산란을 하러 육지로 돌아가는데, 바다거북의 경우 장거리를 여행해야 할 수도 있다. 담수거북은 대개 식물과 다른 동물을 포함해 다양한 먹이를 먹는다.

**붉은발육지거북**
붉은발육지거북(*Chelonoidis carbonarius*)은 최대 50센티미터 길이까지 자란다. 대개 붉은색과 주황색 무늬가 있는 길쭉한 껍데기를 가지고 있다.

# 악어

**악어목(Crocodilia)** 파충강(Reptilia) 척추동물아문(Vertebrata)

악어는 공룡과 조류의 가장 가까운 살아 있는 친척으로 반수생 파충류이다. 이들은 대부분의 시간을 물속에서 보내는 포식자 겸 스캐빈저이지만, 몇몇은 육상에서도 빠르게 움직일 수 있다. 이들은 대개 강, 호수, 하구 서식지에 살지만 세계에서 가장 큰 파충류인 바다악어는 넓은 바다를 가로지를 수도 있다. 머리 위로 솟은 눈과 콧구멍, 힘센 꼬리는 수생 환경에 적응한 결과이다. 크로코다일 악어류는 앨리게이터 악어류와 세부적인 특징에 있어서 다양한 차이점이 있다. 가장 뚜렷한 차이는 크로코다일의 주둥이가 더 좁고 입을 다물었을 때 아랫니 일부가 보인다는 것이다. 멸종 위기종인 남아시아 가비알은 매우 길고 좁은 주둥이로 물고기를 잡는다. 크로코다일은 대형 육상동물 먹이를 물속으로 끌고 들어가서 익사시킨 다음에 자신의 몸을 빠르게 회전시켜 먹이의 살덩어리를 비틀어 찢어낸다.

크로코다일은 부지런한 부모이다. 암컷은 알을 땅속에 묻거나 흙을 쌓아서 덮고 알을 지키다가 부화 시에 새끼가 밖으로 나오는 것을 도와준다. 어린 악어들은 다 자랄 때까지 부모와 함께 머무르는 경우가 많다.

**안경카이만**
눈 사이에 솟은 뼈가 안경처럼 보인다고 해 안경카이만(*Caiman crocodilus*)이라고 불리며 다른 카이만 악어와 마찬가지로 앨리게이터과에 속한다.

안경카이만(*Caiman crocodilus*)

미국 악어(*Alligator mississippiensis*)

나일악어(*Crocodylus niloticus*)

가비알(*Gavialis gangeticus*)

# 난생 포유류

**단공목(Monotremata)** 포유강(Mammalia) 척추동물아문(Vertebrata)

이 작은 목에는 단지 3종의 포유류만이 포함되며, 모두 오스트레일리아와 뉴기니에서 발견된다. 진화학적 용어로 말하자면 이 특이한 동물들이 소속된 분류군은 약 2억 년 전에 나머지 포유류들로부터 분화되었다. 살아남은 3종의 혈통은 고도로 전문화된 생활 방식 때문에 수천만 년 동안 비교적 변함없이 유지되어 왔다. 2종의 바늘두더지는 길어진 턱이 예민한 코의 역할을 해 흙과 낙엽 속에서 먹이를 찾는 반면 반수생 동물인 오리너구리는 오리부리처럼 생긴 부리로 먹이인 가재에서 발산되는 전기적 신호를 탐지해 먹이를 찾는다. 모든 종(오리너구리에서는 수컷만)이 뒷다리에 독이 있는 박차가 달려 있어서 짝을 두고 싸우거나 적으로부터 방어할 때 사용한다.

단공류라는 이름은 '하나의 구멍'이라는 뜻으로, 이 동물들은 배설공과 생식공의 역할을 겸하는 총배설강을 가지고 있다. 단공류는 가죽 같은 표면을 가진 작은 알을 낳는다. 오리너구리는 한 쌍의 알을 낳아 굴속에서 포란하는 반면 바늘두더지는 배에 있는 주머니에 1개의 알을 낳는다. 이 포유류들은 유두가 없고 미발달된 새끼들은 어미의 유선에서 분비되어 털 사이로 흐르는 모유를 핥아 먹는다.

오리너구리

이 오리너구리(*Ornithorhynchus anatinus*)의 삽화는 1855년에 출간된 존 굴드의 『오스트레일리아의 포유류』에 수록된 것이다.

짧은코바늘두더지(*Tachyglossus aculeatus*)

동부긴코바늘두더지(*Zaglossus bartoni*)

# 유대류

## 유대하강(Marsupialia) 포유강(Mammalia) 척추동물문(Vertebrata)

캥거루류(캥거루와 월러비처럼 깡충깡충 뛰어다니는 동물)와 쿠스쿠스류(날다람쥐와 포섬)을 포함해 전체 종의 80퍼센트가 오스트레일리아에 살고 있어서 오스트레일리아와 깊이 관련되어 있다. 유대류는 아마도 현재의 북아메리카 지역에서 약 1억 년 전에 태반류(임신 기간 동안 태아에게 양분을 공급하는 태반을 가지고 있는 동물)로부터 분화되어 진화한 것 같다. 약 5500년 전에 이 분류군이 남아메리카와 남극을 통해 오스트레일리아로 분산되었다(당시 이 3개의 대륙은 곤드와나 대륙의 일부였음). 태반류와의 핵심적인 차이점은 콩팥과 방광을 연결하는 관인 요관의 위치이다. 유대류에서는 1회의 발정기보다 긴 시간 동안 태아가 발달하기에 충분한 크기가 될 수 있도록 자궁이 수란관과 융합되는 것(태반류에서 발생하는 현상)을 요관이 차단하고 있다. 그 결과 유대류의 새끼는 몇 주 만에 덜 발달된 상태로 태어날 수 밖에 없다. 눈이 보이지 않고, 털이 없고, 뒷다리도 없는 상태로 태어난 새끼는 앞다리에 임시로 달려 있는 커다란 발톱을 사용해서 어미의 주머니 속으로 기어들어간다. 완전히 발달될 때까지 지속적인 모유 공급을 받기 위해 주머니 속의 유두에 밀착해 지낸다.

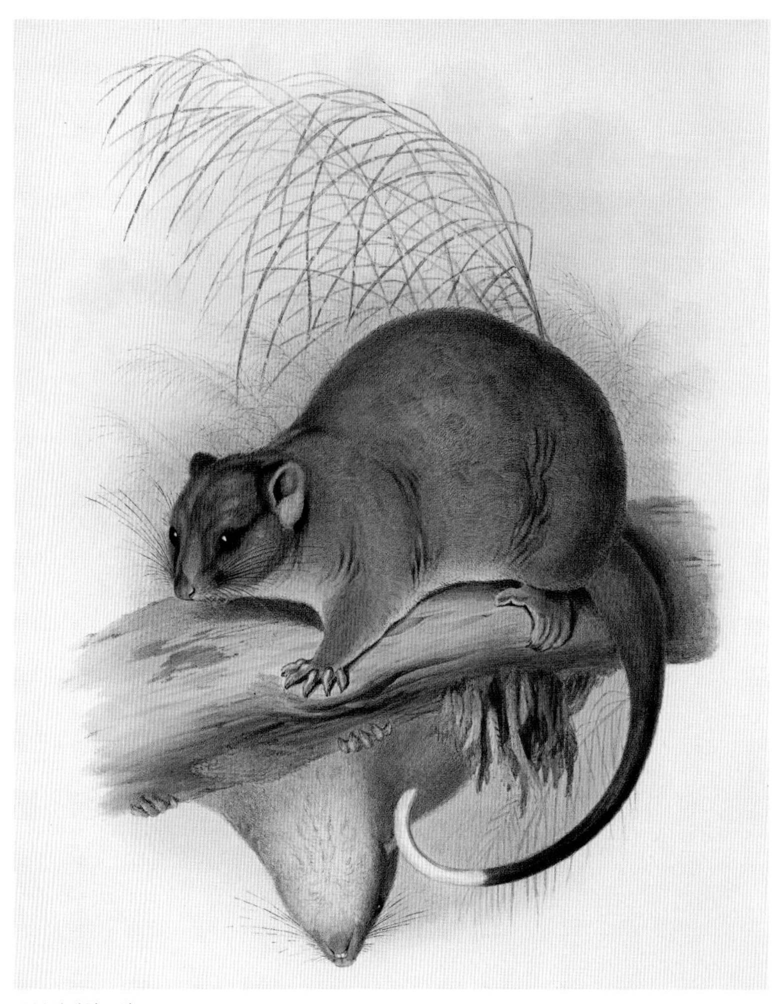

동부링테일포섬

링테일포섬이라고도 불리는 동부링테일포섬(*Pseudocheirus peregrinus*)의 삽화는 1855년에 출간된 존 굴드의 『오스트레일리아의 포유류』에 수록된 것이다.

붉은캥거루(*Macropus rufus*)

버지니아주머니쥐(*Didelphis virginiana*)

동부주머니고양이(*Dasyurus viverrinus*)

코알라(*Phascolarctos cinereus*)

# 코끼리땃쥐

**코끼리땃쥐목**(Macroscelidea) 포유강(Mammalia) 척추동물아문(Vertebrata)

땃쥐와 비슷한 생김새로 인해 코끼리땃쥐라고 명명되었지만 실제로는 덩치가 큰 코끼리, 바위너구리와 가까운 친척이다. 꼬리가 몸길이의 50퍼센트를 차지하며 몸길이는 10~25센티미터 내외이다. 아프리카에만 서식하며, 19종 모두 풀과 낙엽이 두터운 건조한 삼림 지대의 서식지를 선호한다. 코끼리땃쥐는 주로 곤충과 벌레를 먹지만, 몇몇 종은 과일과 씨앗을 먹기도 한다. 대부분 밤에 먹이를 찾으며 낮에는 잎으로 덮인 얕은 구멍 속에 지은 둥지에서 잔다. 일부일처제로 연중 적은 수의 새끼를 여러 번 낳으며 낙엽 속에 배설물로 그물 같은 흔적을 남겨서 냄새로 영역 표시를 한다. 위협이 닥치면 달아나서 덤불 속에 숨는다.

**북아프리카코끼리땃쥐**
사하라 이북에 살아남은 유일한 종인 북아프리카코끼리땃쥐(*Petrosaltator rozeti*)는 코끼리땃쥐의 전형적인 특징인 긴 주둥이와 감각을 느끼는 수염을 가지고 있다.



# 땅돼지

**땅돼지목**(Tubulidentata) 포유강(Mammalia) 척추동물아문(Vertebrata)

7000만 년 전에 코끼리땃쥐로부터 분화된 아프로테리아상목의 하위 분류군으로 단일 종인 땅돼지만이 마지막으로 살아남았다. '아드바크'라고도 불리는데 아프리카 어로 땅돼지를 의미하는 단어이다. 사하라 이남의 삼림 지대와 사바나에서 산다. 단독 생활을 하는 야행성 섭식자로 긴 코로 흰개미 둥지 냄새를 맡으면 숟가락 모양의 발톱이 달린 힘센 다리로 파헤쳐서 곤충을 잡아먹는다. 끈적한 혀로 흰개미를 핥아서 삼킨다. 일단 통째로 삼킨 흰개미를 위장 속의 단단한 구역에서 갈아서 소화시킨다. 땅돼지는 밤에 흰개미의 흔적을 좇아 최대 5킬로미터까지 이동한다. 번식기가 될 때까지 자기 영역을 벗어나지 않는다. 가을에 한 마리의 새끼를 낳아서 약 2년 동안 새끼와 함께 산다.

**땅돼지**
한때 '동굴개미핥기'라고 불렸던 땅돼지(*Orycteropus afer*)의 판화는 모리스 그리피스(Moses Griffith, 1749~1819년)가 제작하고 에드워드 그리피스(Edward Griffith, 1790~1858년)가 1826년에 조르주 퀴비에(Georges Cuvier, Baron, 1769~1832년)의 『동물계』에 삽입한 것이다.

# 텐렉과 황금두더지

**아프리카땃쥐목**(Afrosoricida) 포유강(Mammalia) 척추동물아문(Vertebrata)

한때는 두더지, 고슴도치, 땃쥐 등의 다른 소형 식충 포유류와 함께 묶여 있었지만, 최근 이 분류군은 코끼리, 코끼리땃쥐, 바다소를 포함하는 포유류인 아프로테리아상목에 속한 별개의 목으로 분류된다. 황금두더지과에 속하는 황금두더지는 굴을 파는 생활 방식에 적응한 결과 두더지와 외형이 비슷하다. 이들은 원통형의 몸에 짧고 힘센 다리와 단단한 발톱을 가지고 있으며 눈은 흔적만 남아서 모피로 덮여 있다.

20여 종의 황금두더지는 남아프리카 전역의 땅속에 산다. 텐렉과에 속하는 텐렉은 마다가스카르 고유종으로 31종이 광범위한 서식지에 적응해서 산다. 몇몇은 강 근처에 살고, 다른 종은 땅 위에서 먹이를 찾으며 또 다른 종은 나무 위에서 산다. 수생 종인 수달땃쥐(수달땃쥐과)는 긴 꼬리와 매끄러운 털을 가지고 있다. 육지에 사는 텐렉 종들은 꼬리가 짧고 등의 털이 굵어져 보호용 가시로 변했다. 몇몇 종은 고슴도치와 유사하게 날카로운 가시를 가진 것처럼 보인다.

**줄무늬텐렉**
텐렉은 긴 코를 킁킁거리며 좋아하는 먹이인 벌레들을 찾는다. 위협을 받으면 등의 긴 가시 같은 털을 세운다.

텐렉(*Tenrec ecaudatus*)

작은고슴도치텐렉(*Echinops telfairi*)

그랜트황금두더지(*Eremitalpa granti*)

줄무늬텐렉(*Hemicentetes semispinosus*)

# 듀공과 매너티

## 바다소목(Sirenia) 포유강(Mammalia) 척추동물아문(Vertebrata)

바다소류는 지느러미발, 꼬리지느러미, 배타적인 수중 생활 때문에 물개와 돌고래의 중간에 있는 것으로 생각하기 쉽다. 그러나 이들은 실제로는 코끼리, 바위너구리의 친척이다. 4종 모두 수생 식물을 먹는데, 입 주위의 유연한 감각모로 식물을 입속으로 넘긴다. 이러한 먹이들은 영양 성분이 빈약하지만 바다소류는 적게 움직여서 에너지를 보존한다. 이 목은 2개의 과로 나뉜다. 한 과는 인도양과 태평양 남서부의 해안과 섬 주변에 살며 해초를 먹는 바다소류인 듀공을 포함한다. 2개의 엽으로 이루어진 꼬리지느러미를 가지고 있다. 다른 과는 대서양 분지에 사는 3개의 매너티 종들을 포함하는 데 모두 둥근 꼬리를 가지고 있다. 매너티들은 담수식물을 먹기 위해 하구를 향해 헤엄친다.

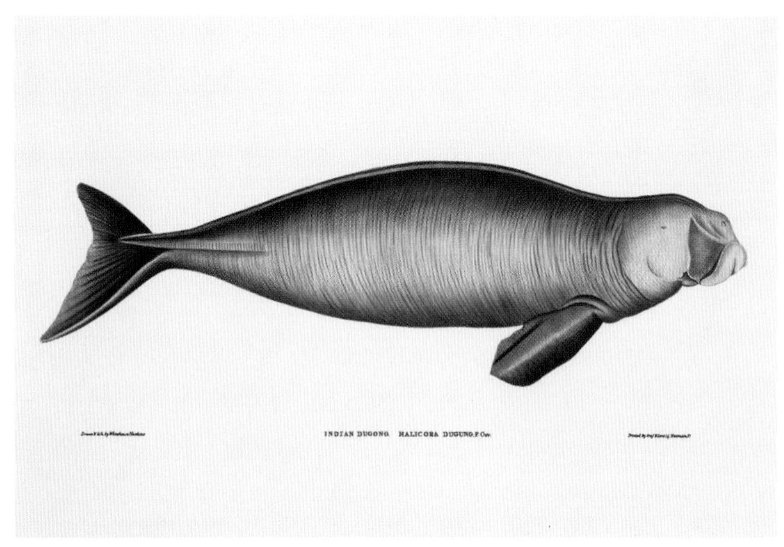


**듀공**
듀공(*Dugong dugon*)은 최대 몸길이 3미터, 체중 500킬로그램까지 자란다. 수명은 약 70년이다.



# 바위너구리

## 바위너구리목(Hyracoidea) 포유강(Mammalia) 척추동물아문(Vertebrata)

바위너구리는 코끼리의 살아 있는 친척 중에서 가장 가까운 관계이지만 크기가 토끼 정도로 작아서 외형이 전혀 다르다. 다부진 체구를 가진 이 동물은 작은 머리에 둥근 몸통, 짧은 꼬리, 기어오르기 좋은 발을 가지고 있다. 바위너구리는 건조하고 돌이 많은 언덕에 많은 수가 모여서 산다. 노랑반점바위너구리는 좀 더 파릇파릇한 바위 서식지에 살지만, 3종의 나무타기바위너구리는 삼림 지대에 산다. 유일하게 아프리카 이외의 지역에 사는 바위너구리의 아종은 아라비아 남부의 돌이 많은 서식지에 산다. 바위너구리가 먹은 풀은 나선형의 장 속에서 장내균의 도움을 받아서 소화된다. 한 마리의 성체 수컷이 6마리가량의 암컷과 새끼를 지배한다. 18개월령 정도에 성숙한 새끼 중에서 암컷은 어미와 이모들 곁에 남고 어린 수컷은 자신의 하렘을 찾아 떠난다.

**서부나무타기바위너구리**
나무 위에 사는 서부나무타기바위너구리(*Dendrohyrax dorsalis*)는 나무타기의 명수로서 미끄러운 나무 줄기를 기어오르기 위해 고도로 적응된 발을 사용한다.

# 코끼리

장비목(Proboscidea) 포유강(Mammalia) 척추동물아문(Vertebrata)

코끼리만큼 상징적인 포유류는 거의 없다. 살아 있는 3개의 종 모두 현존하는 육상 포유류 중에서 가장 큰데, 아프리카의 2종, 즉 둥근귀코끼리와 사바나코끼리는 아시아 코끼리보다 크고 무겁다. 어깨 높이가 3미터에 달하는 이 동물의 거대한 크기는 이들의 주식인 나뭇잎, 껍질, 잔가지와 관련이 있다. 규모 효율성은 이 먹이의 형편없는 질과 대응된다. 아프리카 종과 아시아 종의 차이는 이 목의 유명한 특징에 의해 쉽게 구별 가능하다. 우선 코끼리의 코는 콧구멍이 근육으로 연장된 형태로서 10만 개의 근육 덩어리들이 모여 힘세고 솜씨좋은 다섯 번째 팔다리가 되었다. 아프리카 코끼리는 끝에 2개의 손가락처럼 연장된 부분이 있는 반면 아시아 코끼리는 이것이 하나뿐이다. 아프리카 코끼리는 인도코끼리보다 귀가 크다. 둘 다 펄럭이는 거대한 귀로 곤충을 쫓거나 과도한 열을 발산할 수 있다. 아시아 코끼리는 수컷만 거대하게 연장된 위쪽 앞이빨인 엄니를 가지고 있다. 아프리카 코끼리는 암수 모두 엄니가 있지만 둥근귀코끼리의 엄니는 사바나코끼리의 것보다 짧고 곧은 편이다.

아시아 코끼리
이 아시아 코끼리(*Elephas maximus*)의 삽화는 1819~1842년 에티엔 조프루아 상틸레르(Etinne Geoffry Saint-Hilaire, 1772~1844년)와 프레데릭 퀴비에(Frédéric Cuvier, 1773~1838년)의 저서『포유류의 자연사』에 수록된 것이다.

둥근귀코끼리(*Loxodonta cyclotis*)

인도코끼리(*Elephas maximus indicus*)

사바나코끼리(*Loxodonta africana*)

# 아르마딜로

피갑목(Cingulata) 포유강(Mammalia) 척추동물아문(Vertebrata)

아르마딜로라는 이름은 스페인 어로 '작은 줄무늬 동물'을 의미하며 등을 덮고 있는 딱딱한 피부로 덮인 보호용 뼈판을 가리킨다. 전설에 따르면 아르마딜로가 공격을 받으면 몸을 둥글게 말아서 무적 상태의 공이 된다고 한다. 20종 중에서 이것이 가능한 것은 2종 뿐이고, 다른 종은 도망치거나 부드러운 땅속으로 숨는다. 미국 남부에서부터 아르헨티나 파타고니아까지 발견되고 크기는 12센티미터~1미터이며 주로 곤충을 먹는다. 야행성으로, 시력이 약하고 냄새로 낙엽이나 흙 속에 묻힌 먹이를 찾아서 힘센 발톱이 달린 다리로 파낸다. 아르마딜로는 거의 이빨이 없고 큰 먹이는 삼키기 전에 턱으로 부수지만, 개미처럼 작은 먹이는 침이 발라진 깃털 같은 혀끝으로 핥아먹는다.

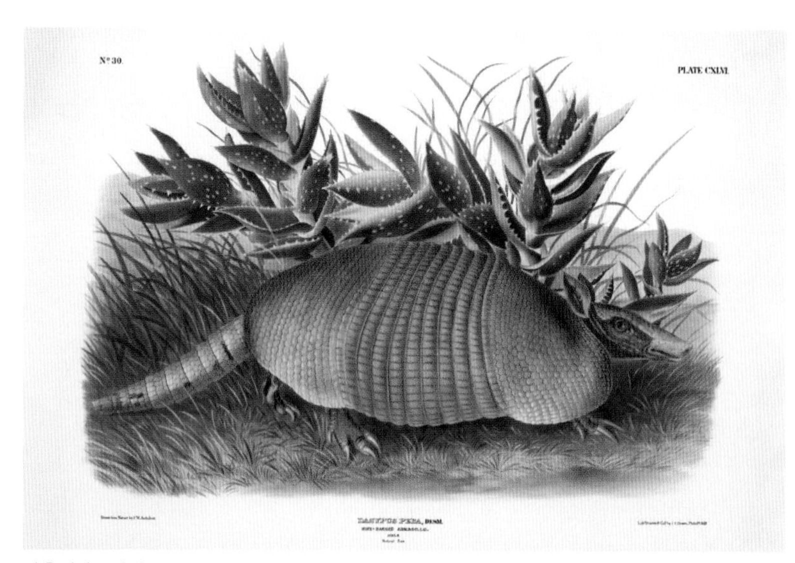


아홉띠아르마딜로

아홉띠아르마딜로(*Dasypus novemcinctus*)는 그 이름과 달리 7~11개의 뼈판이 등을 덮고 있다. 이 종은 미국에서 발견되는 유일한 아르마딜로이다.



# 개미핥기와 나무늘보

유모목(Pilosa) 포유강(Mammalia) 척추동물아문(Vertebrata)

모든 종이 중남아메리카에 사는 이 목은 2개의 뚜렷이 구별되는 아목으로 나뉜다. 나무늘보아목은 6개의 나무늘보 종으로 구성되는 반면 개미핥기아목에는 네 가지 개미핥기가 포함된다. 모든 나무늘보는 나무 위에 산다. 주식인 나뭇잎은 많은 열량을 제공해 주지 못하지만, 이들은 발톱을 나뭇가지에 걸고 가만히 매달려서 거의 에너지를 소모하지 않는다. 이들은 며칠에 한 번씩 배설을 하러 숲 바닥으로 내려온다. 개미핥기 중에서도 작은개미핥기는 큰개미핥기와 달리 대부분 나무 위에서 산다. 개미핥기의 긴 얼굴에 있는 관 모양의 턱 끝에는 콧구멍과 작은 입이 있고, 몸길이의 절반가량이나 되는 끈적하고 긴 혀로 분당 150회의 속도로 날름거려서 개미를 수집할 수 있다.

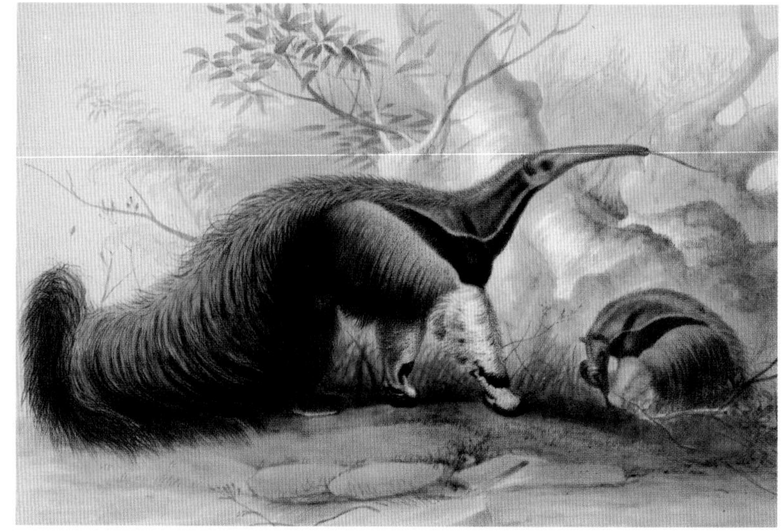

큰개미핥기

예전에 개미곰이라고 불리기도 했던 큰개미핥기(*Myrmecophaga tridactyla*)는 유모목에서 가장 큰 동물이다. 주둥이에서 꼬리 끝까지 최대 2미터까지 자란다.

# 굴토끼, 멧토끼, 우는토끼

토끼목(Lagomorpha) 포유강(Mammalia) 척추동물아문(Vertebrata)

이 목의 92종 중에서 약 3분의 2는 굴토끼, 멧토끼, 아메리카멧토끼이다. 이들은 아마존과 콩고의 우림을 제외한 모든 서식지에서 살며 오스트레일리아와 뉴질랜드에 도입된 이후로는 전 세계에서 발견된다. 나머지 3분의 1은 비교적 낯선 우는토끼류인데, 산에 살며 대부분 비탈진 자갈밭에 산다. 이들은 둥근 귀와 다른 토끼보다 짧은 다리를 가지고 있다. 모든 토끼목은 초식성이고, 먹이를 두 번 소화시켜서 최대한의 양분을 추출해 낸다. 이를 위해서 식분, 즉 첫 번째 소화를 거친 단단하고 둥그런 덩어리를 다시 먹는 과정을 거친다. 유럽의 토끼만이 큰 굴을 판다. 멧토끼와 아메리카멧토끼는 위험이 닥치면 도망치지만, 비교적 다리가 짧은 굴토끼는 덤불을 향해 질주한다.

흰꼬리아메리카멧토끼

북아메리카 원산인 흰꼬리아메리카멧토끼(*Lepus townsendii*)은 주로 개방된 초원에 산다. 털색이 계절과 서식지에 따라 변한다.

# 쥐

쥐목(Rodentia) 포유강(Mammalia) 척추동물아문(Vertebrata)

포유류 중에서 가장 크고 널리 분포하는 목으로 약 2500종이 포함된다. 쥐목의 라틴 어 명칭은 '갉는 동물'을 의미한다. 모든 종이 긴 끌 모양의 앞니를 가지고 있는데 앞니가 평생 동안 자라며, 갉는 행위를 통해 이가 닳아서 날카로움을 유지한다. 이러한 이빨과 짧은 다리, 유연한 척추, 그리고 긴 꼬리(균형을 잡고 촉각을 느끼는 기관) 덕분에 쥐들은 모든 육상 서식지에 적응했다. 쥐목은 3개의 아목으로 나뉜다. 다람쥐류(비버 포함), 생쥐와 쥐(햄스터와 저빌 포함), 마지막으로 기니픽, 친칠라와 그 친척들(아메리카에만 서식)이 그것이다. 이 분류군에는 체중이 66킬로그램나 되는 가장 큰 설치류인 카피바라도 포함되지만 대부분의 쥐는 100그램 미만이다.

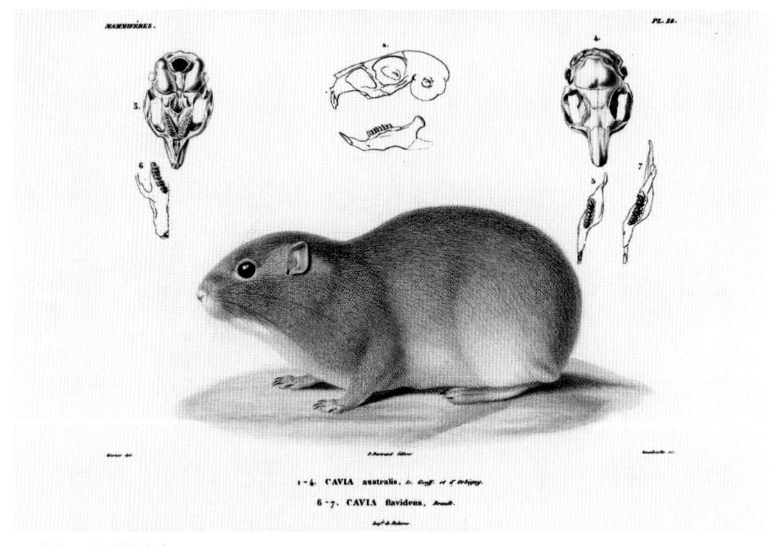

브라질노랑이빨캐비

브라질노랑이빨캐비(*Galea flavidens*)는 대부분의 캐비(기니픽 포함)에서 공통된 특징인 짧은 몸과 큰 머리를 가지고 있다.

# 박쥐

**익수목**(Chiroptera) 포유강(Mammalia) 척추동물아문(Vertebrata)

박쥐는 1200여 종이 있으며 포유강에서 쥐목 다음으로 큰 목이다. 박쥐는 활강을 하는 날다람쥐와 달리 진정한 의미의 비행이 가능한 유일한 포유류이다. 익수목이라는 이름은 '손 날개'를 의미하며, 박쥐의 날개는 길어진 손가락뼈에 의해 주로 지지되는 피부막으로 형성된다. 익수목은 2개의 아목으로 나뉜다. 박쥐 종의 5분의 1가량이 포함되는 작은 아목에는 날여우박쥐가 포함되는 데 이들은 가장 큰 박쥐류에 속하고 날개폭이 1.7미터에 이른다. 날여우박쥐는 주로 과일을 먹고 이따금 꿀이나 꽃가루도 먹으며 시각과 후각을 이용해서 먹이를 찾는 데 낮에 다니기도 한다. 다른 아목은 야행성이고 어둠 속에서 음파 탐지법을 사용하는 훨씬 작은 박쥐들을 포함한다. 이들은 초음파를 보내어 주변 환경으로부터의 반향을 감지함으로써 장애물과 먹이를 확인한다. 음파 탐지를 하는 대부분의 박쥐는 공중에서 곤충을 낚아채거나 식물 위에 앉아 있는 것을 줍는다. 추운 지역에 사는 박쥐들은 동굴처럼 어둡고 고립된 보금자리를 찾아서 동면한다.

**날여우박쥐**
이 과일박쥐 또는 날여우박쥐와 같은 대형 박쥐들은 작은 박쥐류보다 눈이 크고 코가 길다. 이들은 힘센 엄지에 구부러진 손톱이 달려 있어서 나무에 기어올라 과일을 잡는 데 도움이 된다.

프란켓날여우박쥐(*Epomops franqueti*)

회색긴귀박쥐(*Plecotus austriacus*)

세바짧은꼬리박쥐(*Carollia perspicillata*)

유럽기름박쥐(*Pipistrellus pipistrellus*)

# 영장류

영장목(Primates) 포유강(Mammalia) 척추동물아문(Vertebrata)

인간이 포함된 이 목에는 479종이 포함되며 대부분 숲에 사는 포유류이다. 인간의 지능과 지혜는 영장류 사촌들의 덕분이다. 나무 위의 생활은 가지 사이로 이동하면서 빠른 판단을 할 수 있는 큰 전두엽, 먹이 공급원을 찾기 위한 우수한 기억력과 공간 지각력, 그리고 대부분의 영장류의 주식이 되는 성숙한 잎과 과일을 찾아서 거리를 가늠할 수 있는 전방 색각을 필요로 한다. 전 세계의 열대 지역에 주로 분포하는 영장류는 2개의 아목으로 나뉜다. 직비원아목에는 아프리카와 아시아에 사는 바분과 랑구르 등의 구세계 원숭이류와 마모셋, 꼬리감는원숭이, 거미원숭이 등의 신세계 원숭이류가 포함된다. '신세계'종 중 많은 종이 다섯 번째 사지의 역할을 하는 물건을 잡을 수 있는 꼬리를 가지고 있다. 같은 아목에 꼬리가 없는 긴팔원숭이와 꼬리가 없는 유인원이 포함되고, 고릴라(가장 큰 영장류), 침팬지, 인간이 포함된다. 다른 하나의 아목인 원원아목은 아시아와 아프리카에만 분포한다. 원원아목에는 숲에 사는 야행성 동물인 갈라고와 로리스, 그리고 마다가스카르의 여우원숭이가 포함된다.

사키원숭이

이 신세계 사키원숭이(*Pithecia* sp.)의 삽화는 상틸레르와 퀴비에의 『포유류의 자연사』에 수록된 것이다.

동부로랜드고릴라(*Gorilla beringei graueri*)

세네갈 갈라고(*Galago senegalensis*)

베록스시파카(*Propithecus verreauxi*)

황금들창코원숭이(*Rhinopithecus roxellana*)

# 고슴도치, 두더지, 땃쥐

## 진무맹장상목(Eulipotyphla) 포유강(Mammalia) 척추동물아문(Vertebrata)

대개 곤충을 먹는 작은 포유류들로 약 530여 종이 포함되며 대부분이 유라시아와 북아메리카에 살고 일부 종은 아프리카와 남아메리카에 산다. 땃쥐류가 전체의 약 80퍼센트를 차지하며 3.5센티미터 길이의 피그미흰이빨땃쥐는 가장 작은 포유류에 속한다. 땃쥐들은 뾰족한 주둥이를 푹푹 찌르며 낙엽 속이나 수풀 사이 또는 나무 위에서 먹이를 찾아다닌다. 두 번째로 큰 분류군은 두더지과로 54종이 포함된다. 여기에는 삽 모양의 발로 흙 속을 파고 다니며 벌레를 찾는 두더지와 노 모양의 발로 얕은 강에서 사냥을 하며 헤엄쳐 다니는 데스만이 포함된다. 고슴도치는 야행성으로 굵고 빳빳한 털로 공격자를 쫓고 놀라면 몸을 말아서 가시투성이 공처럼 만든다. 고슴도치과에는 동남아시아의 짐누라고슴도치도 포함된다. 끝으로, 2개의 카리브 솔레노돈 종들도 같은 목에 포함된다. 이들은 큰 땃쥐처럼 생겼는데 길이가 10배에 무게는 500배나 된다. 일부 땃쥐 종과 마찬가지로 독성이 있는 침을 분비하며 이빨 속의 홈을 통해 독을 주입한다.

**짧은꼬리짐누라**
다른 짐누라고슴도치와 마찬가지로, 짧은꼬리짐누라(*Hylos suillus*)는 길고 뾰족한 주둥이와 뛰어난 후각을 가지고 있어서 밤에 숲 바닥에서 사냥할 때 먹이를 추적하는 데 도움이 된다.

고슴도치(*Erinaceus europaeus*)

유럽두더지(*Talpa europaea*)

첨서(*Sorex araneus*)

피그미땃쥐(*Sorex minutus*)

# 천산갑

## 유린목(Pholidota) 포유강(Mammalia) 척추동물아문(Vertebrata)

포유류의 정의를 무너뜨리는 듯한 외양을 가진 천산갑은 단단한 비늘로 덮여 있고 비늘 사이에 털이 나 있다. 아프리카와 남아시아, 동아시아에 사는 8종의 천산갑의 생활 방식은 남아메리카의 개미핥기와 닮았다(50쪽 참조). 천산갑은 개미와 흰개미만 먹으며 길고 납작한 혀로 핥아 먹는다. 이들은 이빨이 없는 대신 위 속에 피부를 덮은 것과 같은 골질로 덮인 부분이 있는데 이것이 먹이를 분쇄하는 맷돌의 역할을 한다. 천산갑 종의 절반 정도는 땅 위에 살지만 나머지 작은 종들은 나무 위에 살며 나무타기에 유리한 길고 솜씨 좋은 꼬리가 있다.

**아프리카나무천산갑**
비늘개미핥기라고도 불리는 아프리카나무천산갑(*Manis tricuspis*)은 중앙아프리카 전역에서 발견된다. 주로 나무 위에서 생활하며 열대림에 산다.

# 나무땃쥐

## 나무땃쥐목(Scandentia) 포유강(Mammalia) 척추동물아문(Vertebrata)

나무땃쥐의 일반명은 1780년에 잘못 명명되었다. 몇몇 유형의 긴 주둥이를 제외하면 동남아시아의 숲에 사는 이 23종의 포유류는 땃쥐보다는 다람쥐와 비슷할 뿐만 아니라 여러 '나무땃쥐' 종이 땅 위에 산다. 실제로 나무땃쥐는 영장류와 더 가까운 동물로서 다른 지역에서 다람쥐가 차지하는 것과 유사한 생태적 지위를 차지하고 있다. 이들은 먹이가 되는 곤충, 과일, 씨앗을 찾아 날쌔게 나무 위 아래로 뛰어다닌다. 먹이의 대부분은 낙엽 속에서 찾아내지만 날아다니는 곤충을 앞발로 잡아채기도 한다. 다람쥐와 마찬가지로 낮에 활동하며 빈 나무 속에 마른 잎을 깔아서 만든 포근한 보금자리에서 잠을 잔다.

**깃털나무타기쥐**
동남아시아 원산인 깃털나무타기쥐(*Ptilocercus lowii*)는 버트램 야자의 자연 발효된 꿀을 자주 마시는데, 이들은 선천적으로 알코올에 내성이 있기 때문이다.

# 개

**개과(Canidae)** 식육목(Carnivora) 포유강(Mammalia) 척추동물아문(Vertebrata)

개는 인간을 제외하고 가장 널리 분포하는 대형 포유류로서 남극을 제외한 모든 대륙에 살고 있다. 이들의 성공은 개의 신체 구조와 관련이 있는데, 큰 머리와 강인한 턱, 긴 다리 위의 유연하고 가벼운 틀 속에 충분한 심장과 폐의 공간을 확보할 수 있게 해 주는 커다란 가슴의 조합이 그것이다. 그 결과 개는 어떤 기후에서건 먹이를 쫓아 장거리를 이동하면서 높은 체력을 유지할 수 있고 언제나 먹이를 죽일 준비가 되어 있다. 개과의 35종은 다시 3개의 분류군으로 나뉜다. 첫 번째는 늑대, 승냥이, 집개 등이고 두 번째는 여우, 세 번째는 아프리카들개와 남아메리카덤불개 등의 중간적인 동물이다. 늑대류는 무리를 형성하며 공동으로 큰 먹이를 사냥한다. 크기가 작은 종들은 유대감이 강한 가족 단위로 생활한다.

**아프리카황금늑대**
이집트승냥이 또는 회색승냥이라고도 알려진 아프리카황금늑대(*Canis anthus*)는 북아프리카 원산으로 최근에서야 독립된 종으로 인지되었다.



# 곰

**곰과(Ursidae)** 식육목(Carnivora) 포유강(Mammalia) 척추동물아문(Vertebrata)

곰은 먹이를 제압할 때 스피드보다는 체중에 의지하며 발로 세게 때려서 죽이는 경우가 많다. 모든 종이 거대한 턱 근육에 알맞은 넓고 묵직한 머리를 받치는 데 필요한 근육이 장착된 거대한 어깨를 가지고 있다. 가장 큰 육상 육식동물인 북극곰과 큰곰이 여기에 포함되는 데 북극곰은 오로지 육식만 하며 먹이를 쫓아 북극의 해빙을 건너기도 한다. 큰곰은 그 무서운 힘에도 불구하고 인간에 의해 한대림까지 밀려났으며 좀 더 작은 6종은 좀 더 따뜻한 곳에 서식하고 잡식성이다. 이들은 꽃봉오리, 곤충, 생선, 식물 뿌리 등을 먹는다. 대왕판다는 거의 부드러운 죽순만 먹으며 충분한 영양을 섭취하기 위해서는 16시간 동안 쉬지 않고 먹어야 한다.

**큰곰**
북아메리카에서 흔히 그리즐리곰이라고 불리는 우르수스 아르크토스(*Ursus arctos*)는 붉거나 노란 기가 있는 갈색에서부터 크림색과 검은색에 이르기까지 체색이 다양하다.

# 바다사자와 물개

**물개과**(Otariidae, Phocidae) 식육목(Carnivora) 포유강(Mammalia) 척추동물아문(Vertebrata)

바다에서 많은 시간을 보내기는 하지만, 물개와 바다사자는 식육목에 속하는 동물로서 곰과, 개과와 가깝다. 물개과에는 17종이 속하며 태평양과 북극해에서 가장 흔하지만 전 세계에서 발견된다. 물범과에 속하는 19종의 참물범류와 달리 귀가 드러나 있으며, 커다란 앞지느러미발로 헤엄치고 육상에서는 네 발로 뒤뚱거리며 걷는다(참물범은 꼬리처럼 생긴 뒷지느러미발로 헤엄치고 육상에서는 그리 민첩하게 움직이지 못한다.). 물개과에 속한 종 중에서 몸이 매끈한 바다사자와 달리 물개는 굵고 텁수룩한 털로 덮여 있다. 모두 바다에서 사냥하며 주로 물고기를 잡아먹지만 짝과 새끼가 있는 육지로 돌아와야 하는데 육지에서는 영역과 짝을 차지하기 위한 경쟁이 치열하다.

**오스트레일리아바다사자**
오스트레일리아바다사자(*Neophoca cinerea*)는 오스트레일리아 남부, 서부 해안에서 멀리 떨어진 섬의 모래가 많은 만에 서식한다. 수컷은 암컷의 2배까지 자라기도 한다.

# 바다코끼리

**바다코끼리과**(Odobenidae) 식육목(Carnivora) 포유강(Mammalia) 척추동물아문(Vertebrata)

바다코끼리과에는 한 종만 속해 있으며, 북극해와 북대서양, 태평양에 서식한다. 캐나다와 그린란드의 북극해 지역과 시베리아와 알래스카 사이의 베링 해 지역, 그리고 시베리아 북쪽의 랍테프 해에 각각 3개의 뚜렷이 구분되는 개체군이 서식한다. 이들은 성체의 크기와 엄니의 길이가 약간씩 다른 아종들이다. 몸길이가 3미터가 넘고 체중이 1톤 이상 나가는 대서양 아종이 바다코끼리과에서 가장 크다. 바다코끼리는 거의 상륙하지 않고 두꺼운 지방층에 의한 부력에 의지해 물에서 생활한다. 이들은 해저에 다이빙해 예민한 수염을 이용해서 조개를 찾는다. 육중한 몸을 가진 바다코끼리는 살짝 구부러진 엄니를 사용해 몸을 물 밖으로 끌어낸 후 해빙 위에서 쉰다.

**바다코끼리**
수컷 바다코끼리(*Odobenus rosmarus*)는 인상적인 엄니를 사용해 시각적인 과시 행동을 하고 해빙 위의 영역이나 짝을 차지하기 위해 결투를 한다.

# 오소리, 족제비, 수달

**족제비과(Mustelidae)** 식육목(Carnivora) 포유강(Mammalia) 척추동물아문(Vertebrata)

약 55종의 작은 육식동물들이 모인 족제비과는 민첩한 몸으로 먹이를 사냥한다. 뛰어난 신체 능력 덕분에 이들은 사하라, 오스트랄라시아, 남극 대륙을 제외한 전 세계에서 발견된다. 이러한 신체 구조는 족제비와 긴털족제비에서 가장 뚜렷한데, 짧은 다리가 달린 길고 유연한 몸은 무게중심이 낮아서 굴속이나 거친 땅 위나 나뭇가지 사이로 먹이를 쫓는 데 이상적이다. 수달은 헤엄치기 좋게 변형된 몸을 가지고 있어서, 발에는 물갈퀴가 있고 두꺼운 방수털은 몸이 물에 뜨도록 도와주며 매끈하고 단단한 꼬리로 방향을 조종한다. 족제비는 무는 힘을 강하게 해 주는 넓적한 머리와 땅을 파기 위한 커다란 근육이 붙어 있는 넓은 어깨를 가지고 있어서 가장 힘이 세다.

**수마트라수달**
동남아시아 원산인 수마트라수달(*Lutra sumatrana*)은 유럽수달과 겉모습이 비슷하다. 배 부분의 색이 옅은 짧은 갈색 털로 덮여 있다.



# 라쿤

**아메리카너구리과(Procyonidae)** 식육목(Carnivora) 포유강(Mammalia) 척추동물아문(Vertebrata)

이 과는 원래 개와 비슷한 것으로 여겨졌지만 현재 일부 분류학자들은 12종 모두 멸종된 곰과 가까운 친척으로 보고 있다. 특히 너구리판다의 경우 몇몇 학자들은 곰과에 속하는 것으로 보는 반면 다른 학자들은 아메리카너구리 중에서 유일하게 아시아에 사는 종으로 보고 있다. 현재는 독립된 과로 분리되었다. 다른 모든 종은 긴 몸통에 짧은 다리, 북실북실한 꼬리를 가진 중간 크기의 포유류이다. 이들은 나무 위와 땅 위에서 살며 잡식성으로 다양한 먹이를 먹는다. 적극적으로 사냥을 하는 경우는 드물지만 동물성 먹이로는 지렁이, 조개, 곤충 등을 먹는다. 이 과에 속하는 동물들은 대개 단독 생활을 하지만 먹이가 풍부할 때는 다른 개체가 있어도 참는다.

**게잡이라쿤**
이름과 달리 게잡이라쿤(*Procyon cancrivorus*)은 잡식성으로 과일과 알, 조개를 먹는다. 남아메리카 원산으로 안데스 동쪽에 널리 분포한다.

# 사향고양이, 제넷, 빈투롱

**사향고양이과(Viverridae)** 식육목(Carnivora) 포유강(Mammalia) 척추동물아문(Vertebrata)

사향고양이과는 아프리카 사하라 이남, 남아시아의 초원과 숲에 살며 유럽제넷 한 종은 남유럽에도 산다. 사향고양이과는 족제비처럼 길고 유연한 몸을 가지고 있지만 고양이와 비슷한 특징도 많이 가지고 있는데, 남아시아와 동남아시아의 빈투롱은 곰고양이라고 불리기도 한다. 이 과의 34종 중 11종의 사향고양이는 과일을 먹지만 몇몇은 곤충도 먹는다. 나머지 종들은 좀 더 다양한 먹이를 먹는 잡식성이다. 사향고양이와 제넷은 단독 생활을 하며 주로 야행성이다. 이들은 자신의 작은 영역을 벗어나지 않으며 서로 피해 다닌다. 우세한 수컷이 여러 암컷의 영역을 지배한다.

**서발린제넷**
이 제넷(*Genetta servalina*)는 중앙아프리카 원산이다. 최대 49센티미터의 긴 꼬리로 숲속 서식지를 돌아다닐 때 균형을 잡는다.

# 고양이

**고양이과(Felidae)** 식육목(Carnivora) 포유강(Mammalia) 척추동물아문(Vertebrata)

식육목의 다른 과들과 달리 고양이과의 37종은 모두 육식성이다. 3미터 길이의 호랑이에서부터 35센티미터 길이의 아프리카 검은발살쾡이에 이르기까지 모든 고양이는 전문적인 사냥꾼의 특징들을 가지고 있다. 이들의 신체 구조는 순간적으로 빠른 속력을 내고 힘차게 뛰어오를 수 있도록 구성되어 있어서, 작은 먹이를 낚아채거나 큰 먹이를 기습해 쓰러뜨릴 수 있다. 이들은 납작한 얼굴에 넓은 턱을 가지고 있고, 긴 송곳니로 먹이의 머리나 목을 으스러뜨려서 죽인다. 고양이들은 낮에 색을 구별할 수 있으며 밤에는 흑백의 뛰어난 야간 시력을 가지고 있다. 이들은 발톱을 사용하지 않을 때는 다치지 않게 숨길 수 있다. 고양이과 중에서 포효할 수 있는 7종을 '큰 고양이'로 분류한다. '작은 고양이'는 쉿쉿거리거나, 작게 으르렁거리거나 그르릉거리기만 한다.

**표범**
표범(*Panthera pardus*)은 기회주의적이고 적응력이 뛰어나며 아프리카 사하라 이남에서 동아시아에 이르기까지 광범위한 서식지에서 발견된다.

# 기제류

## 기제목(Perissodactyla) 포유강(Mammalia) 척추동물아문(Vertebrata)

기제류는 발굽이 있는 다른 포유류로부터 6000만 년 전 신생대가 시작된 직후, 즉 '포유류의 시대'에 분화되었다. 짝수 발굽을 가진 친척들보다는 수가 적지만, 이 목에서 살아남은 동물들은 3개의 뚜렷이 구별되는 과를 구성하고 있다. 오랜 혈통을 증명하듯 이 과들은 전 세계에 널리 퍼졌다. 말, 얼룩말, 야생 당나귀를 포함하는 7종의 말과 동물들은 모두 중앙아시아와 아프리카의 광활한 초원에서 무리를 지어 풀을 뜯는다. 이들은 늘씬한 다리를 가지고 있어서 위험으로부터 빠르게 달려 도망친다. 반면 5종의 코뿔소 종들은 고개를 들고 위협에 맞선다. 각각의 종은 대부분 단독으로 아프리카와 아시아의 삼림 지대를 활보하며 주둥이에 하나 또는 2개의 뿔을 가지고 있다. 체중이 2톤이 넘는 아프리카코뿔소는 발굽이 있는 모든 동물 중에서 가장 크다. 테이퍼는 숲속에 사는 건장한 동물이다. 한 종은 동남아시아에 살고 나머지 3종은 중남아메리카에 산다. 테이퍼는 쐐기 모양의 몸에 작은 머리와 넓은 엉덩이를 가지고 있어서 빽빽한 덤불을 밀고 지나갈 수 있다.

**인도코뿔소**
뿔이 하나인 인도코뿔소(*Rhinoceros unicornis*)의 이 삽화는 상틸레르와 퀴비에의 『포유류의 자연사』에 수록된 것이다.

사바나얼룩말(*Equus quagga*)

검은코뿔소(*Diceros bicornis*)

남아메리카테이퍼(*Tapirus terrestris*)

페르시아오나거(*Equus hemionus onager*)

# 우제류

## 우제목(Cetartiodactyla) 포유강(Mammalia) 척추동물아문(Vertebrata)

약 200종이 속한 이 목은 소와 양 등의 흔한 가축의 야생 친척들이 포함되어 있어서 가장 친근한 동물들이 많이 포함되어 있다. 남극과 오스트레일리아를 제외한 모든 대륙이 원산지인 우제류는 모두 초식성이고 대부분 다리가 낮은 곳에 달려 있어서 잘 넘어지지 않고 빠르게 달린다. 기제류(60쪽 참조)와 마찬가지로 발가락으로 서서 다리 길이를 최대화하고 있으며 발굽은 발톱에 대응된다. 이와 같은 적응은 달리는 속도를 빠르게 해 사슴이나 영양이 포식자를 따돌릴 수 있다. 발굽은 타이어의 접지면처럼 땅을 잡는 역할을 해서 산양들이 가파른 절벽에서 안전하게 이동할 수 있게 한다. 이 목에는 이와 같은 일반적인 기준의 예외가 되는 과들도 여럿 포함되어 있다. 돼지와 멧돼지, 그리고 이들의 친척인 페커리는 땅속의 먹이를 파헤치는 주둥이를 가지고 있고, 기린은 긴 목으로 높은 나무 위의 신선한 나뭇잎을 먹고, 낙타는 먹이나 물이 없이도 장기간 버틸 수 있도록 지방 혹을 가졌으며 하마는 낮에 시원한 물속에 있다가 밤에만 먹이를 찾아 나온다.

기린

이 기린(*Giraffa camelopardalis*)의 삽화는 1849년에 출간된 앤드루 스미스(Andrew Smith, 1797~1872년)의 『남아프리카의 동물 삽화집』에 수록된 것이다.

큰쿠두(*Tragelaphus strepsiceros*)

누비아아이벡스(*Capra nubiana*)

하마(*Hippopotamus amphibius*)

다마사슴(*Dama dama*)

# 고래와 돌고래

**고래하목(Cetacea)** 우제목(Cetartiodactyla) 포유강(Mammalia) 척추동물아문(Vertebrata)

고래하목에는 지구상에 존재해온 동물 중에서 가장 큰 동물인 대왕고래와, 비영장류 중에서 놀라운 지능을 가지고 있는 돌고래가 포함되어 있어서 매우 흥미롭다. 이들은 약 5000만 년 전에 우제류(61쪽 참조)와의 공동 조상으로부터 진화했다. 고래하목의 앞다리는 지느러미발이 되고 뒷다리의 흔적은 체내에 뼈만 남아 있다. 헤엄칠 때 사용하는 납작해진 꼬리는 연골로 구성되어 있다. 이들은 코가 없고 수면 위에서 머리 꼭대기에 있는 분수공을 통해 호흡을 한다. 고래하목은 3500만 년 전에 이빨고래와 수염고래의 2개의 아목으로 갈라졌다. 수염고래는 가장 큰 고래 종들이 포함되며, 이빨 대신 잇몸을 따라 체 역할을 하는 수염판이 있어서 입속에 들어온 물속에서 먹이를 여과한다. 이빨고래에는 돌고래(범고래가 포함됨), 쇠돌고래, 향유고래, 부리고래, 일각돌고래와 흰고래가 포함된다. 모든 고래류는 소리로 의사소통을 하며, 돌고래는 머리에 멜론이라는 기름 주머니로 소리를 모아서 음파 탐지를 하거나 먹이를 기절시킬 수도 있다.

**범고래와 거두고래**
돌고래과에서 가장 큰 범고래(*Orcinus orca*, 위)와 거두고래(*Globicephala* sp., 아래). 둘 다 전 세계에 분포한다.

아마존강돌고래(*Inia geoffrensis*)

쇠돌고래(*Phocoena phocoena*)

혹등고래(*Megaptera novaeangliae*)

밍크고래(*Balaenoptera acutorostrata*)

# 티나무

도요타조목(Tinamiformes) 조류강(Aves) 척추동물아문(Vertebrata)

몸이 둥글고 다리가 짧으며 머리가 작은 티나무는 수렵조, 특히 자고새와 닮았지만 부리가 더 길고 가늘다. 이들은 남아메리카에서 멕시코 사이의 해발 고도 5000미터 이하에 있는 초원과 우림에 살며 특히 아마존 유역에서 가장 다양한 종이 발견된다. 이들은 날 수는 있지만 잘 날지 않는데, 다른 새들보다 체중에 비해 심장과 폐가 작아서 쉽게 지치는 것 같다. 위협을 받으면 웅크리고 가만히 있거나 달아난다. 종마다 특유의 노랫소리가 있다. 대부분의 종에서 암컷이 여러 수컷의 영역을 방문한다. 이들은 각각의 영역에 있는 하나의 둥지에 각각 알을 낳으며 여러 암컷이 낳은 알들을 수컷이 포란한다.

바틀렛티나무
바틀렛티나무(*Crypturellus bartletti*)는 서부 아마존 유역의 계절성 범람원과 관목 덤불이 원산지이다.

# 타조

타조목(Struthioniformes) 조류강(Aves) 척추동물아문(Vertebrata)

아프리카 대초원에 사는 3개의 가까운 종으로 구성되며 세계에서 가장 큰 새들로서 체중은 최대 145킬로그램, 키는 최대 2.8미터에 달하며 최대 시속 70킬로미터로 달릴 수 있다. 가장 큰 알을 낳고, 육상 척추동물 중에서 가장 눈이 커서 지름이 5센티미터나 되고, 특이하게 발가락이 2개뿐인데 안쪽의 큰 발가락에는 넓은 발굽 같은 발톱이 있고 수명은 40년 이상이다. 타조 깃털의 깃가지에는 다른 새들처럼 깃털을 결합시켜 주는 갈고리가 없어서 깃털이 느슨해 단열 효과는 훌륭하지만 비가 오면 흠뻑 젖는다. 날개를 펼치면 피부가 노출되어 열을 쉽게 발산할 수 있다. 질주하거나 구불구불하게 뛸 때에도 날개를 펼쳐서 균형을 잡을 수 있다. 수컷들은 영역을 놓고 싸우며 최대 세 마리의 암컷과 짝을 짓고 하나의 둥지에 알을 낳는다.

타조
타조(*Struthio camelus*)는 중남부 아프리카의 건조하고 모래가 많은 지역에 서식한다. 번식기에는 최대 50마리가 무리를 짓는다.

# 레아

**레아목**(Rheiformes) 조류강(Aves) 척추동물아문(Vertebrata)

레아, 타조, 화식조, 에뮤, 키위는 대륙이 분리되기 전에 날지 못하는 공동 조상으로부터 진화한 것으로 여겨진다. 레아는 남아메리카의 초원과 대초원에 살며 날지 못하지만 빠르게 달리는 새로서 이들의 서식지는 위협받고 있다. 레아는 타조와 비슷하게 생겼지만(일부 분류학자는 타조와 함께 분류한다.) 타조보다 작다. 아메리카레아(*Rhea americana*)는 키가 1.7미터까지 자라지만, 다윈레아(*Rhea pennata*)는 키가 약 1미터이다. 수컷 레아는 낮고 울리는 소리를 내어 암컷을 유혹하며 최대 12마리와 짝을 짓고 모두가 수컷의 둥지에 알을 낳는다. 대개는 수컷이 포란을 하지만 몇몇은 지위가 낮은 수컷에게 맡기고 새로운 하렘을 찾기도 한다. 타조와 마찬가지로 번식기가 아닐 때에도 무리를 짓기도 한다.

**다윈레아**
작은레아(*Rhea pennata*) 또는 다윈레아라고 부르는데, 다윈의 『비글 호의 항해』에 이 종에 대해 기술되어 있기 때문이다.



# 화식조와 에뮤

**화식조목**(Casuariiformes) 조류강(Aves) 척추동물아문(Vertebrata)

인도네시아, 파푸아뉴기니, 오스트레일리아에 사는 날지 못하는 대형 조류로서 타조나 레아보다 목과 다리가 짧다. 화식조는 최대 체중 85킬로그램에 키가 1.8미터까지 자란다. 이들은 머리에 골질의 높은 볏이 있고 안쪽 발가락에는 긴 단검 같은 발톱이 있다. 수컷이 둥지를 짓고 포란을 한다.

에뮤는 키가 약간 더 크고 체중이 덜 나간다. 이들은 장거리를 이동하며 유랑 생활을 하는 데 질주할 때는 최대 시속 50킬로미터의 속도를 낼 수 있다. 이들은 개방된 삼림과 초원을 선호하며 대개 작고 느슨한 집단을 이루고 소와 양을 키우는 목장이 있는 곳에서 높은 밀도로 서식한다. 암컷들이 우수한 수컷을 두고 싸우며 번식기에 여러 번 산란을 한다. 수컷은 8 주 동안 포란을 하는데 포란 기간에는 거의 먹이를 먹지 않는다.

**남부화식조**
3종의 화식조 중에서 가장 널리 분포하는 남부화식조(*Casuarius casuarius*)는 뉴기니, 오스트레일리아, 아루 제도에서 발견된다. 암컷이 수컷보다 더 크고 화려하다.

# 키위

키위목(Apterygiformes) 조류강(Aves) 척추동물아문(Vertebrata)

약 7000만 년 전에 뉴질랜드가 남극으로부터 분리되면서 이 섬에 사는 날지 못하는 새들은 고립되었다. 거대한 모아는 멸종되었지만, 좀 더 작고 비밀스러운 키위는 살아남았다. 이 특이한 새들은 키가 65센티미터까지 자라고 길고 가느다란 부리와 폭신한 솜털을 가지고 있고 꼬리가 없으며 날개가 매우 작고 다리는 짧고 튼튼하다. 키위는 야행성이지만, 시력이 좋지 않은 대신 소리가 나는 곳을 향하게 할 수 있는 큰 귓구멍을 가지고 있다. 날카로운 후각을 가지고 있어서 부리 끝의 콧구멍으로 낙엽 속에서 먹이를 찾는 데 콧구멍으로 부스러기들을 날려보내면서 킁킁거리는 소리가 난다.

키위는 영역에서 평생의 짝과 함께하며 낮에는 최대 2미터 길이의 굴에서 잔다. 밤에는 각자 먹이를 찾으며 혼자 또는 둘이 함께 1킬로미터 밖에서도 들리는 길고 새된 휘파람소리를 자주 낸다. 암컷은 보통 새의 크기에 의해 추정되는 알 크기의 4배나 되는 커다란 알을 2~3개 낳으며 유난히 노른자가 크다. 포란 기간은 2~3개월인데, 유난히 낮은 키위의 체온 때문에 오랜 시간이 걸린다.

쇠알락키위

5종의 키위 중에서 가장 작은 쇠알락키위(*Apteryx owenii*). 고양이와 도입종 포유류에게 잡아먹혀서 뉴질랜드 본섬에서는 현재 멸종되었다. 멀리 떨어진 섬에 소수가 생존해 있다.

남섬갈색키위(*Apteryx australis*)

북섬갈색키위(*Apteryx mantelli*)

오카리토키위(*Apteryx rowi*)

큰알락키위(*Apteryx haastii*)

# 수금류

## 기러기목(Anseriformes) 조류강(Aves) 척추동물아문(Vertebrata)

수금류는 개울에서 연못과 해안에 이르기까지 전 세계의 모든 수생 서식지에 산다. 대부분 동력 비행을 하며 몇몇 종은 해마다 번식지에서 겨울을 나는 곳까지 수천 마일을 이동하기도 한다. 또한 많은 종이 잠자는 곳에서 먹이가 있는 곳까지 매일 무리를 지어 이동한다. 모두 발에 물갈퀴가 있고 헤엄칠 수 있지만 건조한 땅에서 먹이를 찾는 종도 많다. 소수의 종은 날지 못한다.

백조는 몸집이 크고 거의 흰색이다. 가장 큰 종인 혹고니와 큰고니는 최대 체중이 15킬로그램이고 비행을 하는 새 중에서 가장 무겁다. 기러기는 좀 더 작고 색이 다양하다. 황오리는 기러기와 작은 오리 사이의 중간 형태이다. 오리는 여러 분류군으로 나뉜다. 수면성 오리들은 물이나 건조한 땅에서 먹이를 찾고, 잠수오리류는 자맥질을 하며, 비오리들은 가장자리에 톱니가 있는 휘어진 부리로 물고기를 잡는다.

백조는 평생 배우자 관계를 유지하며 번식할 때 서로 협력한다. 둥지를 짓는 시기가 오면 수컷 오리들은 번식깃이 빠져 칙칙한 색으로 변하고 날지 못하게 되며 암컷이 혼자서 포란하고 새끼를 키운다.

**캐클링구스**

캐클링구스(*Branta hutchinsii*)는 덩치가 더 큰 캐나다기러기와 가까운 친척으로 둘 다 흰 뺨을 가진 것이 특징이다. 캐나다의 극지방에서 번식하고 주로 북아메리카에서 겨울을 난다. 1835년에 제작된 이 판화는 오듀본의 저서 『아메리카의 새』에 처음 수록되었다.

혹고니(*Cygnus atratus*)

이집트기러기(*Alopochen aegyptiaca*)

청둥오리(*Anas platyrhynchos*)

뿔스크리머(*Anhima cornuta*)

# 순계류

**닭목(Galliformes)** 조류강(Aves) 척추동물아문(Vertebrata)

작은 메추라기와 자고새에서 거대한 뇌조와 야생 칠면조에 이르기까지, 순계류는 작지만 강하고 휘어진 부리, 짧은 다리(피부 또는 깃털로 덮여 있고, 강한 박차가 달린 종도 있다.), 통통한 몸, 넓은 휘어진 날개를 가지고 있다. 여러 종이 크고 둥근 꼬리와 다양한 형태의 장식적인 꼬리 깃털 또는 매우 길고(최대 2미터 길이) 끝으로 갈수록 가늘어지는 단단하거나 늘어지는 꼬리를 가지고 있다.

순계류는 대부분 땅에서 살지만 몇몇 종은 나무 위에서 먹이를 먹거나 잠을 자기도 한다. 서식지는 숲에서 개방된 평원과 산에 이르기까지 다양하다. 몇몇 종은 일부일처제이지만 다른 종에서는 암컷이 혼자 새끼를 기른다. 일부 순계류에서는 정해진 장소에 수컷들이 모여서 의례화된 싸움을 하고 암컷이 관전하는 '렉'이 관찰된다.

**흰점박이붉은주계**
히말라야에 서식하는 흰점박이붉은주계(*Tragopan satyra*)는 산지림에 산다. 수컷은 번식기에 목에 화려한 색의 육수가 발달한다.

# 아비

**아비목(Gaviiformes)** 조류강(Aves) 척추동물아문(Vertebrata)

아비는 북반구에 널리 분포하며 주로 호수, 때로는 해안에서 가까운 바다에서 번식을 한다. 이들은 물고기를 포함해 다양한 수생 생물을 먹는다. 이들은 무겁지만 최대 90센티미터 길이의 유선형의 몸, 휘어진 끝이나 톱니가 없는 단검 모양의 부리, 물갈퀴가 달린 짧은 다리, 조종 능력이 거의 없는 좁은 날개를 가지고 있다. 모두 등은 어둡고 배는 하얀 번식깃을 1년 내내 가지고 있다. 발이 뒤쪽에 달려 있어서 물속에서 날개를 접은 채 발차기로 추진력을 얻으며 육상에서는 거의 쓸모가 없다. 아비는 최대 8분 동안 최대 75미터 깊이까지 잠수할 수 있다. 이들은 일부일처제이고 영역성이며, 2개의 알을 낳아서 암수가 함께 포란하고 새끼를 돌본다.

**아비**
북부의 잠수부라고도 불리는 아비(*Gavia immer*)는 북아메리카와 북유럽의 호수와 수로에서 산다.

# 펭귄

**펭귄목**(Sphenisciformes) 조류강(Aves) 척추동물아문(Vertebrata)

펭귄은 날지 못하고, 번식기를 제외하면 바다에 살며 물속에서 물고기, 크릴, 오징어를 빠르게 추격하도록 적응되어 있다. 펭귄의 부리는 이들이 선호하는 먹이 동물에 맞는 모양과 길이로 진화했다. 큰 종들은 265미터까지 잠수해 약 7분 동안 물속에 머무를 수 있다. 몸은 유선형이고(물속에서 저항을 감소시킴), 날개는 지느러미팔로 변형되었으며 짧은 다리는 몸 뒤쪽에 달려 있어서 펭귄이 똑바로 서서 걸을 수 있다. 모든 펭귄은 등의 색이 어둡고 배는 흰 색이며 뾰족한 비늘처럼 중첩된 수 천 개의 깃털이 방수 기능, 솜털이 없이도 보온 기능을 한다. 차가운 물을 떠나 햇볕 아래에 있을 때는 깃털이 들려서 열을 감소시키거나 공기층을 압축해 온기를 유지한다. 그러나 모든 펭귄이 추운 곳에 사는 것은 아니다. 갈라파고스 펭귄은 사실 적도 근처에 산다. 대부분의 펭귄 종은 군락을 형성하며, 바다에서 멀리 떨어진 곳에 수천 쌍이 모여서 번식하는 종도 있다. 암수 모두가 종에 따라서 하나 또는 2개의 알을 포란하며 돌아가면서 새끼에게 먹이를 가져다준다. 어떤 종에서는 한 마리의 새끼만 살아남는다.

**바위뛰기펭귄**
이 바위뛰기펭귄(*Eudyptes chrysocome*)의 판화는 조지 쇼와 프레드릭 노더가 1800년에 출간한 『박물학선집』에 수록된 것이다.

황제펭귄(*Aptenodytes forsteri*)

턱끈펭귄(*Pygoscelis antarcticus*)

쇠푸른펭귄(*Eudyptula minor*)

아프리카펭귄(*Spheniscus demersus*)

# 알바트로스, 슴새, 바다제비

**슴새목(Procellariiformes)** 조류강(Aves) 척추동물아문(Vertebrata)

슴새목은 해양성 조류로서 날카로운 후각을 가지고 있으며 관 모양의 콧구멍으로 필요없는 염분을 배출하기도 한다. 알바트로스는 몸이 무겁지만 날개는 좁고 길어서 날개폭이 최대 3.5미터나 되고, 작은 슴새류는 몸길이가 15센티미터 이하이고 날개폭도 40센티미터 이하이다. 모두 잘 걷지 못하는 편이다. 작은 슴새류는 날개를 퍼덕이거나, 활강을 하거나 수면 위를 걷듯이 나는 반면 큰 종들은 파도 꼭대기의 기류 또는 강한 바람을 활용하는데, 몸을 급격히 기울여서 바람을 타고 날아올랐다가 아래로 활강해 먼 거리를 이동한다. 이들은 물고기, 갑각류, 오징어, 플랑크톤 등을 먹으며 대량 어획을 하는 주낙으로 인해 심각하게 위협받고 있다. 알바트로스는 절벽 위나 평평한 섬에 둥지를 짓는 반면 대부분의 소형종들은 굴이나 틈새에 둥지를 지으며 밤에만 상륙한다.

**나그네알바트로스**

나그네알바트로스(*Diomedea exulans*)는 가장 날개폭이 긴 새이다. 파고점에서 상승하는 기류를 타고 날며 한 해에 세 번씩 남양을 일주한다.

# 논병아리

**논병아리목(Podicipediformes)** 조류강(Aves) 척추동물아문(Vertebrata)

아비(67쪽 참조)와 마찬가지로, 논병아리는 완전한 물새로서 땅 위를 걷지 못하며, 발이 몸 뒤쪽에 달려 있고 부리는 가늘고 뾰족하며 몸이 무겁고 꼬리가 아주 작다. 날개가 작아서 날기 힘들어 보이지만 먼 거리를 이주한다. 발가락에는 물갈퀴가 없지만 양쪽에 넓은 엽이 있고 물속에서는 다리를 몸에 붙이고 엽을 뒤로 접어 저항을 줄였다가 발차기를 할 때에는 펼쳐서 추진력을 높인다. 논병아리의 빽빽한 깃털은 방수, 단열 능력이 뛰어나다. 이들은 약간의 깃털을 삼켜서 위 속에 공을 만드는데, 이것은 물고기 뼈에 상처를 입는 것을 방지한다. 번식깃 중에서 머리 장식깃을 영역 표시나 구애 의식에 사용한다. 둥지는 수초를 엮어서 물 위에 반쯤 떠 있는 형태로 새들이 없을 때는 수초를 알 위에 아무렇게나 덮어둔다.

**뿔논병아리**

오듀본은 『아메리카의 새』(1838년)에 이 삽화를 수록했지만, 이 종은 아메리카에 서식한 적이 없으므로 그의 실수로 보인다. 이 종은 유라시아, 아프리카, 오스트랄라시아에만 서식한다.

# 플라밍고

**플라밍고목**(Phoenicopteriformes) 조류강(Aves) 척추동물아문(Vertebrata)

키가 최대 1.55미터에 달하는 플라밍고는 깊고 구부러진 부리, 극단적으로 긴 목, 그리고 긴 다리를 가진 독특한 섭금류이다. 두꺼운 혀로 퍼올린 물을 여러 줄의 빼판 사이로 통과시켜서(『동물』 187쪽 참조) 작은 조류, 규조류, 수생 무척추동물을 추출한다. 다리가 길어서 다른 섭금류보다 깊은 곳까지 갈 수 있으며 먹이를 얻기 위해 헤엄치거나 몸을 뒤집을 수도 있다. 해안에서부터 안데스 산맥의 고도 4500미터 사이의 담수 또는 해수 호수 주변에서 무리를 지어서 번식한다. 몇몇 종은 강 알칼리수가 있는 곳, 온천 또는 극심한 고온에 노출된 지역과 같은 극단적인 조건에서 살기도 한다. 몇몇 아프리카 군락은 100만 쌍 이상이 모이기도 하지만 조건이 적합할 때만 정착하기 때문에 번식은 불규칙적이다.

**아메리칸 플라밍고**
카리브홍학이라고도 불리는 아메리칸 플라밍고(*Phoenicopterus ruber*)는 남아메리카, 카리브 해의 섬, 멕시코의 유카탄 반도에서 발견된다.



# 황새, 왜가리, 그 친척들

**황새목**(Ciconiiformes) 조류강(Aves) 척추동물아문(Vertebrata)

황새, 왜가리, 따오기는 긴 다리와 칼 모양의 부리를 가지고 있으며 대부분 물가에 살며 똑바로 서서 걸어다니는 조류이다. 몇몇 전문가들은 왜가리와 따오기를 펠리칸목으로 분류하고 황새만을 황새목으로 분류하기도 한다. 대부분의 왜가리는 물고기를 먹는다. 이들은 먹이를 쫓아다니기도 하고 가만히 서서 물고기가 다가오기를 기다렸다가 긴 목을 빠르게 숙여서 부리로 낚아채기도 한다. 황새는 좀 더 건조한 서식지에서 작은 먹이나 시체를 먹기도 한다. 긴 다리와 크고 넓은 날개에도 불구하고 왜가리는 나무 꼭대기에 둥지를 짓고 군락을 형성하는 반면 황새는 큰 나무나 건물 또는 특별히 제공된 구조물 위에 거대한 둥지를 짓는다. 왜가리는 머리를 움츠리고 다리를 끌면서 날개를 활처럼 구부린 상태로 난다. 황새는 목을 쭉 뻗고 맹금류처럼 날개를 평평하게 펼쳐서 상승하며 충분한 높이가 될 때까지 선회한다.

**검은머리황새**
오듀본의 『아메리카의 새들』에 수록된 이 검은머리황새(*Mycteria americana*)의 판화는 검은머리황새를 그린 것이지만, 한때는(따오기가 아닌데도 불구하고) 검은머리따오기라고 불렸다. 아메리카 열대 서식지에서 발견된다.

# 펠리칸

펠리칸목(Pelecaniformes) 조류강(Aves) 척추동물아문(Vertebrata)

펠리칸목은 원래 가마우지와 열대새들을 포함하는 거대하고 다양한 목이었다. 그러나 이 종들의 유사성은 공동 조상으로부터 유래한 것이 아니라 수렴 진화에 의한 것으로 여겨져서 현재는 펠리칸(왜가리, 따오기, 저어새, 슈빌을 포함하는 경우도 있다.)으로 축소되었다. 펠리칸들은 긴 부리와 크고 확장 가능한 목주머니를 가지고 있어서 헤엄칠 때 물을 들이켰다가 배출하면서 물고기와 수생 먹이만 남긴다. 길고 각진 날개의 상완골은 다른 새들의 것보다 움직임이 자유로워서 날개폭이 최대 3.6미터에 달하고, 최대 12킬로그램나 되는 무거운 몸을 들어올릴 수 있다. 짧은 다리에는 가죽 같은 표면을 가진 발이 달려 있고 4개의 발가락 전체가 물갈퀴로 연결되어 있다. 땅 위나 나무에서 군락을 형성해 번식한다.

**갈색펠리칸**
북아메리카에 사는 갈색펠리칸(*Pelecanus occidentalis*)은 수면에서부터 잠수하는 다른 펠리칸들과 달리 물 위에서부터 다이빙해 먹이를 잡는 것이 특이하다.

# 가넷, 가마우지, 그 친척들

가다랭이잡이목(Suliformes) 조류강(Aves) 척추동물아문(Vertebrata)

이 오래된 목에 속한 조류들은 모두 4개의 발가락 사이에 넓은 물갈퀴가 있고 모두 물고기를 먹는다. 가넷과 부비는 칼 모양의 부리와 30미터 위에서 바다로 거꾸로 뛰어들 때에 머리를 보호하기 위한 공기 주머니가 장착된 머리를 가지고 있다. 모두 무리 생활을 하며, 가넷은 수만 마리가 절벽 위에서 군락을 형성해 번식한다. 군함새는 구부러진 부리와 작은 발, 유난히 길고 각진 날개, 깊게 갈라진 꼬리를 가지고 있어서 공중에서 다른 바닷새의 먹이를 훔치거나 날아다니는 물고기를 잡을 정도로 민첩하지만 물 위에 떠 있지는 못한다. 가마우지와 쇠가마우지는 둘 다 담수 또는 해수에서 헤엄을 치거나 수면에서 잠수해 물고기를 잡으며 절벽이나 나무 위에 둥지를 짓는다. 섬 군락 주변에서 발견되는 이들의 배설물은 구아노라고 불리며 질소가 풍부해서 비료로 활용되기도 한다.

**이중볏가마우지**
다른 가마우지와 마찬가지로, 이중볏가마우지(*Phalacrocorax auritus*)의 깃털은 방수 기능이 없기 때문에 다이빙 후에 깃털을 말릴 시간이 필요하다.

# 맹금류

**수리목(Accipitriformes)** 조류강(Aves) 척추동물아문(Vertebrata)



낮에 활동하는 맹금류는 매우 다양해서, 많은 종이 살아 있는 먹이를 먹는 반면 다른 종들은 죽은 동물을 먹기도 한다. 신대륙과 구대륙의 벌처류는 서로 유연 관계가 없지만 둘 다 원거리 활강에 적합한 길고 넓은 날개를 가지고 있으며 먹이를 죽이거나 잡는 데 적합하지 않은 약한 발을 가지고 있다. 이들은 죽은 동물의 냄새를 맡아서 찾거나 다른 새를 따라가기도 한다. 몇몇이 큰 부리로 시체를 찢어서 열면 다른 개체들은 좀 더 쉽게 먹기도 한다. 날개폭은 최대 3미터로서 상승하는 따뜻한 기류를 이용해 상승한 후에 적은 노력으로 긴 거리를 활강한다. 독수리는 몸집이 크고 물, 숲 또는 산이 있는 곳에 산다. 말똥가리는 몸집이 작고 튼튼하며 높이 난다. 새매는 날개가 짧고 빽빽한 공간에서도 빠르고 민첩하게 움직일 수 있다. 특수한 종들로는 발로 뱀을 잡아 죽이는 뱀잡이수리, 나무 구멍 속의 새 둥지에 접근 가능한 '이중 관절'을 가진 개구리매, 그리고 말벌 둥지를 먹는 벌매가 있다. 모두 시력이 뛰어나고 발로 먹이를 잡아서 부리로 뜯어낸다. 벌처, 독수리, 매는 절벽 위나 나무 위에 큰 둥지를 짓지만 몇몇 벌처류는 절벽 바위 위에 그대로 알을 낳기도 한다.

**검독수리**

가장 잘 알려진 맹금류 중 하나인 검독수리(*Aquila chrysaetos*)는 일부일처제이다. 높은 절벽 위에 둥지를 지으며 여러 해 동안 같은 장소를 사용한다.

흰머리수리(*Haliaeetus leucocephalus*)

붉은솔개(*Milvus milvus*)

안데스콘도르(*Vultur gryphus*)

뱀잡이수리(*Sagittarius serpentarius*)

# 느시와 그 친척들

**느시목**(Otidiformes) 조류강(Aves) 척추동물아문(Vertebrata)

느시, 콜한, 플로리칸은 건조한 스텝 초원, 농경지 또는 사바나 지역에 서식하는 중형 또는 대형의 육생 조류로서 작은 포유류, 파충류, 곤충, 식물의 뿌리와 싹, 씨앗을 먹는다. 대부분 서식지 파괴 또는 사냥으로 인해 위협받고 있다. 2종의 느시는 비행을 하는 새 중에서 가장 무거운 종에 속하며 최대 체중이 20킬로그램이고 날개폭은 최대 2.5미터이다. 수컷이 암컷보다 크며, 더 뚜렷한 줄무늬가 있고 날 때 날개에 흰 부분이 드러난다. 수컷은 최대 다섯 마리의 암컷과 짝을 지으며 렉(『동물』 185쪽 참조)에서 우위를 점하기 위해 날개를 펼쳐서 흰 부분을 드러내는 요란한 과시 행동을 하면서 싸운다. 암컷은 혼자 포란을 하며 수컷은 대개 암컷이나 새끼와 떨어져서 생활한다.

**수컷 너화**
유럽과 아시아 원산인 너화(*Otis tarda*)는 비행하는 동물 중에서 가장 무거운 종에 속한다. 아시아의 느시 종들은 겨울에 남쪽으로 4000킬로미터를 이주한다.

# 두루미, 뜸부기, 그 친척들

**두루미목**(Gruiformes) 조류강(Aves) 척추동물아문(Vertebrata)

이 목에는 키 1.8미터에 날개폭 2.5미터의 대형 두루미에서부터 12센티미터 길이의 작고 날쌘 뜸부기, 흰눈썹뜸부기까지 두루미와 유사한 다양한 종들이 포함된다. 두루미는 습지와 개방된 초원에 사는 목이 길고 부리가 상대적으로 짧은 새들로서 날개를 평평하게 펴고 목을 뻗은 채로 난다. 뜸부기와 흰눈썹뜸부기류는 물가에 살며 몇몇 종은 오리와 닮았으며 헤엄을 치지만 다른 종들은 발가락이 길고 몸이 가늘며 빽빽한 습지 식물 사이로 돌아다닌다. 소수의 날지 못하는 종도 있다. 가까운 친척으로는 남아메리카의 숲속에 사는 닭과 비슷하게 생긴 나팔새, 남아프리카와 마다가스카르에 사는 작은 뜸부기와 닮은 난쟁이쇠뜸부기, 그리고 남아시아, 아프리카, 남아메리카에 서식하며 몸이 유선형이고 부리가 긴 물새인 3종의 지느러미발이 있다.

**아메리카흰두루미**
아메리카흰두루미(*Grus americana*)는 북아메리카에서 가장 큰 새로서 최대 1.6미터까지 자란다. '뚜루루루' 하고 독특한 울음소리를 낸다.

# 도요, 갈매기, 바다쇠오리

**도요목**(Charadriiformes) 조류강(Aves) 척추동물아문(Vertebrata)

도요류는 발가락 사이에 물갈퀴가 없고 부리는 짧은 것에서 매우 긴 것, 아래로 구부러진 것과 위로 휘어진 것 등등이 있다. 부리가 긴 종들은 진흙 속에서 먹이를 찾고 부리가 짧은 종들은 진흙, 모래 또는 흙에서 무척추동물을 집어 먹는다. 대부분은 먼 거리를 이주한다. 갈매기, 제비갈매기, 도둑갈매기와 바다쇠오리는 물갈퀴를 가지고 있다. 갈매기는 단단한 부리를 가지고 있으며 걷거나 헤엄칠 수 있고, 대양과 해안에서 도시와 농경지에 이르기까지 다양한 서식지에서 산다. 제비갈매기는 걷지 않으며 공중에서 다이빙하거나 물에 몸을 담그고 먹이를 찾는다. 도둑갈매기는 다른 바닷새의 먹이를 훔쳐먹으며 바다쇠오리는 해양성이다. 바다쇠오리의 부리는 짧거나 길고 뾰족하며 번식기에 화려한 색의 피복으로 덮여 있는 경우도 있다. 이들은 물에 다이빙해 먹이를 찾으며 날개로 저어서 추진력을 얻는다. 대부분 무리 생활을 하며 몇몇 종은 해안, 습지 또는 바닷가 절벽에 둥지를 지어서 군락을 형성한다.

**뿔퍼핀**

현재 뿔퍼핀(*Fratercula corniculata*)이라고 불리는 이 작고 화려한 바다쇠오리 종은 오듀본의 『아메리카의 새』(1838년)에서 큰부리퍼핀으로 소개되었다.



# 비둘기

**비둘기목**(Columbiformes) 조류강(Aves) 척추동물아문(Vertebrata)

숲, 사바나, 개활지에서 과일과 씨앗을 먹는 조류인 비둘기는 부리가 짧고 무르며 부리 기부에 살로 덮인 부분이 있고 머리가 둥글며 다리가 짧다. 대부분 몸이 둥그스름하고 꼬리도 둥글지만, 일부 종은 볏이 있거나 긴 꼬리 장식이 있다. 많은 비둘기들이 목에 영롱하게 빛나는 부분이 있으며, 도브 종류들은 목에 옷깃처럼 생긴 줄무늬가 있는 경우가 더 많다. 집비둘기는 리비아비둘기를 개량한 것으로 전 세계적으로 도시에서 흔히 볼 수 있다. 비둘기는 멀리까지 들리는 '구구' 소리를 내지만 비행 중에 소리를 내거나 경계음을 내는 경우는 드물다. 일부 도브 종류는 비행 중에도 소리를 내며 독특하고 반복적이며 리듬감 있는 '구구' 소리를 낸다. 이들은 나무 또는 바위 구멍에 엉성한 둥지를 만들고 목주머니에서 '비둘기젖'을 분비해 새끼에게 먹인다.

**니코바비둘기**

이 1834년도 삽화의 제목은 중국목도리비둘기(*Columba gouldiae*)로 되어 있지만, 이 종은 현재 도도새의 가장 가까운 살아 있는 친척으로서 인도양의 섬에 사는 종인 니코바비둘기(*Caloenas nicobarica*)로 알려져 있다.

# 뻐꾸기

**뻐꾸기목**(Cuculiformes) 조류강(Aves) 척추동물아문(Vertebrata)

이 목에는 전형적인 뻐꾸기들이 포함되며, 약 50종이 다른 종의 둥지에 알을 낳아 기생하는 탁란을 한다. 이들의 알은 성체의 크기에 비해 상대적으로 작으며 숙주 새의 알 크기에 더 가깝다. 그러나 뻐꾸기목에 손하는 대부분의 종들은 다른 새들처럼 스스로 둥지를 짓는다. 신대륙의 로드러너들은 영역성이고, 다리가 길며 볏이 있는 반면 구대륙의 뻐꾸기사촌들은 키 작은 덤불이나 개활지 주변에 살며 꼬리가 길고 튼튼한 몸을 가진 새들이다. 아니뻐꾸기는 신대륙에 살며 거무스름한 색에 부리가 두꺼운 뻐꾸기이다. 모두 대지족(2개의 발가락이 뒤를 향하는 발)을 가지고 있다. 몇몇 종은 다른 새들이 기피하는 털 많은 애벌레를 먹는데, 일정 간격을 두고 위를 역류시켜서 거슬리는 털을 제거한다. 이들은 독특하고, 단순하며 반복적인 노래를 한다.

**큰점무늬뻐꾸기**
존 굴드는 그의 저서『대영제국의 새들』(1862~1873년)에 이 큰점무늬뻐꾸기(*Clamator glandarius*)의 삽화를 그렸다. 이 새는 지중해와 아프리카에서 번식하며 영국에서 드물게 발견된다.

# 투라코

**부채머리목**(Musophagiformes) 조류강(Aves) 척추동물아문(Vertebrata)

예전에는 뻐꾸기목으로 분류되기도 했으나, 투라코와 고깔새는 형태와 행동의 유사성을 기준으로 독자적인 목으로 분류되고 있다. 이들은 과일을 먹지만, 간혹 곤충과 곤충의 유충을 먹기도 한다. 아프리카에만 서식하며 숲 천정을 달리는 데 편리한 대지족을 비롯해 뻐꾸기와 여러 가지 공통점이 있다. 남아프리카에서는 고깔새라고도 불리는 투라코는 나무 꼭대기에 커다란 둥지를 짓고 사는 화려한 새이다. 화려한 깃털 중에서, 특히 볏에서 자주 나타나는 초록색은 새에서는 특이하게 구리를 함유하는 색소인 투라코베딘으로 인한 것이다. 고깔새와 플랜틴을 먹는 친척 새들은 풀이 무성한 초원에 살며 일반적으로 크기가 더 작고 수수한 회색을 띤다.

**기니투라코**
1780년대에 그려진 이 삽화에는 기니투라코(현재는 타우라코 페르사(*Tauraco persa*))에 린네가 명명한 원래의 학명인 쿠쿨루스 페르사(*Cuculus persa*)가 기재되어 있다. 쿠쿨루스는 뻐꾸기의 속명으로, 당시 사람들이 투라코를 뻐꾸기의 일종으로 생각하게 만든 유사점들이 나타나 있다.

# 올빼미

**올빼미목**(Strigiformes) 조류강(Aves) 척추동물아문(Vertebrata)

개방된 서식지에 사는 일부 올빼미 종은 낮에 먹이를 찾으며, 다른 종들은 낮에 활동하지만 새벽이나 저녁에 먹이를 찾기도 하고, 또 어떤 종들은 밤에만 활동한다. 모두 둥근 머리에 양안 시야를 제공하는 크고 앞을 향해 고정된 눈을 가지고 있어서 주위를 둘러보려면 고개를 돌려야 한다. 올빼미는 원시이고 빛이 적을 때는 세세한 것까지 보지는 못하지만 움직임에 민감하다. 부리는 크게 휘어져 있으며 소리를 귀로 전달하는 것을 돕는 눈 주위의 평평한 '원반' 사이의 깃털 속에 숨겨져 있는 것이 보통이다. 청각이 매우 예민한데, 아주 캄캄한 어둠 속에서도 먹이의 위치를 탐지하는 데 유리하도록 귀가 비대칭형인 경우가 많다. 모두 바깥쪽 발가락을 움직여 뒤로 향할 수 있다. 큰 종들은 길고 휘어진 발톱으로 새나 작은 포유류 먹이를 죽이기도 한다. 그러나 큰 종이라도 곤충과 지렁이를 먹기도 한다. 먹이를 통째로 삼키는 데 소화가 되지 않는 딱정벌레 껍데기나 뼈, 털 같은 것들은 덩어리로 뭉쳐서 수시로 또는 낮에 쉴 때 토해낸다. 많은 올빼미 종들이 영역성이고 정주성이어서 영역 내를 세세하게 파악하는 반면 떠돌아다니다가 먹이가 풍부한 곳(예를 들어 주기적으로 들쥐가 번성하는 곳)에 정착하는 부류도 있다.

**흰올빼미**
북아메리카에서 가장 무거운 올빼미인 흰올빼미(*Bubo scandiacus*)는 여름이 되면 북극권의 백야 속에서 24시간 내내 레밍과 다른 먹이를 사냥한다.

수리부엉이(*Bubo bubo*)

금눈쇠올빼미(*Athene noctua*)

원숭이 올빼미(*Tyto alba*)

흰얼굴소쩍새(*Ptilopsis granti*)

# 쏙독새와 개구리입쏙독새

**쏙독새목**(Caprimulgiformes) 조류강(Aves) 척추동물아문(Vertebrata)

쏙독새는 몸이 가늘고 날개가 길며, 길고 넓고 꼬인 꼬리 덕분에 비행 중에도 날렵하게 움직일 수 있어서 빳빳한 털로 둘러싸인 넓은 입으로 날아다니는 곤충을 잡아먹는 데 도움이 된다. 다리와 부리는 작고, 가지에서 가지로 움직이기보다는 가지를 타고 움직이거나 땅에 웅크리고 앉아서 죽은 나무의 색상과 무늬를 흉내 낸다. 날개와 꼬리의 흰 부분은 수컷에서 더 뚜렷할 때가 많다. 황혼녘에 활동하며 짧고 청아한 소리에서부터 길고 쪽쪽거리는 떤꾸밈음에 이르기까지 크고 독특한 노랫소리를 내어 위치를 알 수 있다. 개구리입쏙독새는 쏙독새와 비슷하지만 머리가 더 크고 입이 넓으며 작은 포유류와 파충류를 먹는다. 이들도 위장에 뛰어나며, 나뭇가지 위에 똑바로 서 있으면 부러진 가지처럼 보인다.

**나쿤다쏙독새**
나쿤다쏙독새(*Chordeiles nacunda*)는 쏙독새 중에서 가장 큰 종으로 부분적으로 주행성인 것이 특이하다.

# 벌새와 칼새

**칼새목**(Apodiformes) 조류강(Aves) 척추동물아문(Vertebrata)

벌새와 칼새는 절구관절을 가지고 있어서 날개를 퍼덕일 때 상완골이 위아래로 움직이는 대신 길이 방향으로 회전이 가능하다. 절구관절과 칼날 모양의 날개 덕분에 벌새는 정지 비행을 할 수 있고 먹이를 먹은 후에 꽃으로부터 후진할 수도 있다. 대부분 꿀을 먹으며, 길고 휘어진 부리는 특정한 꽃의 크기와 모양에 맞게 되어 있다. 짧은 부리는 더 다양한 꽃에 사용 가능하며 기부를 뚫기도 한다. 이들은 알을 형성하는 데 필요한 칼슘을 얻기 위해 곤충을 먹기도 한다. 칼새는 공중에서만 생활한다. 벌새와 마찬가지로 유연한 목을 가지고 있어서 빠르게 반응할 수 있으며 날아다니는 먹이를 잡을 수 있다. 칼새는 모든 발가락이 앞을 향하고 있어서 앉을 수는 없지만 수직의 벽에 매달려서 쉬거나 구멍 속 또는 야자수 잎에 둥지를 짓는다.

**망고벌새**
오듀본의 『아메리카의 새』에 수록된 이 삽화는 망고벌새(*Anthracothorax* sp.)가 긴 부리로 꽃에서 꿀을 빠는 모습을 나타냈다.

# 트로곤과 케찰

**트로곤목**(Trogoniformes) 조류강(Aves) 척추동물아문(Vertebrata)

전 세계 열대림에서 발견되는 트로곤은 똑바로 서는 중간 크기의 새로서 숲 천장에서 움직이지 않거나 잘 숨는다. 입과 부리는 넓고 다리는 짧다. 과일과 곤충을 먹으며, 뻐꾸기처럼 털이 많은 애벌레도 먹을 수 있다. 몇몇 종은 가지에 앉아 있다가 기습적으로 날아서 곤충을 잡는다. 앵무새와 뻐꾸기는 첫 번째와 두 번째 발가락이 뒤를 향하고 있는데 비해 특이하게도 세 번째와 네 번째 발가락이 뒤를 향하고 있다. 부드럽고 화려한 깃털이 있는데 대부분 초록색, 붉은색, 흰색이며 날개와 꼬리에 흑백의 줄무늬가 있다. 썩은 나뭇가지나 흰개미집의 구멍에 둥지를 짓고, 한 종은 낡은 말벌 둥지를 사용한다. 케찰은 유난히 길고 반짝이는 꼬리 장식이 있어서 숲 천정 위에서 높이 펄럭이며 과시 비행을 한다.

**나리나트로곤**
나리나트로곤(*Apaloderma narina*)은 열대 아프리카 원산이다. 그림 속의 수컷은 화려한 빨간 가슴털을 가지고 있으나 암컷에는 없다.

# 물총새, 벌잡이새, 파랑새, 그 친척들

**파랑새목**(Coraciiformes) 조류강(Aves) 척추동물아문(Vertebrata)

파랑새목에 속하는 종들 중 다수는 구대륙의 새들이지만 물총새는 전 세계에 분포하며 소수의 모트모트와 토디는 신대륙의 새들이다. 대부분 2개의 발가락의 상당 부분이 융합되어 있다. 물총새는 직립형이고, 부리가 길고 꼬리가 짧으며 대부분 건조한 육지에 살면서 곤충을 먹으며, 소수의 종만이 물에서 물고기와 수생 무척추동물을 잡아먹는다. 벌잡이 새는 길고 구부러진 부리로 비행 중에 벌과 말벌을 잡는다. 몸집이 더 크고 부리가 뭉툭한 파랑새는 커다란 곤충 먹이를 높은 곳에서 땅에 떨어뜨리거나 숲 위로 날면서 먹는다. 이 목의 나머지 종들과 마찬가지로 땅 위에서 달리거나 걷지는 못한다. 신열대의 모트모트는 날렵하고 화려한 색의 파랑새 종류인데, 두 분류군에 속하는 일부 종들은 가운데 꼬리깃이 긴 라켓 모양이다.

**물총새**
물총새(*Alcedo atthis*)는 강이나 개울 위에서 얕고 느리게 흐르는 물에 다이빙해 먹이를 잡는다.

# 코뿔새와 후투티

**코뿔새목**(Bucerotiformes) 조류강(Aves) 척추동물아문(Vertebrata)

후투티는 땅 위에 살며 화려한 줄무늬와 볏을 가진 종이다. 6 또는 8개 아종 중에서, 두 아종은 별개의 종으로 여겨지기도 한다. 친척인 후투티사촌과 스키미타빌은 볏이 없고 금속성 광택이 있는 깃털과 반짝이는 긴 꼬리를 가진 9종으로 구성된 별도의 분류군을 구성한다. 후투티의 긴 부리는 흙 속의 곤충을 찾는 용도이지만 후투티사촌의 부리는 숲이나 사바나 삼림 지대의 썩은 나무 또는 나무껍질 틈새를 뒤지는 데 사용된다. 코뿔새는 대부분 숲이나 사바나 삼림 지대에 사는 새이지만 땅에 사는 큰 코뿔새 종들은 별도의 하위 분류군을 형성한다. 이들은 모두 길고 끝으로 갈수록 가늘어지는 부리를 가지고 있으며 투구 모양의 장식을 가지고 있는 경우도 있다. 길고 섬세하지만 단단한 부리끝은 섭식에도 도움이 되지만 화려한 색과 모양은 분명히 시각적 신호로서 종 인식, 과시 행동과 밀접한 관련이 있다.

**말레이코뿔새**
말레이코뿔새(*Anthracoceros malayanus*)의 주식은 과일이며 동남아시아 일부 지역의 저지대 숲에 서식한다.

# 딱따구리, 꿀잡이새, 그 친척들

**딱따구리목**(Piciformes) 조류강(Aves) 척추동물아문(Vertebrata)

이 새들은 숲 또는 삼림 지대에 살지만 일부 종은 땅에서 먹이를 찾기도 하며, 일부 세 발가락을 가진 딱따구리를 제외한 나머지는 대지족(두 발가락은 앞으로, 두 발가락은 뒤로 향함)을 가지고 있다. 딱따구리는 뻣뻣한 꼬리 깃을 버팀대로 사용해 나무에 똑바로 달라붙거나 땅 위에서 개미를 찾는다. 모든 딱따구리목의 새는 구멍에 둥지를 트는데, 딱따구리는 나무에 구멍을 뚫는다. 오색조는 열대에 널리 분포하는 새로서 화려하고 시끄러우며 대부분 딱따구리보다 부리가 짧고 일부는 흰개미집에 가까운 곳에 산다. 신열대 지역에 사는 자카마르는 길고 곧고 가느다란 부리와 긴 꼬리를 가지고 있으며 물총새를 닮은 아메리카오색조의 친척이다. 아프리카의 꿀잡이새는 밀랍을 소화할 수 있으며 몇몇 종은 포유류를 벌집으로 '안내'해 벌집을 먹기 좋게 부수도록 유도한다고 한다.

**투칸**
거대하고 화려하지만 가벼운 부리는 신열대 투칸(큰부리새과)의 특징이다. 딱따구리목에 속하는 이 새는 아메리카오색조의 가장 가까운 친척이다. 긴 부리는 나무에서 과일을 따는 데 유용하다.

# 매와 카라카라매

**매목**(Falconiformes) 조류강(Aves) 척추동물아문(Vertebrata)

다른 맹금류와 마찬가지로 매는 날카롭고 휘어진 부리로 먹이를 찢지만 다른 맹금류가 발톱으로 먹이를 죽이는 것과 달리 위턱에 '이빨'이 있어서 작은 포유류를 죽일 수 있다. 작은 매들은 주로 곤충을 먹는다. 이들은 공중으로 급상승 후 활강을 하며 몇몇은 공중의 곤충을 발로 잡기 위해 몸을 비틀기도 한다. 어떤 종들은 빠르게 하강하면서 몸을 숙여 다른 새를 잡기도 한다. 다른 종들은 공중을 맴돌면서 아래를 살피는데 근자외선까지 볼 수 있는 예민한 눈으로 설치류의 오줌 자국을 탐지할 수 있다. 매는 둥지를 짓지 않고 절벽 위, 굴 또는 다른 새의 버려진 둥지에 알을 낳는다.

카라카라매는 벌처처럼 행동하지만 실제로는 매와 가까운 친척이다. 이들은 죽은 동물을 먹지만 새, 파충류, 양서류, 곤충도 먹는다. 공격성이 강해서 시체를 먹는 동안 벌처가 접근하지 못하도록 저지한다.

**흰매**
오듀본의『아메리카의 새들』에 수록된 판화에 묘사된 흰매(*Falco rusticolus*)는 주로 다른 새를 사냥한다. 다른 모든 매와 마찬가지로, 흰매도 길고 휘어진 발톱으로 살아 있는 먹이를 쥐거나 찌른다.



# 앵무, 잉꼬, 러브버드, 그 친척들

**앵무목**(Psittaciformes) 조류강(Aves) 척추동물아문(Vertebrata)

날씬한 잉꼬와 땅딸막한 아프리카 러브버드에서 거대한 코카투와 마코앵무에 이르기까지, 열대와 아열대에 사는 앵무목의 모든 새들은 크게 휘어진 부리 위에 살이 덮여 있다. 꼬리는 짧고 사각형이거나 길고 뾰족하다. 힘센 발에는 빼꾸기처럼 앞으로 향한 두 발가락과 뒤로 향한 두 발가락(대지족)이 있으며 곡예사처럼 발로 나뭇가지에 매달리거나 먹이를 쥐기도 한다. 오스트랄라시아 코카투는 붉은 볏이 있고 흰색이나 검은색이며, 시끄러운 소리를 내고 넓은 날개를 가지고 있어서 숲 위로 높이 날기도 한다. 부리가 크고 화려한 색을 가진 마코, 몸집이 크고 초록색인 '아마존' 앵무, 그리고 여러 가지 색을 가진 잉꼬들은 남아메리카 원산이다. 주로 과일, 식물의 뿌리, 씨앗, 곤충을 먹지만 뉴질랜드의 케아는 때때로 긴 부리로 죽은 동물을 먹기도 한다.

**스칼렛마코앵무**
스칼렛마코앵무(*Ara macao*)와 같은 마코앵무는 앵무목에서 가장 큰 새이다. 커다란 부리로 단단한 견과류의 껍질을 깬다.

# 연작류

**참새목(Passeriformes)** 조류강(Aves) 척추동물아문(Vertebrata)

노래새 또는 연작류라고 불리는 참새목의 새들은 전체 조류 종 중에서 절반 이상을 차지하는 가장 큰 목을 구성한다. 이들은 세 발가락이 앞을 향하고, 한 발가락은 뒤를 향하고 있는 발을 가지고 있는 것이 특징이다. 지빠귀, 직박구리, 박새와 같은 분류군들은 널리 분포하고 있는 반면 바위새와 꿀빨이새와 같은 종들은 제한된 지역에 서식한다. 울대를 제어하는 복잡한 근육을 가지고 있는 명금류는 참새목에서 가장 뛰어난 가수이다(까마귀는 깍깍 소리를 내는 정도이다.). 명금류사촌에는 팔색조, 넓적부리새, 개미잡이새, 개미개똥지빠귀와 같이 열대림에 사는 새들이 포함된다. 참새목에서 가장 큰 새는 레이븐으로 말똥가리만큼 크다. 가장 작은 새는 솔새로 많은 벌새류보다도 작다. 먹이는 살아 있는 동물 또는 시체에서 꿀에 이르기까지 다양하다. 작은 종들은 대체로 씨앗을 먹지만 새끼에게는 곤충을 먹인다. 잎을 모으는 종의 부리는 가늘고, 날아다니는 곤충을 잡는 종의 부리는 넓고 가장자리에 빳빳한 털이 있으며, 잡식성 종의 부리는 짧고 뭉툭하고, 씨앗을 부수거나 껍질을 벗겨서 먹는 종의 부리는 두꺼운 원뿔 모양이다. 솔잣새는 끝이 어긋난 부리로 솔방울을 비틀어 열어서 혀로 씨앗을 꺼내 먹을 수 있다.

까치
오듀본의 『아메리카의 새』에 수록된 이 판화는 '깍깍'거리는 울음소리를 내는 것으로 알려진 까마귀과의 미국까치(*Pica hudsonia*)를 나타낸 것이다.

안데스바위새(*Rupicola peruviana*)

붉은가슴태양조(*Nectarinia senegalensis*)

유럽방울새(*Carduelis carduelis*)

노랑휘파람새(*Setophaga petechia*)

# 찾아 보기

# 도판 저작권


DK would like to thank the following people at Smithsonian Enterprises:

**Product Development Manager**
Kealy Gordon

**Senior Manager, Licensed Publishing**
Ellen Nanney

**Director, Licensed Publishing**
Jill Corcoran

**Vice President, Consumer and Education Products**
Brigid Ferraro

**President**
Carol LeBlanc

DK would also like to thank the directors and staff at the Natural History Museum, London, including Trudy Brannan and Colin Ziegler, for reading and correcting earlier versions of this book and providing help and support with photoshoots, particularly Senior Curator in Charge of Mammals, Roberto Portelo Miguez.

Thanks also to others who provided help with photoshoots: Barry Allday, Ping Low, and the staff of The Goldfish Bowl, Oxford; and Mark Amey and the staff of Ameyzoo, Bovington, Hertfordshire.

Finally, DK would like to thank

**Senior Editor**
Hugo Wilkinson

**Senior Art Editor**
Duncan Turner

**Senior DTP Designer**
Harish Aggarwal

**DTP Designers**
Mohammad Rizwan,
Anita Yadav

**Senior Jacket Designer**
Suhita Dharamjit

**Managing Jackets Editor**
Saloni Singh

**Jackets Editorial Coordinator**
Priyanka Sharma

**Image retoucher**
Steve Crozier

**Illustrator**
Phil Gamble

**Additional illustrations**
Shahid Mahmood

**Indexer**
Elizabeth Wise

The publisher would like to thank the following for their kind permission to reproduce their photographs:

**(Key: a-above; b-below/bottom; c-centre; f-far; l-left; r-right; t-top)**

**2~3 123RF.com:** Dmpank. **5 Mary Evans Picture Library:** Iberfoto. **6 Alamy Stock Photo:** Jaime Franch Wildlife Photo (br); Andrey Nekrasov (bc). **Dreamstime.com:** John Anderson (bl). **Image from the Biodiversity Heritage Library:** Spongiologische Beiträge (cr). **7 Dreamstime.com:** Roberto Caucino (bl); Jolanta Wojcicka (bc); Keman (br); Pvb969924 (fbr). **Image from the Biodiversity Heritage Library:** Challenger reports 1873~76 (cr). **8 Alamy Stock Photo:** 19th era (cr). **Mary Evans Picture Library:** Florilegius (bc). **9 Dreamstime.com:** John Anderson (bl); Salparadis (bc); Photographyfirm (br); Hotshotsworldwide (fbr). **Image from the Biodiversity Heritage Library:** A Monograph Of The British Marine Annelids. (cr). **10 Alamy Stock Photo:** Lee Rentz (bc). **Dreamstime.com:** Pnwnature (br). **Getty Images:** Jeff Rotman / Photolibrary / Getty Images Plus (bl). **Image from the Biodiversity Heritage Library:** The Naturalist's Miscellany, Or Coloured Figures Of Natural Objects (cr). **11 Alamy Stock Photo:** Hal Beral / VWPics (bl); **The Natural History Museum** (cr); Papilio (fbr). **Dreamstime.com:** Reinhold Leitner (bc). **Getty Images:** Jasius / Moment (br). **12 Dreamstime.com:** Peter Leahy (br); Gordon Tipene (bl); Mosaymay (bc). **Image from the Biodiversity Heritage Library:** Edible British Mollusks (cr). **13 Alamy Stock Photo:** Michael Stubblefield (bc). **Dreamstime.com:** Flowersofsunny (bl); Izanbar (br); Eugene Sim Junying (fbr). **Image from the Biodiversity Heritage Library:** The Cephalopoda (cr). **14 Alamy Stock Photo:** The Picture Art Collection (cr). **Image from the Biodiversity Heritage Library:** Dictionnaire Classique Des Sciences Naturelles (bc). **15 Alamy Stock Photo:** Blickwinkel (fbr); Ivan Kuzmin (br). **Dreamstime.com:** Ecophoto (bl); Ezumeimages (bc). **Image from the Biodiversity Heritage Library:** Dictionnaire Universel D'histoire Naturelle (cr). **16 Alamy Stock Photo:** The Book Worm (cr). **Image from the Biodiversity Heritage Library:** The Naturalist's Miscellany, Or Coloured Figures Of Natural Objects (br). **17 Alamy Stock Photo:** Blickwinkel (br). **Dreamstime.com:** Andreas Altenburger / Arrxxx (bc); Jsphotography (bl); Jaap Bleijenberg (fbr). **Image from the Biodiversity Heritage Library:** Dictionnaire D'histoire Naturelle (cr). **18 Bridgeman Images:** © Purix Verlag Volker Christen (cr). **Getty Images:** De Agostini Picture Library / De Agostini (br). **19 Alamy Stock Photo:** The Natural History Museum (bc). **Image from the Biodiversity Heritage Library:** British Entomology (cr). **20 Alamy Stock Photo:** The History Collection (cr). **Image from the Biodiversity Heritage Library:** Indian Insect Life : A Manual Of The Insects Of The Plains (Tropical India) (bc). 21 **Alamy Stock Photo:** Florilegius (cr). **artscult.com:** (bc). **22 Getty Images:** Encyclopaedia Britannica / Universal Images Group (cr). **Mary Evans Picture Library:** Florilegius (br). **23 artscult.com:** (cr). **Image from the Biodiversity Heritage Library:** Aid To The Identification Of Insects (br). **24 Image from the Biodiversity Heritage Library:** Fauna Germanica, Diptera (br); Natural history of the insects of India (cr). **25 Image from the Biodiversity Heritage Library:** Ants, Bees, And Wasps ; A Record Of Observations On The Habits Of The Social Hymenoptera (bc); Papillons De Surinam Dessinés D'après Nature (cr). **26 Alamy Stock Photo:** Reinhard Dirscherl (fbr); The Protected Art Archive (cr). **Dreamstime.com:** Andamanse (br); Aquanaut4 (bc). **naturepl.com:** Doug Perrine (bl). **27 artscult.com:** (cr). **Image from the Biodiversity Heritage Library:** Manuel D'actinologie Ou De Zoophytologie (bc). **28 Image from the Biodiversity Heritage Library:** The British miscellany (cr); Popular History Of The Aquarium Of Marine And Fresh-Water Animals And Plants (bc). **29 Alamy Stock Photo:** Paulo Oliveira (br). **Dreamstime.com:** Alexander Ogurtsov (bc); Stephankerkhofs (bl). **Science Photo Library:** Mehau Kulyk (cr). **30 artscult.com:** (cra, br). **31 Alamy Stock Photo:** FLPA (bc). **Dreamstime.com:** Greg Amptman (fbr); Jagronick (bl); Zuzana Randlova / Nazzu (br). **Image from the Biodiversity Heritage Library:** A history of the fishes of the British Islands. (cr). **32 Alamy Stock Photo:** The Natural History Museum (cra); Paulo Oliveira (bl); Kumar Sriskandan (br). **33 artscult.com:** (br). **Image from the Biodiversity Heritage Library:** British fresh water fishes (cra). **34 Image from the Biodiversity Heritage Library:** Allgemeine Naturgeschichte Der Fische (br); British Fresh Water Fishes (cr). **35 artscult.com:** (br). **Image from the Biodiversity Heritage Library:** M.E. Blochii Systema Ichthyologiae Iconibus Cx Illustratum (cr). **36 Alamy Stock Photo:** PF-(usna1) (cr). **artscult.com:** (br). **37 Image from the Biodiversity Heritage Library:** The Fishes Of Illinois (br); Trout Fly-Fishing In America (cr). **38 artscult.com:** (bc). **Image from the Biodiversity Heritage Library:** Animaux venimeux et venins (cra). **39 artscult.com:** (cr). **Dorling Kindersley:** Thomas Marent (bl, bc, br). **Dreamstime.com:** Valentino2 (fbr). **40 123RF.com:** Andrey Gudkov (br). **artscult.com:** (cr). **Dreamstime.com:** Oxana Brigadirova / Larusov (bc); Cathy Keifer / Cathykeifer (bl); EPhotocorp (fbr). **41 Dorling Kindersley:** Jerry Young (br). **Dreamstime.com:** Omar Ariff Kamarul Ariffin / Oariff (bc). **Image from the Biodiversity Heritage Library:** Expédition dans les parties centrales de l'Amérique du Sud (cr). **42 Getty Images:** Florilegius / SSPL (cr). **Image from the Biodiversity Heritage Library:** Tortoises, Terrapins, And Turtles: Drawn From Life (br). **43 Dreamstime.com:** Vladislav Jirousek (br). **Image from the Biodiversity Heritage Library:** Bilder-Atlas Zur Wissenschaftlich-Populären Naturgeschichte Der Wirbelthiere (cr). **iStockphoto.com:** KenCanning / Getty Images Plus (bl); Carl Jani / Getty Images Plus (bc). **44 Alamy Stock Photo:** Auscape International Pty Ltd (br). **Image from the Biodiversity Heritage Library:** The Mammals Of Australia. (cr). **45 Alamy Stock Photo:** Robertharding (fbr). **Dreamstime.com:** Tamara Bauer / Tamarabauer (br). **Image from the Biodiversity Heritage Library:** The Mammals Of Australia (cr). **iStockphoto. com:** ArendTrent / Getty Images Plus (bl). **46 artscult.com:** (cr). **Getty Images:** Florilegius / SSPL (br). **47 Alamy Stock Photo:** Monkey Business (bc). **artscult.com:** (cr). **Dreamstime. com:** Lukas Blazek (bl); Matthijs Kuijpers (fbr). **SuperStock:** Michael & Patricia Fogden / Minden Pictures (br). **48 artscult.com:** (br). **The New York Public Library:** Illustrations of Indian zoology (cr). **49 123RF.com:** Dinodia (bc). **Alamy Stock Photo:** The Natural History Museum (cr). **Dreamstime.com:** Ecophoto (br); Sergey Uryadnikov (bl). **50 artscult.com:** (br). **The New York Public Library:** The Viviparous Quadrupeds Of North America (cr). **51 artscult.com:** (br). **The New York Public Library:** The Viviparous Quadrupeds Of North America (cr). **52 Alamy Stock Photo:** Blickwinkel (bc); VWPics (br); Rudmer Zwerver (fbr). **artscult.com:** (cr). **iStockphoto.com:** Ivan Kuzmin / Getty Images Plus (bl). **53 Alamy Stock Photo:** Hemis (br). **Dorling Kindersley:** Thomas Marent (bc). **Image from the Biodiversity Heritage Library:** Histoire Naturelle Des Mammifères (cr). **54 123RF.com:** Piotr Krześlak (bl). **artscult.com:** (cr). **Dreamstime.com:** Dohnal (bc); Mikelane45 (br). **55 artscult.com:** (br). **Image from the Biodiversity Heritage Library:** The Naturalist's Miscellany, Or Coloured Figures Of Natural Objects (cr).

**56 artscult.com:** (br). **Image from the Biodiversity Heritage Library:** Dogs, jackals, wolves, and foxes: a monograph of the Canidae. (cr). **57 artscult.com:** (br). **Image from the Biodiversity Heritage Library:** The Mammals Of Australia. (cr). **58 artscult.com:** (cr). **Image from the Biodiversity Heritage Library:** The Quadrupeds Of North America (br). **59 Image from the Biodiversity Heritage Library:** Archives du Muséum d'Histoire Naturelle, Paris. (cr); Recherches Pour Servir À L'histoire Naturelle Des Mammifères (br). **60 123RF.com:** Thomas Samantzis (bl); Kongsak Sumano / Ksumano (fbr). **Dreamstime.com:** Lukas Blazek / Lukyslukys (br); Cathywithers (bc). **Image from the Biodiversity Heritage Library:** Histoire Naturelle Des Mammifères (cr). **61 123RF.com:** Nico Smit (bl). **Dreamstime.com:** Surz01 (bc); Timelynx (fbr). **Image from the Biodiversity Heritage Library:** Dictionnaire Universel D'histoire Naturelle (cr). **62 Alamy Stock Photo:** Brandon Cole Marine Photography (fbr); Doug Perrine (br). **Dreamstime.com:** Anirootboom18 (bl); Colette6 (bc). **Image from the Biodiversity Heritage Library:** British mammals (cr). **63 Alamy Stock Photo:** The Picture Art Collection (cr). **Mary Evans Picture Library:** (bc). **64 artscult.com:** (cr). **iStockphoto.com:** Ruskpp / Getty Images Plus (bc). **65 Alamy Stock Photo:** The Natural History Museum (cr). **Dreamstime.com:** Lukas Blazek (bl). **Getty Images:** Robin Bush / Oxford Scientific / Getty Images Plus (fbr). **naturepl.com:** Tui De Roy (bc, br). **66 Dorling Kindersley:** Blackpool Zoo, Lancashire, UK (bl). **Dreamstime.com:** Jiri Hrebicek (br); Roger Utting (bc). **National Audubon Society:** (cr). **67 Wellcome Collection http://creativecommons.org/licenses/by/4.0/:** (br, cr). **68 Alamy Stock Photo:** Florilegius (cr). **Dreamstime.com:** Lizgiv (bc); Vladimir Zaytsev (bl). **69 iStockphoto.com:** Ruskpp / Getty Images Plus (cra). **National Audubon Society:** (br). **70 National Audubon Society:** (cr, bc). **71 National Audubon Society:** (cr, bc). **72 Dorling Kindersley:** Sean Hunter Photography (bc). **Dreamstime.com:** Ecophoto (br); Brian Kushner (bl). **National Audubon Society:** (cr). **73 National Audubon Society:** (bc). **Wellcome Collection http://creativecommons.org/licenses/by/4.0/:** (cr). **74 National Audubon Society:** (cr). **The New York Public Library:** Illustrations of Indian zoology (bc). **75 Image from the Biodiversity Heritage Library:** Gemeinnüzzige Naturgeschichte des Thierreichs (bc). **The New York Public Library:** The birds of Great Britain (cr). **76 Dorling Kindersley:** Sean Hunter Photography (br); British Wildlife Centre, Surrey, UK (bl, bc). **Dreamstime.com:** Alantunnicliffe (fbr). **The New York Public Library:** The birds of Great Britain (cr). **77 iStockphoto.com:** Ruskpp / Getty Images Plus (cr). **National Audubon Society:** (bc). **78 iStockphoto.com:** Ruskpp / Getty Images Plus (cr). **The New York Public Library:** The birds of Great Britain (bc). **79 iStockphoto.com:** Ruskpp / Getty Images Plus (cr). **The New York Public Library:** Histoire Naturelle Des Oiseaux De Paradis Et Des Rolliers, Suivie De Celle Des Toucans Et Des Barbus (bc). **80 National Audubon Society:** (cr). **Wellcome Collection http://creativecommons.org/licenses/by/4.0/:** (bc). **81 Dorling Kindersley:** Thomas Marent (bl). **Dreamstime.com:** Paul Reeves (br). **National Audubon Society:** (cr)

**Cover images:** *Front and Back:* **National Audubon Society**


For further information see: www.dkimages.com